KB172680

이 책에 대한 찬사

여기 사탕발림이라고는 없는 설탕에 관한 책이 있다. 굉장하다. 선동적이면서도 철저한 연구로 뒷받침되었고, 시기적절하다. 맹렬히 돌진하면서 판을 뒤바꾼다.

〈뉴욕타임스The New York Times〉

타우브스의 주장이 무척 설득력 있어서, 초콜릿 중독자인 내가 이 책을 읽은 후에 스내킹바크Snacking Bark를 빼버리고 케이크와 흰빵을 먹지 않게 되었다. 이 책은 미래에 닥칠 불운에 대항하는 강력한 무기가 될 수밖에 없다.

〈월스트리트저널The Wall Street Journal〉

타우브스는 뼈를 물고 놓지 않는다. 이 책의 밀도와 철저함은, 저자가 직면한 과제의 규모에 부합한다. 전문가들의 막강한 평판과 기업의 막대한 이익이 투입된, 뿌리 깊은 정통성을 뒤집는 일 말이다. 그는 명료하고 설득력 있게 비만이 설탕이 일으키는 호르몬 장애라고 주장한다. 이 주장은 시급히 더 널리 알려질 필요가 있다.

〈가디언The Guardian〉

타우브스는 수백 년의 데이터를 샅샅이 조사한다. 설탕의 역사, 지리, 설탕이 일으키는 중독 등 사실상 모든 것이 이 책에 있다. 결국 우리 모두는 선택의 순간을 직면한다. 지금처럼 계속 설탕을 섭취하면서 부작용으로 고생할 것인가, 아니면 식단에서 완전히 없애지는 못하더라도 섭취량을 줄여 오래도록 건강한 삶을 누릴 가능성을 높일 것인가?

〈시애틀타임스The Seattle Times〉

영양에 관한 대화에 있어 이토록 심오한 영향을 미칠 수 있는 저널리스트를 달리 생각할 수 없다.

마이클 폴란Michael Pollan _《욕망하는 식물The Botany of Desire》 저자

타우브스가 또 한 권의 설득력 있는 책을 내놓았다. 매혹적이며 명확하다.

〈라이브러리저널Library Journal〉

거대 설탕 기업들의 활동 범위와 힘, 그들이 미국인의 건강과 질병에 미친 영향을 이해하고자 한다면 반드시 읽어야 할 책이다.

〈아웃사이드Outside〉

눈을 뗄 수 없다. 드디어 설탕을 둘러싼 베일이 벗겨졌다.

〈이코노미스트The Economist〉

세심한 연구와 자세한 설명으로 가득할 뿐 아니라 흥미진진하다. 독자들은 이 책을 사랑하면서도 미워할 것이다. 식단에서 설탕이 차지하는 위치를 완전히 다시 생각하게 될 것이기 때문이다.

〈퍼블리셔스위클리Publishers Weekly〉

타우브스는 변호사처럼 풍부하고도 세밀한 증거들을 제시해가며 자신의 주장을 뒷받침한다. 탁월하며 신선하다.

〈애틀랜틱The Atlantic〉

충격적이다. 타우브스의 명석하고 알기 쉬운 과학 저술은 이미 많은 독자를 거느리고 있다.

〈북리스트Booklist〉

설탕을 고발한다

THE CASE AGAINST SUGAR

This Korean translation published by Alma Inc. in 2019 by arrangement with Alfred A. Knopf, an imprint of The Knopf Doubleday Group, a division of Penguin Random House, LLC through KCC(Korea Copyright Center Inc.), Seoul.

The Case
Against Sugar

설탕을 고발한다

게리 타우브스　강병철 옮김

항상 가족을 하나로 모아주는 개비Gaby에게

두말할 것도 없이 우리는 전 세계에서 가장 설탕을 많이 소비하는 국민이다. 어쩌면 우리가 겪는 수많은 질병이 달콤한 음식을 너무 자유롭게 먹기 때문에 생기는지도 모른다.[1]

〈뉴욕타임스〉, 1857년 5월 22일.

의회에서 이 일을 하며 지내온 세월을 돌이켜보면서 다음 세대에게 이런 말을 하자니 고개를 들 수 없습니다. 미안합니다. 우리는 설탕이 함유된 음료에 문제가 있다는 사실을 알고 있었습니다. 우리는 그 음료들이 병을 일으킨다는 사실을 알고 있었습니다. 하지만 우리는 어려운 결정들을 계속 피했습니다. 우리는 아무 일도 하지 않았습니다.[2]

조지 오스본George Osborne(영국 재무장관),
당분 함유 음료에 설탕세 부과를 선언하며, 2016년 3월 16일.

일러두기

- 고유명사의 원어를 찾아보기에 밝혔다.
- 본문 각주와 후주는 원서의 주이다. 단, 옮긴이의 주는 '(옮긴이)'로 표기했다.
- 원서에서 강조된 부분을 고딕으로 표기했다.
- 무게 단위를 파운드에서 킬로그램으로 환산했다.

머리말

이 책을 쓴 목적은 21세기에 우리를 죽음으로 몰고 가거나 최소한 우리의 죽음을 재촉할 가능성이 가장 높은 만성 질환들의 주원인으로 설탕, 즉 자당과 액상과당을 고발하는 것이다. 이 책은 왜 설탕이 가장 유력한 용의자이며, 어떻게 우리가 현재 상태에 이르렀는지 설명한다. 현재 미국 성인의 3분의 1이 비만이며 3분의 1이 과체중이다.[1] 거의 일곱 명에 한 명꼴로 당뇨병 환자이며[2] 네댓 명 중 한 명은 암으로[3] 죽는다.[✦] 하지만 이런 상황을 불러왔을 것으로 의심되는 가장 유력한 용의자는 거의 모든 음식 속에 들어 있으며, 십수 년 전만 해도 거의 무해한 즐거움을 안겨주는 물질로 취급되었다.

이것이 범죄 사건이라면 이 책은 바로 검사 측 논고가 될 것이다.

✦ 미국과 한국에서 비만을 판정하는 기준이 다르다. 미국의 기준을 적용하면 한국의 비만율은 6퍼센트이다. 당뇨병 유병률이 10퍼센트, 암 사망률이 27.6퍼센트이다.(옮긴이)

차례

서론

왜 당뇨병인가?

1893년 8월 2일 메리 H라는 26세의 미혼 여성이 메사추세츠 종합병원 외래를 찾았다. 입이 말라 "항상 물을 마신다"고 했으며 매일 밤 서너 번씩 소변을 보기 위해 잠자리에서 일어나야 했다. 환자는 "쇠약하고 지친" 것 같았다. 식욕은 변동이 심했으며, 변비가 있었고, 아찔한 느낌이 동반되는 두통에 시달렸다. 트림이 심했고, 뱃속이 조이는 듯했으며, 식후에는 위가 "타 들어가는 것 같다"고 했다. 환자는 숨이 가빴다.[1]

_ 엘리엇 조슬린의 당뇨병 "증례 제1호", 그의 증례 기록에서 인용.

1893년 여름, 처음 당뇨병 환자를 보고 진료 기록을 남겼을 때 엘리엇 조슬린은 하버드 대학교 의대에 다니면서 메사추세츠 종합병원에서 임상 조수로 일했다. 20세기 가장 영향력 있는 당뇨병 전문가가 되기 30년 전이었다. 환자는 메리 히긴스라는 젊은 이민자였다.[2] 5년 전 아일랜드에서 건너온 뒤로 죽 보스턴 교외에서 가정부로 일해왔다. 조슬린의 기록에 따르면 "중증 당뇨병"으로, 이미 질병으로 인한 "부담을 못 이겨 (콩팥이) 나빠지고 있었다".

조슬린은 예일 대학교 학부생 때부터 당뇨병에 관심이 있었지만, 히긴스를 진료한 뒤로 더욱 이 병에 빠져들었다. 이후 5년간 하버드 대학교의 유명한 병리전문의인 레지널드 피츠와 함께 이 병의 원인에 작은 단서라도 될 정보를 찾아 메사추세츠 종합병원에서 수기로 작성된 "수백 편의" 증례 보고서를 이 잡듯 뒤졌다.[3] 혹시 치료법의 실마리라도 얻을 수 있다면 얼마나 좋으랴. 또한 그는 두 번이나 유럽에 건너가 독일과 오스트리아의 종합병원을 돌아다니며 당대 최고의 당뇨병 전문가들에게 배웠다.

1898년 조슬린은 당뇨병 전문 개인병원을 열고, 덴버에서 열린 미국의학협회 연례 학회에서 피츠와 공동으로 메사추세츠 종합병원 증례들을 분석하고 보고했다. 1824년 이후 진료받은 모든 환자의 기록을 조사한 방대한 연구였다. 당시에는 그 의미를 몰랐지만 사실 그들은 엄청난 유행이 시작되는 순간을 관찰한 것이었다.

74년에 이르는 기간 동안 진료받은 4만 8000명의 환자 중 당뇨병으로 진단된 사람은 총 172명으로 0.3퍼센트에 불과했다. 하지만 조슬린과 피츠는 당뇨병으로 입원한 환자들에게 뚜렷한 경향을 발견했다. 환자 수는 물론 전체 환자에서 차지하는 비율이 꾸준히 늘어난다는 점이었다. 메사추세츠 종합병원에 당뇨병으로 입원한 경우만 따진다면 1885년 이후 13년간의 환자 수가 이전 61년간의 환자 수와 같았다. 그들은 몇 가지 원인을 생각해보았지만, 병 자체가 늘어나고 있을 가능성은 부정했다. 대신 "전체적으로 당뇨병 환자들이 세심한 의학적 관리를 받으려는 경향"이 생겼다고 믿었다.[4] 매년 점점 많은 보스턴 시민이 당뇨병에 걸리는 것이 아니라, 당뇨병 환자 중 보다 많은 사람이 치료를 받기 위해 병원을 찾는다고 생각한 것이다.

하지만 1921년 1월 〈미국의학협회지〉에 당뇨병에 관한 임상 경험을 논문으로 발표했을 때 조슬린의 의견은 크게 달라져 있었다.[5] 당뇨병 환자들이 세심한 의학적 관리를 받으려는 경향 따위는 더 이상 언급하지 않았다. 대신 "유행병"이라는 용어가 등장했다. 다음과 같은 대목은 아마 고향인 메사추세츠주 옥스퍼드시를 언급한 것 같다. "뉴잉글랜드 지방의 평화로운 마을, 널찍한 도로변에 세 채의 집이 나란히 서 있다. 이 세 채의 집에 연달아 이사 들어온 네 명의 여성과 세 명의 남성(모두 가장이었다) 중 단 한 명을 빼고 모든 사람이 당뇨병으로 사망했다."

조슬린은 이들의 죽음이 성홍열, 장티푸스, 결핵 등 감염성 질병에 의한 것이었다면 지역 및 주 보건 당국에서 즉시 조사팀을 파견하여 질병의 매개체를 밝히고 확산을 막았을 것이라고 지적했다. "유행의 근원을 밝혀내고 재발을 방지하기 위해 여러 조치가 취해졌을 것이다." 하지만 당뇨병은 감염병이 아니라 만성 질환이기 때문에, 수주 또는 수개월이 아니라 수년에 걸쳐 서서히 죽어가기 때문에, 아무런 주목을 받지 못했다. "심지어 보험 회사조차 그 중요성을 깨닫지 못했다."

우리는 비만이 유행한다는 소식을 듣는 데 익숙하다. 50년 전에는 미국 성인 여덟 명 중 한 명이 비만이었다. 오늘날 그 숫자는 세 명 중 한 명을 넘는다.[6] 세계보건기구는 1980년 이래 전 세계 비만율이 갑절이 되었다고 보고했다.[7] 2014년 기준으로 지구상에서 비만인 성인은 5억 명이 넘는다. 5세 미만 어린이 중에도 4000만 명 이상이 과체중 또는 비만이다. 의심의 여지없이 인류는 점점 뚱뚱해지고 있다. 미국에서 이런 경향을 추적하자면 19세기까지 거슬러 올라가지만,[8] 당뇨병의 유행은 그 실상을 훨씬 흥미롭고 생생하게 보여준다.

조슬린이 첫 번째 기록을 남긴 19세기 말, 당뇨병은 드물긴 했지만 전혀 새로운 병은 아니었다. 일찍이 기원전 6세기에 인도의 의사 수쉬루타는 달콤한 소변이 당뇨병의 특징적 소견이며, 이 병은 뚱뚱한 사람과 대식가 사이에서 가장 흔하다고 기술했다.[9] 기원후 1세기에 이미 이 병을 당뇨병diabetes이라고 불렀던 것 같다. 카파도키아의 아레타이오스는 그리스어로 "흡입관" 또는 "어딘가를 통과하여 흐르다"라는 뜻인 이 말을 써서 치료받지 못한 환자의 최종 경과를 기술했다. "완전히 발병한 환자는 오래 살지 못한다. 소모증(여위어 쇠약해짐)이 급속히 진행하면서 이내 죽음이 찾아온다. 산다고 해도 끔찍하고 고통스럽기는 매한가지다. 갈증을 다스릴 길이 없으며, 물을 아무리 많이 마셔도 소변으로 나오는 양을 당해내지 못한다. (…) 잠시라도 물 마시기를 멈추면 입이 바짝 말라 갈라지고, 몸은 건조해진다. 창자에 불이 붙은 것 같은 느낌에 안절부절못하며, 타는 듯한 갈증에 시달리다 결국 비참한 죽음을 맞는다."[10]

그러나 19세기 중반까지도 당뇨병은 희귀한 병이었다. 의학 교과서와 논문에나 나올 뿐 의사들이 진료 중에 실제로 보는 경우는 매우 드물었다. 1797년에야 영국의 군의관 존 롤로가 당뇨병의 역사에서 획기적인 논문으로 꼽히는 〈당뇨병 2례의 경험〉을 발표했을 정도다. 그는 19년 간격으로 진료한 두 건의 증례를 보고하면서, 그사이에 "미국, 서인도제도, 영국에서 온갖 다양한 질병을 관찰"했음에도 당뇨병은 보지 못했다고 썼다.[11] 19세기 초반 필라델피아의 사망 기록을 봐도[12] 당뇨병으로 죽거나 당뇨병이 사망 원인과 관련될 가능성은 피살, 탄저병, 히스테리, 굶주림, 기면증으로 사망할 확률과 비슷했다.[✦13]

1890년 에딘버러왕립의학회 전임 회장인 로버트 손드비는 런던

✦ 메사추세츠 종합병원에서 조슬린이 분석한 수기 의무 기록에도 1824~1869년까지 45년 중 20년은 당뇨병 환자가 한 명도 없었다. 환자가 있더라도 네 명 이상 발생한 경우는 한 해도 없었다.

왕립내과학회에서 몇 차례 강연을 하던 중에 당뇨병으로 사망하는 환자가 5만 명 중 한 명 미만일 것으로 추정했다. 그는 당뇨병이 "극히 드문 질병 가운데 하나"로 "인구가 밀집한 지역에서도 많은 환자가 몰리는 큰 병원에서 매우 다양한 환자를 보는" 의사들만 연구할 수 있다고 했다. 하지만 손드비는 영국 전역과 파리, 심지어 뉴욕에서도 당뇨병으로 인한 사망률이 상승하고 있다고 지적했다.(로스앤젤레스의 한 의사가 "7년 동안 당뇨병 환자라고는 단 한 명도 못 보았다고 하더라"는 말도 덧붙였다.) 손드비는 이렇게 말했다. "중요한 것은 당뇨병이 특정 계층, 특히 부유한 상인 계급에서 흔한 질병이 되어간다는 점입니다."[14]

"현대의학의 아버지"로 불리는 캐나다의 전설적인 의사 윌리엄 오슬러 역시 기념비적인 저서 《의학의 원리와 실제》를 수차례 개정하면서 당뇨병이 드물지만 증가 추세임을 거듭 강조했다. 오슬러는 1889년 볼티모어에서 존스홉킨스 병원이 문을 열었을 때 의료진에 합류했다. 3년 뒤 출간된 자신의 교과서 제1판에서 그는 개원 이래 존스홉킨스에서 치료받은 3만 5000명 중 당뇨병으로 진단받은 환자는 단 열 명뿐이라고 적었다.[15] 하지만 다음 8년 동안 그 숫자는 156명으로 뛰었다.[16] 오슬러는 당뇨병 사망자가 1870~1890년 사이에 거의 두 배, 1900년에 이르러 또 두 배 넘게 증가했다는 통계를 근거로 이 병이 기하급수적으로 증가하고 있다고 주장했다.[17]

1920년대 후반에 이르면 미국과 유럽의 연구자들이 의미 있는 비교를 위해 당뇨병의 유병률을 연도별 및 10년 단위로 정확히 측정하고자 노력한다. 하지만 조슬린이 주장한 당뇨병 유행이라는 현상은 이미 신문과 잡지의 단골 메뉴가 되어 있었다.[18] 예를 들어 코펜하겐 시립병원에서 치료받은 당뇨병 환자 수는 1890년에 10명에서 1924년에는

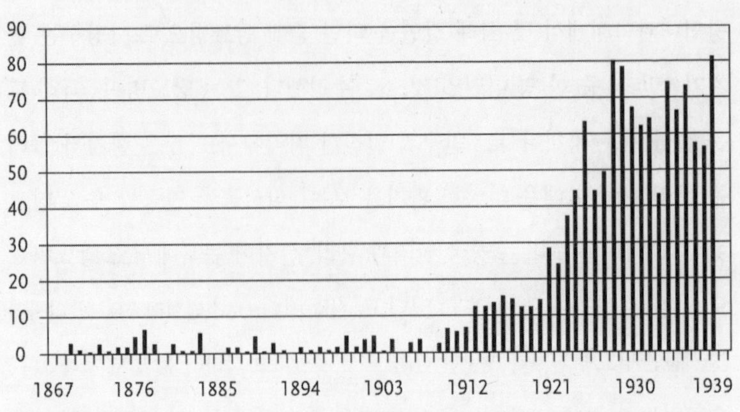

"대유행의 시작인가?" ___________ 당뇨병 입원 환자 수(펜실베이니아 병원, 필라델피아).

608명으로 60배 증가했다.[19] 1924년 뉴욕시 보건국장 헤이븐 에머슨과 그의 동료 루이스 래러모어는 통계를 분석하여 1900년 이후 미국의 몇몇 도시에서 당뇨병 사망률이 400퍼센트 증가했다고 보고했다.[20] 남북전쟁 이후로 따진다면 거의 1500퍼센트 증가한 것이다.

모든 통계에도 불구하고 당뇨병은 여전히 드물었다. 1934년 조슬린은 메트로폴리탄생명보험사의 통계학자인 루이스 더블린과 허버트 마크스의 도움을 받아 다양한 증거를 조사했다. 그는 다시 한번 당뇨병이 빠른 속도로 흔한 병이 되어간다고 결론 내렸지만, 어디까지나 그 시대의 기준으로 그렇다는 것이었다.[21] 그는 뉴욕, 메사추세츠, 기타 지역에서 주의 깊게 수행한 연구들을 고찰한 뒤 미국인 1000명 중 당뇨병을 앓는 사람은 고작 두세 명에 불과하다는 보수적인 추정치를 내놓았다.

세상은 변했다. 2012년 미국 질병관리본부는 미국 성인 일고여덟 명 중 한 명이 당뇨병을 앓는다고 추정했다.[22] 진단 기준에 따라 약간 다르지만 12~14퍼센트가 당뇨병 환자다. 이들을 제외하고도 전체 인구 중 30퍼센트가 일생 중 언젠가는 당뇨병에 걸릴 것으로 예상된다.[23] 2012년에만도 거의 200만 명이 새로 당뇨병 진단을 받았다.[24] 15~16초에 한 명씩 새로운 환자가 생기는 셈이다. 보훈병원에 입원하는 미국 재향군인은 네 명 중 한 명이 당뇨병이다.[25]

해일처럼 밀려드는 당뇨병 환자 중 절대 다수(대략 95퍼센트)는 소위 제2형 당뇨병이다. 2000여 년 전 수쉬루타가 과체중과 비만 때문에 생긴다고 했던 그 병이다. 그보다 훨씬 적은 제1형 당뇨병은 대부분 어린이에게 생긴다. 제1형 당뇨병은 급성 질병이어서 치료받지 않으면 훨씬 빨리 죽음에 이른다.✦ 지난 150년간 제1형과 제2형 당뇨병 모두 유병률이 계속 증가했으며, 증가 속도 또한 가파르다.

당뇨병 환자는 심장질환, 뇌졸중, 신장질환, 당뇨병성 혼수로 사망하는 비율이 매우 높다.[26] 신부전의 40퍼센트 이상이 당뇨병 때문인 것 같다. 적절한 치료를 받지 않으면, 아니 때로는 적절한 치료를 받더라도 시력이 나빠지고(종종 첫 번째 증상으로 나타난다), 신경이 손상되며, 치아가 썩어서 빠지고, 발에는 궤양과 괴저✦✦가 생긴다. 당뇨병 환자는 사지를 절단하는 경우가 많다. 성인 사지 절단 환자 열 명 중 여섯 명이 당뇨병 환자다. 2010년 한 해만도 미국에서 7만 3000명이 사지절단술을 받았다. 현재 당뇨병 치료제는 계열로만 따져도 열 가지가 넘는다.[27] 당뇨병 치료제와 치료 기구 시장은 미국에서만 연간 300억 달러 규모다.[28]

✦ 제2형 당뇨병이 훨씬 흔하기 때문에 달리 명시하지 않은 한 이 책에서 "당뇨병"이라는 용어는 제2형 또는 제2형과 제1형을 합쳐서 이르는 말이다.

✦✦ 조직에 혈액 공급이 원활치 않아 광범위한 부분에 걸쳐 세균이 침입하여 부패하는 상태.(옮긴이)

대형 약국 지점들은 무료로 혈당을 검사해준다. 혈당이 높거나 경계 수준인 사람들에게 가정용 자가 검사 도구를 팔려는 것이다.

자연스럽게 이런 질문들이 떠오른다. 왜 이렇게 되었을까? 어쩌다 여기까지 왔을까? 자연이든 환경이든 생활 습관이든, 도대체 무엇이 어떻게 작용했기에 어린이와 성인을 합쳐 미국인 열한 명 중 한 명이 당뇨병에 걸리는 지경에 이르렀단 말인가?

이 질문에 대한 답을 회피하는 한 가지 방법은 당뇨병 유병률의 역사적 경향에 관한 증거들을 믿을 수 없다고 치부해버리는 것이다. 50년 전 또는 100년 전에 정말로 무슨 일이 일어났는지 누가 정확히 알겠는가? 물론 그렇다. 인구 집단에서 만성 질환의 유병률이 변하는 과정을 확실하게 정량화하기란 놀랄 만큼 어렵다. 권위와 신뢰성을 가지고 만성 질환의 실제 발생률이 시간에 따라 어떻게 변했는지 추정하는 데 방해가 되는 요인은 한두 가지가 아니다. 진단 기준이 정확히 무엇이었는지, 의사와 대중과 언론이 얼마나 주의를 기울였는지, 얼마나 많은 사람이 치료를 받을 수 있었고 그 치료는 얼마나 효과가 있었는지, 인구 집단의 평균 수명은 어느 정도였는지, 그 질병이 나이가 들수록 점점 흔해지는 병이었는지 등이 모두 문제가 될 수 있다. 그러나 19세기에 이미 미국인 열한 명 중 한 명이 당뇨병을 앓았다면, 전체적으로 병원의 입원 기록이나 당뇨병 사망자 수가 엄청나게 달랐을 것이다. 1901년 손드비는 이렇게 썼다. "당뇨병은 어느 모로 보나 심각한 질병이다. (…) 당뇨병 환자는 목숨이 한 오라기의 실에 매달려 있는 것과 같으며, 이 실은 종종 아주 사소한 사건으로도 끊어지고 만다."[29]

20세기 내내, 전체 인구에서 당뇨병 환자가 늘어난다는 사실은 의학 문헌에서 조금도 변함없이 반복되는 주제였다. 그 결과 한때 드물었던 질병이 흔한 병이 되더니, 이제 하나의 재앙이 되어버렸다. 1940년 최고의 당뇨병 전문가로 메이요 클리닉에서 진료한 러셀 와일더는 20년간 당뇨병으로 입원하는 환자가 꾸준히 증가했다고 보고했다. "정확한 발생률은 알 수 없지만 당뇨병이 계속 늘어난다는 사실은 너무나 명백하다."[30] 10년 후 조슬린 자신도 "간담이 서늘할 정도로 늘어나는 당뇨병"이라는 말로 이제 당뇨병을 삶의 불가피한 측면으로 생각하고 있음을 드러냈다.[31] 1978년 당시 당뇨병 역학(인구 집단에서 질병의 변화 양상을 연구하는 학문) 분야에서 미국 최고의 권위자였던 켈리 웨스트는 20세기 들어 당뇨병 사망자 수가 모든 전쟁 사망자를 합친 것보다 더 많다고 주장했다. 그는 "당뇨병이 인류의 가장 중요한 문제 중 하나가 되었다"며, "모든 국가, 모든 인종에서 중요한 질병이자 사망 원인"이라고 지적했다.[32]

웨스트의 주장대로 당뇨병이 유행처럼 증가하는 것은 한 지역에 국한된 현상이 아니었다. 예를 들어 20세기 초반만 해도 중국에서 당뇨병이란 사실상 알려지지 않은, 적어도 거의 진단되지 않는 병이었다.[33] 한 영국 의사는 비록 "모든 환자가 낮은 사회 계층에 속했"지만 난징에서 2만 4000명의 외래 환자를 보는 동안 당뇨병은 딱 한 건을 보았을 뿐이라고 보고했다. 다른 의사는 대형 병원에서 1만 2000명의 입원 환자를 진료하는 동안 겨우 두 건을 보았다고 했다. 1980년대까지도 중국의 당뇨병 유병률은 약 1퍼센트 대로 추정되었다. 최근 추정치는 성인 인구의 11.6퍼센트다.[34] 아홉 명 중 한 명꼴이니, 1억 1000만 명이 넘는 중국인이 당뇨병이라는 뜻이다. 거기에 더해 거의 5억 명의 중국인이 당뇨병 전 단계로 추정된다.

1960년대 내내 그린란드, 캐나다, 알래스카에 사는 이뉴잇족에서 당뇨병과 당뇨병 전 단계의 유병률은 거의 0에 가까웠다.[35] 1967년 〈미국의학협회지〉에 실린 한 논문에는 "현재 여덟 명의 알래스카 에스키모가 당뇨병으로 알려져 있다"고 씌어 있다.[36] 1970년대까지도 당뇨병이 여전히 드물었지만, 연구자들은 당뇨병 전 단계인 포도당 불내성이 점점 늘어난다고 보고했다.[37] 최근 연구에 따르면 이뉴잇족의 당뇨병 유병률은 9퍼센트(열한 명 중 한 명)로 캐나다나 미국과 별 차이가 없다.[38]

미국 원주민(나중에 살펴보겠지만 특히 애리조나주의 피마족)과 캐나다 원주민에서도 역학적으로 동일한 패턴이 관찰된다.[39] 이제 성인 두 명 중 한 명이 당뇨병인 부족도 많다. 그러나 예컨대 오지브와크리족을 비롯하여 온타리오주 북부 샌디레이크 지역에 사는 몇몇 부족에서는 1960년대까지도 당뇨병 환자가 존재하지 않았다.[40] 있었을지도 모르지만 진단된 적은 없다. 1974년 켈리 웨스트는 민간 의사와 군의軍醫들이 미국 원주민 집단을 대상으로 수행한 보건 관련 연구에 보고된 모든 데이터를 검토한 후, 1940년대 이전에는 당뇨병이 매우 드물거나 존재하지 않았다고 결론지었다.[41] 하지만 1960년대에 이르면 그의 연구를 비롯한 수많은 연구에서 성인 네 명 중 한 명이 당뇨병인 원주민 집단들이 보고된다. 1950년대부터 1980년대까지 매년 당뇨병으로 진단받은 나바호족 환자 수를 그래프로 그려본 결과, 한 세기 전 펜실베이니아 병원에서 얻은 것과 거의 같은 그래프가 나왔다(18쪽 참고).[42] 폴리네시아, 미크로네시아, 멜라네시아, 오스트레일리아의 원주민 부족들; 뉴질랜드의 마오리족, 중동, 아시아, 아프리카의 다양한 인구 집단에서도 비슷한 패턴이 관찰되었다.[43] 지구상 어디든 서구식 식단과 생활 습관을 받아들인 집단과 서구 문명에 동화되거나 도시화된 지역에서 언제나 당뇨병 유행이 뒤따랐다.

도대체 무슨 일이 일어났을까? 무슨 일이 일어나고 있을까? 우리가 먹는 것, 우리의 생활 습관, 우리의 환경 속에 있는 무언가가 급격히 변하여 전례 없는 당뇨병 유행을 일으킨 것이다. 그게 무엇일까? 이 유행의 초기에 조슬린이 지적했듯 감염성 질병이었다면 보건위원회, 보험 회사, 언론, 아니 국가 전체가 해답을 찾았을 것이다. 미국 질병관리본부와 세계보건기구에서 전문가들이 파견되어 의심되는 것을 샅샅이 뒤지고, 혹시 무언가 빠뜨리지나 않았는지 조사에 조사를 거듭했을 것이다. 하지만 일은 그렇게 흘러가지 않았다.

1970년대 이전에 인구 집단을 연구하고 당뇨병 환자가 급격히 늘어난다는 사실을 언급한 공중보건 전문가와 임상 의사들은 보통 한 가지 원인을 유력한 용의자로 지목하곤 했다. 바로 설탕이다. 탄수화물 대사질환이 점점 많이 생기는 이유는 사람들이 탄수화물의 일종인 설탕을 한 세기 전, 아니 불과 20~30년 전까지만 해도 상상할 수 없었을 정도로 많이 섭취하면서 생긴 현상이라는 것이다.

산업혁명 이후 미국과 영국에서는 설탕 섭취가 폭발적으로 늘어나면서 제과 산업, 시리얼 산업, 가당음료 산업이 탄생했다. 군것질거리로 초콜릿 바와 아이스크림을 손쉽게 구할 수 있게 되자 당뇨병 또한 거침없이 증가했다. 설탕과 설탕이 잔뜩 든 식품이 전 세계를 휩쓸면서 당뇨병 또한 전 세계를 휩쓸었다. 아프리카, 인도, 아시아, 중앙아메리카 및 남아메리카에서 고향을 버리고 도시로 옮겨가 임금 노동자가 된 농부들은 식습관도 달라졌다. 자신들이 사는 땅에서 나는 곡물, 전분, 과일을 먹지 않고 상점과 시장에서 설탕이 잔뜩 든 음료와 먹거리를 구입하기 시작하면 어김없이 당뇨병이 나타났다. 1974년 켈리 웨스트는 미국 원주민의 당뇨병 유행에 대해 이렇게 말했다. "예전에는 여기저기 돌아다니며 사냥을 하고 고기를 먹었죠. (…) 사람들은 칼로리 중 상당 부분을 지방으로 섭취했습니다. (…) 하지만 이후 지금까지 당뇨병이 급격히 증가한 미국 원주민 부족 대부분에서 설탕 소비가 꾸준히 증가했습니다. 알래스카, 캐나다, 그린란드 에스키모와 폴리네시아에서도 똑같은 현상이 관찰됩니다."[44]

매우 드물지만 설탕 섭취가 감소한 경우 예외 없이 당뇨병 사망률도 감소했다(예를 들어 제1차 세계대전 중에는 정부 배급과 공급 부족으로 설탕 섭취가 감소했다). 1924년 헤이븐 에머슨과 루이스 래러모어는 이렇게 썼다. "설탕 섭취가 증가하거나 감소하면 상당히 규칙적으로 (…) 당뇨병 사망률의 비슷한 증감이 뒤따른다."[45]

1974년 설탕업계는 여론 조사 업체를 고용하여 설탕에 대한 의사들의 견해를 조사했다.[46] 대부분 설탕 섭취가 당뇨병의 발생을 가속화할 것이라고 답했다.(스누피와 붉은 남작✦이 등장하는 시리얼 광고를 제작한 광고회사 중역은 설탕이 듬뿍 든 시리얼을 자녀에게 먹이느냐는 질문에 절대로 먹이지 않는다고 인정했다. "그걸 한 그릇 먹으면 인슐린 주사가 필요할 거요."[47]) 1973년 당시 가장 영향력 있는 영양학자였던 하버드 대학교 공중보건대학원의 장 메이어는 설탕이 "당뇨병에 유전적으로 취약한 사람에게 원인적 역할을 한다"고 주장했다.[48] 당연한 질문이 뒤따랐다. 상해를 입거나

✦ Snoopy and the Red Baron. 붉은 남작이란 제1차 세계대전 중 독일 공군의 전설적인 전투기 조종사 만프레트 폰 리히트호펜Manfred von Richthofen의 별명으로 비행기를 항상 빨갛게 칠하고 다닌 데서 유래했다. 만화 〈스누피〉의 원작자 찰스 슐츠는 붉은 남작을 등장시켜 〈스누피와 붉은 남작〉이라는 만화를 발표했는데 선풍적인 인기를 끌어 영화로 제작되는 한편, 동명의 노래도 크게 히트했다.(옮긴이)

종양이 생겨 췌장 기능이 저하된 드문 경우를 제외하고, 유전적으로 취약하지 않은 사람은 어떻게 될까? 그럼에도 설탕과 기타 감미료에 관한 학회가 열리면 연구자들과 임상 의사들은 설탕이 당뇨병의 원인인지, 유전적으로 당뇨병에 취약한 사람에게 실제로 병을 일으키는 데 어느 정도 관여하는지를 두고 논쟁을 벌이곤 했다.[49]

하지만 1970년대 후반에 이르면 설탕에 대한 논쟁이 대부분 자취를 감춘다. 지방 섭취가 심장질환의 원인이라는 인식이 보편화된 것이다. 영양학자들과 보건 당국은 설탕이 심장질환 및 관련 질병의 원인일지도 모른다는 생각을 부정했는데, 비만과 당뇨병은 모두 '관련 질병'에 포함되었다.

또한 이들은 학계에서 거의 검증된 바 없고 실제로 그런지 불분명한 두 가지 가정을 기정사실로 받아들였다. 첫째는 제2형 당뇨병이 비만 때문에 생긴다는 것이었다. 당뇨병과 비만은 인구 집단에서든 개인 차원에서든 너무나 밀접하게 연관되었고, 거의 항상 비만이 먼저 나타났다(하지만 제2형 당뇨병 환자 열 명 중 한 명 이상은 비만이나 과체중이 아니다). 두 번째 가정은 세계보건기구의 발표문에 따르면 이렇다. "비만과 과체중의 근본적인 원인은 섭취한 칼로리와 소모한 칼로리 사이의 에너지 불균형이다."[50] 1976년 하버드 대학교 영양학과의 설립자이자 학과장인 프레드 스테어는 전국 텔레비전 방송에 출연하여 이렇게 말했다. "미국인의 식단에서 유일한 문제는 우리가 너무 많이 먹어댄다는 것입니다."[51] 과식과 함께 교통수단의 변화와 노동 기계화로 인한 신체활동 감소 역시 주목받았다.

보건 당국은 비만과 당뇨병의 원인을 규명하기 위한 조사가 필요하다고 생각하지 않았다. 원인이 너무 명백하다고 믿었던 것이다. 미국,

유럽, 아시아 등 세계 전역에서 당뇨병을 예방하기 위한 노력은 거의 예외 없이 음식을 적게 먹어 칼로리 섭취를 줄이고, 특히 칼로리가 높은 "기름기 많은 음식"을 피하며, 신체 활동을 늘리는 것이 목표였다.[52]

한편 최근 들어 미국에서 당뇨병이 급증한 것은(미국 질병관리본부에 따르면 1960년대부터 지금까지 800퍼센트 증가했다)[53] 설탕 섭취의 현저한 증가와 일치한다. 정확히 말하면 설탕'들', 식품의약국의 표현으로 "칼로리를 지닌 감미료"인, 사탕수수와 사탕무에서 얻는 자당과 비교적 새로운 발명품인 액상과당 섭취의 급증과 일치한다고 해야 할 것이다.

25년간 설탕과 단것의 역할을 무시하거나 축소한 끝에 이제야 많은 권위자와 기관에서 사실은 이것들이 비만과 당뇨병의 주원인이며, 무거운 세금을 물리거나 규제해야 한다고 목소리를 높인다. 그러나 이들조차 아직도 설탕이 직접 질병을 일으키는 것이 아니라, 너무 맛이 좋아 지나치게 많이 먹게 되는 "빈 칼로리✦이기 때문이라고 생각한다. 정제당과 액상과당 속에 단백질, 비타민, 미네랄, 항산화물질, 식이섬유가 들어 있지 않기 때문에 식단에서 영양가 높은 식품을 밀어내고 그저 불필요한 칼로리를 더해서 살을 찌게 만든다는 논리다. 미국 농무부(최근 발표된 〈미국인의 식단 지침〉이라는 문건을 보라), 세계보건기구, 미국심장협회를 비롯한 많은 기관이 주로 이런 이유로 설탕 섭취를 줄이라고 권고한다.

설탕이 빈 칼로리라는 주장은 식품업계 입장에서 특히 편리하다. 당연한 이야기이지만 제품의 핵심 성분 중 하나이자 많은 경우 핵심 성분 그 자체인 물질에 '독성 물질'이라는 딱지가 붙는 것을 원하지 않기

✦ empty calories. 영양가는 없고 열량만 높은 식품.(옮긴이)

때문이다. 나중에 자세히 설명하겠지만 설탕업계는 1970년대에 설탕에 전면적으로 면죄부를 부여하는 데 핵심 역할을 했다. 미국당뇨협회와 미국심장협회 등 보건 단체들 역시 빈 칼로리라는 주장을 매우 편리하게 여긴다. 이들이 지난 50년간 모든 질병을 식이성 지방의 탓으로 돌리는 바람에 설탕은 곤경을 벗어날 수 있었다.

빈 칼로리 논리 덕분에, 설탕이 잔뜩 든 식품 또는 대부분의 칼로리가 설탕인 식품을 파는 회사들은 '우리도 할 만큼 하고 있다'는 명분을 내세울 수 있다. 어린이들에게 어떻게 하면 적게 먹고 적은 양의 음식에 만족하고 운동을 많이 할 수 있는지 교육하는 것으로 어린이 비만과 당뇨병의 대유행에 맞서 싸운다고 주장하는 것이다. 어쩌면 자신들이 문제가 아니라 해결책 쪽에 서 있다고 믿는지도 모른다. 2009년 코카콜라, 펩시코, 마스++, 네슬레, 허쉬를 비롯한 수십 개의 회사들이 식료품제조사협회Grocery Manufacturers Association, 미국영양사협회American Dietetic Association(현재의 미국 영양학회Academy of Nutrition and Dietetics), 미국 걸스카우트 등과 함께 건강체중달성재단Healthy Weight Commitment Foundation을 결성한 것처럼 말이다.[54] 빈 칼로리 논리는 정치적으로도 편리한 방편이다. 공직을 노리는 정치가치고 주요 식품 기업, 특히 설탕이나 음료업계 같은 강력한 로비를 펼치는 회사들을 등져서 좋을 게 하나도 없기 때문이다. 2010년 미셸 오바마는 어린이 비만에 대처하기 위해 시작된 유명한 프로그램 "움직여봐요"에 관해 이렇게 말했다. "이 프로그램은 어떤 산업도 악마로 취급하지 않습니다."[55]

이 책에서는 조금 다른 주장을 하려고 한다. 즉, 흡연이 폐암을 일

++ Mars. M&M 스니커스 등 초콜릿과 캔디를 주력으로 하는 종합식품 회사.(옮긴이)

으킨다는 사실을 입증할 때 사용된 간단한 인과관계의 개념을 이용하여 자당과 액상과당 같은 설탕이 당뇨병과 비만의 근본 원인임을 입증할 것이다. "과잉 섭취"나 "과식" 같은 말이 의미하는 것처럼 단순히 이런 설탕들을 너무 많이 먹기 때문에 당뇨병과 비만이 생기는 것이 아니라, 설탕 자체가 인체 내에서 독특한 생리학적, 대사적, 내분비적(호르몬 관련) 효과를 일으켜 질병들의 직접적인 원인이 된다는 뜻이다. 이 주장을 가장 강력하게 옹호하는 인물은 캘리포니아 대학교 샌프란시스코 캠퍼스의 소아내분비학 교수 로버트 러스티그 박사다. 이 주장에 따르면 설탕은 며칠에서 몇 주에 걸쳐 단기적으로 작용하는 독소가 아니라 몇 년에서 몇십 년 동안 우리 몸을 손상하며, 어쩌면 다음 세대까지 영향을 미친다. 엄마가 아기에게 무엇을 어떻게 먹이는가도 중요하지만 엄마 스스로 무엇을 먹는지, 그것이 자녀가 발달하는 자궁 내 환경을 어떻게 변화시키는지를 통해 문제를 다음 세대에 물려준다는 뜻이다.

어떤 인구 집단에서든 당뇨병 환자들은 태어날 때부터 유전적인 소인을 지니고 있어 당뇨병에 걸리기 쉬운 사람들이다. 하지만 그들은 물론 어쩌면 그들의 어머니, 어머니의 어머니들이 설탕 없는 세상, 적어도 최근 100년에서 150년보다 설탕이 훨씬 적은 세상에서 살았다면 절대 당뇨병에 걸리지 않았을 것이다. 진화생물학자라면 설탕을 당뇨병의 환경적 또는 식이적 유발물질이라고 부를 것이다. 유전적 소인을 발현하고 건강한 식품을 유해한 식품으로 바꾸는 물질이라는 뜻이다. 1974년 켈리 웨스트가 미국 원주민 집단을 연구한 후 주장했듯이, 어느 집단이든 섭취하는 식품에 설탕을 충분히 집어넣기만 하면 식물성 식품을 얼마나 먹고 동물성 식품의 비율이 얼마가 되든 결국 비만과 당뇨병이 유행한다. 이것이 사실이라면, 이런 질병들과의 싸움에서 조금이라도 진전을 보려면, 향후 비만과 당뇨병이 나타나는 것을 막으려면, 무엇보다 현재 진행 중인 엄청난 유행을 멈추려면, 우리는 반드시 설탕들과 설탕들을 만들고 판매하는 산업의 본 모습을 똑똑히 드러내고 알아야 한다.

설탕을 고발한다는 말의 의미는 당뇨병에만 국한되지 않는다. 비만하거나 당뇨병이 있는 사람들은 지방간질환도 생기기 쉽다. 이 병 또한 현재 서구 사회에서 유행 중이다. 미국 국립보건원에서는 알코올 섭취와 무관하게 미국인 네 명 중 한 명이 지방간질환을 지니고 있는 것으로 추정한다.[56] 이 병은 치료하지 않으면 간경화로 진행하여 결국 간이식을 받아야 한다. 또한 비만한 당뇨병 환자는 고혈압이 생기기 쉬우며 심장질환, 암, 뇌졸중, 아마도 치매와 알츠하이머병이 생길 위험도 더 높다.

현대 서구 사회에서 사망 원인의 대부분을 차지하는 이 만성 질환들은 인구 집단 및 환자 개인에게 한꺼번에 나타나는 경향이 있다. 당뇨병, 심장질환, 암, 뇌졸중, 알츠하이머병 모두 미국인의 10대 사망 원인에 포함된다. 결근과 생산성 감소를 포함하여 이 병들이 미국 사회와 의료 체계에 미치는 경제적 손실은 보수적으로 추정해도 연간 1조 달러에 이른다.[57]

종종 이 병들을 한데 묶어 서구식 생활 습관병, 또는 서구적 질병이라고 부른다. 이 질병들 사이의 관계에 주목하여 이제 암 연구자들은 비만이 암의 원인 중 하나라고 생각한다. 일부 알츠하이머병 연구자들은 알츠하이머병을 제3형 당뇨병이라고 부르기도 한다.[58]

이 병들은 모두 "인슐린 저항성"이라는 상태와 관련이 있다. 인슐린 저항성에 관해서는 더 깊게 알아보겠지만 우선 제2형 당뇨병과 아마도 비만의 가장 기본적인 문제라는 사실만 짚고 넘어가자. 따라서 이 질병들 중 하나(특히 제2형 당뇨병)를 유발한 원인이 이 질병들 모두를 유발할 가능성이 있다고 생각하는 것이 합리적이다. 과학자들은 이런 생각을 귀무가설이라고 한다. 연구, 토론, 조사의 출발점이라는 뜻이다. 자당과 액상과당이 비만과 당뇨병과 인슐린 저항성의 원인이라면, 다른 병을 유발하는 식이성 원인일 가능성 또한 매우 높다는 뜻이다. 간단히 정리해보자. 우리 식단에 설탕들이 없다면 관련 질병이 현재보다 훨씬 줄어들 것이다. 이 병들과 관련된 다른 질병, 즉 다낭성 난소증후군, 류머티즘성 관절염, 통풍, 정맥류, 천식, 염증성 장질환 등도 마찬가지다.

이 문제가 범죄 수사라면 사건을 맡은 수사관은 유력한 용의자, 즉 범인일 가능성이 높은 사람이 한 명이라는 가정에서 출발할 것이다. 왜냐하면 모든 범죄(앞서 언급한 모든 질병)가 아주 밀접하게 관련이 있기 때문이다. 용의자가 한 명이라는 가설이 증거를 설명하는 데 불충분하다고 입증되었을 때만 범인이 여러 명일 가능성을 생각할 것이다. 이 개념은 과학자들 사이에 오컴의 면도날✦이라는 비유를 통해 잘 알려져 있다. 아이작 뉴턴은 "자연적인 현상을 설명하는 데 옳고도 충분한 것보다 더 많은 원인을 받아들여서는 안 된다"[59]라고 했으며, 3세기 후 알베르트 아인슈타인도 같은 의미로 이렇게 말했다. "모든 것은 그보다 더 간결해질 수 없을 때까지 간결하게 설명해야 한다."[60] 말만 바꾸어 표현한 셈이다. 따라서 우리는 가장 단순한 가정에서 출발해야 하며, 그것으로 관찰한 모든 현상을 설명할 수 없을 때만 보다 복잡한 설명 즉 여러

✦ 어떤 현상을 설명할 때 가장 단순하고 간결한 가설을 취해야 한다는 원칙.(옮긴이)

가지 원인을 고려해야 한다.

그러나 의학계와 보건 당국은 그렇게 생각하지 않는 것 같다. 비만이 당뇨병을 일으키거나 가속화하며, 두 가지 병은 모두 지나친 영양 섭취와 오래 앉는 습관 때문에 생긴다는 생각을 굳게 믿는다. 현재의 대유행을 통제하지 못하고 있다는 데 대해서는 이 질병들이 "다양한 원인에 의한 복잡한 질병들" 또는 "다차원적 질병들"이라고 변명을 늘어놓을 것이다.[61] 이게 무슨 말일까? 이 질병들의 발생과 진행에 수많은 요인이 관여한다는 뜻이다. 유전은 물론이고 후성유전(세포 내에서 유전자들이 활성화되고 비활성화되는 방식이 변하는 것), 얼마나 많이 먹는지, 운동을 얼마나 하는지, 얼마나 잘 자는지, 환경 독소, 의약품, 어쩌면 바이러스, 항생제 사용이 장내 세균에 미치는 영향(요즘은 장내 불균형 또는 장내 세균총 불균형이라는 말을 쓴다) 등 수많은 요소가 관여하기 때문에, 한 가지 궁극적인 요인과 현대 식단에서 한 가지 결정적인 요소를 찾아낼 수 있다는 생각을 순진하기 짝이 없다고 치부해버리는 것이다.

반대 논리는 단순하다. 폐암은 두말할 것도 없이 다양한 원인에 의한 복잡한 질병이다. 대부분의 흡연자가 폐암에 걸리지 않으며, 폐암 환자 중 10분의 1 이상은 흡연과 무관하다.[62] 그러나 흡연이 폐암의 가장 중요한 원인이라는 사실은 널리 인정되며, 근거도 충분하다. 비만과 당뇨병과 관련 질병이 다양한 원인에 의한 복잡한 질병이든 아니든, 현재 전 세계를 휩쓰는 유행과 현대 서구식 식단 및 생활 습관 사이의 관련성은 명백하다. 이 관련성을 설명할 무언가가 있어야 한다. 그것이 무엇일까? 분명 우리는 50년 전 또는 150년 전 사람들과 다른 무언가를 하고 있으며, 우리의 몸과 건강이 그것을 반영한다. 그것은 도대체 무엇인가?

이 책의 목적은 설탕에 반대하는 논리를 명확히 하고, 지난 수백 년간의 논쟁에서 완강하게 지속되어온 오해와 선입견을 바로잡고, 개인적 사회적으로 설탕에 대해 합리적인 판단을 내리는 데 필요한 관점과 맥락을 제공하는 것이다. 지금 이 순간에도 사람들이 죽어간다. 문자 그대로 1초마다 수많은 사람이 현대 서구식 식단과 현대 서구식 생활 습관이 없던 시절에는 사실상 존재하지도 않은 병들로 인해 죽어간다. 무언가가 이들을 수명이 다하기 전에 죽이고 있다. 이 책은 설탕을 가장 유력한 용의자로 고발한다.

나는 지금까지 건강과 영양에 관해 두 권의 책을 썼다. 거기서 전체적으로 이런 질병들이 고도로 가공되어 쉽게 소화되는 모든 탄수화물(곡물과 전분이 풍부한 야채)과 관련이 있다는 증거들을 내놓았다. 물론 자당과 액상과당도 그 속에 들어간다. 그런데 설탕들은 독특한 특징이 있다. 탄수화물이 풍부한 다른 식품들이 문제를 일으키도록 만든다는 점이다. 따라서 이 식품들로 인해 생긴 질병, 특히 비만과 당뇨병을 치료하려면 설탕뿐 아니라 탄수화물의 일부 또는 전부를 제한해야 하는 경우가 많다.

이 책에서는 우리 식단에서 설탕이 구체적으로 어떤 역할을 하는지 그리고 건강한 식단과 비만, 당뇨병, 심장질환, 암, 기타 관련 질병을 일으키는 식단의 차이가 사실은 설탕 함량일 가능성에 초점을 맞출 것이다. 이 가정이 사실이라면 인구 집단이든 개인이든 설탕만 거의 섭취하지 않는다면 탄수화물 함량이 높은 식단, 심지어 곡물 함량이 높은 식단을 선택하더라도 최소한 합리적인 수준으로 건강하게 살 수 있을 것이다. 몇 세대에 걸쳐 설탕 소비가 늘어나고, 인슐린 저항성이 생겨나고, 비만과 당뇨병과 관련 질병들이 유행했다. 일단 시작되면, 쉽게 소화되는 탄수화물이 그 과정을 가속화한다. 나의 주장이 옳다면 이 질병들을 예방하기 위해 가장 먼저 취해야 할 조치는 식단에서 설탕을 제거하는 것이다.

이 주장을 근거로 선량한 의도에도 불구하고 지난 100년간 비만과 당뇨병과 영양에 대해 끊임없이 이어져온 잘못된 충고에서 벗어날 수도 있을 것이다. 20세기 내내 설탕이 인슐린 저항성과 당뇨병, 많은(어쩌면 모든) 관련 질환을 일으킬지 모른다는 증거가 축적되어 왔는데도 연구자들과 연구비를 지원한 보건 기관들은 이 사실을 무시하거나 부정했다. 다른 요인이 원인일 수 있다는 근거 없는 가정과 선입견 때문이었다. 식이성 지방이 문제라거나, 음식의 종류를 불문하고 지나치게 많은 칼로리를 섭취하여 살이 찐다는 단순한 생각이 바로 그것이다. 이 책에서 나는 그간의 판단 오류와 함께 올바른 판단의 근거가 되는 과학적 사실을 조목조목 설명할 것이다. 설탕이 매우 독특한 독성을 지닌다고 주장할 수는 있다. 어쩌면 켈리 웨스트가 당뇨병에 대해 말했듯 담배나 “모든 전쟁을 합친 것”보다 더 많은 사람을 조기에 사망시키고 있는지도 모른다.[63] 하지만 확신을 지니고 주장하려면 왜 이런 결론이 일반적 상식이 되지 못했는지를 먼저 이해해야 한다.

이야기를 풀어가면서 나는 역사적 관점을 확고하게 갖추고 과학적 문제의 핵심을 바라볼 것이다. 역사는 과학 자체와 과학의 전개 과정을 이해하는 데 결정적인 열쇠다. 많은 과학 분야에서 과학을 역사적 맥락과 함께 가르친다. 예를 들면 물리학과 학생들은 진실이라고 믿는 것은 물론 살아남지 못하고 중도에 탈락한 가정도 배운다. 그리고 어떤 실험과 어떤 증거, 누구의 권위와 기발한 착상에 의해 진실과 가정이 확립되고 기각되었는지를 공부한다. 뉴턴, 아인슈타인, 전자기 방정식을 제시한 맥스웰, 우주의 양자적 성질을 이해하는 데 기여한 하이젠베르크, 플랑크, 슈뢰딩거 등 인간의 이해를 진보하는 데 기여한 물리학자들의 이름은 정치가나 다른 역사적 인물만큼 유명하다. 하지만 오늘날 의학 교육은 영양학 등의 관련 학문과 마찬가지로 대부분 역사적 맥락을 도외시한다. 학생들은 무엇을 믿어야 하는지 배우지만, 그런 믿음의 근거를 항상 같이 배우는 것은 아니다. 많은 경우 믿음에 의문을 제기할 수도 없다. 또한 의학 교육은 물리학과 달리, 엄격하고 체계적인 시련을 버티지 못하고 논박된 모든 것에 의문을 제기하라고 가르치지 않는다. 그러나 과학을 배우는 모든 사람은 왜 어느 개념을 믿어야 하고 어느 개념은 믿어서는 안 되는지, 그 근거는 무엇인지 반드시 알아야 한다. 개념이 자리 잡은 역사를 모르고는 옳고 그름을 알 수 없으며, 사실상 의문을 가져야 할 이유도 없다.

오늘날 당뇨병 전문가들이 종종 설탕이 당뇨병을 일으키지 않는다고 주장하면서도, 어떻게 해서 그런 결론이 나왔으며 그 근거는 무엇인지에 대해서는 거의 생각하지 않는 이유가 바로 여기에 있다. 수많은 의사와 연구자가 소비하는 것보다 더 많은 칼로리를 섭취하기 때문에 살이 찐다는 개념을 금과옥조처럼 되뇌면서도 그 기원을 거의 알지 못하는 이유도 바로 여기에 있다. 비만을 호르몬 장애로 바라보는 시각을 갖는다면 "에너지 균형"으로 설명할 수 없는 데이터와 소견을 설명할 수 있다는 사실은 물론, 이런 시각이 존재한다는 것조차 거의 알려지지 않은 이유도 마찬가지다.

이 책을 쓰면서 나는 우리가 먹는 음식이 어떻게 체중과 건강에 영향을 미치는지 논의해온 역사를 회복하는 한편, 이 작업이 음식 속 설탕이라는 너무나도 중요한 주제의 맥락 속에서 이루어지기를 바란다.

논의를 계속하기 앞서 마지막으로 몇 가지 사실을 명확히 하고자 한다.

첫째, 우선 나는 식단 속의 설탕이 그렇게까지 나쁜 역할을 하는 것은 아니라고 변호하는 사람들이 항상 내세우는 핵심적인 사실을 인정할 것이다. 설탕산업과 설탕이 듬뿍 든 제품을 생산하는 사람들이 항상 주장하듯 현재의 과학으로는 설탕이 독특한 유해성을 지닌다는 사실, 즉 수십 년간에 걸쳐 우리 몸을 손상하는 독소라는 사실을 완벽하게 입증하기란 불가능하다. 설탕에 관한 증거는 담배에 관한 증거만큼 명확하지 않다. 하지만 이것은 과학의 실패가 아니라 그 한계에 관한 문제다.

담배의 경우, 흡연자와 비흡연자를 비교하여 폐암이라는 단 한 가지 질병의 발생률이 비흡연자에서 매우 낮다는 차이점을 발견할 수 있었다. 이 연구들은 1940년대 후반에 처음 수행되었는데 애연가가 비흡연자에 비해 위험도가 20~30배 높다는 결과가 나왔다.[64] 두 집단의 차이가 너무나 명백해서 담배 외에는 다른 합리적인 설명을 상상조차 할 수 없었다.(담배업계가 이런 설명을 시도하지 않은 것도 아니다.)

설탕의 경우, 가장 능력 있는 연구자라도 할 수 있는 일은 엄청나게 많은 설탕을 섭취하는 사람들을 서로 비교하는 것뿐이다(여기서 엄청나게 많은 양이란 적어도 산업화되지 않은 사회의 섭취 수준과 비교했을 때 그렇다는 뜻이다). 설탕을 많이 섭취하는 사람들과 설탕 섭취를 피하는 사람들을 비교할 수는 있다. 하지만 그것은 사실상 무엇이 건강한 삶이냐에 대해 크게 다른 철학을 갖고 있는 사람들을 비교하는 셈이 된다. 설탕 섭취량뿐만 아니라 다른 많은 조건이 유의하게 다른 집단을 비교하게 되는 것이다. 또한 오늘날 너무도 흔한 질병들의 유병률과 발생률이 크게 다른 집단들을 비교하게 될 것이다. 연구의 목적이 설탕이 사라진 세상에서도 이 질병들이 흔하게 발생할지를 알아보는 것인데 말이다. 설탕 섭취자와 비섭취자를 비교하는 연구에는 담배와 폐암의 관계에 대한 연구에 아예 존재하지 않았던 문제와 어려움이 수반된다.

이 문제를 극복하는 한 가지 방법은 설탕을 거의 섭취하지 않았던 인구 집단을 설탕 섭취량이 많은 인구 집단과 비교하는 것이다. 이런 연구는 종종 동일한 집단을 20년, 50년, 100년 후에 관찰하는 방식으로 이루어진다. 그렇더라도 설탕 소비량의 차이는 건강 상태의 차이를 설명할 수 있는 수많은 요인 중 하나일 뿐이다. 유능한 검사가 정황 증거만으로 설득력 있는 주장을 펼칠 수 있는 것처럼 이런 연구 방법으로도 설득력 있는 주장을 펼칠 수는 있겠지만, 관찰되는 건강상의 효과들을 일으키는 것이 무엇인지 확실히 단정하기에는 충분치 않다.

설탕을 법정에 세우거나, 담배나 알코올처럼 정부가 규제하도록 만들기에 충분한 증거를 제시할 수 있을지는 더 두고 봐야 한다. 하지만 스스로 설탕을 피하거나 섭취량을 최소화하겠다고 결심하고, 자녀를 설득하는 데 충분한 근거를 확보하고 합리적인 생각을 할 수 있느냐 하는 것은 전혀 다른 문제다. 이 책에서 대답하고자 하는 것은 바로 이런 질문들이다.

둘째, 설탕 또는 설탕들이라고 할 때 정확히 무엇을 의미하는지 확실히 해둘 필요가 있다. 언뜻 보기엔 확실한 것 같지만 이 부분은 지금까지 전혀 명확하지 않았다. 오늘날의 개념은 설탕이 건강에 미치는 영향을 둘러싼 논란이 수백 년간 계속되면서, 수많은 오류와 그릇된 결론으로 얼룩진 끝에 형성되었다. 이 문제의 권위자라는 사람들조차 종종 자기가 무슨 소리를 하는지 몰랐고, 따라서 다양한 유형의 당糖이 인간의 건강에 근본적으로 다른 영향을 미칠지도 모른다는 사실을 이해하지 못했다. 이런 혼란은 여전히 존재한다.[65] 지난 10년 동안 설탕과 건강에 관해 수많은 논문이 발표되었지만, 가장 영향력 있는 몇몇 논문조차 여기서 벗어나지 못했다.

생화학적으로 '당'이라는 말은 '탄수화물'이라는 단어의 의미 그대로 탄소, 수소, 산소 원자로 구성된 일련의 분자를 가리킨다. 포도당glucose, 갈락토오스galactose, 덱스트로오스dextrose, 과당fructose, 유당lactose, 자당sucrose등 영어로 모두 '-ose'라는 어미로 끝나며, 우리말로는 '-당' 또는 '-오스'로 옮긴다. 당들은 모두 물에 녹으며, 정도의 차이가 있지만 우리 인간에게 단맛으로 인식된다. 의사와 연구자들이 '혈당'이라고 할 때는 포도당을 뜻한다. 우리 혈액 속에서 순환하는 당은 사실상 모두 포도당이기 때문이다. 하지만 '설탕' 또는 '당분'이라고 할 때는 대개 자당을 일컫는다. 커피나 차에 넣거나 음식을 조리할 때 뿌리는 하얀 결정체 말이다.

자당은 두 개의 작은 당분자(단당류)인 포도당 하나와 과당 하나가 결합하여 더 큰 당분자(이당류)가 된 것이다. 과당은 자연적으로 과일과 꿀 속에 존재하는데 모든 당 중에 가장 달다. 설탕이 특별히 단맛이 강한 것은 과당 때문이다. 최근 학계에서는 과당에 독성이 있는지 꾸준히 의문을 제기하고 있다. 빵이나 감자 등 탄수화물이 풍부한 다른 식품은 소화되면 거의 모두 포도당으로 변하는 반면, 설탕(자당)에는 상당량의 과당이 들어 있다. 하지만 우리가 포도당을 빼고 과당만 섭취하는 일은 없기 때문에, 과당과 포도당 각각에 독성이 있느냐고 묻는 것보다 이들이 거의 같은 양으로 결합된 설탕에 독성이 있는지 묻는 것이 더 적절할 것이다.

여기까지도 충분히 혼란스럽지만 1970년대에 액상과당이 개발되자 더 큰 혼란이 초래되었다. 이후 10년 남짓한 기간 동안 액상과당은 미국에서 소비되는 정제당(자당)의 상당 부분을 잠식했다. 액상과당에도 몇 가지 제형이 있는데, 가장 흔한 것은 HFCS-55이다. 55퍼센트는 과당, 45퍼센트는 포도당이라는 뜻이다.[✦66] 설탕은 50퍼센트가 과당, 50퍼센트가 포도당이다. 사실 액상과당은 청량음료 특히 코카콜라의 맛과 당도를 거의 변화시키지 않으면서 그 속에 든 설탕을 보다 값싼 물질로 대체하기 위해 개발되었다.

미국 농무부는 자당과 액상과당을 꿀, 메이플 시럽(두 가지 모두 포도당과 과당이 함께 들어 있다)과 함께 "칼로리가 있는" 또는 "영양을 제공하는" 감미료로 분류한다. 사카린, 아스파탐, 수크랄로스 등 사실상 칼로리가 0인 인공 감미료와 구분하는 것이다. 공중보건 당국은 종종 자당과 액당과당을 한데 묶어 "첨가당added sugar"이라고 부른다. 이 용어는 과일과 야채 속에 자연적으로 함유된 비교적 적은 양의 "성분당"과 구분하기 위한 것이다.

HFCS-55가 도입된 시점이 미국에서 비만이 유행하기 시작한 시점과 대략 일치하기 때문에 나중에 학계와 언론에서는 액상과당이 비만의 원인이라고 주장하기도 했다.[67] 이 주장은 액상과당이 어떤 식으로든 설탕과 다르다는 뜻을 내포한다. 액상과당은 즉시 현대적 식단의 가장 나쁜 요소로 부각되었다. 뉴욕 대학교의 영양학자 매리언 네슬이 말했듯, 이것이 "모든 사람이 가공식품을 불신하게 된 계기"였다.[68] 액상과당이 아니라 설탕으로 단맛을 낸 펩시콜라 캔에 "천연 설탕"이 함

✦ 2010년 일부 인기 있는 설탕 함유 음료에서 과당 함량이 최대 65퍼센트에 이른다는 분석이 나와 이 비율에 의문이 제기되었다.

유되어 있다고 자랑스럽게 적혀 있는 것도 이런 이유에서다. 역시 설탕으로 단맛을 낸 뉴먼스오운사++의 레모네이드는 포장에 큼지막하게 "액상과당 무함유"라는 문구를 찍고, 성분표에 "사탕수수 설탕cane sugar"이 들어 있다고 표기한다. 2010년 미국 옥수수가공협회는 식품의약국에 청원을 넣었다.[69] 식품 성분표에 액상과당을 "옥수수 설탕"으로 표기하게 해달라는 것이었다. 사회적 낙인을 피하려는 몸부림이었다. 설탕업계는 이런 움직임을 저지하기 위해 즉시 소송을 걸었으며, 옥수수가공협회도 맞고소로 대응했다. 2012년 식품의약국은 옥수수가공협회의 청원을 기각했다.[70] 설탕이란 "고체이며, 건조한 상태로 결정화된 감미료"인데 액상과당은 그렇지 않다는 것이었다. 이에 따라 아직도 액상과당은 옥수수로 만든 시럽의 일종이라고 확실히 정의된다.

이 모든 논란은 설탕업계에는 대단히 도움이 되었을지 몰라도 가장 중요한 논점을 흐리는 결과를 낳았다. 설탕이 과당이 아니듯, 액상과당도 과당이 아니다. "고과당" 옥수수 시럽이라고 부르는 이유는 액상과당이 기존 옥수수 시럽에 비해 포도당 대비 과당의 비율이 더 높기 때문이다. 19세기에 처음 개발된 옥수수 시럽은 식품과 음료산업에서 설탕의 지위를 위협할 만큼 단맛이 강하지 않았다. 우리 몸은 설탕과 액상과당에 똑같은 반응을 보이는 것 같다. 과당을 연구하는 생화학자들이 세계 최고의 전문가라고 인정하는 스위스 로잔 대학교의 뤼크 타피는 2010년 관련 연구를 모두 검토한 후 액상과당이 다른 방식으로 얻은 설탕에 비해 더 유해하다는 증거는 "단 한 가지도 없다"고 했다.[71] 하지

++ Newman's Own. 유명 영화배우 폴 뉴먼이 설립한 식품회사. 수익금 전액을 동명의 재단에 기부하여 교육과 자선 사업에 사용한다.(옮긴이)

만 이 책에서 내가 다룰 주제는 두 가지가 모두 유해한지 유해하지 않은지를 알아보는 것이지, 하나가 다른 하나보다 더 나쁜지 알아보는 것이 아니다.

이 책에서는 '설탕' 또는 '설탕들'이라는 단어를 엄격하게 사용하기보다 문맥에 따라 융통성을 발휘했다. 자당과 액상과당이 비슷한 정도로 사용되는 현재의 상황에 대해 이야기할 때 '설탕'이란 두 가지를 함께 이르는 말이다. 액상과당이 도입된 1970년대 말 이전을 이야기할 때 '설탕'은 오로지 자당을 뜻하는 것으로, 때로 이 점을 강조하기 위해 사탕무 설탕 또는 사탕수수 설탕이라고 명시했다. 특정 단당류에 대해 이야기할 때는 과당, 포도당, 유당 등으로 지칭했으므로 혼란스러울 일은 없을 것이다.

논의를 진행하기 앞서 마지막으로 명확히 해둘 것은 현재 또는 과거의 특정 시점에 우리가 얼마나 많은 양의 설탕, 즉 칼로리를 지닌 감미료를 소비했는지에 관해서다. 1970년대에 정부 기관, 역사학계, 언론에서 인용한 1인당 섭취량(이 책에 사용된 수치)은 현재 농무부에서 사용하는 용어로 설탕의 "인도량delivery"이다.[72] 이 말은 산업계에서 시장에 공급한 양을 뜻한다. 계산 방법은 간단하다. 국내 생산량에 수입량을 더하고 수출량을 뺀 후, 인구로 나누면 된다. 각국 정부는 세금이나 관세를 부과하거나 그 밖의 다른 목적으로 이 수치를 계산했기 때문에 당연히 합리적인 수준에서 정확성을 기했다. 따라서 이 수치는 비교적 믿을 만하며, 이를 근거로 어떤 경향을 이야기한다고 해서 크게 잘못될 일은 없다. 예를 들어 2014년 미국 농무부에서 1인당 55킬로그램의 설탕과 액상과당이 소매업계에 인도되었다고 보고한 수치를 미국 내 인도량(우리의 가정에 따르면 섭취량)이 최고점을 기록한 1999년의 70킬로그램과 비교하는 것이 의미 있으며, 두 가지 수치 모두를 200년 전 10킬로그램 내외에 불과했던 1인당 인도량과 비교할 수 있다고 가정한다.[73]

그러나 1980년대에 식품의약국은 한 건의 보고서를 발표하면서(8장에서 자세히 알아본다) 다양한 기관에서 시장에 공급한 설탕 중 실제로 소비된 양이 얼마인지 추정해보려고 노력했다.[74] 예를 들어 오래된 과자나 빵, 김 빠진 청량음료, 컵과 캔의 밑바닥에 남은 소량의 주스 속에 들어 있는 설탕은 사람의 몸속에 들어가지 않고 그대로 버려질 것이다. 그 양이 상당하리라는 것은 충분히 짐작할 수 있다. 당국에서 실제 섭취량을 추정할 때는 주로 개인에게 무엇을 먹고 마셨는지 기억해보라고 묻는 방식으로 조사한다. 이런 조사를 통해 얻은 데이터는 농무부에서도 인정하듯 신뢰성이 크게 떨어진다.("식품을 통해 버려지는 양을 정확하게 측정하는 데는 한계가 있으므로 실제 손실률은 우리의 가정과 다를 수 있다."[75])

이 글을 쓰는 현재 보고된 가장 최근 데이터는 2014년 통계다. 농무부는 그해에 평균적인 미국인이 산업계에서 인도한 52킬로그램 중 고작 30킬로그램의 설탕과 액상과당을 섭취했다고 보고했다.[76] 60퍼센트에 약간 못 미친다. 합리적으로 믿을 만한 수치(52킬로그램의 인도량)가 신뢰할 수 없는 수치(30킬로그램의 섭취량)로 둔갑해버렸다. 역사적인 경향과 비교할 수 있는 수치가 비교할 수 없는 수치로 바뀐 것이다.

설탕업계는 후자, 즉 더 적은 숫자를 좋아한다. 2011년 한 설탕 업체 중역은 이메일에 이렇게 썼다. "1인당 감미료 섭취량 추정치가 낮을수록 우리 이익에 부합한다는 점을 인지하고 있습니다."[77] 숫자가 적을수록 우리가 생각만큼 설탕과 액상과당을 많이 섭취하지 않는다는 인상을 주기 때문이다. 하지만 이 수치는 과거 수치와 비교할 수 없다. 수십 년 전 또는 수세기 전의 설탕 인도량을 소실량으로 보정하여 의미 있는 추정치를 낼 방법이 없는 것이다. 우리가 오늘날 섭취하는 다른 식품의 양과 비교하여 의미 있는 결론을 이끌어낼 수도 없다. 소위 '보정치'라는 이 수치는 신뢰할 수 없는 조사와 근거 없는 가정에 의해 얻어진 것이기 때문이다.

논의를 단순화하기 위해 이 책에서는 대부분 연간 소비량을 제시할 것이다(예를 들어 1920년 미국의 경우 1인당 45킬로그램). 내가 인용한 자료에 같은 방식으로 기술되어 있기 때문이다. 하지만 이 수치는 원칙적으로 설탕업계에서 소비자에게 공급한 설탕의 양, 즉 인도량을 뜻한다는 사실을 염두에 두기 바란다. 섭취량을 적절히 반영하지 못한다고 생각되는 수치를 인용할 때는 솔직히 명시할 것이다. 상당히 혼란스럽고 헷갈리는 일이지만 최선을 다해 명확히 기술해보겠다.

1 ____ 설탕, 약물인가 식품인가?

1923년 헌더프에서 그 사탕 가게는 우리 삶의 중심이었다. 우리에게 그곳은 술꾼으로 말하자면 선술집이요, 주교로 말하자면 성당이나 다름없었다. 사탕 가게가 없다면 살아가야 할 이유도 없었으리라. (…) 단것이야말로 우리의 생명이었다.[1]
_ 로알드 달, 《발칙하고 유쾌한 학교》, 1984년.

꿀이나 설탕을 혀 위에 올렸을 때 경탄스러운 감각을 느끼는 순간을 상상해보라. 일종의 중독 같은 감각 말이다. 내가 그런 달콤함의 감각을 느끼는 상태에 가장 가깝게 접근해본 것은 간접적인 사건을 통해서였지만, 그렇더라도 강렬한 인상으로 남아 있다. 아들 녀석이 처음으로 설탕을 경험한 순간을 떠올려본다. 첫돌을 맞아 준비한 케이크 위에 뿌려진 장식용 설탕가루였다. 물론 아이작의 얼굴에 떠오른 표정(그리고 거의 맹렬할 정도로 그 경험을 반복하기를 원하는 태도)으로 짐작할 뿐이지만, 아이가 최초로 설탕과 조우한 그 순간에 완전히 도취되었다는 사실은 너무나 명백했다. 문자 그대로 황홀경이었다. 아이는 쾌락에 제정신이 아니었다. 더 이상 불과 몇 분 전에 존재한 시간과 공간 속에서 나와 함께 있지 않았다. 한입 먹을 때마다 아이작은 놀란 표정으로 나를 올려다보았다.(아이는 내 무릎에 앉아 있었고, 나는 포크로 그 기막힌 케이크를 한 조각씩 떼어 벌어진 입속에 넣어주었다.) 마치 경탄에 가득 차 이렇게 소리 지르는 것 같았다. "세상에 이런 게 있었어요? 이제부터는 이 맛에 목숨이라도 걸겠어요."[2]
_마이클 폴란, 《욕망하는 식물》, 2001년.

로알드 달과 마이클 폴란이 옳다면, 우리가 혀로 느끼는 설탕의 맛이 일종의 중독이라면, 어떻게 될까? 이 말은 결국 설탕 자체가 중독성 물질 즉 일종의 약물이라는 뜻이 된다. 우리를 중독시킬 수 있는 약물, 활력을 불어넣을 수 있는, 그저 입에 넣기만 해도 그런 효과를 내는 약물을 상상해보라. 어디에도 비길 바 없는, 마음을 너무나 편안하게 가라앉혀주고 심지어 숭고한 경험으로 이끄는 효과를 위해, 주사를 맞거나 연기를 흡입하거나 코로 들이마실 필요가 없다면 어떨까? 그 약물이 사실상 모든 식품, 특히 액체로 된 식품에 잘 섞이고 유아에게 주었을 때 너무나 강렬하고 깊은 쾌락의 감정을 일으켜 일생 동안 간절히 바라게 된다면 어떨까?

이 약물을 과다 섭취하면 장기적으로 부작용이 있을 수 있지만, 단기적인 부작용은 전혀 없다. 어지럽거나 비틀거리지도 않고, 혀 꼬부라진 소리를 하지도 않으며, 기억이 사라지거나 의식이 혼미해지는 일도 없고, 가슴이 두근거리거나 숨쉬기가 힘들어지지도 않는다. 원래 어린이들은 감정이 롤러코스터처럼 변하지만, 이 약물을 주면 처음에 완전히 도취되는 순간에서 몇 시간 후 칭얼거리거나 엄청나게 짜증을 내며 한바탕 뒤집어지는 데 이르기까지(금단 증상일 수도 있고, 아닐 수도 있다) 자연적으로 관찰되는 감정 변화가 훨씬 극단적으로 나타날 수 있다. 무엇보다 이 상상의 약물은 적어도 그것을 투여하는 동안만큼은 어린이를 더없이 행복하게 만들어준다. 짜증을 가라앉히고, 통증을 덜어주며, 집중력을 높여주고, 약효가 사라질 때까지 기쁨과 흥분을 선사한다. 유일한 부작용이란 또 먹고 싶어진다는 점이다. 어쩌면 정기적으로 간절히 원하게 될 수도 있다.

부모가 필요할 때 자녀를 달래고, 통증을 누그러뜨리고, 짜증에 겨운 분노발작을 방지하고, 주의를 딴 곳으로 돌리기 위해 우리가 상상한 이 약을 사용하게 되기까지는 얼마나 걸릴까? 일단 이 약이 쾌락을 불러일으킨다는 사실을 알게 된 후 생일을 맞거나, 축구 시합에서 승리하거나, 학교에서 좋은 성적을 받은 것을 축하하기 위해 사용하기까지는 얼마나 걸렸을까? 사랑을 주고받고 행복한 순간을 기념하는 수단이 되는 데는 얼마나 걸렸을까? 가족이나 친구끼리 갖는 어떤 모임도 이것 없이는 불완전하게 느껴지고, 이 약물로 쾌락을 보장받는 것이 중요한 명절이나 축일을 정의하는 요소의 일부로 생각되기까지는 얼마나 걸렸을까? 세상의 가난한 사람들이 가족을 위해 영양가 있는 식사를 장만하는 대신 이 약을 구입하는 데 손에 쥔 몇 푼 안 되는 돈마저 기꺼이 내놓게 되기까지는 얼마나 걸렸을까?

독자들이 손에 든 이런 책을 쓰는 일이 크리스마스 분위기를 망치는 영양학적 대체물로 인식되기 훨씬 전에 인류학자 시드니 민츠가 설탕을 가리켜 말한 것처럼, 이 약물이 "도덕적인 공격을 거의 받지 않는 존재"가 되기까지는 얼마나 걸렸을까?[3]

설탕이나 단것을 섭취하는 경험을, 특히 어린이들의 경우에 이토록 쉽게 약물에 비유할 수 있는 이유는 무엇일까? 나도 아이들이 있다. 아직 비교적 어린 나이다. 그리고 나는 설탕과 단것이 아예 없다면, 아이들의 설탕 섭취를 관리하는 일이 부모가 감당해야 할 여러 가지 책임 중에서 끊임없이 중요한 주제로 떠오르지 않는다면, 아이들을 키우기가 훨씬 쉬울 것이라고 믿는다. "아무런 잘못이 없는 순진무구한 쾌락의 순간, 삶의 온갖 스트레스 사이에 존재하는 하나의 위안"이라고 쓴 영국 언론인 팀 리처드슨처럼 현대인의 식단에서 설탕과 단것이 차지하는 위치를 적극적으로 옹호하는 이들조차, 어린이들에게 "아무 때나 원하는 만큼 단것을 먹게" 해서는 안 되며 "대부분의 부모가 자녀의 단것 섭취를 제한하고 싶어 할 것"이라고 인정했다.[4]

왜 그래야만 할까? 포켓몬 카드, 〈스타워즈〉 기념품, 〈겨울왕국〉의 엘사가 그려진 책가방 등 어린이들은 온갖 물건을 간절히 갖고 싶어 한다. 간절히 먹고 싶어 하는 것도 많다. 왜 단것만 유독 제한해야 할까? 이 질문은 결국 설탕을 약물에 비유하는 것이 타당한지를 다른 방식으로 묻는 것이나 마찬가지다.

이 질문은 단순히 학문적 관심에 그치지 않는다. 모든 사람이 설탕에 대해 보이는 반응이 사실상 어린이들과 똑같기 때문이다. 한번 설탕에 노출되면, 어떤 인구 집단이든 쉽게 손에 넣을 수만 있다면 최대한 많은 설탕을 섭취한다. 문화적으로 또는 그때그때의 사정에 따라 음식에 제약이 가해지는 경우에도 마찬가지다. 사람들이 비만이 되고 당뇨병에 걸리는 것은 물론이고 어쩌면 그 이후에도, 과도한 섭취를 막는 일차 저지선은 설탕의 가격과 원활한 공급 여부다. 한 연구에 따르면 심지어 설탕을 견디지 못하는 캐나다 이뉴잇족도 마찬가지였다.[5] 이들은 유전적으로 설탕 속 과당 성분을 소화하는 데 필요한 효소가 없다. 하지만 "몹시 고통스러운 복통"에 시달리면서도 설탕이 함유된 음료와 사탕을 끊임없이 먹어댔다. 13세기에 설탕 0.5킬로그램의 가격은 달걀 360개에 해당했지만, 20세기 초반에 달걀 두 개 값으로 떨어졌다.[6] 수세기에 걸쳐 가격이 떨어지면서 섭취량은 꾸준히, 잠시도 쉬지 않고 계속 증가했다. 1934년 대공황기에도 사탕 판매량이 계속 증가하자 〈뉴욕타임스〉는 이렇게 논평했다. "불경기 중에도 이런 경향이 나타난 것을 보면 사람들은 사탕을 원하며, 한푼이라도 수중에 있는 한 사탕을 살 것이 분명하다."[7] 설탕 생산량이 소비량을 앞지른 짧은 기간 동안 설탕업계와 설탕이 듬뿍 든 식품을 제조하는 회사들은 수요를 늘리기 위해 끊임없는 노력을 기울였다. 그리고 이런 노력은 적어도 최근까지는 성공을 거두었다.

언론인이자 역사학자인 찰스 만은 과학자들이 논란을 벌이는 결정적인 질문을 우아하게 표현했다. "[설탕이] 실제로 중독성 물질인가 아니면 그저 사람들이 중독성 물질인 것처럼 행동하는 것인가?"[8] 이 질문에 대답하기는 쉽지 않다. 사람들과 인구 집단 전체가 설탕이 중독성 물질인 것처럼 행동하는 것은 분명하지만, 과학은 아직도 결정적인 증거를 내놓지 못했다. 최근까지도 설탕을 연구하는 영양학자들은 이 물질을 그저 탄수화물 즉 하나의 영양소로 바라보았을 뿐 그 이상은 아니었다. 때때로 그들은 설탕이 당뇨병이나 심장질환의 발생에 모종의 역할을 하는지 논란을 벌였지만, 설탕이 몸속이나 뇌 속에서 과도한 섭취를 유발하는 반응을 일으키는지는 논쟁한 적 없다. 이런 부분은 그들의 관심 밖이다.

유난히 단것에 끌리는 현상이나 왜 우리가 설탕을 과도하게 섭취하지 않도록 제한해야 하는지에 흥미를 느끼는 집단은 주로 신경학자와 심리학자들이다. 보통 그들은 중독 기전이 비교적 잘 알려진 다른 약물과 설탕을 비교한다. 최근 들어 이런 연구는 많은 관심을 끌고 있다. 공중보건 분야에서 전체 인구에 설탕 섭취를 제한하는 정책을 고려하고 있기 때문이다. 설탕이 담배처럼 실제로 중독성이 있다는 사실을 규명한다면 자연스럽게 규제로 이어질 수 있다고 생각하는 것이다. 물론 설탕은 영양소이지만, 동시에 몇 가지 추가적인 특성을 갖는 정신활성 물질이기도 하다는 점에서 매우 독특하다.

역사가들은 대체로 설탕이 약물이라는 은유가 적절하다고 생각한다. "설탕, 특히 고도로 정제된 자당이 특이한 생리학적 효과를 일으킨다는 사실은 잘 알려져 있다."[9] 지금은 세상을 떠난 시드니 민츠의 말이다. 그가 1985년에 출간한《달콤함과 권력》은 설탕의 역사에 관해 영어로 씌어진 두 권의 획기적인 책 중 하나로, 오늘날까지도 이 문제에 관해 글을 쓰는 사람들에게 없어서는 안 될 자료다.✦ 설탕의 효과는 "처음 사용하면 호흡, 심박수, 피부색 등이 급격히 변할 수 있다"고 묘사되는 알코올이나 카페인 함유 음료들과 달리, 눈에 띄거나 오래 지속되지 않는다. 민츠는 오랜 세월 동안 설탕이 차, 커피, 럼주, 심지어 초콜릿에도 가해졌던 종교적 비난을 피해왔다고 지적하면서, 설탕을 섭취한 유아들이 눈에 띄는 행동 변화를 나타냈을지 몰라도 일반적으로 다른 약물이 일으키는 "얼굴의 홍조, 비틀거림, 어지러움, 행복감, 목소리 높낮이의 변화, 혀 꼬부라진 소리, 눈에 띌 정도로 두드러진 신체 활동, 기타 섭취 후 나타나는 다른 징후"를 하나도 유발하지 않기 때문이라고 주장했다. 하지만 설탕은 당장 드러나지 않더라도 수년 또는 수십 년이 지난 후에 제대로 대가를 치르게 될 쾌락을 제공하는 것 같다. 민츠가 말했듯 당장 눈에 띄는 영향이 없기 때문에 "어느 누구도 장기적인 영양학적 또는 의학적 영향을 묻지도 않고 대답하지도 않는다". 오늘날 사람들은 미묘한 설탕 금단 증상이 나타난다고 해도 알아차리지 못할 것이다. 그런 증상이 나타날 만큼 오랫동안 설탕 없이 지내는 일이 없기 때문이다.

설탕은 차, 커피, 초콜릿, 럼주, 담배처럼 열대 지방이 원산지이며

✦ 또 하나는 1949년과 1950년에 걸쳐 두 권으로 출간된《설탕의 역사》라는 책이다. 거의 백과사전에 가까운 이 책의 저자 노엘 디어는 설탕 회사 중역으로 일하다 설탕 역사가가 되었다.

16세기 이래 유럽 제국의 존립 기반이 되었던 "약효성 식품drug food" 중 하나다(민츠의 표현이다). 민츠와 다른 설탕 역사가들이 설탕을 약물에 비유하는 것이 적절하다고 생각하는 이유가 여기에 있다. 설탕의 역사는 다른 약효성 식품의 역사와 밀접하게 얽혀 있다. 럼주는 사탕수수를 증류해서 만든다. 원산지에서 차와 커피와 초콜릿은 감미료를 넣지 않고 먹는다. 하지만 17세기 유럽에서는 설탕을 감미료로 첨가하고 가격이 감당할 수 있을 정도로 낮아진 후 소비량이 폭발적으로 늘었다. 사실 유럽에서는 이미 14세기부터 와인을 비롯한 술에 단맛을 내기 위해 설탕을 사용했다.[10] 심지어 인도에서 제조된 대마초와, 아편으로 만든 술과 시럽에도 주성분으로 설탕이 들어갔다.

더 약한 자극제인 카페인과 테오브로민이 미량 함유된 콜라나무 열매는 19세기 후반 들어 널리 사용되었다. 프랑스에서 코카 성분이 들어간 술인 콜라 와인이 나오더니 곧이어 코카콜라가 등장했다. 원래 코카콜라 속에는 코카인과 카페인이 들어 있었다. 설탕은 두 가지 물질의 쓴맛을 가리기 위해 첨가된 것이다. 코카콜라의 발명자인 존 펨버튼이 남북전쟁에서 입은 부상으로 인한 모르핀 중독자였다는 사실은 우연이 아니다. 코카콜라는 그가 더 센 약을 끊기 위해 발명하여 특허를 낸 몇 가지 약물 중 하나였다. 1884년에 발표된 한 논문에는 이렇게 씌어 있다. "코카coca와 마찬가지로 콜라kola 또한 상용하면 장시간 동안 굶주림과 피로감을 견게 될 수 있다. 생리학적 특성이 너무나 밀접하게 연관된 두 가지 약물은 필연적으로 처음부터 관심을 끌었다."[11] 20세기 초에 코카인을 뺐지만 이후 코카콜라가 거둔 대성공에는 거의 영향이 없었다. 코카콜라는 1938년에 한 언론인이 썼듯 "미국이 상징하는 모든 것이 승화된 정수"로서[12] 지구에서 가장 널리 유통되는 상품이자[13] "오케이"

에 이어 두 번째로 많은 사람이 알아듣는 단어가 되었다.

미국산 혼합 궐련의 역사는 1913년 R. J. 레이놀즈가 개발한 캐멀Camel에서 시작된다. 역시 대히트 상품인 궐련에서도 설탕은 담배만큼이나 중요한 성분이었다. 물론 지금도 그렇다. 1950년 설탕업계의 한 보고서에서 지적했듯이 흡연이 시가를 피우는 것만큼 "부드러운" 경험이 된 것, 대부분의 사람이 담배 연기를 폐 깊숙이 들이마실 수 있게 된 것은 바로 "담배와 설탕의 결혼" 덕분이다.[14] 미국산 혼합 궐련이 그토록 중독성과 발암성이 강해서 20세기 초에 미국과 유럽에서 흡연 인구가 폭발적으로 늘고, 머지않아 전 세계가 그 뒤를 따르면서 폐암이 유행한 것은 다름 아닌 "흡입성" 때문이다.

설탕, 니코틴, 카페인이 상륙하기 전까지 유럽에서 흔히 구할 수 있던 유일한 정신활성 물질은 알코올이었다. 하지만 세 가지 물질은 알코올과 달리 적어도 어느 정도는 자극성이 있었고, 이에 따라 매우 다른 경험을 제공했다. 그중 하나가 일상생활의 고된 노동을 견딜 수 있게 해주는 것이었다. 스코틀랜드의 역사가 니얼 퍼거슨은 이 물질들이 "18세기 판 각성제"였다고 썼다. "영국 사회에서 새로운 약물들은 만루 홈런을 터뜨렸다. 어떻게 보면 대영제국은 설탕, 카페인, 니코틴의 엄청난 붐 위에 세워졌다고 할 수 있다. 거의 모든 사람이 그 인기를 피부로 느낄 수 있었다."[15]

설탕은 무엇보다 부와 여유가 있는 사람들이 누리는 쾌락을 누릴 수 없는 수많은 사람에게 삶을 살 만한 것으로 만들어주었다(지금도 그렇다). 일찍이 12세기에 십자군 연대기를 기록한 작가 아헨의 알베르트는, 십자군이 오늘날 이스라엘과 레바논에 해당하는 지역의 들판에 자라는 사탕수수에서 얼마 안 되는 설탕을 맛보는 기회만으로도 "감내했던 모든 고난을 어느 정도 보상받는" 것으로 느꼈다고 묘사했다. "순례자들은 결코 그 달콤함을 사양하는 법이 없었다."[16]

17세기와 18세기에 걸쳐 노동계급도 누릴 수 있는 도락이 된 설탕, 차, 커피는 유럽과 아메리카의 일상을 완전히 바꾸어놓았다. 1870년대에 이르면 이 기호품들은 마침내 생필품의 지위에 오른다. 영국의 의사이자 연구자인 에드워드 스미스가 관찰한 바에 따르면 영국의 빈곤층은 경제적으로 어려운 시기에도 식단에서 설탕 섭취량을 줄이기보다 영양가 있는 식품을 희생하는 쪽을 택했다. 1970년대에 스미스의 조사 결과를 분석한 세 명의 영국 학자는 이렇게 썼다. "영양학적으로 볼 때, 설탕에 지출하는 돈을 일부라도 빵과 감자를 사는 데 쓰는 편이 훨씬 나았을 것이다. 같은 돈이 들더라도 이런 음식들은 훨씬 많은 열량은 물론, 설탕에 아예 함유되지 않은 단백질, 비타민, 미네랄 등을 제공하기 때문이다. 하지만 설탕의 단맛에 대한 기호는 불변의 요소로 고정되는 경향이 있었다. 고기 섭취를 줄이는 한이 있어도 설탕만큼은 먹겠다는 태도는 사람이 한번 설탕에 맛을 들이면 그 유혹에 저항하거나 유혹을 이겨내기가 힘들다는 우리의 믿음을 재차 확인해주었다."[17]

민츠는 설탕이 "이상적인 물질"이라고 했다. "설탕을 섭취하면 바쁜 생활이 덜 바쁘게 느껴진다. 잠시 한숨 돌린 후에 일과 휴식의 전환이 부드러워지거나, 적어도 그렇게 느껴지는 것이다. 설탕은 복합 탄수화물보다 훨씬 빨리 포만감과 만족감을 선사한다. 게다가 이미 익숙한 것들을 포함하여 다른 많은 식품과 잘 어울린다(차와 비스킷, 커피와 빵, 초콜릿과 잼을 바른 식빵). (…) 부유층과 권력층이 설탕을 그토록 좋아한 것, 빈곤층이 이내 설탕에 맛들인 것도 놀랄 일이 아니다."[18] 1891년 담배가 널리 보급되면서 폭발적으로 인기를 얻기 시작할 무렵 오스카 와일드가 이 새로운 도락에 대해 쓴 내용은 설탕에도 그대로 적용된다. "그것은 완벽한 쾌락이다. 섬세하고 강렬한 만족감을 남긴다. 더 이상 뭘 원한단 말인가?"[19]

설탕에 대한 갈망은 날 때부터 우리 뇌 속에 내장되어 있는 것 같다. 어린이가 태어난 순간부터 설탕에 즉각적인 반응을 보인다는 점은 분명하다. 300년 전 영국의 의사 프레더릭 슬레어는 갓난아기에게 설탕물과 맹물을 자유롭게 선택하도록 시험한 후 이렇게 썼다. "아기들은 한쪽을 탐욕스러울 정도로 세차게 빨았지만, 다른 한쪽에는 얼굴을 찡그릴 뿐이었다. 우유도 좋아하지 않았다. 하지만 설탕을 약간 첨가하여 모유만큼 달게 만들어주면 잘 먹었다."[20] 1970년대 초, 예루살렘의 히브리 대학교 구강생물학 교수인 제이콥 스타이너는 실험을 통해 슬레어가 관찰한 바를 확인했다. 스타이너는 모유나 기타 영양소를 접하기 전에 갓난아기들에게 설탕물을 빨린 후 반응을 관찰하고 얼굴 표정을 사진으로 찍었다. 그는 결과를 이렇게 보고했다. "'만족감' 비슷한 표정과 함께 얼굴이 현저히 이완되고, 종종 '희미한 미소'가 동반되었다." 거의 항상 "뭔가를 간절히 바라듯 윗입술을 핥고 빠는 동작"이 뒤따랐다. 쓴맛이 나는 용액으로 같은 실험을 반복하자 모든 신생아가 입 밖으로 뱉어냈다.[21]

이 결과는 한 가지 의문을 불러일으킨다. 단맛을 감지하려면 혀와 입천장과 식도 아래까지 섬세한 수용체를 발달시켜 극소량의 설탕만 존재해도 알아차리고, 그 감각을 전기 신호로 바꾼 후 신경을 통해 뇌의 변연계까지 전달하는 복잡한 과정이 필요하다. 그런데도 왜 우리 인간은 단맛을 좋아하도록 진화했을까?[22] 영양학자들은 보통 이렇게 설명한다. 자연계에서 단맛이란 칼로리가 풍부한 과일이나 모유의 존재를 알리는 역할을 한다(모유 속에는 유당이 들어 있다. 유당은 비교적 단맛이 강한 탄수화물로 칼로리로 따지면 모유의 40퍼센트를 차지한다). 따라서 이런 식품들을 찾아내고 독성이 강한 식품들의 맛(보통 쓴맛으로 인식한다)을 감별해내는 데 매우 민감한 시스템을 발달시키는 것이 진화적으로 큰 이점이 있었으리라는 것이다. 하지만 칼로리나 영양소의 밀도가 문제라면 영양학자들과 진화생물학자들은 왜 우리가 지방을 단맛으로 인식하지 않는지 설명해야 할 것이다. 지방은 1그램당 칼로리가 설탕의 두 배에 이른다. 모유 전체 칼로리의 절반이 지방에서 생긴다.

영국인이 왜 세계에서 가장 많이 설탕을 섭취하며 20세기 전반 내내 그런 상태를 유지했는지, 왜 영국이 세계에서 설탕 생산량이 가장 풍부한 식민지 네트워크를 건설했는지에 대해서는 흔히 이렇게 설명한다. 영국에는 과즙이 풍부하고 맛있는 과일이 나지 않기 때문에 지중해 인근 주민들처럼 단맛에 익숙해질 기회가 없었다.[23] 단맛은 영국인들에게 새롭고도 신기한 것이었다. 따라서 처음 설탕 맛을 보게 되자 모든 사람이 일종의 놀라움에 사로잡혔다는 것이다. 설탕 섭취에 관해 미국인들이 영국인들의 뒤를 따르게 된 것은 최초의 13개 식민주가 모두 영국인이 건설한 것이었기 때문이다. 단맛에 대한 선호를 그대로 물려받은 것이다. 오스트레일리아도 마찬가지로 20세기 전반에 이르면 영국의 설탕 소비량을 따라잡는다.[24]

하지만 이런 설명은 모두 추정에 불과하다. 설탕 섭취에 동반되는 정신활성적 측면이 진화상 이점을 제공했다는 생각도 마찬가지다. 설탕의 맛은 고통을 가라앉혀준다. 유아도 동일하다. 설탕을 주면 소위 '고통의 발성distress vocalization'이 줄어든다.[25] 성인들은 설탕을 섭취하면 통증과 피로를 무릅쓰고 일을 계속할 수 있으며, 허기를 달래는 데도 도움이 된다.[26] 유아에서 설탕이 진통제로서, 적어도 관심을 다른 곳으로 돌리는 데 강력한 효과를 발휘한다는 것은 할례(심지어 병원에서도 출생 다음 날 종종 시행한다)를 할 때 설탕을 주면 아기를 달래고 진정시킬 수 있다는 사실에서 확인할 수 있다. 하지만 설탕이 강력한 진통제나 통증을 잊을 정도로 큰 쾌락을 불러일으키는 정신활성제가 아니라 단지 주의를 다른 곳으로 돌리는 물질에 불과하다면, 임상시험에서 유아의 고통을 가라앉히는 데 어머니의 젖가슴이나 모유보다 설탕이 더 효과적인 것으로 나타났다는 사실을 설명하기 어렵다.[27]

동물도 설탕에 긍정적인 반응을 보인다. 단맛을 좋아한다는 뜻이다. 하지만 모든 동물이 그렇지는 않다. 예를 들어 고양이과 동물은 단것을 좋아하지 않는다.[28] 물론 절대적 육식동물이라서 그렇다고 설명할 수 있다. 자연계에서 이 녀석들은 오직 다른 동물을 먹이로 삼는다. 닭도 단것을 좋아하지 않는다. 아르마딜로, 고래, 바다사자, 일부 물고기, 찌르레기류도 그렇다. 설탕 중독에 관한 연구에는 거의 예외 없이 래트를 사용하지만 실험용 래트 중에도 혈통에 따라 설탕보다 엿당(맥주에 함유된 탄수화물)을 좋아하는 것이 있다. 한편 소는 기꺼이 설탕을 먹는다.[29] 19세기 후반 설탕 가격이 급락하자 농부들이 설탕을 소먹이로 쓴 적도 있다. 1952년에 발표된 연구에서 농학자들은 평소 같으면 소들이 거들떠보지도 않는 식물에 설탕이나 당밀을 뿌리면 소먹이로 쓸 수 있다고 보고했다(소들은 당밀을 더 좋아했다). 풀에 당의糖衣를 입힌 셈이다. "어떤 경우에 소들은 금방 상황을 알아차리고 기대에 가득 차 설탕통 주위를 맴돌았다." 소는 인공 감미료에 대해서도 똑같은 반응을 보였다. "소들은 식품으로서 가치가 있든 없든, 단것이라면 모두 좋아했다."[30] 1884년 〈뉴욕타임스〉에 실린 에세이에서 지적했듯이 설탕을 뿌

려 달게 만들면 "가장 소화하기 어려운 쓰레기조차 맛있는 음식으로 느끼게 할 수 있다".[31]

설탕에 중독성이 있을까? 결국 설탕이란 중독성 약물의 영양학적 변형에 불과한가? 이 주제를 실제로 연구한 논문은 놀랄 만큼 드물다.[32] 1970년대까지는 물론 그 뒤로도 주류 학문의 권위자들은 대부분 이 의문이 특별히 인간 건강과 관련된다고 생각하지 않았다. 래트나 원숭이가 설탕을 섭취할 때 어떻게 되는지 기술한 논문이 몇 편 있긴 하다. 하지만 우리는 그 동물들이 아니며, 그 동물들 또한 우리가 아니다. 인간을 대상으로 수행된 결정적인 실험은 매우 드물다. 어린이를 대상으로 한 것은 하나도 없다. 당연히 윤리적인 이유 때문이다. 어떻게 어린이에게 설탕과 코카인과 헤로인을 주고 무엇이 더 중독성이 강한지 비교할 수 있겠는가?

하지만 설탕이 뇌 속의 '보상중추'(전문용어로 측중격핵)에서 니코틴, 코카인, 헤로인, 알코올과 똑같은 반응을 일으키는 것은 사실이다. 중독 연구자들은 우리가 종의 생존에 필수적인 행동, 특히 음식 섭취와 섹스를 끊임없이 반복하는 이유가 뇌의 보상중추에서 쾌락을 불러일으키기 때문이라고 믿는다. 설탕은 다른 약물들의 강력한 효과를 매개하는 것과 똑같은 신경전달 물질, 즉 도파민의 분비를 자극한다. 우리 인간은 도취감을 높이기 위해 약물의 성분을 농축해서 정제하는 법을 발달시켰다. 예를 들어 코카 잎을 입에 넣고 씹으면 약간의 자극 효과만 있을 뿐이지만 코카인으로 정제하면 강력한 중독성을 띠며, 크랙 코카인으로 만들어 연기를 직접 폐 속으로 흡입하면 더욱 강력한 효과를 발휘한다. 설탕 역시 도취감을 높이고 더 강력한 효과를 나타내도록 정제되었다. 다만 뇌에서 쾌락중추를 자극하는 화학물질이 아니라 에너지를 제공하는 영양소로 인식되어 왔을 뿐이다.

이 물질들을 많이 사용할수록 뇌에서 자연적으로 생산되는 도파민의 양은 줄어든다. 뇌세포 또한 실제로 분비되는 도파민에 점점 더 익숙해진다. 이런 현상은 도파민 수용체의 수가 줄어들기 때문에 나타난다. 전문용어로는 '도파민 하향 조절'이라고 한다. 섹스나 음식 섭취 등 자연적인 쾌락이라면 점점 쾌락이 줄어드는 데서 그치겠지만 약물은 다르다. 우리는 더 많은 약물을 투여하여 똑같은 쾌락을 얻으려고 한다. 여기서 중요한 점은 보상중추에서 강력한 쾌락 반응을 일으키면서도 중독을 유발하는 물질과 유발하지 않는 물질이 있다는 것이다. 그 차이는 무엇일까? 설탕은 어느 쪽일까? 예를 들어 우리는 섹스를 할 때 매번 강렬한 쾌감을 느끼면서도 섹스 중독자가 되지는 않는다. 새로운 신발을 사는 행위 역시 뇌의 보상중추에서 도파민 반응을 자극하지만 그렇다고 그 행위에 중독되지는 않는다.

래트에 설탕물을 주면 코카인보다 더 큰 쾌락을 느낀다. 이런 반응은 코카인에 중독된 래트에도 나타나며, 코카인을 헤로인으로 바꾸어도 마찬가지다(헤로인의 경우 래트가 좀 망설이는 것 같기는 하다). 프랑스의 연구자 세르주 아흐메드는 수개월간 래트에 코카인을 정맥으로 급속 주입하여 중독시킨 후, 설탕물과 코카인을 선택하도록 하자 단 이틀 만에 완전히 단맛 쪽으로 넘어갔다고 보고했다.[33] 아흐메드는 코카인보다 단맛을 선택하는 이유가 뇌의 보상회로에서 단맛에 반응하는 뉴런의 수가 코카인에 반응하는 뉴런 수를 14대 1로 압도하기 때문일지도 모른다고 했다. 비슷한 소견은 원숭이에서도 확인되었다.

동물 연구를 통해 우리는 마약 중독자나 알코올 중독자들이 때때로 언급하는 경험 그리고 중독 현상을 연구하고 치료하는 사람들이 관찰한 사실을 다시 한번 확인한다. 단것과 설탕이 듬뿍 든 음료로 중독을 일으킨 강력한 약물을 효과적으로 대체할 수 있다는 점이다. "취하지 않는 쾌락"이라고 불리는 단것을 이용하여, 한 가지 도파민 자극 물질에서 상대적으로 순한 물질 쪽으로 옮겨갈 수 있다는 뜻이다. 100년도 더 전에 신경학자 제임스 레너드 코닝은 이렇게 말했다. "설탕이 알코올에 대한 신체적 갈망을 누그러뜨릴 수 있다는 사실은 의심할 여지가 없다."[34] '익명의 알코올 중독자들Alcoholics Anonymous'에서 경전처럼 여기는《12단계Big Book》에서도 술에 대한 갈망이 일어날 때는 알코올 대신 사탕과 단것을 먹으라고 권한다.[35] 실제로 1919년 금주령이 발효되자 미국인의 1인당 사탕 소비량이 두 배로 증가했다. 집단적으로 알코올에서 단것으로 옮겨간 것이다. 아이스크림 소비량 역시 금주령과 함께 "엄청난 증가"를 나타냈다.[36] 1920년에 이르면 양조장이 대거 사탕 공장으로 전환하면서 미국의 설탕 소비량이 기록적으로 늘어났다. 〈뉴욕타임스〉는 이렇게 보도했다. "주류산업의 파산을 사탕, 아이스크림, 시럽 생산이 구원하고 있다."[37] 5년 뒤 영국의 권위자들은 어마어마한 아이스크림 소비의 증가가 "금주령으로 인한 것이지만 건강에 해를 끼쳤다"고 주장했다. 그러나 미국의 한 대학 학장은 충분히 그럴 만한 가치가 있었다고 반박했다. "나는 과자를 너무 많이 먹은 남자가 집에 돌아가 아내를 때렸다는 소리를 한 번도 들어본 적이 없다."[38]

1600년대부터 전 세계적으로 설탕 생산량이 기하급수적으로 증가하면서 어떻게 해서 설탕과 단것이 우리의 식단을 파고들고 우리의 삶을 지배하게 되었는지 생각할 때는 이 모든 사실을 염두에 두어야 한다. 영국의 1인당 설탕 소비량은 18세기에 2킬로그램에서 8킬로그램으로 네 배 넘게 증가한 데에 이어, 19세기에 또다시 네 배 넘게 증가했다.[39]

미국에서는 19세기에만 연간 설탕 소비량이 열여섯 배 증가했다.[40]

20세기 초에 이르러 설탕은 세 끼 식사와 간식 등 우리가 먹는 모든 것에 파고들었다. 이때 이미 영양학 권위자들은 설탕 소비 증가가 일종의 중독으로 인한 것이라는 사실을 명백히 경고했다. "설탕에 대한 욕구는, 예컨대 술에 대한 욕구를 비롯하여 기타 모든 욕구와 마찬가지로 충족할수록 더 커진다."[41]

다시 한 세기가 지난 지금, 설탕은 우리가 가공 포장 식품을 먹는 한 굳은 결심을 하고 일관성 있는 노력을 기울여도 피하기 어려운 성분이 되었다. 막대사탕, 쿠키, 아이스크림, 초콜릿, 청량음료, 주스, 스포츠음료, 에너지 드링크, 가당 아이스티, 잼, 젤리, 아침 대용 시리얼(우유를 부어 먹는 차가운 시리얼은 물론 데워 먹는 시리얼도 마찬가지다) 등 단맛이 나는 식품은 물론 땅콩버터, 샐러드드레싱, 토마토케첩, 바베큐 소스, 통조림 수프, 가공육, 런천 미트, 베이컨, 핫도그, 프레첼, 칩, 볶은 땅콩, 스파게티 소스, 콩이나 토마토 통조림, 빵에 이르기까지 설탕이 안 들어간 음식을 찾기 어렵다. 1980년대 이래 식품 회사들은 지방, 특히 포화지방을 빼고 지방의 칼로리를 설탕으로 대체하여 비슷한 맛을 낸 후, 대단히 건강한 식품인 양 선전해왔다. "1회 섭취량 중 글루텐 무함유, MSG 무첨가, 트랜스지방 0그램"이라는 문구를 떠올려보라. 과당과 포도당의 혼합물을 가리키는 설탕과 액상과당이라는 이름을 감추기 위해 50개가 넘는 복잡한 이름이 등장했다. 막대사탕에서 지방을 빼고 설탕을 더 넣거나 최소한 같은 양으로 유지하면 건강식품으로 둔갑했다. 요구르트에서 지방을 빼고 설탕을 첨가하면 갑자기 심장 건강에 좋은 간식, 아침 식사, 점심 식사로 변신했다. 식품업계 전체와 그들이 조직한 수많은 포커스 그룹✦에서 식품에 조금이라도 설탕을 넣지 않으면 현대화된 입맛을 지닌 소비자들이 부적절하다고 거부하고 경쟁 제품을 살 거라고 단정한 것 같았다.

동시에 설탕과 단것은 사랑과 애정이라는 말과 동의어가 되었다. 노래 제목이나 수많은 대중문화 영역에서 스위츠sweets, 스위티sweetie, 스위트하트sweetheart, 스위티 파이sweetie pie, 허니honey, 허니번honeybun, 슈거sugar 같은 말이 범람한 것은 우연이 아니다. 크든 작든 특별한 날을 기념하거나 대단한 성공을 축하하는 자리에는 결코 설탕과 단것이 빠지지 않게 되었다. 자신에 대한 포상으로 술을 선택하지 않는 사람은(술을 선택하는 사람 중에서도 많은 수가) 막대사탕, 디저트, 아이스크림, 코카콜라(또는 펩시콜라)로 그 자리를 대신했다. 부모에게 설탕과 단것은 자녀의 성취에 상을 내리고, 자녀에 대한 사랑과 자부심을 입증하고, 동기를 부여하고, 유인하는 수단이 되었다. 단것은 어린이와 부모 사이에 통용되는 화폐라고 할 수 있다.

다시 강조하지만 사람들은 단순히 설탕과 단것의 맛이 좋기 때문에 이런 변화가 일어났다고 생각하는 경향이 있다. 설탕의 역사에 '기분을 상쾌하게 해주는 휴식' 가설이 등장한 것이다. 하지만 설탕이 중독물질이기 때문에 우리의 식단을 완전히 지배하게 되었다고 볼 수는 없을까? 21세기의 유아든 19세기의 성인이든 처음 맛을 본 순간 문자 그대로, 마이클 폴란의 표현을 빌리자면 "경탄"을 느끼며 일종의 중독에 빠져들었기 때문은 아닐까? 그 순간 다른 중독성 약물과 똑같지는 않아

✦ 여론 또는 선호도 조사를 위해, 한 집단을 대표한다고 생각되는 몇몇 사람을 선정하여 조직한 소규모 집단.(옮긴이)

도 비슷하게, 일생에 걸친 갈망에 불이 댕기는 것은 아닐까? 시드니 민츠가 말한 것처럼 설탕은 영양소라는 이유로 그리고 겉으로 드러나는 효과가 니코틴, 카페인, 알코올에 비해 비교적 무해하다는 이유로(적어도 단기적으로는) 도덕적, 윤리적, 종교적 공격을 받지 않았을 뿐이다. 심지어 설탕은 건강에 나쁘다는 비난조차 피해왔다.

영양학자들은 온갖 만성 질병의 원인을 찾으면서 사실상 식단과 환경의 모든 요소에 비난의 화살을 돌려왔다. 지방과 콜레스테롤, 단백질과 육식, 글루텐과 당단백, 성장호르몬과 에스트로겐, 항생제, 식이섬유와 비타민과 미네랄 부족, 소금 섭취, 가공식품 전반, 과식과 하루 종일 앉아 있는 습관 등을 모두 거친 후에야, 어쩌면 설탕이 40년 전에 하버드 대학교의 프레드 스테어가 말했듯 그저 너무 많이 먹어대게 만드는 것 말고도 무언가 독특한 역할을 하는 게 아닐까에 생각이 미친 것이다.[42] 그간 이 사실을 알아챈 몇몇 권위자가 비난을 각오하고 설탕이 문제일지 모른다고 지적했음에도, 동료들의 믿음은 물론 이미 힘겨운 일상에 대한 보상으로 설탕과 단것에 의존하게 된 대중에게 거의 영향을 미치지 못했던 것도 바로 그 때문이다.

2 첫 1만 년

많은 작품을 남긴 것만큼이나 매력 넘치는 작가인 들라크루아 씨는 베르사유 궁에서 나를 만났을 때 설탕 가격에 대해 불만을 토로한 적이 있다. 설탕이 1파운드에 5프랑을 넘던 시절이었다. 그는 부드러우면서도 지나간 과거를 아련하게 회상하는 듯한 목소리로 이렇게 말했다. "아, 30센트면 설탕을 살 수 있는 시대가 다시 온다면 저는 설탕을 타지 않은 물에는 손도 대지 않을 겁니다!" 그의 소원은 이루어졌다.[1]

_ 장 앙텔름 브리야사바랭, 《맛의 생리학》, 1825년.

당분은 식물의 에너지원으로 모든 식물에서 발견된다. 하지만 어떤 식물은 당분을 훨씬 많이 함유한다. 인류는 언제나 설탕을 대량으로 얻으려는 희망을 품고 있었다. 단맛이 나는 물질이나 식물 중 인류가 설탕을 추출하려고 시도해보지 않은 것은 없다고 해도 과언이 아닐 것이다. 설탕을 널리 사용하기 전, 유럽과 아시아 전역에서는 꿀을 사용했다. 신세계에 당도한 유럽인은 식민지를 건설하면서 꿀이 없다는 사실을 깨닫고 꿀벌을 들여왔다. 원주민은 꿀벌을 가리켜 "영국인의 파리"라고 불렀다.[2] 유럽인이 들어오기 전에 아메리카 대륙 원주민은 감미료로 메이플 시럽을 사용했으며,[3] 결국 유럽인도 그 맛에 익숙해졌다. 토머스 제퍼슨은 노예를 부릴 필요가 없다는 점에서 메이플 시럽을 열렬히 지지했다. 사탕단풍 나무는 "사탕수수에서 얻을 수 있는 최상의 설탕과 맛

먹는 품질의 설탕을, 그것도 대량으로 생산할 수 있으며 여성과 소녀의 힘 외에는 다른 노동력도 필요 없다. (…) 이런 축복이 어디 있단 말인가!"[4] 하지만 메이플 시럽과 꿀은 차가운 음료에 감미료로 사용할 수 없었고, 커피와도 어울리지 않았다. 더욱이 대량생산이 불가능하여 설탕과 경쟁이 되지 않았다. 두 가지 감미료는 지금도 사용되지만, 적은 양이 제한된 용도로 쓰일 뿐이다.

19세기 후반에는 심지어 수수조차 설탕의 잠재적인 원료로 떠올랐다.[5] 아프리카에서 소먹이로 사용되고 농부들이 단맛을 보려고 씹곤 했던 구세계✦의 풀이 사탕수수와 사탕무의 경쟁자로 각광받은 것이다. 미국 농무부에서 가능성을 인정하는 바람에 "열광적인 반응이 일어나 거의 광풍이 몰아칠 지경"이었지만 가뭄과 해충이 창궐한 탓에 물거품으로 돌아가고 말았다.[6] 사탕수수와 그 뒤를 이어 사탕무에서 얻은 설탕 그리고 현재의 액상과당은 저렴한 비용으로 대량생산이 가능하며 거의 무한한 것처럼 보이는 수요를 충족할 수 있다는 점에서 압승을 거두었다고 할 수 있다.

인류학자들은 사탕수수가 약 1만 년 전 뉴기니에서 처음 재배되었다고 믿는다.[7] 뉴기니의 창조 설화에 최초의 인간과 사탕수수의 성적 결합에서 인류가 기원했다고 설명하는 데서 당시에도 매우 귀한 작물로 대접받았음을 알 수 있다.[8] 엄밀히 말하면 사탕수수는 풀의 일종이다. 키는 약 3.5미터에서 4.5미터에 이르며, 즙이 풍부한 줄기는 둘레가 15센티미터까지 자랄 수 있다. 열대의 토양에서 사탕수수는 1년에서 1년 반이면 수확할 수 있을 정도로 자라고 줄기를 자른 자리에서 다시

✦ 유럽, 아시아, 아프리카.(옮긴이)

돋아난다. 사탕수수 즙 즉 수액은 현재 재배되는 품종에서는 물이 주성분이고 설탕(자당) 함량이 17퍼센트에 이른다. 당연히 사탕수수를 씹으면 단맛이 나지만 설탕처럼 강렬한 단맛은 아니다. 인류학자들은 초기 인류의 농부들이 줄기를 씹을 때 느껴지는 단맛과 함께 에너지를 공급받기 위해 재배했을 것으로 추정한다. 설탕 정제 기술이 발달하기 훨씬 전부터 사탕수수는 인도, 중국, 필리핀, 인도네시아 등지에서 널리 재배되었다.

정제하지 않으면 사탕수수 즙은 그 지역에서만 소비할 수 있을 뿐이다. 사탕수수 줄기가 잘라낸 지 하루도 안 되어 발효되기 시작하며 이내 썩어버리기 때문이다. 하지만 기원전 500년경 인도 북부 지방의 농부들은 쥐어짜거나, 짓이기거나, 세게 두드리는 등의 방법으로 사탕수수에서 즙을 얻은 후 가열하고 식히는 과정을 반복하여 원당을 얻었다. 이렇게 "일련의 액상-고체상 공정"을 거치는 동안 액체가 증발하면서 설탕이 결정화된다.[9] 최종 산물 중 하나가 진갈색의 진득한 액체, 곧 당밀이다. 더 많은 시간과 노력을 기울이면 갈색에서 흰색에 이르는 건조 상태의 결정형 설탕을 얻을 수 있다. 정제에 많은 노력을 기울일수록 최종 산물은 흰색이 강해지고 순수해진다.

현대적 기술과 도구를 이용하여 재배하는 경우 사탕수수는 다른 어떤 동물이나 식물보다 단위 면적당 많은 칼로리를 생산할 수 있다.(20세기에 설탕을 변호하는 데 나선 설탕업계와 영양학자들은 이 사실을 반복해서 강조했다.[10]) 설탕은 그램당 4칼로리의 에너지를 제공한다. 아주 오래 보관할 수 있으며 수송하기도 쉽다. 열을 가하거나 조리하지 않고 바로 섭취할 수 있다. 꿀이나 메이플 시럽과 달리 독특한 맛을 내거나 뒷맛을 남기지도 않는다. 정제당은 무색무취의 결정이다. 단맛의 정수 자체를 결

정화했다고 할 수 있다. 소금을 제외하고 인류가 섭취하는 순수한 화학 물질은 설탕밖에 없다.[11]

설탕은 조리와 식품 제조에 말할 수 없을 정도로 유용하다.[12] 반드시 단맛을 내고 싶지 않아도 마찬가지다. 설탕이 온갖 이름과 형태로 현대적 가공식품에 들어가는 이유다. 설탕은 미생물의 생장을 억제하기 때문에 쉽게 상하는 과일이나 장과류漿果類를 보존하는 데도 유용하다. 19세기 중반 설탕 값이 떨어지자 잼과 젤리 혁명을 비롯해 설탕이 듬뿍 든 식품 혁명이 수없이 일어났다. 설탕은 액체에 넣으면 삼투압을 높여 농축우유와 액상 식품에서 곰팡이와 세균을 억제한다. 고기를 염장할 때 소금의 거친 맛을 줄여준다(또한 소금은 설탕의 단맛을 높인다). 설탕은 이스트의 이상적인 양분이므로 빵을 부풀리고 발효하는 데 유용하다. 설탕이 캐러멜화하면 빵 껍질이 먹음직스러운 연갈색으로 변하는 효과도 있다. 설탕을 물에 녹이면 단맛이 날 뿐 아니라 점성이 강해져 중량감이 생긴다. 청량음료나 주스에 식품과학자들이 "구강촉감mouth feel"이라 부르는 감각이 생기는 것이다. 양념이나 조미료로 사용하면 식품의 원래 풍미를 더하고 쓴맛을 줄여주며 식감을 향상시킨다.

그러나 이런 모든 요소는 분명 나중에야 발견되었다. 2천 년 전 설탕이 전 세계로 퍼져나가기 시작했을 때는 단맛과 영양, 어쩌면 약으로서 용도가 가장 중요했을 것이다. 중국과 일본에 설탕을 전한 것은 포교에 나선 인도의 승려들이었다. 그 뒤 중국에 들어온 이슬람교 탐험가들이 설탕을 발견하고 페르시아를 거쳐 아라비아에 전했다. 7세기 마호메트의 죽음 이후 이슬람교도들이 세력을 팽창하기 직전에 일어난 일이다. 전해지기로는 페르시아 제국의 호스로 1세가 정원에 있는 어린 소녀에게 물 한 잔을 청하자 소녀가 눈雪으로 차갑게 식힌 사탕수수 즙을 건넸다고 한다. 호스로는 금방 다 마시고 한 잔을 더 청했다. 그리고 소녀가 가지러 간 사이에 정원을 훔칠 궁리를 하며 혼잣말을 했다. "이 자들을 다른 곳으로 옮기고 정원을 내 것으로 하리라."[13] 정말로 그랬는지는 알 수 없지만 어쨌든 사탕수수를 페르시아에 전한 사람은 호스로로 알려져 있다. 그 후 이슬람교 세력은 사탕수수 재배법을 몰타, 시칠리아, 사이프러스, 스페인 남부, 북아프리카, 동아프리카 등 지중해 세계에 널리 보급했다.

10세기에 이르면 인도와 중국 말고도 두 곳에서 설탕을 대량으로 생산했다. 페르시아만의 꼭대기에 해당하는 티그리스강과 유프라테스강 삼각주와 이집트의 나일강 유역이다. 현재까지 상당 부분 사용되는 정제 기술을 처음 개발한 곳이 바로 이집트이다. 당시 이집트 왕가의 고관과 칼리프들은 하루에 약 450킬로그램의 설탕을 사용했으며, 라마단에 이은 축제 중 단 한 차례의 행사에 75톤의 설탕을 사용했다는 기록이 남아 있다.[14] 많은 양이 제단을 장식하는 데 쓰였으며, 축제가 끝난 뒤에는 바로 소비하거나 거지들에게 나누어주었다.

설탕이 유럽 북부에 전해진 것은 11세기 십자군 원정을 통해서였다. 설탕을 처음 고향으로 가져간 십자군 병사들은 직접 목격한 사탕수수 밭에 관한 이야기를 들려주었고, 아헨의 알베르트가 전한 바에 따르면 고향 사람들은 "풀 줄기를 열광적으로 빨아대며 수액의 황홀한 맛에 빠져들었다. 아무리 먹어도 질리지 않는 것처럼 보였다".[15] 이때쯤 십자군은 점령 지역에서 설탕 생산을 감독했다. 당시 한 연대기 작가는 설탕이 "가장 귀중한 생산물로 인류의 건강과 다양한 용도에 절실히 필요하다"고 적었다.[16] 설탕에 맛을 들인 십자군 병사들이 고향으로 돌아가면서 이탈리아 도시국가들이 육상과 해상 운송로를 통해 설탕을 북유럽과 영국 제도로 실어 나르기 시작했다.[17] 12세기 말 설탕은 헨리 2세의 주방 지출 항목에 향신료 중 하나로 등장한다.[18] 영국 최초의 설탕 사용 기록이다. 1288년 에드워드 1세의 가족들은 약 2.8톤의 설탕을 소비한 것으로 되어 있다.

설탕은 수세기 후 차, 커피, 담배, 초콜릿이 그랬듯이 주로 의약품, 장식품, 향신료, 방부제로서 유럽 전역에 퍼졌다. 끊임없이 감기에 시달린 에드워드 1세의 병약한 아들은 치료제로 설탕과 막대사탕을 복용하기도 했다. 하지만 "아무런 소용이 없이 왕자는 일찍 죽고 말았다".[19] 13세기 토마스 아퀴나스는 금식 중이라고 해서 설탕 섭취까지 끊어야 하는 것은 아니라고 주장했다. 설탕은 "영양을 공급하기 위해서가 아니라 소화를 돕기 위해 먹는 것이다. 다른 모든 약과 마찬가지로 설탕을 먹는 것 또한 금식을 깼다고 할 수는 없다".[20] 이후 500년간 설탕은 다른 어느 용도보다도 약용으로 소비되었다. 영국 역사가 제임스 왈빈은 이렇게 썼다. "설탕은 신체의 거의 모든 부분에 좋으며, 아주 어린 아이, 아주 고령의 노인, 환자와 건강한 사람에게 두루 좋다. 설탕은 질병을 치유하고 예방한다. 지친 사람의 생기를 되찾아주고, 약해진 사람의 활기를 북돋운다."[21]

설탕 가격이 천천히 떨어지자 감미료와 식품용으로 사용량이 점점 늘어났다. "병약자를 위해서만 구색을 갖추어두던" 약제상을 벗어나 "식탐을 부리는" 사람은 누구나 설탕을 마음껏 먹게 되었다.[22] 14세기에 이르면 요리책에 등장한다. 15세기에는 설탕을 살 수 있을 정도로 부유한 계층의 부엌에 필수 요소로 자리 잡는다. 당시 이탈리아의 한 식도락가는 이렇게 말했다. "말하자면, 어떤 음식도 설탕을 거부하지 않는다." 중세 영국의 몇몇 요리 책에 설탕을 뿌린 굴의 조리법이 나오는 것으로 보아 이런 의견이 충분한 지지를 받았음을 알 수 있다. 16세기 중반 독일에서도 비슷한 말이 유행했다. "설탕을 넣어 맛을 버리는 음식은 없다."[23]

앞서 잠깐 언급했듯이 설탕 소비 증가의 걸림돌은 예외 없이 가격과 공급에 있었고, 이는 다시 충분한 경작지와 노동력에 달려 있었다. 사탕수수 자체는 열대 지방과 그 인근에서만 재배할 수 있다. 우선 날씨가 따뜻해야 하고, 상당히 많은 물이 필요하기 때문에 우기가 길지 않다면 대대적인 관개시설이 있어야 한다. 구세계에서도 재배할 수 있는 곳이라면 어디서든 사탕수수를 재배했지만 경작 면적은 제한적이었다. 사탕수수를 심어 수확하고, 설탕을 정제하고, 충분한 양을 생산했을 때 인근 지역을 벗어나 멀리까지 판로를 개척하는 일은 시골 농부 몇이 할 수 있는 일이 아니었다. 사탕수수 즙을 짜려면 착즙기가 필요했고, 짜낸 즙을 끓이는 데에 적절한 냄비와 땔감으로 쓸 상당한 양의 나무가 필요했으며, 결정화하는 데에 큰 솥이, 운송과 저장에는 적당한 용기와 운송수단이 있어야 했다.

노동 자체도 고되기 짝이 없었다. 찰스 만은 이렇게 썼다. "열대의 태양 아래서 마체테를 휘둘러 단단하고 지저분한 사탕수수를 베어 넘기다 보면 머리부터 발끝까지 먼지와 재와 사탕수수 즙이 섞인 끈적한 물질로 범벅이 되었다."[24] 착즙기를 돌리고, 지옥처럼 뜨거운 불 옆에서 설탕을 정제하는 일의 고통은 말할 것도 없었다. 당시 사람들은 이런 곳을 "설탕 공장"이라고 불렀다. 이런 일을 감내할 만큼 가난하고 절박한 사람을 찾는 것도 쉽지 않았다.

삶의 선택권이 없는 노예가 해결책으로 떠올랐다. 노예 제도와 설탕이 항상 밀접한 관계에 있었다는 사실만으로도 우리 조상들이 단맛을 추구하는 입맛과 설탕에 대한 집착과 이를 만족시켜 얻을 수 있는 부를 위해 얼마나 잔학한 행위를 자행하고 견뎌냈는지 알 수 있다.

설탕과 노예 제도는 아주 먼 옛날부터 떼려야 뗄 수 없는 관계였다.[25] 7세기에 중동에서 사탕수수를 재배하기 시작한 이슬람교도들은 동아프리카에서 아프리카인 노예를 수입하여 노동력을 조달했다. 지중해 주변 어디서든 설탕산업이 성한 곳에서는 노예가 지역 농부와 함께 일하는 모습을 쉽게 볼 수 있었다. 15세기 초 포르투갈과 스페인은 아프리카 해안을 따라 점점 더 남쪽까지 배를 내려 보내며 발견의 시대Age of Discovery를 선언했지만, 이 배들은 아프리카인 노예를 잡아다 대서양에서 식민지로 개척한 섬의 사탕수수 농장에 조달하는 역할도 했다. 마데이라, 아조레스제도, 카보베르데제도, 상투메, 프린시페섬, 에노본섬, 카나리아제도 등지의 설탕산업은 모두 이때 시작되었다.

설탕을 처음으로 신세계에 소개한 사람은 콜럼버스다.[26] 1493년 두 번째 항해에 나선 그는 먼저 카나리아제도에 들러 사탕수수 묘목과 재배 기술을 지닌 "현장 전문가들"을 배에 실었다. 사탕수수는 히스파니올라(오늘날의 아이티와 도미니카공화국)의 기름진 토양에서 엄청난 속도로 자라났다. 콜럼버스가 보고한 바에 따르면 7일 만에 싹이 돋아났다고 한다. 하지만 얼마 안 가 농장주들과 노동력을 위해 동원한 원주민 노예들이 병에 걸려 죽어갔다. 1506년, 카나리아제도의 사탕수수를 히스파니올라에 다시 도입했을 때 "설탕 공장을 세우려는 사람은 그에게 스페인 금화 500닢을 대부해야 했다". 10년 후 황제에게 바치는 조공으로 설탕 덩어리가 스페인으로 운송되기 시작했다. 1525년에 이르면 설탕 무역이 "너무나 이익이 많이 남아 설탕은 온갖 보물, 진주 등과 함께 해군의 호송을 받으며 운반되었다".

1499년 콜럼버스의 안내인이었던 핀손은 탐험을 위한 항해 중에 사탕수수를 브라질로 가져갔으며, 포르투갈 식민지 건설자들이 브라질에 신대륙 최초의 자립적인 설탕산업을 개척했다.[27] 1526년에 이르면 이곳에서 정제된 설탕이 포르투갈로 수입되었다. 상업적 규모로 신세계에서 구세계로 운송되는 최초의 농산물이 된 것이다. 브라질산 설탕은 16세기 내내 지배적인 위치를 지켰다. 브라질 전역에 설탕 공장이 우후죽순처럼 생겨났다. 16세기 말에 이르면 매년 5톤 이상의 설탕이 유럽으로 수출되었다(물동량이 수십 톤에 이르렀다고 추정하는 사람도 있다).

16세기 초 멕시코에 처음 발을 디딘 스페인 정복자들 역시 사탕수수를 갖고 들어가 정복지마다 초기 단계의 설탕산업을 건설했다. 상당 부분 천연두와 기타 감염병의 도움을 받아 아스텍 제국을 정복한 코르테스는 남아메리카 대륙 최초로 두 대의 사탕수수 착즙기를 제작하기도 했다. 1552년 곤살로 페르난데스 데 오비에도는 《멕시코 정복사》를 출간하며 이제 막 걸음마를 뗀 멕시코의 설탕산업이 "기독교 세계 전역에 공급 물량을 대는 데" 충분한 생산 능력이 있다고 주장했다.[28] 정복자들은 원주민들이 초콜릿에 설탕 대신 향신료로 매운 고추를 넣어 먹는 모습을 보았다. 스페인 사람들은 이 음료의 맛이 고약하다고 생각했지만("사람이 아니라 돼지에게나 주면 좋을 것이다"[29]), 1527년 코르테스는 카를 5세에게 코코아 콩을 선물로 보냈다. 16세기 말에 이르면 스페인의 귀족들은 아침저녁으로 초콜릿에 설탕을 넣어 달콤한 핫초콜릿을 즐기게 된다.

처음에 스페인인과 포르투갈인들은 설탕 농장의 노동력으로 남아메리카 원주민들을 이용했지만, 머지않아 원주민들이 강제 노역과 유럽 및 아프리카에서 전파된 유행병에 의해 몰살당하고 만다. 결국 신세계의 농장에서 일하게 된 것은 역시 아프리카인 노예였다. 17세기에 카리브해 지역에 식민지를 건설한 프랑스인과 영국인들 역시 설탕산업을 시작하면서 사탕수수를 수확하는 등골 빠지는 노동을 아프리카인 노예에 의존했다.

1607년 영국인들은 신대륙에 최초로 건설된 장기 식민지인 버지니아주 제임스타운에서 사탕수수를 재배해보려고 했으나 기후가 맞지 않았다.[30] 영국인들은 설탕업계의 베테랑인 네덜란드인 망명자들이 1640년대에 브라질을 탈출하면서 사탕수수를 가져와 재배법과 설탕 정제 기술을 가르쳐준 후에야 바베이도스에서 사탕수수 재배에 성공했고, 이후 자메이카로 경작지를 넓혔다.✦ 자메이카에 밀려 빛을 잃을 때까지 가장 부유한 설탕 제도였던 바베이도스의 노예 수는 17세기 초반 손으로 꼽을 정도였던 것이 1683년에 4만 6000명을 헤아렸다. 1830년대에 이르러 영국의 노예 해방론자들이 마침내 노예 무역의 종식을 고했을 때 아프리카에서 신대륙으로 끌려온 노예의 숫자는 약 1250만 명에 이르렀다.[31] 그들 중 3분의 2가 사탕수수를 재배하거나 설탕을 정제하는 일에 종사하다 죽었다.

17세기에서 19세기까지 설탕은 경제적 정치적으로 20세기의 석유와 비슷했다. 설탕을 둘러싸고 전쟁이 일어났고, 제국이 건설되었으며, 어마어마한 부가 모이고 흩어졌다. 1775년 무렵 "모든 것의 으뜸인 설탕King Sugar" 또는 "백색의 금white gold"이라 불렸던 설탕의 수입 규모는

✦ 네덜란드인들은 10년이 넘는 공방 끝에 1635년 브라질 북부를 정복했다. 설탕산업을 일으켜 한몫 잡아보겠다는 심산으로 벌인 전쟁이었다. 하지만 1654년 포르투갈인들에게 쫓겨나는데, 이때 빠져 나온 네덜란드인들이 바베이도스와 자메이카에 정착했다.

담배의 다섯 배에 이르러 영국 수입액 전체에서 거의 5분의 1을 차지했다.[32] 과학사가 로버트 프록터가 담배와 세금에 대한 글에서 썼듯 그 결과는 "두 번째 중독"이었다.[33] 영국과 미국 정부 모두 설탕에 세금을 물려 세수를 확보하려고 설탕산업을 적극 장려했다. 설탕은 이상적인 과세 대상이었다.[34] 열대의 식민지에서만 생산되므로 수입량을 조절할 수 있는 데다, 수요가 광범위하면서도 아직 생필품으로 간주되지는 않았던 것이다.(차도 마찬가지였다. 차에 설탕을 넣어 먹는 습관이 자리 잡고, 인도에서 차 재배업이 급성장한 것 또한 이 시기 대영제국 전체에 걸쳐 설탕 소비가 급증하는 원인이 되었다.) 17세기 후반 영국 정부는 카리브해에서 수입되는 설탕과 담배에 세금을 매기기 시작했다. 한 세기 후 혁명에 성공한 미국인들도 설탕 과세가 얼마나 큰돈이 되고 막 첫걸음을 뗀 신생 국가에 어느 정도로 도움이 되는지 깨닫고 그 뒤를 따랐다.

카리브해의 설탕 섬들 입장에서는 설탕 생산이 워낙 수지맞는 장사였기 때문에, 사탕수수만 재배하고 기타 살아가는 데 필요한 모든 것을 수입하는 편이 합리적이었다. 당시 미국 식민주들은 설탕을 생산하는 식민지에 기본적인 생필품과 식품을 공급하는 사업만으로도 번창일로를 걸었다. 1660년대에 영국 서인도회사가 네덜란드인들에게서 뉴욕시(당시 뉴암스테르담)를 빼앗을 계획에 착수한 주된 이유도 미국 본토에 "원당과 당밀을 팔고 노예와 식품을 사들일" 항구, 즉 해상 교역의 집산지가 필요했기 때문이다.[35] 1667년 네덜란드는 영국에 뉴욕을 내준 대신 사탕수수 재배가 융성하여 당시로서는 훨씬 가치 있다고 생각된 네덜란드령 기아나(현재의 수리남)를 얻었다. 미국인들은 1790년대 루이지애나에서 최초로 사탕수수 재배에 성공했다. 하지만 카리브해에서 들여온 원당으로 설탕을 만드는 정제소는 이미 북동부 해안을 따라

우후죽순처럼 들어서 있었다. 1810년 가동 중인 정제소는 모두 합쳐 33개에 불과했지만, 1860년에 이르면 뉴욕에만 18개의 정제소가 성업 중이었다.[36]

뉴욕에서 가장 부유한 집안 중 많은 수가 설탕 정제업, 제과업, 노예 무역으로 부를 일구었다. 노예 무역은 일종의 삼각 무역으로 설탕과 당밀을 뉴욕으로 운송한 후 럼주를 싣고 아프리카로 나가 노예를 잡아다 카리브해에 공급하는 한편, 카리브해의 설탕 섬에 "서인도제도의 사탕수수 농장들이 생존하는 데 필수적인" 식료품과 항해용품을 직접 공급하기도 했다.[37] 1764년 영국이 식민주에 당밀세를 부과하기로 하자 혁명의 분위기가 불붙듯 일어나 독립으로 이어진 데는 이런 배경이 있었다. 1775년 존 애덤스는 이렇게 썼다. "나는 미국의 독립에 당밀이 필수적인 요소였다는 말을 꺼내면서 왜 우리가 얼굴을 붉혀야 하는지 알 수 없다. 대단한 사건도 훨씬 사소한 원인에서 비롯되는 경우가 많은 법이다."[38]

시드니 민츠는 설탕산업이 초기에 그려낸 궤적을 "왕들의 사치품에서 평민들의 제왕적 사치품으로"의 역사라고 우아하게 표현했다.[39] 영국에서 이 변혁은 19세기 초에 마무리되었는데, 이때 1인당 설탕 소비량은 연간 거의 9킬로그램에 달했다. 이후 수십 년에 걸쳐 설탕은 빵에 버금가는 생활 필수품 중 하나로 변신했다. 영국에서 변천의 마지막 단계는 1874년 마침내 설탕 수입 관세를 완전히 철폐한 것이었다. 한 의원이 말했듯 설탕은 "어린 시절의 기쁨이자 노년의 위안"일 뿐만 아니라, "놀랄 만큼 영양이 풍부하고 건강에 좋다"는 논리에 따라 가난한 사람도 부자와 마찬가지로 설탕을 섭취할 권리를 보장받아야 한다는 생각이 널리 인정되었던 것이다.[40] 1890년 미 하원에서 똑같은 문제로 논란이 일었을 때, 〈뉴욕타임스〉는 연방 정부에서 설탕세로 거두어들인 액수가 1880년대에만 5억 달러가 넘는다고 지적했다(결국 미국에서 설탕 수입 관세는 철폐되지 않았다).[41]

설탕이 부자의 사치품에서 모든 사람의 쾌락으로 변모한 마지막 단계의 동력은 두 가지였다. 첫째, 사탕무에서 설탕을 생산하게 되면서 열대 지방에 국한되었던 설탕의 원료 작물을 온대에서도 재배할 수 있게 되었다.[42] 이 조건을 미국에 적용하면 남북을 거의 완전히 포함하고 동서로 3000킬로미터가 넘는 어마어마한 경작지가 나온다. 유럽과 아시아에서는 열대 지방에서 멀거나 열대 식민지를 갖지 않은 나라도 설탕을 국내에서 생산할 수 있게 되었다. 가장 주목할 만한 국가가 독일, 오스트리아, 러시아였다.

사실 독일의 화학자들은 이미 1740년대에 몇 가지 품종의 사탕무에서 설탕을 추출하여 정제하는 데 성공했지만 상업적으로 타산을 맞출 수 없었다.(노엘 디어는《설탕의 역사》에서 독일 사탕무 설탕 기업인 중 최초의 인물이 "과학적 능력과 사업 감각을 조화시키지 못했다"고 썼다.) 1811년 나폴레옹 전쟁 중 영국의 유럽 봉쇄로 프랑스에 설탕 공급이 끊겼을 때, 프랑스의 자연과학자이자 은행가였던 뱅자맹 델레세르는 사탕무에서 정제한 설탕으로 수지를 맞추는 데 성공했다. 나폴레옹이 델레세르의 설탕 공장을 친히 방문하여 레지옹 도뇌르 훈장을 수여한 일은 유명하다. 프랑스 상공회의소 연설에서 나폴레옹은 이제 영국은 더 이상 유럽 대륙에 팔아먹을 수 없게 된 사탕수수 설탕을 "템스강으로" 던져 넣어야 할 것이라고 으스댔다. 나폴레옹은 약 32제곱킬로미터의 토지를 사탕무 재배지로 지정하고, 곳곳에 사탕무 설탕 생산 기술과 사업 요령을 교육하는 기관을 설립했다. 프랑스에는 3년 만에 사탕무 설탕 공장이

300개 넘게 생겼다.

나폴레옹의 사탕무 설탕 혁명은 1814년 러시아 원정에 실패하고 영국의 대륙 봉쇄가 종결되면서 일시적으로 파탄을 맞는 듯했다. 카리브해에서 생산된 값싼 설탕이 다시 수입되자 유럽의 사탕무 설탕 제조업체들은 가격 경쟁을 감당할 수 없었다. 그러나 1830년대에 영국이 노예제를 폐지하고 카리브해의 사탕수수 산업이 일시적으로 붕괴하면서 유럽의 사탕무 설탕산업은 기사회생의 기회를 잡았다. 1850년대 후반, 유럽과 러시아의 사탕무 설탕은 전 세계 설탕 생산량의 15퍼센트 이상을 차지했다.[43] 1880년에 이르면 사탕무 설탕이 사탕수수 설탕을 추월하면서, 전 세계 설탕 정제량과 소비량은 40년간 다섯 배가 넘게 증가했다.

1862년 미국 농무부가 창설되었을 때도[44] 사탕무 생산을 장려하는 것이 주요 목표 중 하나였다.[✦45] 농무부가 최초로 취한 조치에는 다양한 품종의 사탕무를 분석하여 당분 함량을 비교하는 것도 있었다. 6년 뒤 농무부 장관은 미국이 "전 세계에 축복을 선사하는 산업 국가 중 하나가 될 수" 있다면 그것은 오직 정부가 걸음마 단계에 있는 사탕무 설탕 산업을 장려했기 때문일 것이라고 주장했다.

설탕이 식단에서 빠질 수 없는 요소이자 생필품으로 변모하는 데

✦ 과학은 설탕산업에 실로 지대한 영향을 미쳤다. 국립미국사박물관 큐레이터이자 《단것 Sweet Stuff》이라는 책을 쓴 데보라 진 워너Deborah Jean Warner에 따르면 사탕무 설탕산업은 농업 부문에서 과학적 전문성을 이용하여 생산량을 늘리고 품질을 관리하려고 한 최초의 시도였다. 1876년 미국화학회American Chemical Society가 설립되었을 때도 대부분의 발기인이 설탕 화학자였다.

결정적인 역할을 한 두 번째 요소는 기술 발전이었다. 1765년 와트의 증기기관으로 시작된 산업혁명은 19세기 들어 모든 기존 산업과 마찬가지로 설탕 생산 및 정제업의 모습도 완전히 바꾸어놓았다. 1920년대에 이르면[46] 설탕 정제업계는 1820년대의 10년간 생산량과 맞먹는 수백 톤의 설탕을 단 하루 만에 생산해냈다.[47]

설탕 가격이 떨어져 누구나 부담 없이 살 수 있게 되자 소비 방식 또한 크게 달라졌다.[48] 이제 사람들은 설탕을 뜨거운 음료에 넣어 먹고, 밀가루에 넣어 익히고, 음식 위에 뿌렸다. 설탕이 값싸고 쉽게 구할 수 있는 감미료가 되자 어디서나 잼과 젤리를 먹을 수 있었다. 설탕에 절여 보존하는 방식으로 수확철 막바지에 거둔 과일을 1년 내내 영양 공급원으로 이용할 수 있게 된 것이다. 19세기 중반에 역사상 처음으로 디저트라는 개념이 생겼다. 이제 사람들은 점심이나 저녁 식사를 마무리할 때 단것이 나오리라 기대하게 되었다. 공장 노동자들이 니코틴과 카페인과 설탕을 조합하여 즐기는 방법을 알게 되면서 산업 현장에서 작업 간 휴식이라는 개념이 생겨났다. 담배, 커피, 차, 설탕이 들어간 비스킷과 사탕을 누구나 구입할 수 있는 새로운 시대의 막이 올랐다.

이 시기 식품 기업들은 널리 보급된 산업용 기계를 최대한 활용하여 어디서나 팔 수 있는 완전히 새로운 식품들을 개발하고 역사상 유례없이 대량으로 생산했다. 1840년대에 미주리주에서 어린 시절을 보낸 마크 트웨인이 묘사한 대로 당시에는 마을 상점에서 큰 통에 담긴 설탕과 당밀을 조금씩 덜어 팔았다.[49] 트웨인이 미주리주의 소읍 플로리다에 있는 삼촌의 잡화점에서 판매한 식품 목록을 생생히 묘사한 부분을 살펴보면, 오늘날 가장 중요한 설탕 섭취원인 가공식품과 음료가 단 한 가지도 없다는 점이 눈길을 끈다. 캔디, 아이스크림, 초콜릿 바, 포장 케이크나 쿠키, 청량음료, 주스 등 대량생산 식품이 하나도 언급되지 않는다. 사실 이 식품들은 이후 50년에 걸쳐 발명되었다. 식품업계가 가공식품을 대량으로 생산하고, 철도가 가공식품을 전국 구석구석까지 실어 나르고, 가공식품을 담는 데 필요한 병입 및 포장 기술이 개발되고, 겉에 붙일 성분표가 개발되고, 마케팅에 필요한 광고 기법과 감각이 발전하고 소위 브랜드 충성도라는 현상이 생기면서 가능해진 일이다. 이 과정에서 처음에는 여성, 그 뒤로는 어린이가 설탕의 자연스러운 소비자로 판촉 대상이 되었다. 19세기 중반 이후 지금까지 설탕은 '어린 시절'이라는 이름의 국가에서 통용되는 화폐의 지위를 굳게 지키고 있다.

설탕을 식품에 첨가함으로써 소비량을 끝없이 늘리는 데 한몫한 산업은 그 밖에도 많지만, 사실 설탕을 식품에 첨가한 이유가 단맛을 내기 위해서만은 아니었다. 예를 들어 19세기에 일어난 기술 혁명 가운데 하나인 제분 기술이 널리 보급되어 훨씬 희고 순수한 밀가루를 생산하게 되자, 효모조차 밀가루를 섭취할 필요가 사라졌다. 반죽에 설탕을 첨가하면 효모의 활동이 활발해져 반죽이 훨씬 빨리 부풀고 빵도 훨씬 맛있어진다.[50] 20세기 들어 수십 년간 빵의 설탕 함량은 꾸준히 늘어나 차츰 설탕을 탐닉하게 된 사람들의 입맛을 붙잡았다. 1990년 출간된 《설탕 사용설명서》에 따르면 흰빵, 예를 들어 미국 어린이들이 즐겨 먹는 원더 브레드의 설탕 함량은 10퍼센트가 넘는 경우도 있었다.[51] 반면 유럽에서 판매되는 빵의 설탕 함량은 2퍼센트 수준이었다.

특히 1840년대에 출현한 네 가지 산업은 설탕이 주원료이거나 가장 중요한 성분인 음식과 음료를 생산하고 판매함으로써, 우리의 식단과 삶을 설탕으로 가득 채우는 데 직접적인 영향을 미쳤다. 이런 음식과 음료들이 설탕의 역사에서 갖는 의미는 궐련이 담배의 역사에서 갖는 의미와 같다고 볼 수 있다. 설탕과 담배 산업 모두 결국 어린이들을 판촉 대상으로 삼았다. 다시 한 세기가 지나 제2차 세계대전 이후 수십 년 동안에는 과일 주스, 스포츠 음료, 특히 아침 식사 대용 시리얼이 개발되어 엄청난 인기를 누렸다.

사탕

현대적 사탕 산업은 1847년 보스턴에서 올리버 체이스라는 약제사가 완벽한 모양의 사탕을 수천 개 단위로 생산하는 기계를 발명하면서 시작되었다. 손으로 돌려 작동하는 체이스의 기계는 말의 힘과 증기기관을 거쳐 마침내 전기로 작동했다. 부유층에서나 즐기던 지방 특산 수제 사탕이 대량생산에 힘입어 전 국민의 군것질거리가 된 것이다. 역사가 웬디 월러슨이 저서 《세련된 입맛》에서 설명했듯 "특권층 성인의 권위를 드러내는 곳"이었던 제과점은 차츰 "미국 자본주의 초기에 어린이들을 위한 장소"인 사탕 가게로 변화했다.[52] 1876년 필라델피아시에서 미국 독립 100주년 기념 박람회가 열렸을 때 20개 기업이 특수 기계 설비로 대량생산한 사탕을 전시했다.[53] 1903년 〈뉴욕타임스〉는 불과 25년 전만 해도 "거의 제로"였던 사탕의 연간 판매액이 미국에서만 1억 5000만 달러에 이른다고 추정했다.[54]

초콜릿[55]

초콜릿 바의 역사 역시 1840년대로 거슬러 올라간다. 이때 스위스 제과업자인 린트Lindt 형제가 초콜릿 분말을 대량생산, 포장 및 운송이 가능한 막대 형태로 굳히는 방법을 개발한 것이다. 그때까지 초콜릿은 뜨거운 음료로만 소비되었다. 먹을 수 있는 고체 형태로 굳히는 비법은 오직 프랑스의 최상층 제과업계에만 전해졌다. 19세기 말에 이르면 미국 전역의 공장에서 초콜릿 바를 하나씩 자동 포장하는 기계가 돌아갔다. 특히 밀튼 허쉬는 초콜릿에 우유를 섞어 더 달고 더 섬세한 맛이 나는 제품을 개발하여 어린이들에게 대단한 인기를 끌었다. 현재까지도 초콜릿 하면 떠오르는 유명 제품 중 상당수가 클라크 바Clark Bar가 출시된 1886년에서 1930년대 초반 사이에 개발되어 대량생산되었다.[56] 몇 가지 예를 들자면 투시 롤스(1896), 허쉬 밀크 초콜릿 바(1900), 허쉬 키세스(1906), 토블레로네(1908), 히스 바(1914), 오 헨리!(1920), 베이비 루스(1921), 마운즈 앤 밀키 웨이(1923), 미스터 굿바(1925), 밀크 더즈(1926), 리스 땅콩 버터 컵(1928), 스니커스(1930), 투시 롤 팝스(1931), 마스 앤 삼총사 바(1932) 등이다.

아이스크림[57]

17세기 후반 거의 틀림없이 이탈리아에서 처음 발명된 아이스크림은 오로지 부자를 위한 군것질거리였다. 18세기 중반까지도 매우 희귀한 음식으로 미국에서는 아이스크림을 먹는다는 것 자체가 신문에 날 만한 사건이었다. 하지만 설탕값이 떨어지면서 큰 걸림돌이 해결되었다. 이제 얼음을 안정적으로 공급받을 수 있거나 얼음을 만들어 저장할 수 있는 냉동고만 개발된다면 대중적인 식품이 되는 것은 시간문제였다. 천연 얼음 산업(겨울에 북쪽 지방의 호수, 연못, 강에서 얼음을 채취해 보관하면서 1년 내내 잘라 팔았다)은 19세기에 폭발적으로 성장했다. 1843년 최초의 아이스크림용 냉동고를 발명한 사람은 낸시 존슨이라는 필라델피아의 땜장이였다.

아이스크림을 대량생산하기 시작한 사람은 메릴랜드주의 우유 판매상 제이콥 퍼슬이다. 1851년 여름에 퍼슬은 크림 생산량이 너무 많은데 도무지 팔 곳이 없자 크림에 설탕을 넣은 후 얼려서 아이스크림을 만들었다. 리터당 25센트짜리 아이스크림은 날개 돋힌 듯 팔려나갔다. 퍼슬은 대량생산에 뛰어들어 크림 생산지에서 가까운 펜실베이니아주에 최초의 아이스크림 공장을 세웠다. 두 번째 공장은 고객들에 가까운 볼티모어에, 이어서 워싱턴, 보스턴, 뉴욕으로 계속 확장했다. 영국에서는 1850년대 후반 이탈리아 출신 페이스트리 제조업자 카를로 가티가 최초로 아이스크림을 대량생산했다.

아이스크림 제조는 요리의 역사에서 미국이 유일하게 전 세계를 이끈 분야다. 1870년대에 약제사들은 40년간 약국에서 팔아왔던 소다수에 아이스크림을 첨가했다.✦ 처음에는 그냥 섞기만 했지만 나중에 각종 향료와 감미료를 첨가했다. 월러슨이 말했듯 그 결과 "새로운 군것질거리인 아이스크림 소다수가 탄생하고, 아이스크림 소다수 판매점이라는 새로운 형태의 상점이 출현했다".[58] 1892년에는 아이스크림 선디✦✦가 개발되었고[59] 1904년에는 세인트루이스 세계박람회장에 아이스크림 콘이 선보였다.✦✦✦[60] 1919년에 에스키모 파이✦✦✦✦, 1920년에 굿 휴머 바, 1923년에 팝시클✦✦✦✦✦이 뒤를 이었다.

✦ 소다수는 1767년 조셉 프리슬리Joseph Priestley가 발명했다.

✦✦ 유리잔에 아이스크림과 시럽, 견과류, 과일 등을 함께 넣은 것.(옮긴이)

✦✦✦ 아이스크림 콘의 탄생 설화는 몇 가지가 있다. 가장 널리 받아들여지는 이야기는 이렇다. 와플 판매상 어니스트 햄위Ernest Hamwi는 박람회에서 아이스크림 상점 옆에 매대를 세웠다. 어느 날 아이스크림을 담아 팔 컵이 떨어지자 햄위가 와플을 원뿔 모양으로 말아 아이스크림을 얹어 주었다. 이후의 줄거리는 역사가 되었다.

✦✦✦✦ 초콜릿을 입힌 아이스크림에 막대를 꽂은 것.(옮긴이)

✦✦✦✦✦ 막대를 꽂은 아이스캔디.(옮긴이)

청량음료

그리고 청량음료가 있다. 카페인을 섞고 인공적인 맛을 낸 설탕물에 불과한 제품을 세계 구석구석까지 전파하는 산업을 이끄는 닥터페퍼, 코카콜라, 펩시는 모두 1880년대에 설립되었다. 20세기 후반 코카콜라의 경영자는 나머지 두 개 회사를 "막강한 경쟁자들"이라고 불렀다.

청량음료는 19세기 후반의 50년 동안 대단히 수지맞는 산업이었던 돌팔이 비방약의 일종으로 탄생했다. 코카콜라를 생각해낸 사람은 애틀랜타의 돌팔이 조제사 존 펨버튼이다.[61] 그는 콜라와인(코카나무 잎 분말, 즉 코카인을 섞어 대단한 인기를 끈 프랑스 와인으로 토머스 에디슨, H. G. 웰스, 미국 대통령 윌리엄 맥킨리, 그리고 여섯 명의 프랑스 대통령이 열광적인 팬이었다)에다 비방약에 흔히 쓰이던 콜라나무 열매, 당시 소다수 판매점에서 인기를 끌던 탄산수를 섞었다. 1885년 조지아주 여러 지역에서 알코올 판매를 금지하자 와인을 빼고 설탕을 첨가했다. 코카나무 열매와 코카 잎의 쓴맛을 감추어야 했던 것이다. 그는 혼합물을 이렇게 선전했다. "맛 좋고 즐거우며 기분이 상쾌해지고 힘이 샘솟는 음료 (…) 귀중한 뇌 강장제로 두통, 신경통, 히스테리, 우울증 등 모든 신경병증에 만병통치약입니다!"

1891년 펨버튼은 2300달러를 받고 코카콜라의 권리를 전직 약국 직원이자 역시 돌팔이 약제사였던 아서 캔들러에게 넘겼다. 캔들러는 4년 만에 미국 내 모든 주, 캐나다, 멕시코의 소다수 판매점에서 자신의 제품을 구입할 수 있도록 탄탄한 유통망을 구축했다. 1902년 코카인의 중독성에 관해 격렬한 논란이 일자 캔들러는 슬그머니 코카인 성분을 빼버렸다. 판매고에는 거의 영향이 없었다. 당시 코카콜라사는 연간 10만 달러를 광고에 쏟아부었다. 형제인 존 캔들러는 코카콜라사에서 어떤 매체를 선전에 이용하느냐는 질문에 이렇게 대답했다. "그 친구들의 광고가 실리지 않은 물건이 하나라도 있는지 모르겠소." 1913년에 이르면 이들은 연간 100만 달러가 넘는 광고 예산을 집행하며 체온계, 판지를 오려 만드는 종이 공작품, 성냥갑, 압지押紙, 야구 카드 등 1억 가지가 넘는 물건에 코카콜라 광고를 실었다. 원래 회사명이 "브래즈 드링크 Brad's Drink"였던 펩시콜라는 코카콜라보다 13년 뒤에 설립되었지만 역시 기하급수적으로 성장하여 직접적인 경쟁자로 떠올랐다.[62] 펩시콜라의 원액 매출액은 1904년에서 1907년 사이에 열 배 증가했으며, 1908년 말에 이르면 24개 주에 걸쳐 250개의 탄산음료 제조업체와 계약을 맺고 판매 허가를 내주었다.

제1차 세계대전은 전 세계적으로 끊임없이 늘던 설탕 소비량에 유일하게 제동을 건 사건이었지만, 영향은 일시적일 뿐이었다. 유럽에서 전쟁이 일어나자 세계 설탕 공급량은 3분의 1이 줄었다. 유럽과 러시아의 사탕무 설탕산업이 타격을 받았던 것이다. 하지만 쿠바와 미국 업체들이 생산량을 늘려 부족분을 메웠다.[63] 세계적으로 거의 50개국에 퍼져 있던 다른 제조업체들도 그 뒤를 따랐다. 설탕 소비량은 전쟁 중 배급제를 실시하면서 주춤했다가 이후 미국에서 사상 최고 수준으로 증가했다. 설탕 소비량이 전쟁 전 수준으로 돌아가는 데 시간이 걸린 지역은 유럽뿐이었다. 1921년 설탕업계 중역 한 사람은 〈뉴욕타임스〉 기자에게 이렇게 말했다. "유럽인들은 단맛을 즐기는 버릇을 잃어버렸어요. 전쟁 중에 설탕 없이 지내는 법을 배운 거죠. 아직도 많은 사람이 설탕 없이 삽니다. 꼭 필요해서 그런 사람도 있고, 자신의 선택에 따라 그렇게 사는 사람도 있죠. 유럽이 설탕 소비량을 회복하려면 활발한 교육 캠페인이 필요할 겁니다."[64]

이때 미국의 설탕업계는 사상 최초로 1인당 연간 45킬로그램이 넘는 설탕을 팔아치웠다. 미국인들은 한 해 30억 병이 넘는 청량음료를 마셔댔다.[65] 언론인들, 역사가들, 그리고 설탕업계 중역들은 한 세기 동안 설탕 생산량과 소비량이 증가하고 미국 식품 공급의 성격이 완전히 변한 데 대해 그저 경이로움을 느낄 뿐이었다.

3 ____ 담배, 설탕을 만나다

그런 조사는 적절한 것이다. 미국에서 담배 섭취량이 사상 최고에 도달했을 뿐 아니라 담배와 설탕의 결혼에서 태어났다고 할 수 있는 미국산 혼합 궐련이 현재 전 세계적으로 급속히 인기를 끌고 있기 때문이다.[1]

_ 설탕연구재단, 〈설탕과 담배〉, 1950년 10월.

나는 이 책을 상당히 많은 양의 설탕 섭취가 인간의 건강에 미칠 잠재적 영향을 생각해보기 위해 썼다. 그러나 산업혁명에 의해 20세기 전반 50년 동안 인간의 습관에 또 다른 중대한 변화가 일어났다. 이 변화는 건강에 명확한 영향을 미쳤다. 미국산 담배가 전 세계에 걸쳐 폭발적으로 보급되며 엄청난 성공을 거두었고, 이와 함께 흡연이 원인이라는 사실이 너무도 명백한 폐암이 유행한 것이다.

당뇨병이 산업혁명 전에는 극히 드문 병이었다가 이후 설탕 섭취와 함께 급격히 증가한 것처럼, 폐암 또한 흡연이 급속도로 인기를 끌기 전까지는 극히 드문 병이었다. 1900년 이전 미국에서 진단된 폐암 증례는 모두 합쳐 150건에 불과했다. R. J. 레이놀즈가 다양한 품종의 담뱃잎을 혼합하여 캐멀이라는 상표를 단 궐련을 출시한 지 1년 후이자 미국에서 폐암을 사망 원인 중 하나로 공식 집계한 첫해인 1914년, 이 병으로 진단된 사람은 총 400명이었다. 1930년 폐암 사망자 수는 일곱 배 증가했다. 1945년에 이르면 미국에서 폐암 사망자 수가 1만 2000명이 넘었다.[2] 유행이 최고조에 달한 2005년에는 16만 3000명이 넘는 미국인이 이 병으로 세상을 떠났다.

2011년 스탠퍼드 대학교의 로버트 프록터가 담배산업의 이면을 폭로한 기념비적인 저작 《황금빛 홀로코스트》에서 지적한 대로, 이 대유행에 설탕이 결정적인 역할을 했다는 사실은 거의 알려지지 않았다. 나도 그렇지만 프록터 역시 여기 관련된 사실의 대부분을 한 가지 문서에서 인용했다. 1950년에 설탕업계 내부용으로 작성된 설탕연구재단의 보고서 〈설탕과 담배〉가 그것이다.✦ 그는 이렇게 말한다. "잎담배에서 설탕의 역할은 대단히 흥미로우며, 담배업계의 연구소 외부에는 제대로 알려져 있지 않다."[3]

설탕 자체가 어쩌면 담배보다도 더 많은 조기 사망의 원인일지도 모른다는 가능성을 즉시 일축해버리고 싶은 마음이 든다면, 먼저 이 점을 생각해보기 바란다. 담배 자체는 설탕이 없다면 유해성과 중독성이 훨씬 낮을 것이다. 미국 농무부가 담배업계가 성취한 업적에 대해 아직 자랑스러워할 수 있었던 1950년, 미국 농무부 담배분과장을 지낸 와이트먼 가너는 설탕연구재단 보고서의 저자에게 이렇게 말했다. "설탕이 없었다면 미국산 혼합 궐련과 미국의 담배산업은 금세기 전반 50년간 성취한 어마어마한 발전을 결코 이루지 못했을 것입니다."[4]

20세기 초반만 해도 미국인들은 대부분 연기를 흡입하지 않는 방식인 시가나 파이프 담배를 피우거나, 당시 표현으로 "압착" 담배를 씹

✦ 이 보고서는 수십 명의 연구원과 행정가에게 감사의 말을 헌정하고 있다. 그중 많은 수가 미국 농무부 소속이다.

는 방식으로 담배를 즐겼다. 소비된 담배의 중량 기준으로 궐련이 시가와 파이프를 밀어내고 왕좌를 차지한 것은 1920년대 중반이었다. 제1차 세계대전에 참전한 수백만 명의 젊은 미국 군인에게 궐련을 보급품으로 나누어준 데다, 미국산 혼합 담배의 인기가 꾸준히 증가한 데 힘입은 현상이었다. 출시한 지 2년 만에 캐멀은 미국에서 가장 많이 팔리는 담배가 되었고, 8년 뒤에는 전체 담배 판매량의 40퍼센트를 차지했다.[5] 1930년대에 이르면 미국의 담배 제조사들은 사실상 혼합 궐련만 판매했다. 미국산 혼합 궐련은 코카콜라나 펩시콜라와 마찬가지로 전 세계를 석권했다. 이 과정에 제2차 세계대전이 상상할 수 없을 정도로 큰 도움이 되었다는 사실은 명백하다.

담배가 중독과 암을 일으키는 데 가장 결정적인 인자는 연기를 들이마시기 쉽다는 점이다. 와이트먼 가너의 1946년 저서《담배의 생산》에 따르면 담배 연기 속의 니코틴 중 구강을 통해 흡수되는 것은 최대 5퍼센트에 불과하다. "담배 연기를 들이마시면 훨씬 많은 니코틴이 흡수된다."[6] 연기를 폐 깊숙이 들이마시면 넓이가 테니스장 절반 정도에 해당하는 허파꽈리 내부 표면 전체에서 산소와 함께 니코틴이 흡수되기 때문이다. 이렇게 표면적이 넓기 때문에 건강한 세포가 발암물질과 접촉하여 암세포로 전환될 기회가 많은 동시에, 흡연 자체가 보다 즐겁고 중독적인 경험이 된다. 담배 연구자들이 흔히 "니코틴 황홀감"이라고 부르는 이 쾌락은 암 발생에 결정적인 역할을 한다. 프록터가 주장하듯 담배업계는 연기를 들이마시기 어렵게 만들어 니코틴의 중독성을 낮출 수도 있었다.[7] 물론 그랬다면 그토록 많은 담배를 팔고, 그토록 많은 사람을 유혹하지 못했을 것이다.

미국산 혼합 궐련은 이름 그대로 다양한 품종의 담배를 섞어 만든다. 가장 많이 들어가는 잎담배는 공기로 건조한 켄터키산 "벌리" 연초와 열로 건조한 버지니아산 연초로, 합쳐서 담배 함량의 약 70퍼센트를 차지한다. 프록터는 열 건조 방식이야말로 1860년대와 1870년대에 담배업계에서 일어난 가장 큰 기술 혁명이라고 지적한다.[8] 이로 인해 담배 연기의 흡입이 가능해졌다는 것이다. "연초의 열 건조 방식은 현대 제조업의 역사에서 가장 치명적인 발명이다. 화약이나 핵무기도 이렇게 많은 사람을 죽이지 못했다."

연초를 열로 건조할 때는 담뱃잎을 수확하여 철로 된 연통 위에 걸어놓는다. 연통에서 발생하는 열이 주변 공기를 점점 높은 온도로 가열하면서 담뱃잎이 건조되는 것이다. 이 과정은 일주일 가까이 걸리기도 하는데 열에 의해 담뱃잎이 마르면서 색깔을 띠는 한편, 담뱃잎 속에 함유된 당 분해 효소가 파괴된다. 담뱃잎은 상대적으로 탄수화물 함량이 높고(건조 중량의 최대 50퍼센트) 당분은 낮지만(3퍼센트), 열 건조 후에는 당분 함량이 22퍼센트에 이른다. 여기서 당분이란 다름 아닌 자당, 즉 설탕이다. 1950년 설탕연구재단 보고서에는 담뱃잎을 열 건조하는 동안 일어나는 현상이 바나나를 수확하여 익도록 놓아두었을 때 "녹말이 대폭 자당으로 전환되는" 현상과 "매우 흡사하다"고 씌어 있다.[9]

열 건조 후 담뱃잎의 설탕 함량이 증가하는 현상이야말로 담배 연기 흡입의 핵심이다. 설탕 함량이 높아지면 담배 연기가 염기성에서 산성으로 변한다. 화학적으로 말하자면 페하pH가 낮아진다. 염기성을 띤 연기는 점막을 자극하여 기침 반사를 일으킨다. 하지만 산성 연기는 점막을 자극하지도 기침을 일으키지도 않는다. 1930년대에 독일 연구자들이 관찰했듯 파이프 담배나 시가를 피울 때 생성되는 염기성 연기를 흡입할 수 있는 사람은 거의 없지만, 설탕이 풍부하게 함유된 열 건조 담뱃잎으로 만든 궐련의 산성 연기는 흡입하는 데 아무런 문제가 없다.[10] 설탕은 혼합 궐련의 연기 흡입과 중독 과정에 두 가지 결정적인 역할을 하는데, 이것이 첫 번째다.

캐멀 담배가 출시되기 전까지 궐련은 거의 모두 열 건조 연초로 만들었다. 연기를 흡입할 수 있지만 상대적으로 니코틴 함량이 낮았으며, 폐에서 니코틴이 쉽게 흡수되지도 않았다. 담뱃잎 속에 자연적으로 존재하는 당분이 많을수록 니코틴 함량이 낮아지며 니코틴 흡수량 또한 낮아지기 때문이다. 따라서 캐멀 등장 이전에는 흡연 체험의 만족도 또한 낮았다. 적어도 공기로 건조한 벌리 연초가 주원료인 시가, 파이프, 씹는 담배와 비교하면 확실히 그랬다. 초보 흡연자가 계속 담배를 피우고 싶다거나 더 자주 담배를 피우고 싶다는 욕구 또한 비교적 낮았다.

1911년 미국 대법원은 아메리칸타바코컴퍼니(담배기업연합Tobacco Trust이라고도 한다)가 시장을 독점하여 셔먼 독점금지법을 위반했다고 판결하며 회사 해산을 명령했다. 이 결정에 따라 회사는 네 개의 작은 회사로 분할되었다. 그중 하나가 R. J. 레이놀즈다. R. J. 레이놀즈는 그 전까지 씹는 담배를 팔았지만 회사 분할 후에 궐련 쪽으로 방향을 틀었다. 자사의 씹는 담배에 사용한 공기 건조 벌리 연초에 전통적으로 궐련에 사용한 열 건조 버지니아 연초를 혼합하여 캐멀을 개발한 것이다. 그 외에도 설탕 함량이 벌리와 버지니아의 중간 정도 되는 일광 건조 오리엔탈 연초와 다른 품종도 소량 섞어 넣었다.

공기로 건조한 벌리 연초는 비교적 니코틴 함량이 높고 버지니아 연초에 비해 니코틴이 쉽게 흡수되었다. 하지만 담배 연기가 염기성으로 들이마시기 어려웠다. 더 중요한 점은 공기 건조 후 벌리 연초 속에 당분이 거의 없었다는 점이다. 1946년 와이트먼 가너는 이것이 벌리 연초의 "불쾌한 특성" 중 하나라고 지적했다.[11] 하지만 1913년 압착 연초 제조사들이 불쾌한 특성을 완전히 해결했다. 캐멀의 원료로 사용되는 벌리 연초를 프록터가 적절히 표현한 대로 "설탕에 절인" 것이다.[12]

벌리 품종의 담뱃잎은 다공성이라 흡수성이 좋다. 이 품종을 가장 먼저 재배한 미주리주와 켄터키주의 농부들은 벌리 담뱃잎이 설탕도 쉽게 흡수한다는 사실을 발견하고는 건조 후 "설탕 소스"에 담그는 공정을 개발했다. 고기를 재우듯 꿀, 메이플 시럽, 당밀, 과일 시럽, 감초, 기타 감미료를 섞은 소스에 담배를 재운 것이다.[✦13] 설탕연구재단에서 지적했듯 "사전 조리 식품 또는 가공식품에 넣을 때와 마찬가지로 설탕은 방향성 물질의 풍미를 강화한다".[14] 소스 처리 공정을 거친 벌리 연초가 중량의 50퍼센트에 이르는 설탕을 흡수했으므로 씹는 담배 제조사들은 제품에 단맛을 내는 것은 물론 돈까지 절약했다. 같은 중량이라면 설탕이 담배보다 쌌기 때문이다. 1880년대에 버지니아 연초를 재배하던 농부들은 경쟁 제품인 설탕 소스로 처리한 담배의 인기를 두고 "담배 본연의 맛에는 신경조차 쓰지 않고 오로지 단것만 쫓아다니는 양키들의 변태적인 입맛"이라고 비난했다.[15]

R. J. 레이놀즈에서 캐멀 담배에 섞은 것이 바로 설탕 소스로 처리한 벌리 연초였다. 설탕연구재단 보고서는 이 결정을 "필요에 의한 행동(주로 압착 담배 제조에 사용되는 공기 건조 연초를 이미 갖고 있었으므로) 또는 향후 수요와 소비 경향을 기막히게 예측한 천재적인 발상"이라고 썼다.[16] 어느 쪽이든 인간의 폐 속에 니코틴을 최대한 많이 전달하는 것이

✦ 1972년 듀크 대학교의 역사학자 내니 메이 틸리Nannie May Tilley가 썼듯, 1830년대에 처음 출시되었을 때 설탕으로 처리한 씹는 담배는 "놀라운 속도"로 팔려나갔으며, 이 공정을 개발한 담배 재배 농가들은 "불과 몇 년 만에 큰 재산을 모았다".

목표였다면(유감스럽게도 발암물질과 함께) 그보다 더 좋은 방법은 없었을 것이다. 결국 미국 담배 제조사들은 모두 그 뒤를 따랐다.

1929년 한 해 동안 미국 담배 농가들은 1200억 개피의 궐련을 생산하면서 벌리 연초를 처리하는 데 2만 2700톤의 설탕을[17] 썼다.[++18] 설탕은 원래 염기성인 담배 연기를 중화해 흡입성을 극대화하고 훨씬 많은 니코틴을 폐 속으로 밀어 넣었다. 또한 담배에 함유된 설탕은 담배가 타들어가면서 "캐러멜화"된다(전문 용어로 '열분해'라고 한다). 연기가 캐러멜화되면 단맛과 기분 좋은 냄새가 나기 때문에 특히 여성 흡연자와 청소년을 끌어들이는 효과가 있었다. 설탕연구재단 보고서는 이렇게 썼다. "이런 [캐러멜화] 과정은 제과 및 제빵 산업과 마찬가지로 담배의 풍미와 흡연의 즐거움을 더해준다."[19]

1970년대 이래 독성학자와 암 연구자들은 담배 연기 속 설탕이 일으키는 효과를 연구하면서 1950년 설탕연구재단 보고서에 실린 소견을 확인했다. 2006년 네덜란드의 독성학자들이 설명한 것처럼 "흡연자가 담배의 주류 연기(직접 폐 속으로 흡입하는 연기)를 들이마시는 정도는 담배에 함유된 설탕의 양에 비례한다".[20] 또한 연구자들은 설탕으로 처리된 담배에서 나오는 산성 연기의 유감스럽지만 흥미로운 측면을 지적했다. 담배 연기의 산성도가 필터에 가까워질수록 증가한다는 점이다. 화학자들은 이런 현상을 "산 완충능acid buffering capacity"이라고 한다.[21] 연기의 산성이 증가하면 니코틴의 흡수율은 감소한다. 즉, 남은 담배의 길이가 짧아질수록 니코틴 황홀감이 떨어지고 흡연자는 이를 보

++ 설탕연구재단 보고서에 따르면, 1939년 미국에서 생산된 단풍당(사탕단풍나무 수액으로 생산한 설탕-옮긴이)의 40퍼센트와 캐나다에서 수입된 단풍당의 "거의 전량"이 담배를 처리하는 데 사용되었다.

상하기 위해 더 힘껏 더 길게 담배 연기를 빨아들인다. 연기 속에 함유된 타르와 발암물질의 농도가 가장 높아졌을 때 연기를 깊숙이 들이마시려는 충동이 가장 강해지는 것이다. 공기 건조한 담배로 만든 시가를 피울 때는 정반대 현상이 일어난다. 담배 연기가 갈수록 염기성이 되어 니코틴의 흡수율이 상승하기 때문에 다 피울 때쯤에는 연기를 흡입하고 싶은 충동이 줄어든다.

1950년 설탕연구재단이 〈설탕과 담배〉 보고서를 작성하고, 4년 후 미국 농무부의 와이트먼 가너가 담배업계의 폭발적인 성장에 설탕이 결정적인 역할을 했음을 확인했을 때, 이들은 그 유해한 결과를 따져보지도 않았다. 사실 따져볼 이유도 없었다. 그저 어떻게 하면 설탕산업이 담배산업의 놀라운 성장에서 지속적으로 이익을 볼 것인지만 생각했을 뿐이다. 설탕연구재단 보고서는 이렇게 선언했다. “이렇듯 괄목할 만한 발전을 보면 담배 제품, 특히 궐련에 설탕을 사용할 경우의 잠재력은 무궁무진하다. 물론 향후 미국식 혼합 궐련에 대한 국내외의 수요에 달려 있는 것은 분명하지만, 혼합 궐련에 사용되는 연초의 종류에 따라 당분이 부족한 경우 사탕수수나 사탕무 설탕으로 보충할 가능성이 여전히 남아 있다.”[22] 14년 뒤 흡연과 건강에 관한 공중위생국장의 기념비적인 보고서에서 흡연과 폐암의 상관관계를 공식적으로 인정했을 때에야 비로소 설탕업계는 이런 입장을 재고해야 할 이유를 갖게 되었다. 어쨌든 설탕연구재단 보고서에서 정확히 지적했듯이 미국산 궐련이 전 세계적으로 놀라운 성공을 거두고, 이어서 전례 없는 폐암 유행이 뒤따른 것은 모두 “담배와 설탕의 결혼” 때문에 벌어진 일이었다.

4 ____ 특별한 악덕

1937년 〈월스트리트저널〉의 소유주인 C. W. 배런은 자신이 관찰한 바를 촌철살인의 한마디로 표현했다. 주식시장에서 돈을 벌고 싶다면 악덕을 제공하는 회사에 투자해야 한다는 것이다. "[소비자들은] 불경기가 닥치면 수많은 생필품을 포기하면서도 그들의 악덕만은 절대로 포기하지 않는다."[1]

같은 해 조지 오웰도 전혀 다른 맥락에서 비슷한 현상을 관찰했다. 영국 노동계급의 암울한 삶을 기록한《위건 부두로 가는 길》에 유례없는 불경기가 10년간 이어진 와중에도 "값싼 사치품"의 판매량은 오히려 급증했다고 적은 것이다. "이런 현상을 특별히 사악하다고 하는 이유는 이렇다. 백만장자라면 오렌지 주스와 라이비타 비스킷✦만으로 차린 아침 식사를 즐길 수 있다. 하지만 실업자는 사정이 다르다. (…) 실

✦ Ryvita biscuits. 호밀로 만든 얇은 비스킷.(옮긴이)

업 상태가 된다는 말은 못 먹고 시달리며 지루하고 비참해진다는 뜻이다. 몸에 좋은 음식을 일부러 원해서 먹을 여유 따위는 없다. 이때는 좀 더 '입맛 당기는 것'을 원하게 된다. 그리고 우리 주변에는 항상 마음을 유혹하는 싸구려 즐거움이 있기 마련이다."[2]

이런 관찰만으로도 설탕산업이 아무리 어려운 시절에도 경기를 타지 않는 이유와 사탕, 아이스크림, 청량음료의 "불경기를 모르는" 특성을 설명하기에 충분할 것이다.[3] 1930년대에 대공황이 한창일 때도 연간 1인당 설탕 소비량은 1920년대보다 7킬로그램 증가했다.[4] 사탕 소비량은 대공황기 내내 꾸준히 증가했다. 코카콜라는 펩시콜라와 마찬가지로 호황을 누렸다.[5] 1931년 첫 번째 파산을 선언했는데도 그랬다. 당시 〈배런스Barron's〉의 보도에 따르면, 1929년 여름 코카콜라 주식을 최고가에 산 투자자가 주식시장 폭락과 이어진 대공황기에 팔지 않고 갖고 있다가 1938년 가장 낮은 가격에 팔았다고 해도 225퍼센트의 수익을 올릴 수 있었다. 뉴욕에 있는 슈래프트 레스토랑 체인점에서 돈이 없어 영양가 있는 식사를 할 수 없는 손님들이 "코카콜라와 롤빵 또는 코카콜라만으로 아침을 때운다"고 보도된 것도 역시 대공황 때였다.

20세기가 불과 2년 남은 때까지도 설탕에 관해 한 가지 확실한 사실이 있다면 소비량이 계속 증가한다는 점이었다. 매년 증가하지는 않더라도 장기적 추세는 확실히 그랬다. 설탕은 경제학자들이 "가격 비탄력성"이라고 부르는, 즉 수요와 공급이 비교적 가격의 영향을 받지 않는다는 점에서 농산물과 비슷하다.[6] 경제학자 스티븐 마크스와 키스 매스커스가 지적했듯 이 상품들은 가격이 올라도 소비가 줄지 않는다. 오히려 생산이 늘어나 생산자에게 더 큰 매출을 안겨준다. 가격이 떨어지면 수요와 생산이 큰 폭으로 늘어난다. 결국 생산량과 소비량이 함께 꾸준히 증가하는 것이다.

설탕산업에 있어 이런 주기는 예외 없이 생산 부족으로 시작된다.[7] 예를 들어 열대 지방에 폭풍이 불어닥치거나, 가뭄이 들어 사탕수수 설탕의 생산량이 급감하거나, 유럽이나 아시아에서 전쟁이 발발하여 사탕무 설탕의 생산에 문제가 생기거나 교역이 제한된다. 설탕 공급이 감소하면 가격이 오른다. 재고는 이내 소진된다. 사람들은 더 많은 설탕을 원한다. 미국설탕정제회사 대표인 얼 뱁스트가 제1차 세계대전 중 설탕 배급제의 망령에 관해 이야기했듯 "광란의 비정상적 수요"가 일어난다.[8] 세계의 다른 지역에 있는 설탕 생산자들은 사탕수수와 사탕무의 재배량을 늘리고, 더 많은 설탕 공장을 짓고, 정제 능력을 확충해 부족량을 따라잡는다. 더 많은 설탕을 재배하고 정제하고 판매할수록 이들의 이익은 늘어난다.

하지만 문제가 생겼던 지역이 생산량을 회복하면 공급이 수요를 앞지르게 된다. 사탕수수는 한번 심으면 5~6년간 계속 설탕을 생산하므로 농부들은 수확하는 데 드는 비용이 설탕을 팔아 버는 수익보다 더 높을 때까지 수확을 계속한다. 정제업자들은 정제를 계속한다. 결국 설탕 생산에 지장이 생겨도 몇 년 후에는 항상 설탕 과잉 상태가 초래되어 가격이 급락한다. 1945년 〈타임〉에서 표현했듯이 "건강하지 못한 경제와 무능한 정치"에 의해 "전쟁 중에는 설탕을 너무 적게 생산하고, 전쟁이 끝나면 너무 많이 생산하는" 일이 반복된다.[9] 당연히 재배업자와 정제업자는 설탕 가격을 유지하기 위해 생산량을 줄인다는 개념에 저항한다. 사탕무든 사탕수수든 경작지에 다른 작물을 심어 재배하기가 쉽지 않은 탓이다.

필연적으로 산업계는 생산 과잉과 가격 하락을 막기 위해 정부에

로비 공세를 퍼붓는다. 수확과 정제를 최대한 유지하면서도 경제적 이익을 지킬 수 있는 정책들, 즉 수입 제한과 보조금 지급을 관철한다. 또한 전 세계적으로 소비량을 늘리고, 새로운 산업적 용도를 개발하고, 대중에게 직접 설탕을 판촉하기 위해 끊임없이 노력한다. 1931년의 중국처럼 설탕 수입량과 소비량이 미미한 국가에서 더 많은 설탕을 소비하도록 유도하는 전략도 펼친다.[10]

미 하원에서 설탕법을 통과시킨 1930년대 중반(이후 몇 차례 개정을 거쳐 40년간 효력을 유지했다) 설탕산업은 미국 내에서 너무나 넓은 지역에 걸쳐 분포했다.[11] 북부 중부 서부에서는 사탕무, 남부에서는 사탕수수를 재배했으며 양대 해안에 설탕 정제업이 성했다. 그 밖에도 헤아릴 수 없이 많은 사탕, 아이스크림, 청량음료 업체가 있었다. 〈뉴욕타임스〉에 따르면 프랭클린 루스벨트 대통령이 설탕 로비를 가리켜 "평생 겪어본 중 가장 강력한 압력 집단"이라고 할 정도였다.[12] 설탕법에 따라 미국 내에서 설탕을 생산하고 정제하는 사업은 어떤 상황에서도 이익이 보장되었다. 원당 가격은 큰 차이가 없을지라도 항상 국제 가격보다 높게 책정되었고, 국내 생산이 일정 수준 미만으로 제한되었으며, 수입 제한 제도가 시행되었다. 또한 설탕법에 따라 생산자들은 생산하지 않은 설탕이나 팔지 못한 설탕에 대해 보조금을 지급받았다. 〈타임스〉의 표현을 빌리자면 "국내 생산자들을 위한 보너스"인 셈이었다.[13] 그 결과 소비자들은 수입 제한과 가격 보조금 제도가 없을 때에 비해 설탕에 더 많은 돈을 지불해야 했다. 그런데도 사람들은 설탕 구매를 멈추지 않았다.

기술 진보 역시 계속 설탕업계의 이익에 도움이 되었다. 사람들은 설탕이 듬뿍 들어간 제품들에 더 쉽게 접근할 수 있었다. 1930년대에는 자동판매기(전기 아이스박스)가 출현했고, 냉장고 가격이 크게 떨어져 필수 가전제품이 되었다. 1935년에 가격이 200달러 훨씬 밑으로 떨어지자 그해에만 150만 대의 냉장고가 팔렸다.[14] 이제 소비자들은 역사상 처음으로 한 발짝도 집 밖으로 나서지 않고 얼음처럼 차가운 청량음료와 아이스크림을 마음껏 즐길 수 있게 되었다. 코카콜라와 펩시에서는 가정용 6개들이 포장과 대용량 포장을 출시하면서 특히 여성과 어린이를 표적으로 대대적인 광고 공세를 펼쳤다.[15] 미국이 제2차 세계대전에 참전하기 전 6년간 미국 내 청량음료 판매량은 거의 네 배가 늘어 연간 2억 상자에서 7억 5000만 상자로 급증했다.[16]

제1차 세계대전 때와 마찬가지로 전쟁이 일어나자 설탕 소비량은 주춤했지만, 역시 일시적인 효과에 그쳤다. 1942년 아시아, 유럽, 남태평양 지역의 제당업체들이 더 이상 서구에 설탕을 공급하지 못하고, 미국 내에서는 전쟁의 여파로 당밀을 공업용 알코올 제조에 사용하면서 (주로 합성고무와 폭약을 만들기 위한 것이었다) 설탕 배급제가 시행되었다. 미국이 설탕 공급량의 상당 부분을 의존하고 있던 쿠바에서도 허리케인과 가뭄의 여파로 사탕수수 생산이 중단되었다. 1945년 미국 시민들은 1870년대 이래 가장 낮은 설탕 소비 수준을 기록할 것으로 예상되었다. 겨우 연간 30킬로그램이었다.[17] 한 경제학자는 이를 가리켜 "역사상 최악의 설탕 기근"이라고 불렀다.[18]

민간의 설탕 부족을 부채질한 또 한 가지 요인은 1100만 명에 이르는 현역병에게 대량의 설탕을 배급한 것이다. 1945년 미 하원의 조사에 따르면 미군은 1인당 연간 100킬로그램의 설탕을 배급받았다. 전쟁 전 이들이 민간인이었을 때 소비한 양의 두 배였으며, 후방의 비전투 요원에게 할당되는 양과 비교하면 세 배가 넘었다. 하원 조사관들도 너무 많은 양이라고 생각했지만 총력전 분위기에 찬물을 끼얹는다고 비난받을까 봐 아무도 이의를 제기하지 않았다. 조사위원회는 이렇게 제안했다. "미군의 담당 장교가 모든 지역 사령관에게 민간의 설탕 공급 상황이 빠듯하다는 점을 알리고, 가능한 모든 방법으로 설탕을 절약하는 데 협조해달라고 부탁하는 것은 불합리하지 않을 것이다."[19]

전쟁이 막바지로 치달으면서 당국에서는 설탕과 사탕이 "우리의 전사들이 (…) 전쟁을 보다 효과적으로 수행할 수 있는" 귀중한 자극제 역할을 한다고 선전했다.[20] 미군이 각 부대에 보급하기 위해 구매하는 사탕만도 연간 4만 5000톤에 이르렀다.[21] 케이래션✦과 디래션✦✦에 여러 개의 초콜릿 바가 들어 있었으며 케이래션에는 "과일사탕"도 여러 개 들어 있었다. 해군에서 분석한 바에 따르면 설탕이 듬뿍 든 전투식량 외에도 병사들이 기지 내 매점에서 구입하는 식품의 40퍼센트를 막대사탕이 차지했다. 전쟁 중 해군의학연구소Naval Medical Research Institute 지휘관으로 복무한 코넬 대학교의 영양학자 클라이브 맥케이는 이렇게 말했다. "우리는 초콜릿 바나 막대사탕이 병사들을 배불리 먹이는 데 얼마나 중요한지 과소평가하는 경향이 있다."[22] 사탕업계는 이 기회를 이용하여 잽싸게 사탕이 "전투식량으로서 가치"를 지닌다는 광고를 내보내기 시작했다. 〈뉴욕타임스〉에서 지적했듯이 "사탕을 먹으면 살이 찌고 이가 썩는다는 대중의 오해를 바로잡는 것"이 목표였다.[23]

코카콜라와 펩시는 전 세계적으로 병사들이 제품을 쉽게 이용할 수 있도록 하는 방식으로 전쟁 수행 노력에 동참했다. 펩시는 전쟁이 시작되자마자 설탕을 대량으로 사들이고, 전쟁 중에는 멕시코에서 직접

✦ K-ration. 휴대용 전투식량.(옮긴이)

✦✦ D-ration. 비상용 전투식량.(옮긴이)

시럽을 수입하여 설탕 배급 문제를 피해갔다.[24] 또한 병사들을 위해 자정이 넘도록 문을 여는 펩시콜라 지점을 개설하여 전쟁 첫해에만도 200만 명에게 서비스를 제공했다.

코카콜라는 군대에 판매하는 제품에 대한 설탕 배급제 면제 결정을 얻어냈다. 코카콜라의 공식 정책은 회사가 치르는 비용에 상관없이 전 세계 어디서든 자국 병사에게 병당 10센트에 콜라를 파는 것이었다. 이 목표를 달성하는 동시에 전후에 대비하기 위해 전 세계 곳곳에 64개의 제조 공장을 건설했는데, 일부 공장에서는 독일군과 일본군 포로를 생산 인력으로 활용했다. 정식 출간되지 않은 사사社史에서 이들은 이런 정책 덕분에 "1억 1000만 명의 병사를 친구이자 내수 고객으로" 만드는 동시에 "해외 시음회와 시장 확대 노력만으로는 25년의 세월과 수백만 달러의 비용이 들었을 일"을 해냈다고 자평했다".[✦✦✦] 전쟁이 끝난 지 3년 뒤 코카콜라에서 주최한 첫 번째 국제 학회에서 한 중역은 학회의 목표가 "우리 제품을 가져다주기만 기다리는 20억 명의 고객에게 봉사하기 위해" 필요한 노력을 시작하는 것이라고 설명했다. 학회장에는 이런 문구가 붙었다. "공산주의를 생각하면 우리는 철의 장막을 떠올립니다. 하지만 민주주의를 생각할 때 그들은 코카콜라를 떠올립니다."[25]

1950년 코카콜라는 〈타임〉 표지를 장식했다.[26] 코크Coke 상표가 사랑에 넘치는 표정으로 목마른 지구에게 코카콜라를 빨리고 있는 모습이었다. 그때 이미 회사는 이익의 3분의 1을 해외 판매에서 올리고 있었다. 펩시도 뒷짐지고 있지 않았다.[27] 1950년대에 미국 외 지역에 200

✦✦✦ 전쟁 직후 동유럽에서 근무한 코카콜라 직원 중 한 명은 성관계를 위해 현지 여성을 유혹할 때 코카콜라보다 더 효과적인 것은 허쉬 초콜릿 바밖에 없다고 말했다.

개에 달하는 제조공장을 세우면서 해외 판매액이 다섯 배 증가한 것이다. 1959년 모스크바에서 미국 부통령 리처드 닉슨이 소련 서기장 니키타 흐루시초프를 만나 사진을 찍을 때 두 사람은 펩시콜라 병을 들고 있었다.[28]

전후 설탕 소비량이 회복되자 다시 한번 소비 패턴이 변했다. 청량음료, 사탕, 아이스크림 판매액이 매년 기록을 갱신하는 와중에(1940년에서 1956년 사이에 아이스크림 소비량만도 두 배 증가했다[29]) 이제 설탕은 아침 식사에서도 주성분이 되었다. 처음에는 과일 주스를 통해서, 그 뒤로는 설탕이 듬뿍 든 아침 식사 대용 시리얼을 통해서였다.

캔에 든 아침 식사용 주스가 처음 등장한 것은 금주법 시대였다.[30] 와인의 원료로 포도를 팔 수 없게 된 포도 재배업자들과 몇 년간 과잉 생산으로 골머리를 앓던 캘리포니아 및 플로리다 지역 오렌지 재배업자들의 합작품이었다. 1920년 당시 영양학계는 "새로운 영양"이라는 개념을 들고 나왔다. 결핍으로 인해 생기는 질병을 예방하는 데 비타민 섭취가 중요하다는 사실이 밝혀진 것이다. 캘리포니아 오렌지 재배 농가 협동조합 중 한 곳에서 이 개념에 주목했다. 이제는 누구나 아는 선키스트라는 상표명으로 제품을 팔고 있던 그들은 오렌지 주스가 필수 비타민, 특히 비타민 C를 섭취하는 건강한 방법이라고 선전하기 시작했다. 오늘날까지도 익숙한 개념이다.

이미 많은 소비자가 대공황기를 거치며 알코올 대신 과일 주스를 마시는 데 익숙해져 있었다. 하지만《옥스퍼드 미국식음료백과사전》에 따르면 과일 주스 역사에서 "최고의 성취"이자 "아마도 미국식 아침 식사에 있어 결정적인 순간"은 제2차 세계대전 후 연방 정부의 연구비를 받은 연구자들이 냉동 농축주스를 발명한 일일 것이다.[31] 최초로 선보인 제품은 1948년에 출시된 미닛메이드였다. 1950년대 중반에는 "냉장" 오렌지 주스가 출시되었다. 1980년 미국 농무부 추정치에 따르면 미국인은 1인당 연간 약 30리터의 과일 주스를 마셨다.[32] 소비가 최고조에 달한(설탕 섭취량도 마찬가지다) 1990년대 후반에 이르면 섭취량이 35리터를 넘어섰다. 과일 주스를 통해서만 연간 약 4킬로그램의 설탕을 추가적으로 섭취한 셈이다. 설탕이 잔뜩 든 주스는 미국 농무부의 공식 설탕 섭취량 추정치에 잡히지 않는다.

과일 주스는 미국식 식단에 건강식품을 추가해야 한다는 식으로 쉽게 마케팅할 수 있었다. 과일업계에서 이 점을 놓칠 리 없었다. 기업 소속 영양학자들도 흔쾌히 동의했다. 하지만 1950년대 미국의 아침 식사 풍경을 바꾸어버린 또 다른 식품은 그렇게 쉽게 풀리지 않았다. 기업 소속 영양학자들마저 다른 견해를 내놓았던 것이다. 이에 따라 설탕을 입힌 시리얼의 출현이 반세기 정도 지연되었지만, 시장의 압도적인 힘을 당할 수는 없었다.[33] 1960년대에 이르면 어린이들의 아침 식사는 막대사탕이나 디저트를 아침 분위기에 맞게 변형한 데 불과한 것이 되고 만다. 지방 함량은 낮을지 모르지만 설탕 함량이 그 어느 때보다도 높아진 것이다. 기업들은 제품에 따라 설탕 함량이 50퍼센트가 넘는 시리얼을 판매하는 데 대해 온갖 합리화를 늘어놓으며 끊임없이 어린이들을 대상으로 마케팅을 펼쳤다. 한 회사에서 설탕 함량 기록을 깨면 모든 회사가 그 뒤를 따랐다. 변명은 간단했다. '생존을 위해서'라는 것이었다.

건조 시리얼 제조업은 19세기 후반 건강식품 운동에 힘입어 미시간주 배틀크릭에서 시작되었다. 이 분야의 선구자는 제칠일안식일예수재림교회 신자이자 의사였던 존 하비 켈로그와, 그의 환자였다가 경쟁자로 변신한 C. W. 포스트였다.[34] 두 사람 모두, 부유한 소화불량 환자들✦을 위한 소위 "요양원"을 운영했고, 두 사람 모두 건강과 행복에 이르는 길이 소화관에 있다고 믿었다. 켈로그는 이렇게 말하곤 했다. "소화불량으로 죽는 사람이 다른 모든 원인으로 죽는 사람을 합친 것보다 더 많다." 켈로그는 곡식을 갈아 아침 대용으로 먹으면 소화에 도움이 될 것이라는 생각을 어느 날 밤 갑자기 떠올렸다고 한다. 다음 날 아침 그는 즉시 행동에 착수했다. 하지만 포스트는 그레이프너츠Grape Nuts를 개발하여 그를 꺾었다. 1900년 그는 자신의 발명품으로 당시 미국에서 합법적으로 가장 큰 재산을 가장 빨리 모은 사람이 되었다.

포스트 그레이프너츠에는 원래 보리 가루로 만든 당밀과 엿당이 들어 있었을 뿐 사탕수수나 사탕무 설탕을 쓰지 않았다. 켈로그에서 처음 출시한 콘플레이크 역시 무설탕 제품이었다. 하지만 1902년 켈로그가 개발 과정을 맡기고 유럽에 간 사이에 동생인 윌 키스 켈로그가 분쇄 공정을 촉진하고 맛을 향상하기 위해 콘플레이크에 설탕을 첨가했다. 1995년에 출간된 역사서 《시리얼 미국을 정복하다》에 따르면 존 하비는 돌아오자마자 불같이 화를 냈다. "그는 설탕이 건강에 나쁘다고 생각했으며, 설탕 사용에 극구 반대했다."[35] 하지만 소비자들은 전혀 그렇게 생각하지 않았다. 결국 콘플레이크에 계속 설탕이 들어가게 되었다. 비교적 적은 양이었다. 2년 후인 1904년 퀘이커오츠에서 세인트루이스 세계박람회에 설탕을 입힌 시리얼을 출품했지만 회사도 소비자도 이 제품을 사탕이라고 생각했으며 마케팅도 하지 않았다. "미국인들의 단것을 좋아하는 입맛은 그저 한때의 유행일 뿐"이라고 생각했기 때문

✦ 켈로그의 수많은 환자 중 유명인사로는 J. C. 페니, 몽고메리 워드, 존 록펠러, 엘리너 루스벨트, 조니 와이즈뮬러 등이 있다.

이다.[36] 하지만 이 생각은 옳지 않았다.

원래 건강식품인 건조 시리얼이 사실상 아침 식사용 캔디라 할 수 있는 설탕 코팅 시리얼로 변신하여 엄청난 이익을 창출하기까지는 35년이 걸렸다. 도화선에 불을 붙인 것은 식품산업과 전혀 무관한 필라델피아의 난방 기구 영업자 짐 렉스였다. 그의 생각은 설탕에 반대하는 오늘날의 정서에서 보자면 거의 이해할 수 없는 것이었다. 《시리얼 미국을 정복하다》에 따르면 어느 날 렉스는 식탁에 앉아 자녀들이 밀을 뻥튀기해서 만든 시리얼에 숟가락 가득 설탕을 떠서 뿌리는 모습을 보고 있었다. "아이들이 설탕을 너무 많이 넣는 데 기가 질린 렉스는 설탕 통을 퍼붓다시피 하지 않고도 시리얼을 먹일 수 있는 방법이 없을까 궁리했다. 갑자기 기가 막힌 생각이 떠올랐다. 시리얼에 '미리 설탕을 입혀 놓으면' 어떨까?"[37]

이리하여 최초로 설탕을 입힌 가당 시리얼 레인저 조Ranger Joe가 미국에 선보였다. 렉스는 이 제품으로 지역 시장을 공략했지만 설탕 코팅 때문에 시리얼이 한데 엉겨붙는 문제를 기술적으로 해결할 수 없었다. 시리얼업계 중역 중 한 사람이 말했듯 레인저 조는 "벽돌처럼 굳어버리기" 일쑤였다.[38] 겨우 9개월을 버틴 후 렉스는 회사를 다른 기업에 넘겼고, 1949년 이 기업은 다시 내셔널비스킷컴퍼니(현재의 내비스코)에 팔렸다. 이때 포스트시리얼스에서는 이미 경쟁 제품인 슈거 크리스프Sugar Crisp를 전국에 깔고 있었다.

이후 포스트는 건강 식품을 생산한다고 자처하는 회사가 설탕을 입힌 시리얼을 팔면서도 이를 합리화하는 추세의 선봉에 섰다.[39] 짐 렉스의 논리를 그대로 반복하듯 포스트의 중역들은 설탕을 입힌 시리얼을 먹는 것이 어린이 스스로 시리얼에 설탕을 넣는 것보다 오히려 설탕을 적게 섭취하는 방법이라고 주장했다. 자신들은 그저 "곡식의 탄수화물을 설탕의 탄수화물로 바꾸어놓았을 뿐이며, 설탕과 녹말은 정확히 동일한 방식으로 대사된다"는 것이었다. 이미 생화학자들이 이 생각이 틀렸다는 사실을 밝힌 바 있었지만 진실은 널리 알려지지 않았다. 포스트는 시리얼의 칼로리가 설탕에서 오든 곡식에서 오든 "제품의 영양학적 가치"에는 변함이 없다고 주장했다. 슈거 크리스프는 이름을 골든 크리스프Golden Crisp로 바꾸고 기록적인 판매고를 올렸다. 다른 기업도 그 뒤를 따를 수밖에 없었다. 내비스코는 즉시 레인저 조의 이름을 위트 앤 라이스 허니스Wheat and Rice Honeys로 바꾸어 전국 판매를 시작했다. 1950년 "어린이 건강과 교육을 위해 설립된 자선 기관"을 자처하는 W. K. 켈로그 재단에서 주식의 대부분을 소유하고 있었음에도 켈로그는 슈가 콘 팝스Sugar Corn Pops를 출시하며 추세에 동참했다.

1952년 켈로그는 "구원의 밧줄이라도 되는 양" 대표 제품 콘플레이크의 설탕 코팅 판인 슈거 프로스티드 플레이크스Sugar Frosted Flakes를 출시했으며, 1년 뒤에는 슈거 크리스프의 경쟁 제품으로 슈거 스맥스Sugar Smacks를 내놓았다. 켈로그는 설탕 코팅된 귀리 시리얼의 개발에 실패하자 초콜릿에 눈길을 돌렸다. 역시 영양학자들의 조언을 근거로 다음과 같은 논리를 내세웠다. "단맛이 나는 모든 음식이 어린이에게 좋은 것은 아니지만, 달콤 쌉싸름한 초콜릿은 건강에 좋으며 절대 해롭지 않다." 그 결과 탄생한 제품이 코코 크리스피스Cocoa Krispies였다. 달콤 쌉싸름한 제품이 잘 팔리지 않자 회사는 훨씬 많은 설탕을 첨가했다. 켈로그의 영업자 중 한 명은 이렇게 말했다. "새로 나온 시리얼은 식품으로는 실패작이지만 판매는 대박이다."[40]

제너럴밀스의 경영진은 설탕 코팅 시리얼의 "영양학적 잠재 효과"

에 우려를 표했고, 회사 소속 영양학자들이 수년간 가당 시리얼 시장 진입을 지연시켰지만 결국 모두가 굴복하고 말았다.[41] 마케팅 팀에서 경쟁에 나서지 않으면 생존할 수 없다고 밀어붙인 것이다. 1953년 제너럴밀스는 슈거 스마일스Sugar Smiles를 출시했다. 기존 제품인 위티스Wheaties와 설탕을 입힌 제품 킥스Kix를 혼합한 것이었다. 1956년에는 슈거 제츠Sugar Jets, 트릭스Trix, 코코 퍼프스Cocoa Puffs 등 세 가지 신제품을 추가했다. 모두 설탕 코팅 시리얼이었다.

이후 20년간 시리얼업계는 수십 종의 설탕 코팅 시리얼을 내놓았다. 설탕이 전체 칼로리의 절반을 차지하는 제품도 있었다. 광고업계의 귀재들은 이 시리얼들을 어린이에게 팔기 위해 만화 캐릭터를 개발했다(토니 더 타이거, 미스터 마구, 허클베리 하운드 앤 요기 베어, 슈거 베어 앤 라이너스 더 라이온하티드, 플린트스톤스, 로키 앤 불윙클). 뿐만 아니라 캐릭터를 무상으로 제공하여 토요일 아침마다 어린이들이 보는 텔레비전 프로그램 전체를 마케팅 도구로 바꾸어버렸다.

기업들은 신제품이 출시될 때마다 막대한 비용을 마케팅에 쏟아부었다. 소비자 운동가 랠프 네이더가 이들과 맞섰던 1960년대 후반에는 마케팅 비용만 연간 6억 달러에 이르렀다.[42] 신제품이 성공을 거두면 비슷한 제품이 앞다투어 쏟아져 나왔다. 1960년대에 이르면 시리얼업계는 아예 드러내놓고 자신들의 제품이 사탕과 비슷하다고 광고했다. 1956년 마키 메이포✦의 아버지는 아들에게 메이포를 먹으라고 설득하면서 이렇게 말한다. "메이플 캔디와 맛이 똑같잖니?" 코코 크리스피스

✦ Marky Maypo. 몰텍스Maltex사의 시리얼인 메이포Maypo를 선전하기 위해 만든 만화 캐릭터. 1950년대에 선풍적인 인기를 끌었다.(옮긴이)

의 광고는 맛이 "초콜릿 밀크쉐이크와 똑같지만 바삭거릴 뿐"이라고 강조한다. 시리얼업계 경영진은 영양학자들(가장 유명한 사람은 하버드 대학교 영양학과의 설립자이자 학과장인 프레드 스테어였다)의 지지를 등에 업고 설탕 코팅 시리얼이 어린이들에게 우유를 마시게 하는 수단이라거나 "건강한 아침 식사"의 일부라고 정당화했다. 1986년 유명 잡지 〈컨슈머 리포츠〉는 이 논리를 완벽하게 받아들여 다음과 같이 주장하기도 했다. "시리얼이라도 먹는 것이 아예 아침 식사를 거르는 것보다 영양학적으로 더 낫다는 사실은 명백하다."[43]

영양학자들과 보건 당국은 오늘날까지도 똑같은 논리로 어린이들에게 설탕이 들어 있는 초콜릿 우유를 마시게 해야 한다고 주장한다. 우유 속에 들어 있는 비타민과 미네랄을 섭취하는 데 따르는 이익이 설탕을 섭취하는 데 따르는 위험보다 더 크다는 것이다. 이런 주장은 1920년대에 대두된 "새로운 영양"이라는 영양학 개념에 근거를 둔 것이다. 이 주장이 진실인지 거짓인지, 심지어 애매하게라도 진실이라고 할 수 있는지는 그때와 마찬가지로 지금도 물어볼 필요조차 없다.

5 ____ 초기의 (사악한) 과학

의사들이 뭐라고 하든 우리는 설탕 값이 올라가면 사람들이 어려움을 겪는다고 분명히 말해두는 바이다. 우리의 변덕스러운 입맛에 작은 기쁨을 주는 많은 것을 어쩔 수 없이 포기해야 할 때, 우리는 매우 불편한 감정을 느낀다.[1]

_〈뉴욕타임스〉, 1856년.

대부분의 사람은 설탕이 좋은 음식이라는 사실을 알고 있다. 퍼지fudge 한 조각이 얼마나 칼로리가 풍부한지 아는 사람도 제법 많다. 그러나 설탕이 체중 감량에 좋지 않다는 사실을 아는 사람은 드물다.[2]

_ J. J. 윌러먼(미네소타 대학교), 1928년.

20세기 초반 수십 년간 의학 논문과 신문에는 설탕 소비가 급증하며 나타난 다양한 질병의 원인이 설탕이라고 비난하는 의사들의 글을 쉽게 찾아볼 수 있었다.[3] 당뇨병이 크게 유행하면서 가장 많은 주목을 받은 것은 당연한 일이지만, 그 밖에도 류머티즘, 담석, 황달, 간질환, 염증, 가스가 차는 소화불량, 수면장애, 충치, 궤양 및 위장관 질환, 신경학적 질환(또는 최소한 "신경 불안정"), 암, 그리고 "인류를 퇴행적 인간으로 만드는" 모든 질병의 원인으로 설탕에 비난이 쏟아졌고, 당연히 그럴 만한 이유가 있었다. 로스앤젤레스의 한 의사는 〈의학 요강The Medical Summary〉에 이렇게 썼다. "인류의 식단에 그토록 급격히 증가한 요소는 달리 없다. 설탕 가격이 파운드당 1기니에 이르렀던 엘리자베스 시대의 대식가가 한 달 내내 섭취했던 설탕의 양이 오늘날 동전 몇 개만 있으면 '하루 종일 먹고 마실 수 있는' 학생들이 하루에 섭취했던 설탕의 양보다 적다. 설탕에 대한 탐닉은 다른 모든 자극제, 심지어 담배, 커피, 차, 알코올조차 넘어선 지 오래다."[4]

하지만 설탕의 가치와, 설탕을 대량 섭취하는 데 따르는 위험과 이익에 대한 영양학적 이해와 논의는 걸음마 단계였다.[5] 대부분의 경우 과학은 새로운 기술이 발명되거나 적용되어 연구자들이 새로운 정보를 얻고, 이에 따라 자신들이 연구하는 현상에 새로운 질문을 던지고 그 해답을 찾아내는 과정에서 발전한다. 하지만 영양 자체와 영양이 만성 질환과 어떤 관련이 있는지에 대해서는 이 과정이 제대로 이루어지지 못했다. 새로운 기술이 대두되고 예상대로 새로운 발견이 이루어졌지만, 이 발견들은 영양학자는 물론 비만과 당뇨병을 연구하는 연구자들이 설탕에 의해 생기는 문제를 인식하는 방식에 아무런 영향을 미치지 못했다. 1920년대의 사고방식이 너무나 확고히 자리 잡은 바람에 지금까지도 우리는 그 영향 속에서 살아간다. 왜 그리고 어떻게 이렇게 되었는지 살펴보는 것은 설탕 섭취의 위험과 이익을 이해하는 데 매우 중요하다.

현대 영양과학의 기원은 18세기 후반 프랑스에서 현대 화학이 탄생한 시점으로 거슬러 올라간다. 이제는 전설이 된 몇몇 과학자가 우리가 호흡하는 공기, 우리가 먹는 음식, 그리고 그 결과로 나타나는 생명이라는 현상 사이의 관계, 즉 생명 자체를 구성하는 화학 반응을 탐구하기 시작한 것이다. 19세기 후반의 50년에 걸쳐 영양과학이 화학에서 독립하면서 연구의 중심은 독일로 옮겨갔다. 독일 과학자들은 생명체가 에너지를 얻기 위해 단백질, 지방, 탄수화물을 연소하는 과정을 상세히 밝혀냈다.(1888년 미국 영양학자 윌버 애트워터는 이렇게 썼다. "[독일인들이] 비교적 짧은 기간 동안 얻어낸 정보의 양은 놀랄 정도다."6) 그들은 다양한 영양 조건 아래에서 인간과 동물의 대사와 호흡을 연구하며 인체 안팎으로 드나드는 에너지 균형, 즉 호흡과 식사를 통해 무엇이 들어오는지, 호흡과 열과 배설물을 통해 무엇이 나가는지를 파고들었다.

이것들은 당연히 처음으로 밝혀내야 할 의문이었고, 과학의 역사에서 항상 그랬듯 의문을 밝혀내는 데 필요한 도구가 개발되면서 과학 연구가 성큼 앞으로 나아갔다. 후세 역사가들은 현대 영양과학의 탄생 시점을 1860년대 독일 연구자들이 열량계를 사용하기 시작한 때로 잡는다. 열량계란 방 하나 크기의 장치로 그 안에 있는 인간이나 동물이 다양한 식단과 신체 활동이라는 조건에서 얼마나 많은 에너지를 소모하는지 정확하게 측정했다. 20세기 초반 영양학 연구자들은 어린이, 군인, 운동 선수의 에너지 요구량을 측정하고 식품이 튼튼한 신체를 만드는 데 어떤 역할을 하는지 연구했다. 또한 건강한 식단이 어떻게 구성되는지, 즉 얼마나 많은 칼로리와 단백질이 필요하고 어느 비타민과 미네랄이 있어야 하는지를 정의했다. 식단에서 필수 비타민과 미네랄이 부족하면 어떤 일이 생기는지 밝혀 부족증이라는 질병을 발견했으며, 적절한 비타민과 미네랄을 보충함으로써 완치할 수 있다는 사실도 알아냈다. 이 시대에 "새로운 영양"이라는 이름을 얻은 이 체계는 지금까지도 영양학의 기초를 이룬다.

그러나 의사들과 각국의 보건 당국이 다양한 탄수화물과 설탕이 인간의 건강에 어떤 영향을 미치는지 묻기 시작했을 때 영양학은 에너지 대사 외에 가치 있는 정보를 거의 제공하지 못했다. 다양한 식품이 인슐린과 성장호르몬 등 당시 "내적 분비물internal secretions"이라 부르던 호르몬에 어떤 영향을 미치는지도 전혀 몰랐다. 질병에 미치는 영향 또한 비타민과 미네랄 결핍증 외에는 밝혀낸 것이 없었다. 바야흐로 이 주제를 연구할 필요가 생긴 것이다.

방사면역분석이라는 기법에 대한 논문이 발표되기 시작한 것은 1960년대 들어서다.[7] 이 기법을 이용하면 혈중 호르몬 수치를 정확히 측정할 수 있었으므로 호르몬과 호르몬 관련 질병을 연구하는 분야가 활기를 띠었다. 영양학이라는 학문이 과학의 모습을 갖춘 지 무려 90년이 지나서야 현대 내분비학의 시대가 열린 것이다. 결국 영양학자들은 섭취한 에너지를 지방, 탄수화물(글리코겐), 단백질로 몸속에 저장할 것인지 아니면 당장 사용할 것인지, 얼마나 많은 지방을 세포 속에 축적할 것인지 등 가장 기본적인 대사 기능을 결정하는 호르몬의 역할도 제대로 모른 채 식품이 "에너지 균형"에 미치는 영향을 밝히려고 했던 셈이다.

90년이라는 간격은 결정적이었다. 영양학자들과 의학자들이 설탕 섭취의 위험 및 이익을 해석하는 방식을 고착시켜버린 것이다. 오늘날까지도 이 문제를 생각하는 방식은 그 틀을 벗어나지 못한다. 영양학자들이 설탕은 "빈 칼로리"라고 할 때 사실 그들은 이 문제를 20세기 초반의 과학, 즉 에너지(칼로리)의 양과 그 속에 들어 있는 비타민과 미네랄의 양이라는 관점에서 바라볼 뿐이다. 그 이후에 진행된 연구와 의학이라는 전문 분야를 깡그리 무시하는 것이다. 인슐린이 당뇨병에 미치는 영향을 연구한 엘리엇 조슬린처럼 호르몬이 질병에 미치는 영향에 대해 생각한 의사들은 식품이 호르몬에 어떤 영향을 미치는지 거의 아는 것이 없었다. 그것은 영양학자들의 영역이었다. 하지만 영양학자들은 연구할 만한 도구가, 아니 솔직히 말해서 이 문제에 관심을 가져야 한다는 인식 자체가 없었다.

19세기 후반과 20세기 초반에 걸쳐 영양학자들은 설탕이 다른 탄수화물과 구별되는 독특한 특징이 있다는 사실을 이해하기 시작했다. 하지만 이런 특징들이 에너지와 비타민과 미네랄 함량의 영역을 넘어선다는 사실은 물론, 왜 비만, 당뇨병, 기타 질병들과 연관되는지에 대해서도 전혀 몰랐다. 실험 동물을 대상으로 탄수화물 대사를 연구하는 화학자와 영양학자는 의사가 아니었다. 환자를 직접 보지도 않았고, 자신들의 연구가 공중보건에 어떤 의미가 있는지 생각하지도 않았다. 한편 비만과 당뇨병을 치료하는 의사들은 과학에 반드시 필요한 회의적인 관점과 종합적 사고를 적용할 생각조차 않은 채 설탕과 질병의 관계에 대한 기존 관념을 강화하는 의견만 내놓았을 뿐이다.

의사들이 당뇨병 환자가 급증하는 현상을 처음 깨닫기 시작할 무렵의 미국에서 의학과 과학은 거의 관련이 없었다.[8] 이 경향이 바뀌기 시작한 것은 1893년 존스홉킨스 대학교 의과대학이 설립되면서부터다. 과학적 연구에 관심이 있는 의사들은 조슬린처럼 유럽으로 건너가 그곳의 권위자들에게 배웠다. 미국의 의과대학에서는 과학을 연구하거나, 심지어 이해하는 의사도 필요로 하지 않았다. 1900년까지도 지원자에게 대학교 졸업장을 요구하는 의과대학은 단 한 곳, 존스홉킨스뿐이었다. 1910년 카네기재단에서 발표한 〈미국 의학 교육 실태보고서〉에 따르면 심지어 4년간의 고등학교 교육을 마칠 것조차 요구하지 않는 대학이 많았다. 가장 중요한 전형 기준은 학비를 낼 능력과 의향이었다. 연구를 지원하는 의과대학은 한 곳도 없었다. 1871년 하버드 대학교의 헨리 퍼시벌 보디치가 실험 의학을 추구하는 학문 연구소라고 할 만한 것을 미국 최초로 설립했을 때, 그 장소는 그의 집 다락방이었다. 일부 실험 장비는 보디치의 아버지가 대금을 치렀다. 이 시기 미국은 공학과 산업을 송두리째 바꾸고 있었지만 의학에 있어서는 전혀 딴판이었다.

제2차 세계대전이 끝날 때까지 비만과 당뇨병을 이해하는 데 도움이 되는 모든 과학 분야(영양, 대사, 내분비학, 유전학 등)를 개척하고 연구를 이끈 사람들은 유럽의 연구자와 임상 의사였다. 이들은 비만과 당뇨병의 발생에 관해 미국과 근본적으로 다른 결론에 도달했지만, 전쟁으로 유럽 연구 공동체가 초토화되면서 이런 개념도 함께 사라져버렸다. 1967년 노벨상을 수상한 의사이자 생화학자인 한스 크레브스가 지적했듯이, 나중에 유럽 과학자들은 젊은 연구자가 위대한 과학자와 말 그대로 같은 책상에 앉아 도제식으로 교육받으며 지식과 기술과 비판적 사고방식이 세대에서 세대로 전해지는 고등교육 기관이 필요하다고 주장했다. 크레브스는 이렇게 썼다. "과학자는 태어나는 것이 아니라 만들어지는 것이다."[9] 애석하게도 이런 과학적 문화와 고등교육 기관은 미국의 의학계에서 찾아볼 수 없었다. 과학적인 연구를 추구하는 미국의 의사들은 죽이 되든 밥이 되든 환자를 보면서 시간을 쪼개 노력할 수밖에 없었다.

설탕을 둘러싼 딜레마는 명백하다. 적어도 옛날을 돌아보면 그렇다. 이미 2000여 년 전 힌두교계 의사들은 설탕이 "영양과 동시에 비만을 불러온다"고 설파했다.[10] 설탕의 독특한 영양적 특징을 후세 영양학자들은 당연한 것으로 받아들였다. 설탕의 역사를 보면 약리적 작용이 시사된 부분도 많다. 하지만 일부에서 의문을 제기했듯 설탕을 먹고 살이 쪘다면 단지 설탕을 많이 먹어 칼로리를 과잉 섭취했기 때문일까, 아니면 설탕 자체의 독특한 특징 때문일까?

설탕과 질병에 대한 논란의 뿌리는 1670년대 초반까지 거슬러 올라간다. 카리브해의 식민지에서 설탕이 처음 영국으로 유입되던 때로(당연한 말이지만 시기가 우연히 일치한 것이 아니다) 차에 설탕을 타서 마시는 습관이 널리 확산되고 있었다. 요크 공작과 찰스 2세의 주치의였던 토머스 윌리스는 진료실을 찾는 부유한 환자들 사이에 당뇨병 유병률이 치솟고 있다는 사실을 알아차렸다. 그는 이 병을 "오줌싸개 악마"라고 불렀으며, 유럽 의사 중 최초로 당뇨병 환자의 소변에서 달콤한 맛이 난다는 사실을 발견하기도 했다.[11] "설탕이나 꿀처럼 기막히게 달다." 병명 뒤에 "mellitus"('꿀에서 유래한'이라는 뜻)라는 말을 붙인 사람도 윌리스였다.[✦12] 윌리스는 런던의 부유한 환자들 사이에서 당뇨병이 늘어나는 이유가 "생활의 무절제함, 특히 사이다,[✦✦] 맥주, 독한 와인을 하루도 쉬지 않고 꾸준히 마시기 때문"이라고 생각했다.[13] 하지만 그는 동시에 강한 어조로 이렇게 주장했다. "설탕을 넣어 보존하거나, 맛을 내려고 설탕을 너무 많이 넣은 것을 피해야 한다. (…) 설탕의 발명과 무절제한 사용이야말로 오늘날 괴혈병이 크게 증가하는 데 매우 중요한 역할을 했다[고 믿는다]."[14]

윌리스가 설탕에 맹공을 퍼붓자 식물학자인 존 레이는 그런 주장

✦ 윌리스의 증언은 20세기 전까지 당뇨병이 극히 드물었다는 관찰의 예외라 할 수 있다. 사후에 발표된 〈당뇨병, 즉 오줌싸개 악마Diabetes or the Pissing Evil〉에서 윌리스는 이렇게 썼다. "우리는 이 병에 걸린 환자들과 증례를 충분히 보았다. 거의 매일 보았다고 해야 할 것이다." 《당뇨병의 역사Diabetes》의 저자로 영국 노팅엄 대학교에서 임상당뇨병학 교수를 지내다 은퇴한 로버트 태터솔Robert Tattersall이 지적했듯, 이 말은 과장일 가능성이 있다. 다만 윌리스의 환자들이 당뇨병에 걸릴 가능성이 가장 높은 부유층과 귀족이었다는 사실을 반영한다고 볼 수 있다.

✦✦ 사과 발효주.(옮긴이)

이 "남의 주장을 쉽게 받아들이는 사람들을 겁에 질리게 할 것"이라고 반발했다.[15] 40년 뒤인 1715년, 프레드 슬레어라는 의사 역시 레이의 편이었다(인터넷이 없던 시절에 과학 논쟁은 이처럼 매우 느리게 진행되었다). 사실 슬레어가 〈윌리스 박사, 다른 의사들, 편견에 사로잡힌 일반인의 비난에 맞서 설탕을 옹호함〉이라는 글까지 발표하면서 적극적인 변호에 나선 일이야말로 다시 한번 설탕의 딜레마를 완벽하게 드러내는 동시에, 향후 벌어질 논란의 틀을 형성했다.

슬레어는 유아에게 설탕을 "빼앗는 것은 신 앞에 무릎을 꿇고 고해해야 할 죄까지는 아닐지 몰라도 매우 잔인한 짓이다"라고 쓴 후, 100세까지 산 자기 할아버지와 71세에 세상을 떠난 보퍼트 공작이 모두 당시 기준으로는 설탕을 지나치게 많이 먹었다는 일화적 경험을 늘어놓는다.[16](보퍼트 공작은 40년간 하루에 500그램씩 설탕을 먹었다고 되어 있으니 당시뿐만 아니라 어느 시대를 기준으로 하더라도 지나치게 많이 섭취한 것이 틀림없다.[✦17]) 또한 슬레어는 유익한 교훈이랍시고 자신의 경험을 늘어놓기도 했다. 그는 많은 양의 설탕을 즐기는데도 불구하고 "거의 67세"가 된 지금까지 놀라울 정도로 건강하다는 것이었다. "나는 안경 없이도 글을 쓰며 아주 작은 글자까지 읽을 수 있다. 20킬로미터 정도 걷는 데 아무런 어려움이 없으며 하루에 말을 타고 50~60킬로미터 정도는 너끈히 달릴 수 있다." 어쩌면 그가 더욱 강조하고 싶었던 것은 많은 수가 설탕을 "맹렬히 비난하는" 왕립내과학회 동료 80여 명보다 자기가 더 오래

✦ 슬레어는 보퍼트 공작의 부검 시에 내장 기관의 상태가 매우 좋았으며, 치아도 보존되어 있었다는 점이 매우 주목할 만하다고 여겼다. 공작은 "사과와 살구를 보존해주는 것이라면 간과 폐도 보존해줄 것"이라는 격언을 믿은 것이 틀림없었다. 슬레어는 공작의 장기와 치아야말로 자신이 옳다는 증거라고 생각했다.

살았다는 사실이었을 것이다.[18]('우리 삼촌이 하루에 담배를 두 갑이나 피우는데 100세까지 살았다. 따라서 담배는 폐암을 일으킬 리가 없다'라는 말을 연상시키는 이런 식의 주장은 지금까지도 설탕을 둘러싼 논쟁에서 끊임없이 되풀이된다.)

또한 슬레어는 서인도제도의 설탕 정제 공장에서 나오는 "최악의 찌거기와 오물"조차 돼지를 살찌우는 데 유용하다고 주장했다.[19] 슬레어의 관점에서 그것은 두말할 것도 없이 좋은 일이었다. 이렇게 설탕을 사악한 식품으로 보는 사람들에 맞서 면죄부를 발급해주면서 그는 다만 한 가지 경고를 덧붙였다. "훌륭한 비율"에 자부심을 지닌 여성이라도 "체질적으로 살찌기 쉽다면" 설탕을 피하는 것이 좋다는 것이었다. "너무 영양가가 높기 때문에 바라는 것보다 훨씬 더 살이 찔지도 모른다."[20] 설탕이 아직은 사치품으로, 영국의 연간 소비량이 1인당 2킬로그램에 못 미쳤다는 점을 생각하면 의미심장하다.[21] 두 세기가 지난 후 1인당 소비량은 그 20배에 달했다.

어쨌든 유럽 어디서나 영양실조와 영양부족이 만연했던 시대에 마르거나 쇠약한 사람까지도 살찌울 수 있는 특성으로 설탕이 건강에 매우 좋다는 믿음이 널리 퍼졌다. 1799년 영국의 의사 벤자민 모슬리는 설탕에 관한 논문에서 설탕은 오랜 세월 "설탕 외에 다른 것은 거의 먹지 않고" 사는 노인뿐 아니라 "차, 우유, 맥주에 넣어 섭취해도 마른 사람을 살찌우고 신체의 활력을 북돋운다"고 썼다. 수확철에 사탕수수 즙을 빨아먹은 노예들이 살찌는 모습을 처음으로 기술한 사람은 18년간 서인도제도에서 일한 모슬리일지 몰라도, 비슷한 관찰을 20세기 초까지 의학 문헌에서 쉽게 찾아볼 수 있었다. 모슬리는 사탕수수 즙이 병들고 벌레가 들끓는 노예들의 유아를 건강하게 만들어줄 뿐 아니라("검둥이 유아에게 사탕수수 설탕을 빨아먹게 하면 어미의 말라붙은 젖 따위는 거들떠보지도 않는다") 어른에게도 비슷한 효과를 발휘한다고 썼다. "늙고 빼빼 마른 채 온몸에 딱지가 앉은 검둥이들이 거지반 죽은 상태로 움막에서 기어나와 하루 종일 사탕수수를 빨아먹고 나면 얼마 안 있어 기력을 회복하고, 살이 찌고, 심지어 기름이 잘잘 흐르는 모습을 여러 번 보았다."[22]

1865년 리스본 대학교 의과대학 교수이자 유럽 최고의 당뇨병 권위자인 아벨 조르당은 마른 사람을 살찌우는 설탕의 작용이 비만과 당뇨병의 관계를 해명해줄지도 모른다고 지적했다.[23] 나중에 조슬린을 비롯한 대부분의 의사는 비만 때문에 당뇨병이 생긴다고 생각하지만, 조르당은 설탕을 너무 많이 먹으면 일종의 '당뇨병 전 단계'가 되며 이로 인해 비만이 생길지 모른다고 가정했다. 동물에 설탕과 전분을 먹여 살찌울 수 있다면 인간 역시 혈액 속에 당분이 너무 많으면 살이 찔 텐데, 혈액 속에 당분이 너무 많은 상태가 바로 당뇨병이라는 논리였다. 조르당은 이렇게 설명했다. "몸에 지방이 너무 많은 상태는 이 병의 원인이 아니라 결과다. 나는 마른 사람이 당뇨병에 걸린 후 살찌기 시작하는 모습을 몇 번 본 적이 있다." 1868년 하버드 대학교 의과대학 학생으로 나중에 유명한 외과 의사가 되는 찰스 브리검은 당뇨병에 관한 학위논문으로 상을 받았다. 이 논문에서 그는 조르당의 생각을 확장하면서, 이번에는 정반대 입장에서 슬레어의 경고를 그대로 반복했다. "설탕을 먹으면 살이 찐다는 원리에 따라, 어깨와 팔을 드러냈을 때 해골처럼 말라 보인다는 사실을 부끄럽게 생각하는 많은 여성이 미용 문제를 해결하기 위해 설탕물을 마시곤 한다."[24]

설탕과 기타 탄수화물을 연구하던 몇 안 되는 영양학자와 식품화학자들은 당시 측정 가능한 지표들만을 근거로 오로지 설탕의 영양학적 특성을 규명하는 데 관심을 쏟았다. 1900년에 이르면 자연적으로 존재하는 다양한 종류의 당을 구별할 수 있었다. 예컨대 포도당과 과당의 존재를 규명하여 각각 덱스트로오스, 레불로스라고 명명했다. 또한 이들이 결합하여 유당(우유의 당분), 자당(사탕무와 사탕수수의 당분) 등 보다 복잡한 당이 만들어진다는 것도 알아냈다. 이후 이런 당분이 근육에서 매우 효율적인 에너지원으로 사용된다는 사실이 밝혀졌다. 하지만 그들은 우리가 섭취하는 설탕(과당과 포도당으로 구성된 자당)과 혈액 속에 존재하는 당 즉 혈당(포도당)을 종종 혼동했다. 단백질은 대사 과정에서 질소가 생기며, 소변을 통해 질소를 배설해야 한다. 하지만 탄수화물은 "아무런 노폐물이나 잔류물을 남기지 않고" 에너지를 생산한다.[25] 또한 탄수화물은 단백질처럼 근육을 만들지는 못하지만 몸에서 주된 에너지원으로 사용되어 단백질을 보존한다.

1916년 보스턴에서 살며 워싱턴카네기연구소에서 일하던 해럴드 히긴스는 인체가 서로 다른 당분을 얼마나 빨리 대사하는지 측정했다. 섭취할 때 얼마나 빨리 에너지를 공급해주는지 측정한 셈인데, 그는 이를 식품의 "영양가"로 생각했다.[26] 히긴스는 과당과 자당이 다른 종류의 당보다 더 빨리 대사된다고 보고했다. 그의 연구는 설탕이 "빠른 에너지"를 제공한다는 개념에 생화학적 근거를 제공한 것으로 나중에 설탕업계는 이 사실을 대대적으로 홍보했다.

히긴스의 연구는 또한 영국의 의사 윌러비 가드너가 1901년 〈영국의학학술지〉에 발표한 설탕의 "예기치 못한 각성 작용"을 확인해주었다.[27] 이 말은 곧 설탕이 다른 탄수화물과는 다르며 문자 그대로 자극제, 즉 19세기 후반에서 20세기 초반 방식의 경기력 향상 약물이라는 의미였다. 가드너는 독일 연구자들이 "근육이 잘 발달한 사람과 빈약한 사람을 모두 포함하는 다양한 남성을 대상으로" 시험을 수행했으며, 그 결과 약 30그램의 설탕만 투여하면 45분 이내에 "너무 지쳐서 거의 의미 있는 결과를 내지 못하는 근육이 다시 일하는 데 필요한 힘"을 회복하기에 충분했다고 썼다. 시험에 참여한 남성들이 "통상 범위를 벗어나는 근력이 필요한 노동"을 하는 데 설탕이 도움이 된 것처럼 보이는 이 결과를 두고 독일 연구자들은 설탕이 신경계에 직접 작용하여 "피로감을 극복"하도록 했을지도 모른다고 추정했다.

다른 연구자들도 실험을 통해 비슷한 효과를 관찰했다. 이런 결과는 벌목꾼, 등산가, 극지 탐험가들이 피로를 덜기 위해 브랜디나 다른 술 대신 설탕을 사용한다는 현장 경험을 뒷받침해준다. 그전부터도 파리의 마차 회사들은 심지어 말에 설탕을 먹였다.[28] 보다 큰 힘을 발휘하고 빨리 활력을 회복시키기 위한 조치였다. 영국의 전설적인 등산가 조지 말로리는 1923년 에베레스트 등정에 성공한 후, 정상을 약 600미터 앞두고 마지막 며칠간 레몬 드롭스, 박하사탕, 초콜릿 등 설탕만 먹은 것이 성공의 비결이라고 말했다. "그처럼 높은 곳에서는 음식을 소화하는 데 불필요하게 에너지를 낭비할 여유가 없다. 설탕은 (…) 신속하고 쉽게 소화되어 바로 근육에 에너지를 제공한다. 더욱이 너무나 긴요한 각성 효과까지 제공해준다."[29]

가드너에 따르면 1897년 독일 의회는 식품으로서 설탕의 가치에 대한 논쟁 끝에 군인들에게 시험해보기로 결정했다. 이 시험은 이듬해 추계 기동 훈련 중에 시행되었다. "결과는 확실히 설탕을 먹은 쪽이 우수한 것으로 나타났다."[30] 설탕을 배급받은 병사들은 몸무게가 증가했다. "이것은 설탕을 배급받지 않은 병사들에게서 볼 수 없는 현상이었다. 그들은 훨씬 건강했고, 훨씬 적은 힘을 들이고도 어려운 훈련을 견

될 수 있었다. (…) 이 실험의 결과에 따라 의회는 독일군의 설탕 배급량을 하루 60그램으로 올리기로 의결했다." 하루 37그램인 영국군 배급량의 거의 두 배에 이른다는 사실에서 가드너는 당시 영국이 군사적으로 확연히 불리하다고 생각했던 것 같다.

네덜란드의 전문가들은 지구력이 필요한 운동에 "설탕 훈련"을 실시하자고 주장했다. 실제로 베를린조정협회를 비롯한 몇몇 조정 클럽에서는 당시 기준으로 많은 양의 설탕을 먹고 훈련에 임한 결과 "'기운이 빠지거나' 지치는 일이 없었다".[31] 1920년대 중반 조정은 프로야구나 그 밖의 어느 스포츠보다도 인기가 있었다. 하버드와 예일 대학교의 조정 코치들은 유럽의 선례에 따라 선수들에게 설탕을 시험해보았다. 잼, 젤리, 각설탕은 물론 "박하사탕을 500그램씩" 먹인다는 소문이 돌 정도였다.[32] (하버드 대학교의 코치는 그렇게 먹였다가는 "애들이 병이 날 것"이라며 "터무니없는" 소문이라고 일축했다.[✦33])

1925년 하버드 대학교 연구팀은 〈미국의학협회지〉에 보스턴 마라톤 출전자들이 경주가 끝날 때쯤에는 "과량의 인슐린"을 투여한 당뇨병 환자와 비슷한 수준으로 혈당치가 매우 낮아졌으나, 경주 전에 탄수화물을 대량 섭취한 후 경주 중 "포도당 사탕"을 먹고 "코스를 따라 늘어선 휴식처에서 설탕이 듬뿍 든 차"를 마신 참가자들에서는 이런 현상이 나타나지 않았다고 보고했다.[34] 논문을 읽은 영국의 의학 학술지 〈랜싯〉의 편집자들은 진작부터 모든 사람이 아는 것을 왜 미국인들만 몰랐

✦ 1924년 11월 예일 대학교 축구팀은 펜실베이니아 대학교와 경기 중 "신체적 활력을 증가시키기 위한 시도로" 선수들에게 설탕을 먹였지만 5대 1로 지고 말았다. 예일 대학교의 응용생리학 교수는 〈뉴욕타임스〉와 인터뷰에서 실험 결과가 "주목할 만하지만 확실하지는 않다"고 평했다.

느냐며 놀려댔다. "가장 재미있는 부분은 어떤 형태로든 설탕을 섭취하면 피로를 예방하고 치료할 수 있다는 널리 알려진 사실을 피험자들은 물론 하버드 대학교의 연구자들도 몰랐던 것 같다는 점이다. (…) 설탕이 듬뿍 든 케이크는 운동 선수들의 티파티에 절대 빠질 수 없는 음식 아닌가?"[35]

에너지와 피로의 빠른 회복이라는 관점에서 설탕은 매우 소중한 식품으로 생각되었다. 미국 농무부는 "활동량이 많은 어린이에게 특히 적절한 식품으로 생각된다"고 했을 정도다.[36] 이런 논리에 따라 가드너는 〈영국의학학술지〉를 통해 설탕에 "반대하는 대중의 편견"은 성장기 청소년에게 도움이 되기는커녕 해를 끼칠 것이라고 주장했다.[37] 당연히 사탕업계는 쌍수를 들어 환영했다.

이렇게 1920년대 내내 설탕의 영양가를 둘러싼 논의에는 언제나 한 가지 단서가 따라다녔다. 설탕은 체중을 증가시켜 비만을 일으킬 수 있으므로 마른 체형을 유지해야 하는 사람은 피하는 편이 좋다는 것이었다. 가드너 역시 〈영국의학학술지〉에 설탕은 분명 "식단에서 가장 가치 있는 식품 중 하나"이지만 비만, 당뇨병, 통풍이 생기기 쉬운 사람이라면 "독약처럼" 피해야 한다고 결론 내렸다.[38]

이 개념은 고정관념이 되었다. 1878년 존스홉킨스 대학교 화학자들이 콜타르 유도체에서 사카린이라는 인공 감미료를 발견한 후 10년에 걸쳐 상업적으로 개발했을 때도 의학계의 권위자들은 즉시 비만과 당뇨병, 아마도 간질환과 통풍 환자의 "식단에서 설탕을 전부 또는 일부 대체하면 좋을 것"이라고 인정했다.[39] 1929년 국제연맹에 파견된 대표들이 제네바에서 만나 각국이 처한 경제 문제를 논의했을 때 안건 중 하나는 "전 세계적으로 여성들이 날씬한 몸매를 유지하기 위해 점점 더" 설탕을 피하는 추세 때문에 각국의 설탕산업이 피해를 입는다는 것이었다.[40] 이때쯤 아메리칸시가렛컴퍼니는 "살찌게 만드는 단것의 멋진 대안"으로 럭키 스트라이크라는 신제품을 판촉하고 있었다.[41] 설탕에 절인 압착 담배로 출시된 이 제품은 1930년대에 캐멀을 꺾고 미국에서 가장 인기 있는 담배로 부상한다.

19세기 후반 당뇨병이 서서히 늘자 의사들과 보건 당국은 설탕이 원인일 가능성을 생각하기 시작했다. 그러나 그때까지만 해도 병 자체가 드물었기 때문에, 당뇨병을 전문적으로 치료하면서 그 원인에 대해 깊이 생각하는 의사 또한 드물었다. 엘리엇 조슬린은 미국에서 당뇨병을 전문 분야로 진료한 최초의 의사 중 한 명으로 당시 막 경력을 시작한 참이었다. 조슬린의 뒤를 이은 사람은 프레더릭 앨런이었다. 그는 하버드 대학교 의과대학에서 동물 실험을 통해, 록펠러의학연구소에서는 환자를 대상으로 당뇨병을 연구했다.

1913년 앨런은 환자 연구와 동물 실험 결과, 생화학자들의 관찰 소견, 심지어 역사책의 기록까지 끌어모아 《당뇨와 당뇨병에 관한 연구들》✦이라는 교과서를 출간했다. 이 책에서 그는 설탕이 당뇨병의 원인일 가능성을 자세히 설명하는 한편, 그런 가능성을 탐구해볼 명백한 이유가 있다고 믿었다. "설탕 소비는 의심할 여지없이 증가 일로에 있다. 당뇨병 또한 계속 증가하고 있다는 것이 일반적인 인식이며, 설탕을 가장 많이 섭취하는 인종과 사회계급에서 발생률이 가장 높다."[42]

앨런은 설탕과 당뇨병의 인과관계를 어떻게 생각하는지에 따라 유

✦ 당뇨란 소변으로 당분(포도당)이 과량 배설된다는 뜻이다.

럽 학계의 권위자들을 세 갈래로 나누었다. 우선 당뇨병과 대사 이상에 대해 여러 권으로 된 교과서를 몇 차례 저술한 바 있는 독일의 카를 폰 노오르덴 같은 이들은 설탕이 당뇨병을 일으킨다는 개념에 명백히 반대했다. 한편 독일의 내과 의사 베른하르트 나우닌(조슬린이 젊었을 때 그를 찾아가 당뇨병에 대해 배우기도 했다)은 설탕이 당뇨병을 일으킨다는 근거가 분명치 않다고 생각했다. 앨런은 두 갈래에 속하는 의사들이 실제로 설탕이 당뇨병을 일으킨다고 단언하지는 않지만, "많은 양의 달콤한 음식과 맥주의 엿당"이 발병을 부추긴다는 사실은 수긍한다고 썼다.[43] 마지막으로 프랑스의 권위자인 라파엘 레핀을 중심으로 한 갈래는 설탕이 원인적 역할을 한다고 확신했으며, 그 증거로 설탕 공장 노동자들 사이에 당뇨병이 의심스러울 정도로 많다는 사실을 들었다.

그러나 앨런은 의사들이 설탕과 당뇨병에 관해서 하는 말과 실제 행동이 일치하지 않는 수가 많다고 지적했다(지금도 그렇다). 권위 있는 의사들은 대부분 설탕이 실제로 질병을 일으키는 데 중요한 역할을 하지 않는다고 생각하는 것처럼 보이면서도, 당뇨병 환자의 합병증을 악화시킨다는 점에 대해서는 "드러내놓고 설탕을 비난했다".[44] 설탕이 원인이라는 데 회의적인 권위자들을 포함하여 거의 모든 의사가 당뇨병 환자에게 설탕을 먹지 말라고 하는 것을 보면 실제로는 설탕이 유해하다고 생각하는 셈이었다. "의사들의 실제 진료 행태는 이 개념을 전적으로 지지한다." 앨런은 거의 모든 의사가 당뇨병 환자의 식단에서 설탕을 제한한다는 사실은 설탕이 당뇨병을 악화시킬 수 있다는 뜻이며, 그렇다면 건강해 보이는 사람에게 당뇨병을 일으킬 가능성 또한 명백히 존재한다고 지적했다.

앨런은 1907년 영국의학협회 연례 학회 중 열린 "열대 지방의 당뇨병" 토론회에서 큰 영향을 받았다.[45] 그 자리에는 인도에서 진료하는 영국인 의사와 인도인 의사 중 영향력 있는 인물들이 참여하여 "게으르고 나태한 부자들", 특히 "일상적으로 (…) 쌀, 밀가루, 콩, 설탕 위주의 식단을 섭취하는 벵골인 신사들" 사이에서 당뇨병 유병률이 높을 뿐 아니라 현저히 증가하는 현상에 대해 토론했다.

캘커타 대학교 선임 연구원인 라이 카일라쉬 천더 보스는 "영국 치하에서 문명화와 고등교육이 진행되고 점점 더 많은 부와 번영을 누리게 되면서 당뇨병 환자가 크게 증가하고 있다는 데는 한치의 의심도 있을 수 없다"고 전제한 후, "부유한 벵골인 신사 계급"은 대략 열 명 중 한 명꼴로 당뇨병 환자일 것이라고 했다.[46] 보스는 힌두 의사들이 일찍이 6세기부터 당뇨병이라는 진단을 알고 있었다고 덧붙였다. 그때 이미 "개미들이 모여드는" 현상을 통해 소변으로 꿀이 나온다는 사실을 알았고, "주로 부자들이 걸리는 병으로 쌀, 밀가루, 설탕을 지나치게 즐긴 나머지 생긴다"고 기술했다는 것이다. 앨런은 이 점이 특히 마음에 와닿았다. 유기화학이라는 학문이 생겨나 설탕, 쌀, 밀가루가 모두 탄수화물이며, 탄수화물은 "소화가 되어 당분으로 바뀌고, 소변을 통해 배설된다"는 사실이 밝혀지기 1000여 년 전의 힌두 의사들조차 당뇨병을 탄수화물이나 설탕의 섭취와 연관지어 생각했던 것이다. 그는 이렇게 썼다. "화학적인 개념이 전혀 없는 상태에서, 순전한 우연이 아니라 임상적 관찰만을 근거로 탄수화물 함량이 높은 식품을 명백하게 해롭다고 규정한 것이다."

분명치 않은 것은 당뇨병을 유발하는 식품이 정확히 무엇이냐는 점이었다. 탄수화물은 모두 당뇨병을 유발하는지, 아니면 흰 쌀과 흰 밀가루 등 정제된 곡물과 설탕이 그런지, 설탕만 문제인지, 과식 자체가 문제인지, 심지어 부자는 당뇨병에 걸리고 가난한 사람은 보호해주는 어떤 인자가 있는 것인지, 의문이 끝이 없었다. 영국의학협회에서 논의된 내용으로 볼 때 분명 가난한 노동자는 탄수화물 함량이 높은 식단을 섭취해도 당뇨병에 걸리지 않는 반면, 부유한 인도인(토론회 참석자들의 발언에 따르면 부유한 중국인이나 이집트인도 마찬가지였다)은 탄수화물 함량이 높은 식단을 섭취할 때 쉽게 당뇨병이 생기고 그 수가 계속 증가하고 있었다. 그들의 식단과 생활 습관은 어떻게 다른 것일까? 앨런은 이렇게 썼다. "당뇨병의 원인이 무엇인지는 알 수 없지만, 그것이 존재하지 않는 한 평생 탄수화물을 마음껏 먹어도 절대 당뇨병이 생기지 않는다."[47] 학회에 참석한 일부 의사들은 알 수 없는 그 원인이 정신적 스트레스나 "신경의 긴장"이라고 주장했다. 의사나 변호사 등 전문직 종사자는 비교적 단순한 삶을 사는 노동자에 비해 이런 스트레스가 더 많다는 것이었다. 영국의 의사 벤자민 워드 리처드슨 역시 1876년 출간된 저서 《현대 생활의 질병들》에서 당뇨병의 원인에 대해 같은 주장을 한 바 있다. 부유층의 게으른 생활과 활동 부족을 원인으로 꼽는 의사들도 있었다. 또 다른 의사들은 과식 자체, 어쩌면 폭음이 문제라고 생각했다. 그러나 앨런이 주장한 대로 설탕이 언제나 가능성 중 하나로 언급되었다.

앨런은 식품을 통해 섭취한 탄수화물을 대사하여 에너지로 이용하는 능력이 사람마다 다를 것이라고 추정했다. 탄수화물 섭취량이 그 능력을 넘어서면 과잉분은 신체에서 이용되지 못하고 결국 소변으로 배설된다는 것이다. 당뇨병의 특징적 증상인 '당뇨', 즉 소변으로 당분이 나오는 현상이 생기는 것이다. 어쩌면 설탕은 모든 사람은 아니라도 특정한 사람에게 어떤 이유로든 대사 과정에 지나친 부담을 주고, 힘든 노동이 그 효과를 상쇄하는 것이 아닐까? "가난한 노동자는 탄수화물을 마음껏 먹더라도 소화 흡수되어 생기는 포도당을 안전하게 처리할 수 있을 것이다. 탄수화물은 설탕에 비하면 소화와 대사가 느릴 뿐 아니라, 노동하는 동안 근육에서 훨씬 효율적으로 연소되기 때문이다. 하지만 주로 앉아서 생활하는 부유한 사람이 단것을 즐긴다면, 당뇨병에 취약한 체질을 타고나지 않았더라도 당뇨병 환자가 될 가능성이 높을지도 모른다."[48]

1920년대 중반에 이르면 미국에서 당뇨병 사망률이 치솟고 있다는 기사가 점점 빈번하게 신문과 잡지에 등장했다. 메트로폴리탄생명보험사와[49] 뉴욕주 보건국장 역시[50] 조슬린이 유행이라고 부르기 시작한 현상을 공개적으로 인정했다. 컬럼비아 대학교 공중보건학과장인 헤이븐 에머슨과 그의 동료 루이스 래러모어는 1924년 미국내과의사협회American Association of Physicians 연례 학회와 미국의학협회 연례 학회에서 당뇨병이 유행하고 있다는 증거를 상세히 설명하고 논의했다. 그들은 당뇨병 유병률과 나란히 상승 중인 설탕 소비량을 가장 유력한 용의자로 지목했다.

하지만 이 생각은 오래가지 않았다. 이후 30년간 조슬린을 리더로 하는 영향력 있는 당뇨병 전문가들에 의해 몇 가지 오해가 널리 퍼져나가면서 설탕은 거의 완전히 면죄부를 받게 된다. 당뇨병이 꾸준히 증가하는 추세의 주원인이 아닌 것은 물론, 당뇨병의 원인 중 한 가지도 아니라는 것이다. 설탕이 비만과 당뇨병의 원인이라는 주장은 1970년대 들어 다시 한번 주목을 받았지만, 이때는 당뇨병을 연구하고 치료하는 임상 의사들이 이 문제에 거의 관여하지 않았다.

의학 연구의 역사에서 매우 흔히 나타나는 추세가 있다. 소수의 영향력 있는 권위자, 아니 종종 단 한 명의 권위자에 의해 전문 분야 전체의 생각이 좌우되는 것이다. 과학계에서는 젊은 연구자들에게 권위에 도전하고 자신이 배운 모든 것을 회의적으로 바라보라고 가르친다. 하지만 의학계의 분위기는 전혀 달라 권위 있는 인물의 의견이 터무니없이 큰 비중을 갖는 경우가 많다.

과학이 아직 성숙되지 않고 해답을 찾는 연구자의 수가 적다면 이런 경향은 특히 해롭다. 미국에서 조슬린은 당뇨병 분야에서 가장 영향력 있는 인물이었다. 그의 의견은 종종 복음처럼 받아들여졌다. 1920년대 중반 미국에서 당뇨병이라는 주제에 관한 한 조슬린은 앨런보다 훨씬 권위가 있었다. 그가 쓴 교과서《당뇨병의 치료》는 그야말로 이 분야의 바이블이었다.[51] 1916년 자신이 직접 치료한 약 1000명의 환자를 관찰한 내용을 기반으로 저술한 이 책은 수많은 전문가의 참여에 힘입어 1962년 그가 92세로 세상을 떠날 때까지 아홉 차례나 개정되었다.[✦52] 그러나 판을 거듭하면서도 여전히 조슬린은 설탕이 당뇨병의 원인이 아니라고 주장했기 때문에 결국 당뇨병 학계 전체가 그의 주장을 사실로 받아들이기에 이르렀다.

조슬린은 어느 모로 보나 손꼽을 정도로 헌신적인 의사였다. 언제나 환자의 이익을 최우선으로 생각했다. 1921년 토론토 대학교 연구진이 인슐린을 발견했을 때, 조슬린의 클리닉은 미국에서 가장 먼저 인슐린을 사용했다. 그 역시 다른 의사들과 마찬가지로 인슐린을 사용함으로써 당뇨병 환자들이 당시 금과옥조로 여겨지던 엄격한 탄수화물 제

✦ 2005년 마지막으로 출간된 14판은 1224쪽이었다.

한식의 부담에서 벗어날 수 있다고 믿었다. 더욱 놀라운 것은 당뇨병의 급성 형태인 제1형 당뇨병 환자들 역시 거의 기아 상태에 가까울 정도로 고통스러운 식이요법에서 해방되었다는 사실이다. 이런 식이요법은 앨런이 개발한 것으로, 덕분에 그는 엄청난 명성을 누렸다. 하지만 이제는 당뇨병 환자라도 인슐린을 사용하면, 성인이든 어린이든 탄수화물을 섭취하면서도 혈당을 정상 범위로 유지하고 비교적 정상적인 삶을 살 수 있었다. 조슬린의 동료로 어린이 당뇨병 전문의였던 프리실라 화이트는 이렇게 말했다. "어떤 아이든 올바로 성장하려면 일주일에 아이스크림 한 컵 정도는 먹어줘야지."[53] 이런 행복을 가능하게 만든 것이 바로 인슐린이었다.

조슬린은 1925년 하버드 대학교 동료 연구자들이 마라톤 주자에 대한 연구에서 보고했듯이, 운동에 있어 설탕의 가치를 인정했다.[54](〈랜싯〉 편집자들이 조롱했던 바로 그 연구다.[✦✦55]) 또한 설탕을 사탕 형태로 섭취하면, 예를 들어 인슐린의 주사 시간이나 용량을 제대로 맞추지 못해 저혈당과 심지어 당뇨병성 혼수가 생겨도 되돌릴 수 있다는 사실을 알고 있었다. 자신의 교과서 1923년 판에는 이렇게 썼다. "어린이라면 오렌지를 한 개 주는 것보다 각설탕 두세 개나 캔디를 주면 훨씬 좋을 것이다."[56] 결국 조슬린은 설탕이 매우 가치 있는 음식이라고 믿었기 때문에 만성병을 일으킬 가능성이 거의 없다고 생각했던 것이다.

조슬린은 설탕 속에 들어 있는 탄수화물에 그 밖의 탄수화물과 다른 독특한 특성이 있다는 사실을 전혀 몰랐다. 예일 대학교에서 1년간

✦✦ 〈뉴욕타임스〉에 따르면 1925년 그는 당뇨병에 관한 공개 강연에서 지친 운동 선수에게 사탕을 주면 활력을 되찾는다고 주장했다. "마라톤 주자에게 초콜릿 바를 주거나 축구 선수에게 설탕이 듬뿍 든 차를 준다면 신기록을 작성할 수 있을지도 모릅니다."

생화학을 배웠지만, 그는 의사이지 영양학자가 아니었다. 전분이든 곡물이든 설탕이든 기본적으로 모든 탄수화물은 똑같다고 주장했다. 조슬린은 그야말로 자기가 무슨 소리를 하는지도 모른 채 설탕에 대해 이야기한 수많은 의학계의 권위자 중 최초의 인물이었다. 식품에 함유된 설탕을 방어하는 데 큰 역할을 한 그의 믿음은 대부분 이런 오해에서 비롯된 것이다.

1917년에 이미 조슬린은 일본인을 예로 들어 설탕이 당뇨병을 일으킨다는 생각을 반박했다. 자신의 교과서에서도 무려 40년에 걸쳐 글자 하나 바꾸지 않고 똑같은 주장을 반복했다. "실제로 식단에서 탄수화물의 비율이 높다고 해서 당뇨병이 더 잘 생기는 것 같지는 않다. 일본인의 식단은 대부분 쌀과 보리로 구성되어 있지만, 지금까지 통계적으로 입증된 바 일본에서는 당뇨병이 미국보다 드물 뿐 아니라 경증이기도 하다."[57] 그는 미국에서 당뇨병 사망률의 증가가 설탕 소비 증가와 시기적으로 일치한다는 점을 인정했다. 심지어 자신의 교과서 초기 판본에 설탕 소비량이 당뇨병 사망률과 나란히, 단계적으로 증가하는 양상을 보여주는 표를 싣기도 했다. "한 국가의 식단이 그토록 현저한 변화를 보인 것은 특이하며, 주목할 만하다." 그는 두 가지 요인이 "분명히 연관되어 있다"고 가정하는 것이 당연한 결론이라고 덧붙였지만, 역시 일본인의 예를 들어 다른 결론을 내렸다. "다행히 일본인의 식습관과 당뇨병 통계가 우리를 이런 오류에서 구해줄 것 같다."[+58]

조슬린은 설탕이 아니라 다른 두 가지 요인이 당뇨병 유행을 일으켰다고 생각했다. 가장 두드러진 요인은 비만이었다. 비만과 당뇨병은 너무나 밀접하게 연관되어 있었다. 대부분의 성인 당뇨병 환자가 살이 찐 상태였으므로 조슬린은 비만이 당뇨병을 일으킨다고 추정했으며,

애초에 살이 찐 것은 너무 많이 먹고 너무 적게 움직였기 때문이라고 믿었다. 1925년 한 강연에서 조슬린은 당뇨병의 원인을 부분적으로 자동차의 발명과 보급에 돌렸다.[59] 자동차로 인해 사람들이 이전에 비해 덜 움직이고 장시간 앉아 있게 되어 살이 찐다고 생각했던 것이다.

또한 조슬린은 지방이 풍부한 식단에 의해 당뇨병이 생긴다고 생각했다. 이 생각 때문에 더욱 설탕에는 문제가 없다고 믿었다. 1927년 그는 이렇게 썼다. "과도한 지방, 너무 많은 체지방, 비만, 지방이 너무 많이 함유된 식단, 너무 많은 혈중 지방이 문제다. 과도한 지방 때문에 당뇨병이 시작되고, 과도한 지방으로 인해 당뇨병 환자들이 죽어간다."[60] 예일 대학교 의과대학 학장이자 유명한 당뇨병 전문가였던 시릴 롱 역시 비슷한 주장을 했다. "설탕 섭취가 늘어난 것이 당뇨병 발생률 증가와 관련이 있다는 통념도 있지만, 과도한 탄수화물 섭취 자체는 이 병의 직접적인 원인이 아니라고 상당한 확신을 갖고 말할 수 있다."[61] 롱의 관점 역시 식이성 지방이 가장 유력한 용의자라는 개인적 의심에 의해 형성된 것이다.

당뇨병을 전문으로 치료하는 의사들은 의학 교과서에 "상당한 확신을 갖고"라는 말이 실린 것을 보고 상당히 확실한 근거가 있다고 생각했지만, 사실은 전혀 그렇지 않았다. 전적으로 롱의 의견은 영향력 있는 당뇨병 연구자인 런던 유니버시티칼리지병원의 해럴드 힘스워스의

✦ 이것은 당연한 가정으로, 아시아에서 진료한 의사들은 흔히 그런 식으로 생각했다. 제2차 세계대전 중 중국에서 일한 이시도어 스내퍼Isidor Snapper는 당뇨병이 중국의 부유층에서 흔한 질병이 되었지만, 빈곤층에서는 매우 드물다고 보고했다. "주로 탄수화물, 신선한 채소나 소금에 절인 채소, 콩가루로 구성된 극히 열량이 낮은 식단이 당뇨병 발생을 최소화하는 것 같다."

주장을 근거로 했는데, 힘스워스의 주장은 다시 조슬린의 연구를 근거로 했다.

조슬린과 마찬가지로 힘스워스도 의학계에서 빛나는 경력을 쌓았다. 1948년 미국으로 치면 국립보건원과 비슷한 조직인 영국의학연구위원회 위원장으로 지명되어 20년간 그 자리를 지켰던 것이다. 하지만 지방이 풍부한 식단이 당뇨병을 일으킬지도 모른다고 넌지시 암시하면서, 탄수화물이 풍부한 식단이 당뇨병 환자에게 이상적이라고 주장했던 1931년 당시에 그는 이십 대 중반의 햇병아리 의사였다. 힘스워스는 당뇨병성 혼수를 치료하려면 "반드시 설탕을 투여해야 한다"면서, 따라서 설탕과 기타 탄수화물(포도당)이 당뇨병 환자의 식단에 매우 중요하다고 주장했다.[62]

나중에 힘스워스는 서구 각국에서 당뇨병 발생률이 증가하는 추세는[63] 전반적으로 지방 섭취가 증가하고 탄수화물 섭취가 감소하는 경향과 함께 나타났다고 보고했다.[✦64] 또한 몇몇 연구자가 주장한 대로 탄수화물을 섭취하면 탄수화물 함량이 높은 식단을 견디는 능력이 생기며, 전형적인 당뇨병 환자들이 섭취하는 지방이 풍부한 식단은 정반대 효과를 나타낸다고 믿었다. "따라서 체질적으로 당뇨병이 생기기 쉬운 사람들에서 당뇨병 발생률을 줄이는 데 가장 효과적인 방법은 탄수화물이 풍부한 식단을 장려하고, 다른 종류의 식품으로 식욕을 충족하지 않

✦ 지방이 당뇨병을 일으킨다고 주장하기 위해 힘스워스는 극단적인 고지방 식단을 섭취하는 이뉴잇족과 마사이족에서 당뇨병 발생률이 매우 낮다는 증거를 반박해야 했다. 그는 마사이족과 관련된 증거가 "너무나 빈약해서" 무시할 수 있다고 고집을 부렸다. 이뉴잇족에 관해서는 두 편의 논문을 오독하여(각각 배핀섬의 이뉴잇족과 래브라도의 "어부들"에 관한 논문이었다) 반대되는 증거가 무수히 많은데도 이뉴잇족이 사실은 탄수화물 함량이 높은 식단을 섭취한다고 우겼다.

도록 하는 것이다."

자신의 교과서와 논문에서 조슬린은 힘스워스가 지방이 당뇨병의 원인이며 설탕은 아무런 관련이 없다는 사실을 시사하는 데이터를 "대단한 노력을 기울여 축적했다"고 추켜세웠다.[65] 롱 역시 힘스워스가 "매우 의미 있는 관찰"을 통해 이런 결론에 이르렀다고 썼다. 반대로 힘스워스는 설탕이 당뇨병의 원인이 아니며 지방이 원인일 가능성이 있다는 주장에 궁극적인 권위를 부여하는 근거로 조슬린을 인용했다. 1930년대와 1940년대 내내 두 사람은 자신들의 믿음을 뒷받침하는 과학판 사상누각을 건설했다. 서로 상대방이 관찰한 바를 주장의 근거로 삼아 돌고 도는 관계를 형성한 것이다. 두 사람의 결론은 설탕과 다른 탄수화물이 화학적 조성이 동등하며, 따라서 인체에 미치는 영향도 동등하다는 잘못된 가정을 근거로 했다. 둘은 끊임없이 일본인을 예로 들었다. 보라, 여기 지방을 거의 섭취하지 않고 다량의 탄수화물을 섭취하면서도 당뇨병 환자가 거의 없는 나라가 있지 않은가! 조슬린은 이것이야말로 탄수화물 함량이 높은 식단이 건강에 이롭다는 강력한 증거라고 생각했다. 힘스워스 또한 이것이야말로 지방이 풍부한 식단이 당뇨병을 일으킨다는 증거라고 주장했다. 그러면서 두 사람은 설탕에 면죄부를 부여한 것이다.

힘스워스도 조슬린도 일본인이 미국인과 영국인보다 설탕을 더 적게 섭취한다는 사실은 알아보려고도 하지 않았다. 사실 1963년까지도 일본의 1인당 설탕 섭취량은 당뇨병이 매우 드문 질병이었던 한 세기 전에 미국인과 영국인이 섭취한 정도에 불과했다.[66] 일본에서 벌어진 현상은 조슬린과 힘스워스의 주장과 똑같은 방식으로 설탕과 당뇨병의 상관관계를 입증하는 증거로 사용될 수 있었던 것이다.

매우 흥미로운 사실은 조슬린이 당뇨병에서 지방의 역할에 대한 힘스워스의 가설이 충분히 타당하여 반박할 수 없는 진실로 인정할 수 있다고 결론 내린 뒤에, 힘스워스 자신이 그 가설을 폐기했다는 점이다.[67] 영국 왕립내과학회 강연 중 힘스워스는 이 가설의 문제를 하나의 역설로 묘사했다. 지방을 많이 섭취하는 집단일수록 당뇨병이 많은 것은 사실이지만, "지방 섭취는 당 내성에 해로운 영향을 미치지 않으며, 오히려 지방이 풍부한 식단은 동물에서 당뇨병을 유발하는 약제에 대한 취약성을 감소시킨다". 간단히 말해 실험 동물에 탄수화물 대신 지방을 많이 먹일수록 당뇨병을 일으키기가 더 어렵다는 뜻이다. 이제 힘스워스는 식이성 지방이 범인이 아닐 수도 있고, 어쩌면 식단 속에서 지방과 함께 움직이는 "뭔가 다른, 더 중요하고 결정적인 변수"가 있을지도 모른다고 생각했다. 그는 총 섭취 칼로리, 즉 어떤 음식이든 너무 많이 먹는 것이 문제일 가능성이 있다고 했다. 당뇨병과 비만이 연관되어 있으며 "국가 식품 통계상 반드시 그렇지는 않더라도, 개개인의 식단에서 지방과 칼로리는 같은 방향으로 변하는 경향이 있기 때문"이라는 것이었다. 하지만 힘스워스는 국가 식품 통계와 개개인의 식단 양쪽에서 지방 및 칼로리와 같은 방향으로 움직이는 경향이 있는 또 하나의 결정적인 변수를 언급하지 않았다. 바로 설탕이다.

어쨌든 미국에서는 조슬린, 영국에서는 힘스워스가 강력하게 주장한 탓에 설탕이 당뇨병의 원인이 아니라는 말은 반박할 수 없는 진실의 아우라를 띠게 되었다. 조슬린이 사망한 지 9년 뒤인 1971년 다른 학자들이 참여하여 《조슬린의 당뇨병학》이라는 새로운 이름으로 출간한 그의 교과서에는 '설탕 섭취가 당뇨병의 원인인가'라는 주제가 아예 빠져버렸다.[68] 전 세계 다른 지역에서 수많은 의사와 영양학자가 설탕이야말로 비만과 당뇨병과 심장질환의 명백한 원인이 아닌지 다시 생각하기 시작한 때, 미국의 당뇨병 연구자들은 그런 가능성은 더 이상 진지하게 생각할 가치조차 없는 것으로 간주한 것이다. 대신 설탕이 아니라 비만이 문제라고 주장하며, 과식과 게으름과 총 칼로리 섭취량을 한데 싸잡아 표적으로 삼기 시작했다.

6 _____ 과학이라는 이름의 화수분

당뇨병은 (…) 대부분 비만 탓이며, 비만이 심할수록 자연의 힘에 의해 당뇨병이 생길 가능성이 높다. 의사와 일반인이 이 사실을 빨리 깨달을수록 더 빨리 당뇨병의 증가세를 막을 수 있을 것이다.[1]

_ 엘리엇 조슬린, 1921년.

겨우 18칼로리! 설탕을 한 숟갈 가득 넣은 차의 열량이다. (…) 아침에 일어나 옷을 입는 것만으로도 그보다 더 많은 칼로리가 소모될 것이다![2]

_ 설탕정보주식회사 광고, 1962년.

다시 설탕이라는 주제로 돌아가기 전에 또 한 번 과학의 세계로 긴 여행을 해야 한다. 1930년대 이래 영양학자들은 건강한 식단에 대한 대중의 판단 기준을 확고히 결정해버린 두 가지 생각을 현재까지도 버리지 않고 있다. 이 생각들은 식품이(물론 설탕도 포함한다) 비만, 당뇨병, 심장 질환 및 기타 만성 질환에 미치는 영향에 대한 모든 영양학 지식을 떠받치는 기둥이라 할 수 있다. 두 가지 생각은 모두 당대 과학의 산물이다. 둘 다 틀린 생각이지만 식단과 질병의 관계에 대한 대중의 생각과 공중보건에 헤아릴 수 없이 큰 피해를 입혔다.

첫 번째 생각은 현대 서구 사회에서 사람들을 조기 사망으로 이끄는 만성 질환의 원인이 식이성 지방이라는 것이다. 이 생각은 힘스워스가 주장했으며 1930년대에 조슬린이 당뇨병과 관련하여 확신했고, 1960년대에 이르면 심장질환, 비만(지방은 칼로리 밀도가 높다), 암과 알츠하이머병의 식이성 유발인자를 찾는 연구자들에게 널리 퍼져 있었다.

아주 간단히 말해서, 식이성 지방 특히 버터, 계란, 유제품, 기름진 육류에 초점을 맞추는 경향은 오늘날 '영양전이'라고 알려진 개념에서 비롯되었다. 대부분의 인구가 도시에 거주하면서 생활 수준이 높아지고, 식습관과 생활 습관이 "서구화"되면 만성 질환의 유병률이 증가한다. 이때 식단 속에는 거의 예외 없이 지방과 고기가 늘어나고 탄수화물이 줄어든다.

하지만 꼭 그렇다고 할 수는 없다. 이 생각에서 출발한 영양학적 논쟁에는 흔히 한 가지 결정적인 인자가 빠져 있다. 예를 들어 이뉴잇족이나 케냐의 마사이족처럼 덜 문명화된 집단, 또는 뉴질랜드령 토켈라우 제도 등지에 사는 남태평양 섬사람들은 영양전이를 거치며 오히려 지방 섭취량이 줄고 때로는 육류 섭취량도 줄었다. 그러나 그들 역시 전보다 훨씬 많은 비만, 당뇨병, 심장질환, 암에 시달린다. 식이성 지방 가설이 틀렸음을 방증하는 예라 할 것이다. 프랑스나 스위스인은 어떤가? 이들은 지방, 심지어 포화지방이 풍부한 식단을 섭취하지만 놀랄 정도로 건강하게 오래 산다. 영양학과 만성 질환 분야의 주류 연구자들은 이런 사실을 아예 무시하거나 '프렌치 패러독스' 등 임시변통의 설명을 갖다 붙이곤 했다.

단 하나의 예외도 없이 모든 인구 집단이 서구화되고 부유해질수록 훨씬 많은 설탕을 섭취한다는 사실은, 때때로 상당히 타당성 있는 가설로 여겨지기도 했다. 조슬린조차 처음에는 그렇게 생각했다. 하지만 이런 생각은 최근까지도, 첫째 대부분의 영향력 있는 전문가가 식이성 지방이 문제라고 믿으며, 둘째 조슬린과 힘스워스가 주장한 것처럼 전분이든 설탕이든 모든 탄수화물은 인체에 동일한 영향을 미치고 따라서 만성 질환에도 동일한 영향을 미친다는 가정 아래 외면당했다. 일본인처럼 저지방 고탄수화물 식단을 섭취하면서 비만과 당뇨병 발생률이 낮은 집단이야말로 지방이 문제이지 설탕은 아무런 해를 끼치지 않는다는 결정적인 증거로 받아들여졌던 것이다.

현대 영양학 지식을 떠받치는 두 번째 기둥은 훨씬 근본적인 차원에 작용한다. 따라서 과학의 발전에 훨씬 큰 영향을 미쳤으며, 아직까지도 설탕 문제를 생각할 때 지배적인 사고방식으로 자리 잡고 있다. 당연히 피해도 훨씬 크다. 설탕산업의 입장에서 본다면 이 사고방식은 설탕이 매우 독특한 독성을 지니고 있다는 모든 주장과 근거를 효과적으로 무력화해 끝없이 이익을 가져다주는 화수분 같은 존재다. 그것은 바로 소모하고 배출하는 것보다 더 많은 칼로리를 섭취하는 것이 비만과 과체중의 원인이라는 생각이다. 이런 사고방식에 따라 아직도 연구자들과 보건 당국은 비만을 "에너지 균형" 장애로 생각한다. "에너지 균형" 개념은 우리 사고방식 속에 너무나 깊고 넓게 각인되어 있어 반대할라치면 돌팔이 취급을 당하거나, 무언가 다른 의도를 지니고 물리 법칙을 부인한다는 낙인이 찍히기 일쑤다.

에너지 균형 또는 들어온 칼로리와 나간 칼로리라는 논리에 따르면 식품이 체중과 체지방에 영향을 미치는 방식은 단 한 가지밖에 없다. 바로 에너지 함량, 즉 칼로리다. 칼로리만이 유일한 변수다. 살이 찌는 이유는 많이 먹기 때문이다. 소모하는 것보다 더 많은 칼로리를 섭취하기 때문이다. 예나 지금이나 어떤 인구 집단에서 비만과 그 유병률을 설명할 때는 이렇게 단순한 진리만 적용하면 된다. 이 사고방식에 따라 각각의 다량 영양소(탄수화물, 단백질, 지방)가 우리 몸에서 식품에 대한 반응과 대사를 조절하는 다양한 호르몬 및 효소에 근본적으로 다른 영향을 미친다는 사실은 간단히 무시되었다. 탄수화물과 단백질과 지방을 연소해 에너지를 만들 것인지, 지방으로 저장할 것인지, 조직과 장기를 생성하거나 복구하는 데 사용할 것인지는 생각할 필요가 없다.

에너지 균형 논리에 따르면 비만과 당뇨병과 심장질환이 서로 밀접한 연관이 있다는 사실은, 근본 원인인 호르몬이나 대사 이상에 관한 심오한 통찰로 연결되지 않는다.[3] 과식과 게으름의 조합에 의해 비만이 생기고 당뇨병과 심장질환으로 악화한다는 해석으로 이어질 뿐이다. 개인과 인구 집단이 먹는 것을 절제하고 운동을 더 많이 하기만 하면 이런 질병을 예방하거나 최소화할 수 있다는 것이다. 수많은 질문이 뒤따르고, 유럽의 모든 임상 연구자가 말이 안 된다고 생각했음에도 의학과 영양학 분야의 권위자들은 이 논리를 복음처럼 떠받들었다. 비만은 칼로리 불균형에 의해 생기며, 조슬린이 이미 한 세기 전에 갈파했듯이 대부분의 당뇨병은 비만에 따른 형벌이다. 그러니 과식(흔히 현학적 본보기로 셰익스피어 희곡《윈저의 즐거운 아낙네들》의 주인공 팔스타프가 언급된다)과 게으름(역시 죽음을 부르는 죄악이다)이라는 행동을 버리면 이 모든 질병이 희귀해지는 시대가 다시 찾아올 것이다.

또한 에너지 균형 논리는 비만과 당뇨병의 유력한 용의자인 설탕에 공개적으로 면죄부를 주었다. 식품이 체중에 미치는 영향을 에너지, 즉 칼로리 함량이라는 관점에서만 바라본다면 설탕의 칼로리와 브로콜리, 올리브유, 계란, 기타 모든 식품의 칼로리가 비만과 당뇨병에 똑같은 영향을 미친다는 결론이 나오기 때문이다. 1960년대에 이르면 "칼로리는 칼로리일 뿐"이라는 말이 영양 및 비만 연구계의 만트라이자 모든 논란을 잠재우는 마법의 주문이 되었다. 지금도 마찬가지다.

이 사고방식은 설탕업계에 생명줄이나 다름없었다. 1953년 도미노제당의 선전 문구는 이렇다. "어느 쪽이 살이 덜 찔까요? 순수한 도미노 설탕 세 숟갈에는 중간 크기 사과 한 개보다 더 적은 칼로리가 들어 있습니다."[4] 에너지 균형 논리에 따르면 설탕은 아무리 보아도 무해하며, 나중에 설탕업계가 주장하듯 오히려 살을 빼는 데 이상적인 식품일 것이다. 설탕업계는 비만이 과식 탓이며 모든 칼로리가 동일하다는 가정에서 탄생한 이 관점을 최대한 이용했다. 어떻게 이런 사고방식이 형성되어 발전했는지, 어떻게 하나의 도그마로 받아들여졌는지, 그 의미와 문제점이 무엇인지를 짚어보는 것은 너무나 중요하다.

에너지 균형이라는 발상은 궁극적으로 비만한 사람이 마른 사람보다 쉽게 허기를 느끼고 덜 활동적인 경향이 있다는 단순한 관찰에서 생겨났다. 정상적인 음식 섭취와 열량 소모에서 벗어난 두 가지 특성, 즉 과식과 게으름이다. 앞에서 잠깐 말했듯이 이 발상은 20세기 초반 영양학자들이 비만을 설명하기 위해 열량계를 이용하여 식품의 에너지 함량과 인간 활동에 의해 소모되는 에너지를 세심하게 측정하던 시기에 형성되었다. 열역학 법칙 특히 에너지 보존 법칙을 생물에 적용하여, 섭취한 모든 칼로리가 연소 후 에너지를 만들거나 체내에 저장되거나 배설된다는 사실을 규명한 것은 19세기 후반 영양학의 빛나는 승리로 간주되었다. 칼로리와 에너지 개념은 영양과 대사 연구라는 세계에서 화폐나 다름없었다. 나중에 의사들이 비만의 원인을 밝히고자 했을 때 똑같은 방식으로 접근한 것도 당연한 일이다.

너무나 인간적인 문제라 할 수 있는 비만에 열역학 법칙을 최초로 적용한 임상 의사는 독일의 당뇨병 전문의 카를 폰 노오르덴이었다. 1907년 그는 이렇게 주장했다. "신체가 필요한 것보다 더 많은 양의 음식을 섭취하는 불균형이 상당 기간 지속되면 지방이 축적되어 비만이 생긴다."[5]

노오르덴의 개념은 미국에서 널리 받아들여졌으며, 주로 미시간 대학교 병원의 루이스 뉴버그를 통해 깊게 뿌리내렸다. 심하게 마른 편이었던 뉴버그는 자신의 신념을 이렇게 표현했다. "모든 비만인은 기본적으로 한 가지 공통점을 갖고 있다. 문자 그대로 너무 많이 먹는다는 것이다." 뉴버그는 과식이 비만의 원인이라 가정하고 "도착된 식욕"(과도한 에너지 섭취)과 "에너지 배출 감소"(불충분한 에너지 소모)가 결합되어 비만이 생긴다는 이론으로 발전시켰다. 이 사실을 알고도 비만 상태를 해결하지 못하는 환자들은 "탐닉과 무지 등 다양한 인간적 약점"을 극복하지 못하는 것이다. 또한 그는 다른 신체적 특징이 비만과 관련된다는 생각에 단호히 반대했다.[6] 1939년 미시간 대학교에서 공개한 약력에는 그가 "체중에 관련된 모든 문제가 칼로리 유입과 배출의 조절에 달려 있다"는 사실을 발견했으며, "비만이 어떤 기본적인 결함의 결과라는 통념을 결정적으로 반박했다"고 추켜세웠다.[7]

하지만 기본적인 결함이라는 문제를 그토록 가볍게 일축할 수는 없었다. 그러려면 먼저 수많은 유럽 연구자가 관찰한 바를 반박해야 했다. 독일과 오스트리아에서는 그런 결함이 존재한다고 가정해야만, 즉 세포 안팎으로 지방의 유입과 유출을 조절하는 데 관여하는 호르몬과 효소에 문제가 있다고 생각해야만 비만이라는 현상을 합리적으로 설명할 수 있다는 결론에 도달해 있었다. 하지만 뉴버그는 비만의 원인이 방종이라는 사실을 확실히 규명했다고 믿었기 때문에 호르몬의 문제라는 설명을 고집스럽게 거부했다.

동시대 독일에서 가장 권위 있는 내과 의사✦였던 구스타프 폰 베르크만은 노오르덴의 생각을(따라서 뉴버그의 생각도) 터무니없는 것이라고 비난했다. 그는 양陽의 에너지 균형, 즉 들어온 에너지가 나간 에너지보다 많다는 것은 모든 시스템이 성장할 때 일어나는 현상이며, 이에 따라 질량이 늘어난다고 지적했다. 양의 에너지 균형이란 설명이 아니라 현상의 기술이며 동어 반복에 불과하다는 것이다. 논리적으로 따지자면, 방에서 나가는 사람보다 들어오는 사람이 더 많기 때문에 방이 붐빈다고 말하는 것과 같다.✦✦[8] 무슨 일이 일어나고 있는지 기술한 것일 뿐, 왜 그런 일이 일어나는지에 대한 설명이 아니라는 뜻이다. 베르크만은 이 논리가 어린이가 너무 많이 먹기 때문에 또는 너무 적게 운동하기 때문에 키가 큰다거나, 신체적으로 너무 활발하기 때문에 키가 크지 않는다고 말하는 것만큼이나 비논리적이라고 썼다. "우리 몸은 성장에 필요한 에너지를 언제나 찾아낸다. 살이 찌는 데 열 배가 넘는 에너지가 필요하다고 해도 어떻게 해서든 연간 에너지 균형에서 그만큼을 빼내어 저장한다."[9]

베르크만의 말은 과잉 섭취한 칼로리가 왜 에너지로 소비되거나 신체의 필수적인 목적을 위해 사용되지 않고 지방 조직 속에 축적되느냐는 질문을 암시한 것이다. 지방 조직이 무언가에 의해 통제를 받거나, 에너지 대사 방식에 무언가 다른 요소가 있어서 이런 일이 벌어지는 게

✦ 오늘날 독일 내과학회 최고의 영예는 구스타프 폰 베르크만 메달을 수상하는 것이다.

✦✦ 1968년 하버드 대학교의 영양학자 장 메이어는 다른 비유를 들어 동일한 주장을 펼쳤다. "비만을 '과식' 탓으로 돌리는 것은 알코올 중독이 '과음' 탓이라는 말만큼이나 무의미한 소리에 불과하다."

아닐까?

과학자들은 관찰한 것을 설명하기 위해서 가설을 세운다. 가설의 가치는 얼마나 많은 현상을 설명하고 예측할 수 있느냐에 따라 결정된다. 베르크만은 칼로리를 과잉 섭취하기 때문에 비만이 생긴다는 생각이 아무것도 설명해주지 못한다고 말한 것이다.

비만은 유전적으로 결정되는 부분이 있다. 일란성 쌍둥이는 얼굴 모양, 키, 피부 색깔뿐만 아니라 체형, 즉 지방이 축적되는 양과 부위까지도 거의 같다. 체형은 머리카락, 눈의 색깔, 기타 신체적 특징과 마찬가지로 집안 내력이 있다. 1929년 비엔나 대학교의 내분비학자 율리우스 바우어는 275명의 비만 환자를 진료하고 나서 네 명 중 세 명이 부모 중 적어도 한쪽이 비만이었다는, 어찌 보면 당연한 결과를 발표했다.[10] 2004년 록펠러 대학교의 분자생물학자 제프리 프리드먼은 유전자가 비만에 미치는 영향이 "키에 미치는 영향과 비슷하며, 지금까지 연구된 거의 모든 다른 조건이 미치는 영향보다 더 크다"고 보고했다.[11]

뉴버그는 유전자가 얼마나 비만이 되기 쉬운지는 물론 지방 축적을 직접적으로 결정할 수 있다는 의견에 드러내놓고 회의적이었다. "식욕이 왕성하거나 그렇지 않은 것은 유전적인 특성"일 수도 있다고 인정했지만, 맛있는 음식을 잔뜩 만들어 "상다리가 부러지도록 차려놓고 즐기는" 가족 전통이야말로 "보다 현실적인 설명"이라고 주장했다.[12] 뚱뚱한 부모는 자식에게 너무 많은 음식을 만들어 먹이며, 자식은 너무 많이 먹어 비만이 된다는 것이다. 두말할 것도 없이 조슬린도 똑같은 믿음을 갖고 있었다. 비만한 부모의 자녀는 유전자가 아니라 부엌을 통해 전달된 식습관 때문에 비만이 되기 쉽다는 것이다.

반면 율리우스 바우어는 유전학과 내분비학을 내과학이라는 분야에 어떻게 적용할 수 있는지 끊임없이 궁리하고 연구했으며, 마침내 1917년 〈체질과 질병〉이라는 획기적인 논문을 발표하여 이 분야를 개척했다.[13] 그는 유전적 소인을 무시하는 태도는 살아 있는 생물에서 유전자의 역할과 유전형질이 어떻게 드러나는지에 대해 놀랄 정도로 유치한 이해를 드러내는 것이라고 지적했다. "비만을 일으키는 유전자들은 지방 조직에 지방이 축적되는 국소적인 경향을 결정할 뿐 아니라, [지방 축적을] 조절하고, 대사 기능과 음식 섭취, 에너지 소모에 관련된 전반적인 기분을 지배하는 내분비샘 및 신경에도 작용하는 것이 분명하다. 이렇게 폭넓은 개념을 통해서만 관찰된 사실을 제대로 설명할 수 있다."[14]

베르크만과 바우어를 비롯한 유럽의 전문가들은 무엇보다도 왜 남성과 여성에서 다른 방식으로 지방이 축적되는지를 알고 싶었다. 소모하는 것보다 더 많은 양을 먹더라도 왜 남성은 지방을 허리 위쪽에 축적하고(술배), 여성은 허리 아래쪽에 축적하는 것일까? 칼로리 불균형(뉴버그의 개념으로는 "도착된 식욕")은 이 현상과 어떤 관계가 있을까? 왜 소녀들은 사춘기 내내, 그것도 특정한 부위(둔부와 유방)에 지방을 축적하는 반면 소년들은 오히려 지방이 감소하고 근육이 늘어날까? 왜 임신한 여성은 역시 복부가 아닌 허리 아래쪽에 지방이 축적될까? 흔히 말하듯 임산부가 2인분 이상을 먹기 때문이라는 것은 설명이 아니라 또 다른 관찰일 뿐이다.

왜 여성은 폐경 후 또는 난소를 제거하고 나면 지방이 축적되는 경향을 보일까? 바우어 같은 내분비학자들은 동물에서 이렇게 "잘 알려진 현상"을 연구하며 너무나 당연하게도 여성 호르몬이 지방 축적을 억제하는 데 틀림없이 역할을 한다고 생각하게 되었다.[15] 뉴버그는 동물

연구에는 아예 관심조차 없었다. 여성에서 관찰되는 이와 같은 현상 역시 먹는 데 탐닉하는 경향 때문이라고 일축해버렸다. "이런 여성들은 틀림없이 여럿이 모여 브리지 게임을 하면서 게임에 정신이 팔려 무심코 입에 넣은 사탕이 허리 둘레를 늘린다는 사실을 모르거나 어렴풋하게만 인식하는 것이다."[16]

이런 관찰에서 1920년대와 1930년대 유럽의 비만 연구자들은 지방 축적을 조절하는 가장 중요한 생물학적 요인이 호르몬이라고 생각했다. 더 중요한 것은 이들이 칼로리 균형과 도착된 식욕이라는 이론이 의미 있는 설명을 내놓지 못한다는 사실을 알고 있었다는 점이다. 1933년 뷔르츠부르크 대학교 내과학 및 신경학 클리닉 과장이었던 에리히 그라페는 직접 쓴 교과서에서 성별 지방 분포 차이에 대해 이렇게 말했다. "에너지 개념은 분명 이 분야에 적용할 수 없다."[17] 그라페는 바우어와 다른 학자들이 과도한 국소 지방 축적의 예로 든 겹턱, 굵은 발목, 큰 유방, 둔부 지방 축적(일부 아프리카인 여성에서 관찰되는 엉덩이 부위의 특징적인 지방 축적) 등이 모두 에너지 개념으로는 설명할 수 없다고 주장했다.

바우어는 1920년대 이후 발표한 일련의 논문에서 베르크만의 생각을 받아들여 비만이란 정상적인 지방 축적을 억제하는 생물학적 인자들의 조절 장애로 인한 결과라고 주장했다. 이유가 무엇이든 지방 세포가 과잉 칼로리를 지방으로 만들어 붙잡고 있으면서, 몸에서 빠져나가거나 다른 부위에서 에너지로 사용되는 것을 허용하지 않는 상태라는 것이다. 이런 생물학적 요인들에 의해 과잉 칼로리를 지방으로 저장하라는 지시를 받은 지방 세포는 다른 장기와 세포가 활동하는 데 필요한 에너지까지 빼앗아 결국 사람이 허기나 나른함을 느끼게 된다. 바우어는 이 모든 현상이 비만의 결과이지 원인이 아니라고 지적하며, 비만인의 지방 조직을 "악성 종양 또는 (…) 태아, 임신한 여성의 자궁이나 유방"에 비유했다. 얼마나 많이 먹든 얼마나 열심히 운동을 하든 상관없이 지방 조직이 독자적으로 에너지를 이용하기 위해 혈액에서 칼로리를 독점적으로 흡수하여 저장한다는 뜻이다. 결국 비만이란 "일종의 무정부 상태로, 지방 조직이 정교하게 조절되고 관리되는 개체의 상태에 맞추지 않고 제멋대로 살려고 하는 것이다".[18]

1938년 메이요 클리닉에서 진료하던 최고의 당뇨병 및 비만 전문가이자, 얼마 안 있어 국립과학아카데미 식품영양위원회 의장이 되는 러셀 와일더는 이렇게 썼다. "(독일-오스트리아 학파의 가설은) 주의 깊게 음미할 가치가 있다. 식후 혈액에서 보통 사람보다 조금이라도 많은 지방이 조직으로 빠져나간다면, 그것만으로도 비만한 사람에게 관찰되는 포만감의 지연과 비정상적으로 탄수화물을 자주 찾는 현상을 모두 설명할 수 있을 것이다. (…) 이런 경향이 약간만 있어도 장기적으로 보면 엄청나게 큰 효과가 나타날 수 있다."[19] 1940년 노스웨스턴 대학교의 내분비학자인 휴고 로니는 비만에 관해 씌어진 미국 최초의 학술 논문을 통해 유럽의 권위자들이 이 가설을 "거의 완전히 지지한다"고 주장했다.[20] 하지만 이런 생각은 사실상 자취도 남기지 못한 채 사라지고 만다.

히틀러의 통치와 제2차 세계대전의 참화 속에서 독일과 오스트리아 의학계가 완전히 해체되면서 비만을 호르몬 조절 장애로 보는 견해 또한 송두리째 사라져버린 것이다. 1950년대까지도 독일에서 가장 널리 사용된 내분비학 및 내과학 교과서에 이런 견해가 실려 있었지만, 이 책은 영어로 번역되지 않았다.[21] 이 사실이 중요한 이유는 의학에서 사용되는 공통 언어가 제2차 세계대전 이후 독일어에서 영어로 바뀌었기 때문이다. 대사, 내분비학, 영양학, 유전학 등 비만과 당뇨병 관련 분야에서 제2차 세계대전 전에 독일어로 쓰어진 논문과 그 안에 담겨 있던 당대 최고의 과학적 생각을 더 이상 아무도 읽거나 참고하지 않았다. 이후 수십 년간 의학 연구 분야를 지배한 미국에서는 비만 환자를 진료하는 의사들과 실험실에서 비만을 연구하는 학자들이 모두 루이스 뉴버그의 생각을 기정사실로 받아들였다. 세미나에서 "뉴버그의 연구에서 분명히 입증된 것처럼"이라는 말을 입에 달고 살았고, 비만이 도착된 식욕이 아니라 다른 원인으로 생긴다는 주장에는 언제나 "뉴버그는 이렇게 말했지"라고 응수했다.[22] 전후 세대는 이런 식으로 그들의 믿음을 이후 세대에게 각인시켰다.

두 가지 사실이 밝혀지지 않았다면 이 관점도 그럭저럭 이해할 만하다. 첫 번째, 비만에 관한 동물 실험 모형이 하나같이 뉴버그의 주장과 상반되었다. 오히려 유럽 학파의 사고방식을 뒷받침했다. 1930년대 후반 들어 처음 주목받은 동물 모형은 놀랄 정도로 일관성 있게 바우어와 베르크만의 호르몬 조절 이론을 확인해주었다. 비만 상태가 된 동물은 뉴버그의 말대로 도착된 식욕을 나타내는 경우가 많았다. 살이 찔수록 점점 더 배가 고픈 것 같았고, 더 많은 먹이를 섭취했다. 중요한 점은 이 동물들이 더 많이 먹지 않는데도 비만해지거나, 최소한 이전보다 훨씬 더 살이 쪘다는 점이다. 먹이 섭취량을 줄이거나 한배에서 태어난 비만이 아닌 동기보다 더 많이 먹지 못하도록 하면 어떻게 될까 알아보는 연구에서도 항상 같은 소견이 관찰되었다. 일부 동물은 굶주림 때문에 죽어가면서도 엄청나게 살이 찐 상태를 유지했다. 지방을 축적하는 원인이 무엇이든 적어도 과식이나 식욕이 아니라는 사실은 확실했다. 지방 세포가 칼로리를 지방으로 전환해 저장하도록 하거나, 지방을 연소해 에너지를 만드는 능력을 억제하는 어떤 작용이 있었다. 물론 두 가지

작용이 동시에 일어날 수도 있다.[23]

1960년대에 당뇨병, 대사, 비만 분야에서 최고의 권위자였던 하버드 대학교의 조지 케이힐처럼 때때로 비만 연구자들은 이런 연구에 주목했다. 실제로 동물은 지방 조직을 세심하게 조절하도록 진화해왔고, 비만의 원인은 지방 조절 시스템이 불능 상태에 빠지는 것이라고 결론 내린 연구자들도 있었다. 하지만 케이힐은 이 이론이 인간에게는 적용되지 않는다고 생각했다. 지방 조절 시스템이 "인간에게도 존재할 가능성이 크지만, 지적 과정에 의해 크게 억제되어 있다"고 적은 것이다.[24]

두 번째 발견은 의학물리학자인 로절린 앨로와 의사인 솔로몬 버슨이 개발한 방사면역분석법이다.[25] 1977년 앨로가 이 업적으로 노벨상을 수상했을 때(버슨은 그전에 사망하여 영광을 누리지 못했다) 노벨 재단은 적절하게도 이 기술이 "생물학 및 의학 연구에 혁명"을 일으켰다고 소개했다.[26] 이 새로운 기술 덕에 1960년대의 연구자들은 사상 최초로 혈액 속을 순환하는 호르몬 수치를 정확히 측정할 수 있었다. 이제 제2차 세계대전 이전 유럽의 임상 의사들이 막연히 추정할 수밖에 없었던 질문에 답할 수 있게 된 것이다. 신체가 지방 세포 속에 지방을 저장하고, 필요할 때 그 지방을 에너지로 사용하는 과정을 조절하는 호르몬은 어떤 것들인가?

그 해답은 앨로와 버슨이 발표한 초기 논문을 통해 밝혀지기 시작했으며, 다른 연구자들에 의해 빠른 속도로 확인되었다.[27] 지방 세포에서 지방을 끌어내어 에너지로 사용하는 과정에는 사실상 모든 호르몬이 작용한다. 투쟁-도주 반응, 생식, 성장 등 신체의 모든 과정에 신호를 보내는 호르몬은 이 과정들에 반드시 필요한 에너지를 생산하기 위해 지방 세포에 신호를 보내는 역할도 한다. 에너지 동원 신호를 전달하는 과정에서 두드러진 예외가 인슐린이다. 1960년대 초반까지도 모든 연구자가 당뇨병 환자에게 부족하다고 믿은 바로 그 호르몬이다. 앨로와 버슨의 보고에 따르면 인슐린은 섭취한 에너지를 사용하거나 "따로 보관"하는 과정을 조화롭게 조정한다.

혈당(포도당) 수치가 올라가면 췌장에서 인슐린이 분비된다. 인슐린은 근육 세포에 신호를 보내 더 많은 포도당을 흡수하여 연소시킨다. 또한 지방 세포에도 신호를 보내 지방을 흡수하여 저장하도록 한다. 인슐린 수치는 혈당이 하강하기 시작해야만 떨어지는데, 바로 이때부터 지방 세포는 저장한 에너지를 지방산의 형태로 혈액 속에 방출한다. 그리고 이때부터 근육과 다양한 장기가 포도당 대신 지방을 연료로 사용한다. 혈당은 정상 범위 내에서 세심하게 조절되며, 이에 따라 지방이 지방 세포 안팎으로 유입되거나 방출된다. 1965년 앨로와 버슨이 지적했듯 지방이 지방 세포에서 방출되어 에너지로 사용되는 데 필수적인 단 한 가지 생물학적 인자는 "인슐린 부족이라는 음성陰性 자극"이다. 앨로와 버슨은 이런 다양한 작용을 알게 된 후 인슐린을 가장 강력한 "지방 생성" 호르몬이라고 불렀다.[28] 지방 세포가 그 속에 저장된 지방을 방출하고, 방출된 지방을 우리 몸에서 에너지로 사용하려면 먼저 이 지방 생성 신호가 낮아져야 한다.

앨로와 버슨의 초기 논문에서 밝혀진 두 번째 놀라운 사실은 제2형 당뇨병 환자와 비만한 사람 모두 혈당이 높은 동시에 혈중 인슐린 수치 또한 비정상적으로 높다는 것이다.[29] 그때까지 조슬린을 비롯한 당뇨병 전문가들은 연령 및 과체중과 관련된 가벼운 형태든(제2형 당뇨병), 대개 어린이에서 나타나는 급성 형태든(제1형 당뇨병) 모든 당뇨병 환자가 인슐린이 부족하며, 인슐린 부족 때문에 혈당을 조절할 수 없다고 생각했다. 어쨌든 두 가지 형태 모두, 최소한 일시적으로는 인슐린을 사용하여 성공적으로 치료할 수 있었기 때문이다.

내분비학의 선구자인 오스트리아의 빌헬름 팔타와 뒤이어 영국의 해럴드 힘스워스가 당뇨병 환자의 연령이 높고 비만할수록 인슐린 작용에 대한 저항성이 큰 것 같다고 이미 보고했지만,[30] 당뇨병 전문가들은 그 의미에 주의를 기울이지 않았다. 앨로와 버슨의 보고에서 다시 한번 드러났듯이 제2형 당뇨병 환자가 인슐린 수치가 높은 동시에 혈당도 높다는 사실은 그들의 세포가 정상적인 상태에서 혈당을 낮추는 인슐린의 효과에 저항성을 갖는다는 뜻이다. 다른 연구자들 역시 앨로와 버슨의 분석법을 이용하여 이 소견을 확인했다. 이제 제2형 당뇨병이라는 질병은 적어도 초기에는 제1형과 같은 인슐린 부족증이 아니라, 인슐린 저항증이라는 사실이 분명해졌다. 혈중 인슐린이 크게 상승하는 현상이 먼저 나타나며, 인슐린의 작용에 대한 신체의 저항성을 보상하기 위해 당뇨병이 생길 가능성이 있다는 뜻이다.

하지만 이것은 그들의 연구가 지닌 중요한 의미 중 하나일 뿐이었다. 두 번째로 중요한 점은 비만 환자에서도 고혈당과 인슐린 수치 상승이 동시에 나타난다는 것이다.(앨로와 버슨은 "고인슐린증"이라고 했지만, 현재는 "고인슐린혈증"이라는 용어를 더 자주 사용한다.) 인슐린이 몸속에 지방을 축적시키는 지방 생성 호르몬이고 비만한 사람에서 인슐린 수치가 높다면, 인슐린이 비만의 원인일 가능성이 있었다. 비만과 제2형 당뇨병의 관계가 조슬린 등 당뇨병 연구자들이 생각한 것처럼 단순하지 않거나 인과관계의 방향이 전혀 다를 수도 있다는 뜻이었다. 비만이 당뇨병을 일으키는 것이 아니라, 인슐린 저항성과 이로 인한 고인슐린혈증이라는 공통의 생리학적 결함이 동시에 비만과 당뇨병을 일으키는 것이 아닐까? 1965년 앨로와 버슨은 이렇게 썼다. "일반적으로 비만해지면 당뇨병이 생기기 쉽다고 하지만, 오히려 가벼운 당뇨병이 생기면 비만해지기 쉬운 것이 아닐까?(한 세기 전 포르투갈 의사 아벨 조르당의 주장을 그대로 되풀이하는 것처럼 들린다.) 인슐린은 가장 강력한 지방 생성 호르몬이기 때문에 만성 고인슐린증은 체지방 축적을 촉진할 것이다."[31]

이것이 사실이라면, 그리고 생물학적으로 분명 타당성이 있다면, 의학자와 영양학자들이 답해야 할 가장 중요한 질문은 이렇다. 인슐린 저항성과 이로 인한 인슐린 수치 상승을 일으키는 요인은 과연 무엇인가?

뉴버그라면 과식과 게으름이라고 할 것이다. 어쩌면 비만 자체일지도 모른다. 사실 얼마 안 가서 모든 비만 연구자가 그렇게 믿었다. 미국의 비만 연구자들은 아무리 늦게 잡아도 1930년대부터는 비만의 원인을 호르몬으로 설명하는 가설을 계속 부정했다. 고인슐린혈증과 인슐린 저항성이 모두 비만에 의해 생긴다고 믿음으로써, 비만 자체는 소모하는 것보다 더 많은 칼로리를 섭취하기 때문에 생긴다는 이론을 계속 유지할 수 있었다.[32] 이런 믿음은 수많은 문제를 해결하거나 설명하지 못한 채 방치하는 결과를 낳았음에도 널리 받아들여졌다. 예를 들어 마른 사람도 인슐린 저항성과 고인슐린혈증을 나타낼 수 있다는 사실은 어떻게 설명할 것인가?

또 다른 가능성은 인슐린 수치 상승과 인슐린 저항성 자체가 식단의 탄수화물 함량, 구체적으로 설탕 함량 때문일지 모른다는 것이다. 인슐린은 혈당이 올라가면 분비되는데 혈당은 탄수화물 함량이 높은 식사를 했을 때 올라간다. 이 시스템이 제대로 조절되지 않아 너무 많은 인슐린이 분비되고, 이로 인해 몸속에 너무 많은 지방이 생성된다면 어떨까? 이 가설은 수천 년간 관찰된 사실을 뒷받침한다. 단순한 관찰을 설명하기 위한 단순한 가설이다. 설탕은 신속하게 에너지를 공급할 수도 있지만, 동시에 살찌기 쉬운 사람에게 비만을 일으키기도 한다는 뜻이다.

이 발견들로 인해 직간접적으로 탄수화물, 무엇보다도 설탕을 제한한 식단이 비만을 해소하는 데 매우 효과적이라는 주장이 생겨났다. 1960년대 중반에 이르면 탄수화물 제한식(대부분 고지방식)이 큰 인기를 얻는다. 이런 식단은 학계 외부 의사들의 큰 지지를 얻었으며 때때로 다이어트 책으로 발간되어 엄청난 성공을 거두었다. 하버드 대학교의 프레드 스테어와 장 메이어가 이끄는 영양학자들은 이 현상에 위기 의식을 느끼고 탄수화물 제한식을 위험천만한 한때의 유행으로 폄하하며(지방 함량, 특히 포화지방 함량이 높다는 점을 문제 삼아) 의사 출신 저자들이 식욕을 다스리려는 힘겨운 노력을 기울이지 않고도 살을 뺄 수 있다는 허황된 주장으로 사람들을 속인다고 비난했다. 1965년 〈뉴욕타임스〉는 이렇게 보도했다. "정상적인 사람이 과잉 칼로리 섭취를 줄이지 않고 살을 뺄 수 없다는 것은 의학적 기정사실이다."[33]

영양학자와 비만 연구자들이 한편이 되고, 의사 출신 다이어트 책 저자들이 반대편이 되어 벌인 싸움은 1970년대 중반 내내 치열하게 계속되었다. 비만 연구자들은 1960년대부터 비만이란 사실상 식이장애("도착된 식욕")라고 믿었다. 앨로와 버슨이 방사면역분석법을 개발한 이래 내분비학 분야에서 끊임없이 진행된 혁명에도 불구하고 다른 각도에서 생각하지 않았다. 영향력 있는 비만 연구자 중 많은 수가 심리학자였다. 그들의 연구는 왜 비만인이 식욕을 억제하지 못하는지, 어떻게 하면 먹는 것을 절제할 수 있을지가 중심 주제였다. 영양학자들은 그 뒤를 따라 칼로리 밀도가 높은 식이성 지방이 심장질환, 어쩌면 비만의 원인이 아니냐는 질문에 초점을 맞추었다.(1그램의 단백질이나 탄수화물은 4칼로리에 해당하지만, 1그램의 지방은 거의 9칼로리에 해당한다.) 이 과정에서 설탕이 칼로리 함량의 차원을 넘어 살을 찌게 만든다는 주장을 단호히 거부했다. 어쨌든 무언가 원인이 있을 테지만 설탕이 인슐린 저항성을 일으킬 가능성이 있다는 생각은 이후 수십 년간 그들의 시야에 한 번도 포착되지 않았다.

설탕업계는 1920년대 이래 설탕의 칼로리라고 해서 특별히 다른 음식의 칼로리보다 더 살이 찌거나 쉽게 당뇨병을 일으키는 것은 아니라는 오래된 영양학적 믿음을 최대한 이용해 계속 자신들의 제품을 방어했다. 비만이 식이장애라고 생각하는 한 이 믿음은 완벽하게 타당한 생각이자, 선의를 지닌 영양학자와 비만 연구자들이 설탕업계에 선사한 귀중한 선물이었다.

1956년 설탕업계는 무려 75만 달러를 들여 "설탕을 먹으면 살이 찐다는 생각을 완전히 쓸어내기" 위한 광고 공세를 펼쳤다.[34] 그 근거는 "에너지로 소비한 칼로리는 절대로 지방이 되어 몸속에 축적될 수 없다"는 논리였다.[35] 언뜻 들으면 건전한 과학처럼 들린다. 이 광고 공세를 촉발한 것은 아이젠하워 대통령이 커피에 인공 감미료인 사카린을 넣는 장면을 찍은 한 장의 사진이었다. 대통령의 주치의가 날씬한 몸매를 유지하고 싶다면 설탕을 피하라고 권고했다는 보도가 나왔다. 〈뉴욕타임스〉는 "한 장의 사진으로 설탕업계 발칵 뒤집혀"라는 제목을 뽑았다.[36] 설탕업계의 광고는 이렇게 주장했다. "설탕은 '살이 빠지는 식품'도 '살이 찌는 식품'도 아닙니다. 그런 식품은 없습니다. 모든 식품에 칼로리가 있으며, 그 칼로리는 설탕에서 왔든 스테이크에서 왔든 자몽이나 아이스크림에서 왔든 아무런 차이가 없습니다."

거의 60년이 지난 2015년 〈뉴욕타임스〉에서 학계의 연구자들이 글로벌에너지균형 네트워크의 운영 자금을 얻어내려고 코카콜라사가 시키는 대로 하면서 "비만의 원인에 대한 사람들의 주의를 나쁜 식품에서 다른 곳으로 돌리려고 한다"고 보도했을 때도 연구자들은 똑같은 논리를 내세웠다.[37] "주류 과학자들은 과식이나 운동 부족에 의한 칼로리 과잉이 비만의 원인이라고 생각한다." 이 사실을 이해하지 못하는 사람은 돌팔이이거나 기껏해야 "주변인의 시각"을 가졌다는 것이다.[38]

글로벌에너지균형 네트워크 구성원이라면 누구나 "에너지 균형의 옹호자"로서 비만의 유행이라는 현상에 "과학을 근거로 한 에너지 균형 기반 해결책이 필요하다는 인식을 가져야" 했다.[39] 네트워크의 사이트에는 이렇게 적혀 있었다.[40] "에너지 균형이라는 개념이 아직 완벽하게 규명되지는 않았지만, 중간 내지 높은 수준의 신체 활동(활동적인 생활 습관을 유지하고 보다 많은 칼로리를 섭취하는 것)을 통해 보다 쉽게 유지할 수 있다는 강력한 증거가 있다." 코카콜라를 너무 많이 마시거나, 설탕을 너무 많이 섭취하거나, 심지어 어느 식품이든 너무 많이 먹는 것 자체가 문제될 것이 없다고 암묵적으로 인정하는 셈이다. 문제는 칼로리가 아니라, 그 칼로리를 완전히 소비할 정도로 충분하지 않은 신체 활동이라는 것이 에너지 균형의 자연스러운 결론이었다. 왜 어떤 사람은 살이 찌고 어떤 사람은 살이 찌지 않는가 또는 왜 어떤 사람은 살이 찌는 체질을 갖고 태어나고 어떤 사람은 살이 찌지 않는 체질을 갖고 태어나는가에 대해, 에너지 균형 이론은 놀랄 정도로 끈질기게 지속되었으며 놀랄 정도로 순진하게 대답했다. 이 이론은 설탕업계와 관련 업체들, 즉 코카콜라를 비롯하여 설탕이 듬뿍 든 식품과 음료의 제조업체들에 한 세기가 넘게 끊임없이 이익을 가져다주는 화수분 역할을 했다.

7 ___ 빅 슈거

만약에 (…) 모든 미국인이 아침 식사 때 마시는 커피에 티스푼 딱 한 숟갈씩 만 설탕을 더 넣게 만들 수 있다면 미국의 설탕 소비량은 연간 90만 톤이 늘어날 것이다.[1]

_〈포브스〉, 1955년 10월 1일.

1928년 설탕업계가 최초의 이익단체인 설탕협회를 조직한 이유는 영양학자들의 공격 때문이 아니라, 당시 미국 시장의 극심한 공급 과잉을 해결하기 위한 것이었다. 〈뉴욕타임스〉의 표현을 빌리자면 설탕이 낮은 가격에 너무 많이 공급된다는 것은 곧 도매상과 정제업자들에게 "죽느냐 사느냐의 경쟁"을 의미했던 것이다.[2] 설탕협회의 임무 중 하나는 업계 내부에서 관계자들이 협력하는 데 필요한 윤리 강령을 만들고 장려하는 것이었다. 또 하나의 임무는 설탕을 먹고 마시는 기쁨과 이익을 대중에게 직접 선전하는 것이었다. 미국인들의 설탕 소비를 늘리는 것이야말로 공급과 수요의 균형을 맞추는 방법이었다.

이후 3년간 설탕협회는 신문과 잡지에 정기적으로 광고를 실어 설탕을 건강식품으로 홍보했다. 오늘날로 치면 프로바이오틱스나 종합비타민 정도로 생각하면 될 것이다. 겨울과 봄에는 설탕이 면역계를 강화하고 감기를 물리친다고 선전했다.[3] 여름에는 얼음을 넣어 시원한 음료에 맛을 더하는 감미료로, 가을에는 오후의 피로를 내쫓는 식품으로 선전했다.[4] "최근 과학 연구에 따르면 달콤한 케이크, 사탕 몇 개, 아이스크림 한 컵을 먹거나 달콤한 음료, 심지어 설탕물 한 컵을 마시는 것조차 놀랄 정도로 활력을 되살려줍니다."[5]

그러나 1931년 법무부는 치열한 경쟁을 해소하기 위해 "강압적인 방법"으로 가격을 고정하려 했다며 설탕협회를 고소했다.[6] 뉴욕시에서 진행된 재판에서 재판부는 설탕업계에 불리한 판결을 내렸다. 소송이 대법원까지 올라갔지만 결국 설탕협회가 회원사의 이익을 확보하기 위해 네다섯 가지에 이르는 불법 행위에 관여했다는 선고가 내려졌다.[7] 1936년 설탕협회는 결국 해체되었다.[8]

제2차 세계대전이 시작되면서 새로운 위기가 닥쳤다. 영양학자들이 반세기에 걸친 연구 끝에 괴혈병, 펠라그라, 각기병 등의 원인이 비타민과 미네랄 부족이라는 사실을 밝혀낸 것이다. 영양학 분야에서 다양한 후속 연구가 이어지면서 놀랄 만큼 많은 미국인이 영양 부족에 시달리고 있다는 사실이 밝혀졌다.[9] 건강을 유지하는 데 필요한 비타민과 미네랄을 식단을 통해 제대로 공급받지 못했던 것이다. 1940년 징병이 시작되었지만 처음 영장을 받은 100만 명의 남성 중 40퍼센트가 의학적 이유로 입영 불가 판정을 받았다. 가장 흔한 사유는 심한 충치였다. 정부 차원에서 다양한 조치가 취해졌다. 그중 하나는 미국 국립연구회의National Research Council 내에 식품영양위원회가 설치되면서 칼로리, 단백질, 기타 여덟 가지 영양소의 1일 권장량이 최초로 정해진 것이다. 설탕에는 이 영양소들 중 칼로리를 빼고는 아무것도 들어 있지 않았다. 식품영양위원회 위원장인 메이요 클리닉의 러셀 와일더는 설탕이야말로 "의심의 여지없이 모든 식품 중 최악"이라고 선언했다. 2년 뒤 식품영양위원회와 미국 농무부는 "기본 7대" 식품군을 발표했다.("건강을 위해 각 식품군에 속하는 음식들을 매일 먹을 것."[10]) 역시 설탕은 어디에도 끼지 못했다.

설탕이 "빈 칼로리"에 불과하며 단백질, 필수 비타민, 미네랄을 제공하지 못한다는 인식이 점점 확산되자 정부는 전시에 국민들에게 설탕 배급제를 시행할 편리한 명분을 얻었다. 영양학계와 정부 당국이 한편이 되어 건강한 식단에 설탕은 설 자리가 없다고 주장했다. 설탕업계가 그전부터 "먹을 것을 두고 까탈을 부리는 자들"이라고 비난한 사람들의 주장을 그대로 반복한 셈이었다. 당시 설탕업계의 한 문건에서는 이 선언을 가리켜 적절하고도 재치 있게 "배급제라는 쓴 약에 설탕을 입힌 당의정"이라고 표현하기도 했다. 1942년 배급제를 준비하고자 정부에서 발표한 선전물에는 "우리에게 얼마나 많은 설탕이 필요할까요?"라는 질문과 단호한 대답이 함께 적혀 있었다. "전혀 필요 없습니다! (…) 식품 전문가들은 사실상 설탕이 전혀 필요하지 않다고 말합니다." 설탕업계는 이 조치를 존립을 위협하는 공격("무차별적인 반설탕 선전 공세")으로 간주했다.[11]

미국의학협회 역시 식품영양분과위원회 명의로 보고서를 발표하여 설탕은 "비타민이 부족한" 식단의 구성 요소로 비타민이 풍부한 식품 대신 설탕을 많이 먹으면 결핍증이 생길 수 있다고 경고했다.[12] 위원회는 설탕이 예컨대 우유나 계란 등 영양가 높은 식품과 함께 섭취할 때 기껏해야 건강에 해를 끼치지 않는 정도에 불과하며, 그런 때조차 "식품을 '칼로리로 희석할'" 뿐이라고 설명했다. 보고서의 결론은 이렇다. "상당량의 영양가 높은 다른 식품과 함께 섭취하지 않는 한, 모든 형태의 설탕 섭취를 제한하기 위해 실질적인 조치를 취해야 한다." 1942

년 설탕 배급제가 진행되자 권위자들은 식단에서 설탕이 차지하는 가치에 대해 훨씬 신랄한 말을 쏟아냈다. 루이스 뉴버그는 한 기자에게 이렇게 말했다. "설탕 배급제에 대해 불평하지 마시오. 설탕이라는 존재가 아예 없어진다면 그건 신의 선물이 될 테니까!"[13]

당시 내부 문건을 보면 설탕업계의 경영자들은 이런 분위기를 그저 정부 관리들에게 설탕의 "진실한 이야기"를 제대로 교육하지 못했기 때문이라고 생각했다. 이제 전쟁 중 설탕 배급제로 형성된 대중의 습관이 전후까지 이어지지 않도록 해서 손실을 만회해야 했다. 한 내부 보고서는 이렇게 경고했다. "오늘 커피에 설탕을 넣지 않는 사람은 전쟁이 끝나도 커피에 설탕을 넣지 않을 것이다."[14]

1943년 설탕업계는 잘못된 기록을 바로잡기 위해 설탕연구재단이라는 새로운 비영리단체를 발족했다.✦ "사탕수수 및 사탕무 설탕산업을 위해 권장되는 프로그램"을 표방한 설탕연구재단의 이론적 근거와 전략은 당시 뉴욕커피설탕거래소 소장이자 장차 설탕연구재단의 초대 이사장이 되는 오다이 램본이 초안을 작성한 문건에 설명되어 있다. "전쟁이 끝났을 때 지옥문이 열린다면 어찌할 것인가? 미국 대중의 의식이 세뇌되어 더없이 귀중하고 거의 필수 불가결한 식품인 설탕에 반감을 갖지 않도록 하는 것이 중요하다는 사실은 누구나 쉽게 알 수 있을 것이다."[15]

이후 설탕연구재단은 대중을 상대로 설탕의 장점을 교육하는 데 초점을 맞추는 한편, "설탕 자체와 설탕이 인간이라는 시스템에 미치는

✦ 1950년 설탕과 담배의 결합으로 전대미문의 성공을 거둔 일을 상세히 분석했던 바로 그 단체다.

영향 및 필요성에 관해 알려진 모든 사실을 확고히 하는" 연구들을 후원했다. 재단 구성원인 설탕 생산업체, 정제업체, 가공업체에서는 연간 약 100만 달러에 이르는 자금을 제공했다. 램본과 설탕업계는 캘리포니아과일농가거래소에서 오렌지와 오렌지 주스를 판매하는 방식("선키스트 오렌지를 모르는 사람이 어디 있는가?") 및 하인즈와 캠벨 등의 기업이 전국적인 유명 브랜드를 키워 상품을 판매하는 방식을 모형으로 삼았다. 설탕연구재단은 이름에 걸맞게 설탕협회의 몰락을 이끈 미심쩍은 활동은 일절 하지 않았다. 그보다 산업계 전체가 공통적으로 맞닥뜨린 단 한 가지 중요한 과제에 초점을 맞추었다. 바로 "식품으로서 설탕의 이미지를 방어하고, 전후 설탕 시장을 확대하는 것"이었다.

이런 단체의 딜레마는 산업계에서 자금을 제공하는 연구 프로그램이라면 어디서나 볼 수 있는 것으로 담배산업에서 가장 두드러지게 나타난 바 있다. 표면상 자신들의 제품과 그것이 건강에 미치는 영향에 관해 알려진 모든 사실을 확인하는 것을 목적으로 하는 연구에 자금을 제공하면서, 제품을 방어하고 사용을 권장하는 일을 어떻게 동시에 수행할 수 있단 말인가? 연구비를 지원한 연구에서 설탕의 부정적인 측면이 밝혀질 수도 있으므로 두 가지 목표가 상호 배제적인 입장에 놓인다면 어쩔 것인가? 설탕업계의 경영자들은 물론 이런 일이 생기지 않기를 바랐지만, 누구도 보장할 수 없는 노릇이었다. 연구 결과가 어떤 식으로든 "설탕의 이미지를 방어"하는 데 방해가 된다면 설탕연구재단은 연구 및 교육 프로그램을 그렇게 보이지 않는 방향으로 돌려놓을 방도를 찾아야만 할 것이었다.

1951년 설탕연구재단은 이름을 설탕연합주식회사로 바꾸고 동해

안의 프린스턴 대학교와 하버드 대학교부터 서해안의 캘리포니아 공과대학에 이르기까지 최고 수준의 학술 기관에 300만 달러의 연구비를 뿌렸다.[16] 학술 기관의 연구자들이 산업계와 밀접하게 연계하여 연구할 것이 적극 권장되던 시대였다. 설탕연구재단과 설탕연합주식회사의 연구비는 영양 및 탄수화물 화학과 대사 분야에서 가장 유명한 연구자들에게 흘러들어갔다.[17] 이 프로그램은 전례 없는 방식으로 연구비 자체도 〈사이언스〉를 비롯하여 영향력 있는 과학 잡지에 정기적으로 공고를 실어 신청을 받았다. 첫 번째 수혜자는 메사추세츠 공과대학으로 5년간 진행될 탄수화물 대사 연구 자금으로 12만 5000달러를 지원받았다.[18] 연구 목표는 설탕의 새로운 산업적 용도를 개발하는 한편, 탄수화물 화학 분야에서 신세대 과학자들을 훈련하는 것이었다. 메사추세츠 공과대학은 연구비 수혜 소식과 함께 화학과 조교수인 로버트 하킷이 유급 휴가를 얻어 설탕연구재단 및 설탕연합주식회사의 과학 연구 책임자로 취임한다는 소식을 전했다. 대학 총장은 나중에 설탕업계와 공조가 미래 산학연계의 모형을 제시하기를 바랐다고 말했다.[19] 실제로 일은 그렇게 풀려갔다.

전쟁 중 설탕업계는 더욱 많은 연구자를 지원했다.[20] 그중 두 명은 일생 동안 설탕업계와 끈끈한 관계를 유지했다. 미네소타 대학교의 앤슬 키스와 하버드 대학교 영양학과의 설립자인 프레드 스테어다. 스테어와 키스는 1960년대와 1970년대에 걸쳐 건강한 식단에서 설탕이 차지하는 지위를 방어하고, 설탕이 만성 질환의 원인일지 모른다는 생각에 맞서 싸우는 데 결정적인 역할을 했다.

1950년대 초반 설탕연합주식회사는 다방면에 걸쳐 홍보전을 펼쳤다. 설탕이 치아 우식증(충치와 이로 인한 치아 표면의 결손)을 일으킨다는 사실이 주목을 끌면, 연구비를 지원한 학자들의 도움을 받아 그렇다고 해서 설탕 섭취를 줄이는 것은 어리석은 짓이라는 근거를 어떻게 해서든 찾아냈다. 비만이 사회적 문제로 떠오르고 인공 감미료가 인기를 끌자 직접 인공 감미료를 물고 늘어졌다. 1960년대에 담배업계 역시 흡연에 반대하는 공중보건 캠페인에 맞서 싸우며 비슷한 전략을 구사했는데, 이때도 설탕 홍보전에서 전문적인 경험을 쌓은 인물들이 담배업계를 위해 같은 역할을 수행했다. 가장 유명한 사람이 바로 로버트 하킷이다.[✦21]

충치가 설탕과 직접적인 관련이 있다는 사실이 밝혀진 지는 수백 년에 이르지만, 간접적인 관련성은 이미 수천 년 전부터 의심되었다. 예를 들어 기원전 4세기에 아리스토텔레스는 무화과(특히 당분이 많이 함유된 과일이다) 속에 무엇이 들었기에 치아를 손상하는지 궁금해했다. 설탕이 영국 왕실의 필수품으로 자리 잡은 16세기에 런던을 방문한 한 독일 여행자가 엘리자베스 여왕의 치아가 온통 검게 변했더라는 소식을 전한 일은 유명하다. 그는 이렇게 말했다. "영국인들이 설탕을 너무 많이 먹기 때문에 그런 문제가 생겼을 것이다." 그러면서 그는 설탕이란 가난한 사람이 구할 수 없는 사치품이기 때문에 영국에서는 가난한 사람이 부자보다 더 건강해 보인다고 덧붙였다. 17세기의 한 문헌은 설탕에 관해 이렇게 전한다. "이를 썩게 한다. 썩은 이는 검게 변하여 빠지며, 숨쉴 때 끔찍한 악취를 풍긴다. 따라서 특히 젊은 사람들이 너무 많

✦ 1970년대 초반 하킷은 담배연구위원회Council for Tobacco Research의 과학 연구 책임자로 일했다. 그의 역할은 연구비를 지원하는 동시에 담배 소비를 권장해야 하는 딜레마를 해결하는 것이었다. 그는 한 명 이상의 연구자에게 담배 연기가 발암물질이라는 증거를 애매하게 해석하지 않으면 연구비 지원을 중단하겠다고 위협하기도 했다.

이 섭취하지 않도록 잘 타일러야 한다." 그 후로도 이런 생각은 의학적인 맥락에서 자주 등장한다.[22]

하지만 19세기 중반 폭발적으로 늘어나기 전까지 치아 우식증의 유병률은 언제나 비교적 낮은 편[23]이었다.✦ 1890년 영국군은 놀랄 정도로 높은 비율로 지원병들의 입대를 거부했다.[24] 충치 때문이었다. 1930년대에 대서양 양쪽의 연구자들은 영양 상태가 좋지 않은 가난한 계층에서 치아 우식증의 발생률이 높다고 보고했다. 1937년 출간된 조지 오웰의 《위건 부두로 가는 길》에는 이런 구절이 나온다. "노동자 중에서 타고난 치아를 건강하게 유지하고 있는 사람을 찾으려면 오랜 시간이 걸릴 것이다." 실제로 아동기 이후에 자기 치아를 모두 지닌 사람은 거의 없었다. "많은 사람이 가능한 한 조금이라도 젊을 때 치아를 '모두 뽑아버리는 것'이 가장 좋다는 의견을 피력했다. 한 여성은 이렇게 말했다. '치아란 고통을 안겨줄 뿐이에요.'"[25]

1939년 클리블랜드의 치과 의사이자 미국치과협회 연구위원장인 웨스턴 프라이스는 〈영양 및 신체 변성〉이라는 학술지에 획기적인 연구를 발표했다.[26] 전 세계에 걸쳐 치아 건강을 조사한 연구였다. 프라이스 이후로도 많은 연구자가 보고한 바에 따르면, 고립된 인구 집단(스위스의 산간 마을, 중앙아프리카의 자연 생활 집단, 이뉴잇족과 북아메리카 원주민, 남태평양 제도민)은 미국과 유럽의 식단에서 넘쳐나는 설탕과 흰 밀가루를 피하고 전통적인 식단을 섭취하는 한 거의 충치가 발생하지 않았으며 일생 동안 타고난 치아를 유지했다. 1952년 노스웨스턴 대학교의 화학자 L. S. 포스딕은 이렇게 썼다. "정제당이 출현하기 전까지 치아 우식

✦ 이런 패턴이 당뇨병의 발생 양상과 놀랄 정도로 비슷하다는 사실은 우연이 아닐 것이다.

증이 중요한 보건 및 경제적 위협이 아니었다는 것은 사실이다. 심지어 오늘날에도 정제당이 사치품인 나라에서는 치아 우식증이 중요한 질병이 아니다."[27]

충치의 직접적인 원인은 19세기 후반 이후 분명히 규명되었다. 바로 입속에 사는 세균이다. 포스딕이 썼듯이 설탕이 있는 환경은 "세균이 살기에 아주 좋은 곳"이다.[28] 세균이 설탕을 에너지원으로 이용하면 산성 환경이 조성되어 치아의 에나멜 층이 녹는다. 이 효과는 일시적이지만 무언가를 먹을 때마다 반복된다. 따라서 입속의 세균에 자주 먹이를 줄수록 치아가 공격받는 횟수도 늘어난다. 설탕이 듬뿍 들어 있거나 탄수화물 함량이 높은 간식을 자주 먹을수록 "충치 유발성" 사건이 자주 일어나는 것이다. 흔히 식후 즉시 이를 닦는 것이 충치 예방에 도움이 된다고 알려져 있지만, 그 효과는 설탕을 완전히 피하는 것에 비할 바가 아니다. 1930년대에 이르면 치과 의사들은 확실한 충치 예방법으로 되도록 설탕을 피하라고 권고했다. 심지어 영양실조 상태인 어린이에게도 마찬가지였다.[29]

과학적으로 밝혀진 사실에 딱 한 가지 논란의 여지가 있었는데, 설탕업계는 이를 이용하여 방어 전략을 세웠다. 설탕은 쉽게 소화되며 탄수화물 함량이 높은 식품, 그중에서 특히 흰 밀가루나 전분보다 더 나쁠 것이 없을지도 모른다는 것이었다. 포도당 역시 자당이나 과당을 단독으로 썼을 때와 똑같이 산을 분비하는 세균의 에너지원이 된다고 알려져 있었기 때문이다. 설탕연구재단에서 처음 집행한 연구비 중 두 건이 설탕과 충치에 관해 밝혀진 사실을 재평가하려는 아이오와 대학교와 하버드 대학교의 연구자들(프레드 스테어와 동료인 리로이 존슨)에게 제공되었다.[30] 하지만 1950년 설탕연합주식회사는 내부 문건에서 설탕을 비롯한 탄수화물이 충치가 발생하는 과정에서 원인적 역할을 하며, 논란의 여지가 남아 있지만 자당과 포도당처럼 물에 쉽게 녹는 당분이 전분보다 더 큰 역할을 할 가능성이 높다는 사실을 인정하고 있었다.[31]

설탕업계의 관점에서 문제는 치과 의사들이 이런 모호성에 전혀 신경 쓰지 않고 그저 어린이들에게 설탕을 먹지 말라고 이야기한다는 점이었다. 1950년 발표된 설탕연합주식회사의 연례 보고서에 따르면 업계에서 연구를 지원하는 "궁극적인 목표"는 "탄수화물 섭취를 제한하는 것 말고 다른 효과적인 충치 예방법을 찾아내는 것"이었다.[32] 외부적으로는 정제당이라고 해서 특별할 것이 전혀 없으며, 충치를 예방하려면 수많은 식품을 제한해야 한다고 주장했다. 설탕연합주식회사의 대표가 된 로버트 하킷은 따라서 "현행 권고안은 대부분 처참할 정도로 진실에서 벗어난 것"이라고 주장했다.[33] 미국인들에게 모든 탄수화물을 제한하는 접근법은 "성공 가능성이 거의 없으며" 따라서 그런 방법을 써서는 안 된다는 것이다.[34] 그보다는 설탕업계처럼 보다 많은 연구에 자금을 투입하여 국가적 차원에서 더 효과적인 충치 예방법을 찾아내야 하며, 충치 유발성 세균에 대한 백신이 한 가지 대안이 될 수 있을 것이라고 했다. 한편 설탕업계는 치과 의사들이 할 수 있는 그리고 해야 하는 유일하고도 현명한 조언은 이것이라고 주장했다. "식사 후 즉시 이를 닦고 무언가 먹을 때마다 최대한 빨리 물로 입 안을 헹구는 것이 실질적으로 충치를 예방하는 방법입니다."[35]

설탕업계는 비만에 대해서도 비슷한 전략을 동원했다. 칼로리는 칼로리일 뿐이므로 설탕뿐만 아니라 모든 음식을 제한해야 한다고 주장하면서, 그런 전략은 실패할 수밖에 없다는 말은 쏙 빼놓은 것이다.

우연인지 몰라도 1950년대에는 미국 전역에서 다이어트 열풍이 불기 시작했다. 매체마다 다이어트에 관한 보도가 점점 늘었고, '저칼로리 식품'이 하나의 새로운 범주를 형성하며 폭발적으로 성장했다. 1953년 〈타임〉은 "남녀를 불문하고 수백만의 미국인이 지방과의 전쟁에 몰두하고 있다"고 보도했다.[36] 미국의학협회도 "비만을 미국에서 가장 중요한 건강 문제로 규정하며", 당시 과체중 상태인 3400만 명의 미국인(갤럽 조사 수치)이 마른 사람에 비해 사망 위험이 높다고 지적했다. 1950년대 말 〈뉴욕타임스〉는 "미국인의 엄청난 다이어트 노이로제"라는 제목의 기사에서 다섯 명 중 한 명의 미국인이 "과체중"("바람직한" 체중을 10퍼센트 이상 초과)이며, 세 명 중 한 명(갤럽 조사 수치)은 현재 다이어트를 하고 있거나 앞으로 할 예정이라고 보도했다.[37] 물론 이들은 체중을 얼마나 줄였든 고스란히 다시 살이 쪘다.

다이어트 산업은 바야흐로 폭발하고 있었다. 설탕업계는 이 현상을 직접적으로 존립을 위협하는 것으로 간주했다. 1952년만 해도 "저칼로리" 청량음료 판매량은 5만 상자에 불과했으며, 무설탕 청량음료란 당뇨병 환자들이나 마시는 것으로 인식되었다. 하지만 1959년에 이르면 저칼로리 음료 판매량이 1500만 상자로 급증한다.[38] 청량음료 시장 전체를 본다면 여전히 미미한 수준이었지만, 비중은 매년 늘어났다.

코카콜라와 펩시에서 발 빠르게 치고 나갔듯 청량음료 회사들은 각자 다이어트 음료를 개발하여 대처했다. 하지만 설탕업계는 뾰족한 수가 없었다. 시장 점유율을 지키는 방법은 공격적인 태도로 건강한 식단에서 설탕의 역할을 변호하고, 심지어 다이어트에 좋다고까지 선전하는가 하면, 경쟁 제품인 인공 감미료를 공격하는 것밖에 없었다. 실제로 이들은 1960년대에 이와 같이 대응에 나섰다.

1951년 미국설탕정제회사는 강력한 광고 캠페인을 펼쳤다.[39] 목표는 순수한 설탕 특히 그 속에 들어 있는 에너지가 어린이들에게 얼마나 이로운지를 강조하는 9억 장의 전단지를 300개에 이르는 일간지, 일요판 무가지, 농업 정보지 등을 통해 배포하는 것이었다. 3년 뒤에는 설탕연합주식회사에서 바톤을 이어받았다.[40] 이들은 산하 홍보회사인 설탕정보주식회사를 통해, 설탕이 모든 식단에 필수적인 식품이라는 주장을 퍼뜨리는 데 총력을 기울였다. 설탕연합주식회사는 3년에 걸친 홍보전("교육 캠페인")에 1800만 달러의 예산을 배정하고, 전설적인 광고 제작자인 시카고의 리오 버넷과 계약을 맺었다.[+41]

이제 하버드 대학교,[42] 코넬 대학교,[43] 스탠퍼드 대학교 의과대학의 의사들이[44] 설탕과 단것을 완전히 피하라고 주장하며 의학 학술지에 항抗 비만 식단을 발표하고, 때로는 같은 내용이 의학 교과서에 실리는 판국이었다.[45] 하지만 설탕업계는 〈뉴욕타임스〉에서 보도한 것처럼 대중에게 설탕을 먹어도 절대로 살이 찌지 않는다는 확신을 심는 데 총력을 기울였다. 설탕정보주식회사는 리오 버넷의 도움을 받아 영양학계에서 주장하는 두 가지 가정을 적극적으로 이용했다. 첫 번째 가정은 비만이란 모든 칼로리를 지나치게 많이 섭취하기 때문에 생긴다는 것이었다. 이 말이 옳다면 설탕이라고 해서 특별할 것이 전혀 없다. 이제 설탕업계는 설탕이 "'살이 빠지는 식품'도 아니고 '살이 찌는 식품'도 아니다"라고 적극적으로 광고했다.[46] 두 번째 가정은 배고픔이란 혈당이 낮아지거나 중추신경계에서 에너지원으로 이용하는 포도당이 감소한

+ 버넷의 광고사는 졸리 그린 자이언트, 토니 더 타이거, 필스베리 도보이, 말보로 맨 등의 캐릭터를 창조한 것으로 유명하다. 1998년 〈타임〉은 "판매의 제왕"이라는 칭호와 함께 버넷을 20세기 가장 영향력 있는 100인으로 선정했다.

데 따르는 반응이라는 것이다. 중추신경계에 관한 이론은 하버드 대학교의 프레드 스테어 밑에서 일한 장 메이어의 주장[47]이었는데, 최소한 부분적으로 설탕연합주식회사의 자금을 받아 진행한 연구에서 나온 결론이었다.[48] 두 가지 가정은 이후 실험을 통해 여러 차례 반박되었고,[49] 향후 20년간 기껏해야 논란거리 정도로 간주되었다. 하지만 영양학자들은 그때는 물론 지금까지도 고집스럽게 이 가정들에 매달려 있다. 이 가정들에 따라, 신속하게 혈당을 높이거나 신속하게 대사되는 식품(설탕이 대표적이다)은 신속하게 배고픔을 가라앉히므로 과식을 피하는 데 매우 효과적이라는 주장이 끊임없이 제기되었다.

설탕업계는 두 가지 가정을 대대적으로 강조했다. 언뜻 매우 합리적으로 들렸기 때문이다. 설탕은 티스푼 한 숟갈당 16칼로리✦✦에 불과하다.(설탕정보주식회사에서 굳이 이 숫자를 택한 것은 사람들이 커피나 차에 설탕을 넣을 때 티스푼을 쓰기 때문일 것이다.) 또한 신속히 대사되기 때문에 "다른 어떤 식품보다도 빨리 식욕을 충족시킨다. 설탕보다 훨씬 칼로리가 높은 식품을 대량으로 섭취하는 것보다 훨씬 빨리 배고픔을 가라앉힌다".[50] 이들의 논리에 따르면 끼니 사이에 설탕을 먹으면 "배고픔을 누그러뜨려 과체중의 가장 중요한 원인인 과식을 피하는 데 도움이 된다". 아래는 1957년 당시 〈워싱턴포스트〉에 실린 설탕정보주식회사의 광고 중 질의응답 부분을 인용한 것이다.

Q. 어떻게 설탕이 적게 먹는 데 도움이 되나요?

A. 어렸을 때 어머니가 식사 전에 절대로 쿠키나 사탕을 먹지 못하게 했던

✦✦ 설탕업계의 광고 중에는 간혹 18칼로리라고 적힌 것도 있다.

기억이 있을 겁니다. 그런 걸 먹으면 저녁을 다 먹지 않기 때문이지요. 당시 어머니들이 과학적인 이유까지는 모르셨겠지만 **다른 어떤 음식도 설탕만큼 빨리 식욕을 가라앉히지 못한다**는 것은 엄연한 사실입니다. (…) 식사량을 줄이고 싶다면 식사 전에 단것을 조금 드세요. 그러면 식사 중에 칼로리를 훨씬 덜 섭취하게 됩니다.[51]

점점 많은 사람이 과체중과 비만이 되고 이에 따라 다이어트가 실로 국가적인 강박관념이 되면서, 이런 광고들은 매우 미심쩍은 논리에도 불구하고 설탕 생산량과 소비를 극대화해야 한다는 설탕업계의 발등에 떨어진 문제를 해결해주었다.

하지만 1960년대 초 설탕연합주식회사의 경영진은 설탕의 대체물로 등장한 인공 감미료, 특히 사카린과 시클라메이트에 맞서 자신들의 이익을 지키려면 보다 직접적인 공격이 필요하다고 믿게 되었다. 인공 감미료는 체중을 의식하는 소비자에게 전례 없는 호응을 얻었을 뿐 아니라 설탕보다 훨씬 저렴했다. 위기 의식을 느낀 설탕업계는 대대적인 대응에 나서 빛나는 성공을 거두었다.[52] 10년도 안 되어 시클라메이트를 미국 시장에서 완전 퇴출하는 한편, 완전히 인공 감미료라고 할 수도 없는 사카린에 잠재적 발암물질이라는 지울 수 없는 오명을 뒤집어 씌운 것이다.

설탕을 둘러싼 여러 갈등이 흔히 그렇듯 이 문제도 역사가 길다. 사카린은 1879년 콜타르의 유도체 중 하나로 발견되어 설탕 대체재로 시판되었는데, 그때도 가격이 매우 저렴했다.[53] 단맛이 설탕의 500배를 넘는데 가격은 10분의 1에 불과했다. 더욱이 체내 대사를 전혀 거치지 않고 고스란히 배출되기 때문에 의사에게 설탕을 피하라는 권고를 받은 당뇨병 환자나, 칼로리를 제한하고 탄수화물을 멀리해야 하는 비만인에게 더없이 좋은 감미료였다. 언론인 리치 코언은 이렇게 썼다. "사상 최초로 영양이 풍부하기 때문이 아니라 영양가가 전혀 없다는 사실로 인해 평가받는 식품이 탄생했다."

하지만 그 옛날에도 사카린은 논란거리였다. 논란의 요점을 잘 보여주는 사건으로 1907년에 시어도어 루스벨트 대통령과 당시 미국 농무부 화학국 수석 화학자였던 하비 와일리 사이에 벌어진 사카린의 위험과 이익에 관한 극히 짧은 논쟁을 들 수 있다.[54] 미국 최초의 소비자 보호법인 식품의약품법이 막 하원을 통과한 때였다. 이 법이 제정된 것은 유해한 화학 방부제가 섞인 가공식품 및 중독성 물질과 유해 물질이 함유된 임의 처방약에서 국민을 보호하려는 와일리의 노력에 힘입은 바 컸다. 식품의약품법을 근거로 일련의 법률이 제정되었으며, 이에 따라 1930년 미국 농무부 화학국이 미국 식품의약국으로 재편성되어 오늘에 이른 것이다.

와일리는 사카린의 인체 섭취가 안전하지 않다고 믿었으며(독자적인 연구 결과, 입증에는 실패했다) 루스벨트에게도 사카린으로 단맛을 낸 상품을 파는 것은 소비자를 속이는 짓이라고 주장했다. 와일리는 소비자가 "설탕을 먹는다고 생각하겠지만 사실은 영양가가 전혀 없으며 건강에 극히 해로운 콜타르 유도체를 먹는 것"이라고 말하기도 했다. 예를 들어 과일 통조림 제조업자들이 감미료이자 보존제로 설탕 대신 사카린을 사용하면 비용을 크게 절감할 수 있다는 말 따위에는 눈썹 하나 꿈쩍하지 않았다. 그는 1883년 농무부에서 근무를 시작한 이래 국내 설탕산업을 발전시키는 임무를 맡았다.[55] 사실 와일리는 미국 사탕무 설탕산업의 성공에 어느 누구보다 큰 공을 세웠다. 전문직 공무원 경력 중

대부분을 서로 다른 토양과 기후 조건에 적합한 사탕무 품종을 선별하는 일에 바쳤던 것이다.

하지만 설탕과 사카린에 대한 루스벨트의 관점은 달랐다. 그는 비만했으며, 더욱 살이 찔 위기에 처해 있었다. 루스벨트는 주치의가 매일 사카린을 섭취할 것을 권했다고 와일리에게 말했다. 그러고 이렇게 덧붙였다. "사카린이 유해하다고 주장하는 녀석들은 모두 천치일세."[56] 그걸로 논쟁은 끝이 났다.

사카린의 장기적 안전성에 대한 루스벨트의 생각은 옳을 수도 있고 그렇지 않을 수도 있지만, 적어도 "극히" 위험하다는 와일리의 생각은 확실히 잘못된 것이다. 건강을 추구하는 행위의 본질이 하나를 내주고 둘을 얻는 것임을 루스벨트는 본능적으로 이해했다. 그가 볼 때 영양가 없는 감미료, 즉 "칼로리가 제로인" 감미료는 두말할 것도 없이 비만을 예방하는 데 좋은 수단이었다. 그는 정책상 가장 중요한 질문을 똑바로 이해했다. 어느 쪽이 더 나쁜가? 설탕인가 사카린인가? 그것이 문제였다.

1975년 식품의약국이 사카린을 금지하려는 움직임을 보였을 때, 사려 깊은 과학자들 역시 같은 시각에서 문제를 바라보았다. 국립과학아카데미 회장이었던 필립 핸들러는 아카데미에서 주최한 감미료에 관한 토론회를 시작하면서 이 문제를 덜 나쁜 쪽을 선택하는 과정으로 설명했다. 핸들러는 과체중인 사람이 날씬한 사람보다 더 일찍 사망하고 보험사의 기대여명표가 "내가 대학원생 때 들은 '마른 쥐가 뚱뚱한 쥐를 땅에 묻는 법이다'라는 오래된 격언을 입증하는 한", 그리고 설탕이 아니라 칼로리가 제로인 감미료를 섭취함으로써 체중이나 건강 면에서 일정한 이익을 볼 수 있다면, 결국 문제는 위험 이익 분석이라고 말했다.[57] 이익을 고려할 때 암이나 다른 질병에 걸릴 위험을 어느 정도까지 허용할 수 있는가?

하지만 식품의약국은 그렇게 생각하지 않았다. 식품의약국의 식품 첨가물 규제 요건은 언제나 그런 것처럼 거의 전적으로 위험에 초점을 맞추었다. 루스벨트가 사카린의 안전성을 확신했음에도 불구하고, 1913년 이래 연방 정부는 제품에 사카린 함유를 명확히 표기할 것을 의무화했다. "설탕 섭취가 유해할 가능성이 있거나 얼른 드러나지 않더라도 건강에 해를 입을 사람들에게 이익이 될 때" 또는 "전반적으로 단것의 섭취를 제한해야 하는 사람들"에 한해서만 사용할 수 있다는 것이었다. 설탕 부족, 특히 두 차례의 세계대전 중 야기된 설탕 부족은 즉시 대체재인 사카린 사용의 증가로 이어졌지만, 이런 경우를 제외하면 사카린은 주로 당뇨병이나 소화불량 환자에게만 판매되었다.[58]

시클라메이트에 사카린처럼 다채롭고 논쟁적인 역사는 없다. 시클라메이트 나트륨은 1937년 발견되었으며, 1950년경에는 이미 애보트사에서 정제로 만들어 팔고 있었다. 이 물질과 자매 화합물인 시클라메이트 칼슘은 단맛이 설탕의 30배에 이르며, 일부 사람들이 사카린을 먹고 나서 느끼는 씁쓸한 뒷맛도 남지 않았다.[59] 또한 사카린과 달리 조리하거나 구웠을 때 전혀 단맛이 줄어들지 않았다.

식품의약국은 시클라메이트로 단맛을 낸 제품에도 사카린 함유 제품과 동일한 성분표를 붙이도록 했다.[60] "전반적으로 단것의 섭취를 제한해야 하는 사람들에 한해서만 사용할 수 있다." 하지만 1950년대에 이르자 그런 사람들의 수가 하루가 다르게 치솟았다. 전반적으로 단것의 섭취를 제한하기를 원하는 사람들의 수는 더 말할 것도 없었다. 결국 절박하게 다이어트를 원하는 수많은 사람의 요구를 충족하기 위해 다이어트 식품산업이 탄생했으며, 시클라메이트와 사카린을 10대 1로 섞어 쓰는 것이 업계 표준으로 자리 잡았다.

시클라메이트나 시클라메이트-사카린 혼합물로 단맛을 낸 칼로리 제로 및 저칼로리 청량음료가 처음 선보인 것은 1952년이다. 이 제품들은 약국과 식료품점에서 표면적으로는 당뇨병 환자에게만 판매되었지만, 사실 모든 사람이 애용했다. 코카콜라와 펩시에서 인공 감미료를 이용한 다이어트 음료를 선보인 것은 1963년으로 상품명은 각각 탭Tab과 패티오Patio였다.[61] 이때는 이미 로열크라운사의 다이어트 라이트와 캐나다 드라이, 대즈루트비어 사의 다이어트 음료가 시장을 선점하고 있었다. 다이어트 음료 판매량은 1957년 750만 상자였던 것이 1962년에 5000만 상자로 치솟았으며, 이후로도 매년 두 배씩 증가했다.[62] 1964년에는 전체 청량음료 판매량의 15퍼센트를 차지했는데, 시장 분석가들은 조만간 3분의 1을 차지할 것으로 내다보았다.[63]

설탕업계는 다이어트 음료의 위협에 대응하기 위해 100만 달러 규모의 광고 캠페인을 펼쳤다.[64] 인공 감미료로 단맛을 낸 청량음료는 어린이의 성장에 필요한 영양 요구량을 충족하지 못하며, "이런 것을 마셔서 살을 빼겠다는 생각은 재떨이를 비워 비행기의 무게를 가볍게 해보겠다는 것과 마찬가지"라고 주장했다. 다이어트 라이트로 다이어트 음료업계의 거의 50퍼센트를 석권한 로열크라운사는 "슈거 대디스sugar daddies"를 반박하는 일련의 광고를 내보내며 맞섰다. "설탕을 뺀 콜라를 선호하는 수많은 사람이 잘못이라면, 다이어트 라이트에 유죄를 선고하세요."[65]

공식적으로 설탕업계는 제품을 다양화하여 문제를 해결하려고 했다.[66] 페인트, 세제, 정수기, 담배 등 다양한 제품에 설탕을 사용하는 방안을 연구하는 데 계속 자금을 제공했다. 그러나 인공 감미료라는 막강한 적을 맞아 위기에 처한 설탕 판매량이 회복되리라는 희망은 어디에도 없었다.[67]

동시에 설탕업계는 비밀리에 경쟁 제품을 시장에서 몰아내기 위해 식품의약국에 제공할 증거를 확보하는 데 골몰했다. 산업계의 지도자들은 이런 전략에 놀랄 정도로 노골적이었으며, 적어도 한 번은 성공의 기미가 나타나기도 했다. 1969년 설탕연합주식회사에서 국제설탕연구재단을 설립했을 때 재단의 부이사장 존 힉슨은 설탕업계의 입장을 이렇게 설명했다. "식품의약국이 규제 기능을 발휘하도록 할 새 근거를 발견하지 못한다면 시장 점유율을 큰 폭으로 내줄 것으로 예상합니다."[68] 〈뉴욕타임스〉와 인터뷰에서 힉슨은 시클라메이트와 사카린을 언급하며 이런 입장을 보다 일상적인 용어로 표현했다. "누군가 당신이 10센트에 파는 제품을 1센트에 판다면 차라리 그 녀석에게 집어 던질 벽돌을 찾는 편이 낫지 않겠소?"

그 벽돌은 1958년에 던져졌다. 정확히 말하면 20년 전 하원을 통과한 식품의약품법의 개정안이 상정된 것이다. 원래 법안에 따르면 식품의약국은 가공식품에 들어가는 모든 새로운 성분의 안전성을 사전에 승인해야 했다. 이때 유일한 승인 기준은 안전성이라고 명시되어 있었다. 어떤 제품에 안전성 위험이 있다면 사용에 따른 이익이 아무리 커도 승인받을 수 없었다. 루스벨트가 인식한, 또한 나중에 필립 핸들러가 기술한 위험 이익 비율의 균형 따위는 고려 사항이 아니었다. 1958년에 개정안을 심의한 하원 위원회 의장은 뉴욕주 하원 의원 제임스 딜레이니였다. 그는 최근 가까운 친척을 암으로 잃은 바 있었다. 개정된 법조문에는 그의 이름을 딴 "딜레이니 조항"이 추가되었다. "인간이나 동물이 섭취했을 때 암을 유발한다는 사실이 밝혀진 첨가물은 절대로 안전하다고 간주하지 않는다."[69]

또한 1958년 개정된 법에 따라 식품의약국은 "일반적으로 안전하다고 인식된다"는 판단을 근거로 기존에 사용 중인 약 700개 물질의 승인 절차를 면제할 수 있었다. 이런 물질을 지정할 때는 적절한 자격을 갖춘 전문가들의 의견에 따랐다. 결국 시클라메이트와 사카린을 비롯하여 다양한 물질에 일반적 안전성 지위(generally recognized as safe, GRAS)가 부여되었다. 산업계는 이 물질들을 식품첨가물로 자유롭게 사용하고 판매할 수 있었다. 하지만 안전성이 의문시되는 새 증거가 나타나면 식품의약국이 반드시 그 물질을 재평가해야 했다.

1963~1969년 사이에 설탕연합주식회사는 식품의약국이 시클라메이트를 일반적 안전성 목록에서 제외하고 사용을 금지하도록 하기 위한 연구에 65만 달러(오늘날 화폐 가치로 약 400만 달러)가 넘는 자금을 제공했다.[70] 자금의 상당 부분은 위스콘신 대학교 동문연구재단과 우스터실험생물학재단 등 당시 거의 알려지지 않은 연구 기관으로 흘러들어갔다. 연구자들은 사카린과 시클라메이트의 섭취 및 배설, 대사, 혈류 운반, 약물 상호작용은 물론 성장저하, 암을 유발할 가능성이 있는 세포나 염색체 손상, 성호르몬, 출생결손, 행동, 심지어 복통에 미치는 효과까지 샅샅이 뒤졌다. 물론 식품의약국이 이 인공 감미료들의 일반적 안전성 지위를 재평가하도록 만들 무언가를 찾는 것이 목적이었다. 아무런 소득이 없다고 해도 이런 학술 기관에서 연구 보고서를 냈다는 사실이 뉴스에 나오면 그 자체로 시클라메이트와 사카린을 잠재적인 건강 위험 물질로 인식시키고, 안전성에 대한 소비자들의 불안을 증가시키는 효과가 있을 것이었다.

1965년 5월, 식품의약국은 시클라메이트에 대한 최초의 의학 문헌 검토 보고서를 발표하면서 우려할 필요가 없다고 결론 내렸다.[71] 그러나 5개월 뒤 설탕연합주식회사는 위스콘신동문연구재단에서 권위 있는 학술지인 〈네이처〉에 한 쪽짜리 서신을 게재했다고 발표했다. 시클라메이트가 래트의 성장을 지연할지도 모른다고 시사하는 내용이었다. 사람으로 치면 하루에 다이어트 음료 수백 캔에 해당하는 무칼로리 감미료를 투여했을 때 그런 소견이 관찰되는 것은 사실이었다. 재단이 시클라메이트에 관해 발표한 유일한 연구였지만, 여기 참여한 두 명의 연구자(재단 이사장과 생물학 부서장)는 1970년대 초반 내내 처음에는 시클라메이트, 그다음에는 사카린을 파고들며 독자적으로 연구를 계속했다.[72] 그들은 연구 결과를 설탕연합주식회사에 직접 보고했다. 또한 여러 차례 식품의약국을 방문하여 발표하지도 않은 연구 결과를 소개하고, 왜 시클라메이트의 대중적 사용을 금지해야 한다고 믿는지 설명하면서 식품의약국 조사관들에게 시클라메이트가 출생결손에서 "정신적 불안정"에 이르기까지 온갖 문제를 일으킬 수 있다는 인상을 주려고 노력했다.[73]

식품의약국의 법무자문위원보였던 윌리엄 굿리치는 나중에 하원에 출석하여 식품의약국 입장에서는 위스콘신동문연구재단의 연구에 회의적이었다고 증언했다. "청량음료에 시클라메이트의 사용을 금지하는 일에 이해관계가 걸려 있다고 충분히 추정할 수 있는" 설탕업계로부터 연구비를 받았기 때문이다. 설탕업계의 변호사들 역시 "[제게] 시클라메이트가 들어간 제품을 대체로 안전하다고 인식해서는 안 된다는 수많은 보고서와 온갖 과학적 주장을 들이밀었습니다".[74]

1970년 마침내 애보트사에서 연구비를 받은 연구자들이 식품의약국의 요청에 따라 고용량의 시클라메이트가 실제로 수컷 래트에서 방광암을 일으킨다고 보고했다.[75] 딜레이니 조항을 적용하지 않을 수 없게 된 것이다. 나중에 코카콜라사의 한 임원은 래트에 투여한 시클라메이트와 동등한 용량을 사람이 섭취하려면 하루에 프레스카 550캔을 마셔야 할 것이라고 지적했다. "암에 걸리기 전에 익사하겠죠."[76] 하지만 딜레이니 조항에는 발암 용량이 현실적이어야 한다는 조건이 없었다.

식품의약국 행정관들은 청량음료나 기타 식품에는 사용할 수 없더라도, 칼로리 섭취를 주의해야 하거나 의사에게서 설탕을 피하라는 권고를 들은 당뇨병이나 비만 환자들이 시클라메이트를 계속 사용할 수 있기를 바랐다.[77] 하지만 발암성 화학물질을 우려하는 식품 활동가들의 압력 때문에 그런 절충안조차 무산되고 말았다. 예를 들어 랠프 네이더의 퍼블릭시티즌✦ 산하 보건 연구 그룹은 식품의약국의 "가장 중요한 임무 중 하나가 암을 예방하는 것"이라고 주장했다. 1970년 10월 식품의약국은 시클라메이트 사용을 전면 금지했다. 2년 뒤 존 힉슨은 국제설탕연구재단을 떠나 시가연구위원회로 자리를 옮겼다. 이때 담배업계의 기밀 문서는 그를 이렇게 묘사했다. "최상급 정치 과학자로서 설탕연구재단을 대리하여 위스콘신 대학교 동문연구재단에서 긁어모은 다소 빈약한 근거를 이용해 시클라메이트를 퇴출하는 데 성공했다."[78]

설탕업계는 사카린 판매를 금지하는 데도 성공할 뻔했다. 1972년 식품의약국은 사카린을 일반적 안전성 목록에서 제외하고 식품업계의 사용을 제한했다. 하지만 소비자들의 직접 구매는 허용하면서 보다 결정적인 연구 결과가 나오기를 기다렸다. 역시 발표되지 않은 위스콘신

✦ Public Citizen. 1971년 랠프 네이더가 설립한 영향력 있는 소비자 운동 단체.(옮긴이)

동문연구재단 연구자들의 주장을 근거로 한 조치였다. 엄청난 양의 사카린을 섭취한 래트에서도 방광암이 발생했던 것이다.[++] 시클라메이트 연구처럼 재단의 이번 연구에 사용된 래트들 역시 수태된 순간부터 자궁 내에서 자라고 젖을 떼고 죽을 때까지 사카린이 넘치는 환경에서 살았다. 〈뉴욕타임스〉는 이렇게 보도했다. "사람으로 치면 일생 동안 다이어트 음료를 하루에 800캔씩 마시는 것보다 더 많은 양이었다."[79] 어느 하원 의원도 이렇게 말했다. "사람이라면 하루에 그 정도는 고사하고 10분의 1도 마시지 못할 거요. 50캔 정도만 마시면 (…) 죽고 말겠지."[80] 일본, 독일, 영국, 네덜란드에서 수행된 만성 독성 연구에서도 사카린 섭취가 유해하다는 결과는 단 한 차례도 보고되지 않았다. 하지만 딜레이니 조항을 바꿀 수는 없었고, 식품의약국은 의무를 이행해야 했다.

1977년 캐나다 연구자들이 위스콘신동문연구재단 연구자들의 주장과 비슷한 결과를 보고하자 식품의약국은 사카린도 금지하려고 했다. 사카린이 살아남은 것은 식품의약국이 편지 보내기 캠페인에 굴복하여 경고 문구를 붙이는 선에서 합의했기 때문이다.[81] 이 경고 문구는 사카린 기반 제품 중 가장 유명한 스위트 앤 로우Sweet 'N Low 포장지에 2000년까지 인쇄되었다. 혼란스럽게도 캐나다에서는 사카린이 판매 금지된 반면 시클라메이트가 계속 시판되었다. 이에 따라 스위트 앤 로우는 미국에서는 사카린으로, 캐나다에서는 시클라메이트로 제조되었다.

나중에 연구자들은 국립암연구소에서도 인정했듯이 실험용 설치류의 생리가 인간과 크게 달라 인공 감미료를 대량 투여했을 때 때때로

++ 재단 연구자들은 이 결과를 담은 논문을 1974년 미국화학회가 주최한 감미료에 관한 토론회에서 발표했다.

방광암이 발생하는 경향을 인간에게 적용할 수 없다는 점을 깨달았다. 현재 식품의약국은 시클라메이트와 사카린을 발암물질로 간주하지 않는다.[82] 2000년 12월 식품의약국이 스위트 앤 로우에 경고 문구를 부착해야 한다는 의무 조항을 삭제했지만, 이미 인공 감미료의 평판은 회복할 수 없을 정도로 손상된 뒤였다. 1980년대 들어 식품업계의 시장 분석가들은 다이어트 음료의 폭발적 성장세가 지속되지 않을 것이라고 예측했다.[83] 소비자들은 여전히 이 물질들이 설탕보다 훨씬 해롭다고 생각하기 때문에, 결국 설탕으로 단맛을 낸 음료를 마실 것이라는 설명이었다. 또한 이때쯤 설탕업계는 존립에 가장 큰 위협이 될 것이라고 판단한 문제를 이미 완전히 해결해놓고 있었다. 그 문제는 바로 설탕이 일반적 안전성 지위를 잃고, 더 이상 일반적으로 안전하다고 인식되지 않는 것이었다.

8 ____ 설탕을 지켜라![✦]

문명이 초래한 불행 중 일부의 원인을 식단에서 찾는다면, 무엇보다 인류의 식단에 일어난 가장 중요한 변화들에 주목해야 할 것이다.[1]
_ 존 여드킨, 〈랜싯〉, 1963년.

따라서 교육자로서 나에게 정말 중요한 의문은 이렇다. 밖에 나가 사람들을 붙잡고 당신들은 설탕을 너무 많이 먹는다고 말한다면, 밖에 나가 엄마들을 붙잡고 설탕은 몸에 나쁘니 아이들에게 너무 많이 먹이지 않아야 한다고 말한다면, 과학자들이 나를 비난할까? 아니면 설탕과 특정한 질병을 연관시킬 뚜렷한 증거는 없지만 설탕이 훨씬 적게 들어간 식단이나 설탕 대신 복합 탄수화물을 섭취하는 식단이 훨씬 건강에 좋다는 사실은 누구나 알고 있으므로, 그런 말을 해도 아무런 문제없이 받아들일까?[2]
_ 조앤 거소(컬럼비아 대학교 영양학과장), 1975년.

1976년 당시 설탕연합주식회사 대표 존 테이텀 주니어는 설탕업계의 입장에서 설탕에 관해 두 번의 흥미로운 강연을 했다. 첫 번째는 1월에

✦ 이번 장에서 설탕연합주식회사와 이들이 설탕을 지켜낸 과정에 대해 기술한 많은 부분은 〈마더존스Mother Jones〉 2012년 11/12월 호에 실린 기사에서 최초로 발표되었다. 이 기사는 크리스틴 컨스Cristin Kearns와 내가 함께 쓴 것이다. 이 기사와 이번 장에 언급된 설탕산업계의 내부 문서는 모두 크리스틴이 발굴했다.

시카고영양협회에서,[3] 두 번째는 10월에 애리조나주 스코츠데일에서 열린 설탕연합주식회사 이사회에서였다.[4]

테이텀은 설탕이 이상적인 영양소는 아니지만 건강식품으로서, "현재 우리가 섭취할 수 있는 가장 순수하고 가장 경제적인 탄수화물"이라고 말했다. 저렴한 칼로리원으로 모든 저개발 국가에서 기아에 맞서 싸우는 데 필수적인 영양소라는 것이었다. 그러나 최근 들어 설탕은 공격받고 있었다. "설탕의 적들은 심장질환에서 손바닥에 땀이 나는 데 이르기까지, 알려진 모든 질병과 신체적 고통이 설탕 때문이라고 비난합니다."

여기서 적들이란 테이텀의 말에 따르면 "쓰레기 같은 영양학 지식을 그럴듯하게 포장해서 전달하는 선동가" "소비자들을 교묘하게 이용하는 데 골몰하는 기회주의자" "괴벨스의 '큰 거짓말Big Lie' 기법을 자유자재로 응용"하면서 "치밀한 계산으로 대중매체를 악용"하는 "장사꾼과 돌팔이"로, "수많은 선의의 소비자 운동가와 언론인을 호도하는 데 성공했다". 이렇게 열렬한 설탕 반대 캠페인을 벌인 결과 "한때 거의 당연한 것으로 받아들여졌던 설탕이 매우 논쟁적인 식품이 되어버렸다". 마지막으로 그는 진실을 알고 싶다면 "유사과학의 홍수를 힘겹게 헤쳐나가야 한다"고 강조했다.

테이텀은 영양학적으로 말도 안 되는 소리를 지껄이는 소위 '선동가' 중에 미국 농무부 탄수화물영양학연구소 소장 월터 머츠, 영국에서 가장 영향력 있는 영양학자이자 유럽 최초로 영양학만 연구하는 학과를 설립한 존 여드킨, 미국에서 가장 영향력 있는 영양학자이자 얼마 후 터프츠 대학교 총장이 되는 하버드 대학교의 장 메이어 등이 포진해 있다는 사실을 적어도 공식적으로는 깨닫지 못했다.

메이어는 1976년 6월 〈뉴욕타임스매거진〉에 "설탕에 관한 씁쓸한 진실"이라는 제목의 글을 기고하여 설탕이 충치뿐 아니라 그가 "뚱뚱한 40세형" 당뇨병이라고 부른 제2형 당뇨병과 비만에도 밀접하게 연관되어 있음을 지적했다. 또한 어린이에게 설탕은 거의 담배만큼이나 중독성이 있다고 했다. "지금까지 확실히 밝혀진 몇 가지 사실만으로도 설탕 섭취를 크게 줄여야 한다고 주장하기에 충분하다."[5]

메이어의 기고문이 〈뉴욕타임스매거진〉에 실린 지 4개월 후에 열린 스코츠데일 이사회에서 테이텀은 설탕연합주식회사가 〈리더스다이제스트〉에서 메이어의 글을 발췌한 기사를 실으려 한 일에 대처한 경위를 자세히 설명했다. 테이텀과 동료들은 〈리더스다이제스트〉 편집인 중 한 명과 1시간 반 동안 통화한 후, 편집장에게 직접 세 쪽에 걸친 전보를 보내 가까스로 발췌 기사의 게재를 막았다. 그는 참석한 모든 이사에게 메이어의 기고문을 "과학적인 코미디이자 저널리즘의 수치"로 규정한 전보 사본을 돌렸다. 그렇게 주장하는 이유는 "설탕과 죽음을 부르는 질병들 사이의 관련성을 입증한 믿을 만한 과학적 증거가 단 한 점도 없기" 때문이라고 했다.[6]

그것이야말로 설탕업계가 굳게 믿는 사실이었다. 이제 설탕연합주식회사는 이 사실을 미국 대중에게 널리 알리는 중이었다. 테이텀은 이렇게 말했다. "우리는 방어 태세를 갖추었습니다. 우리의 가장 중요한 상품을 지키기 위해서 말입니다. 우리를 비난하는 자들에 맞서, 설탕과 죽음을 부르는 질병들 사이의 관련성을 입증하는 과학적 증거가 단 한 점도 없다는 사실을 한시도 잊어서는 안 됩니다. 이것이야말로 우리의 생명입니다."[7]

향후 언론에서 즐겨 사용한 말을 빌리자면, 이런 "설탕 전쟁"은 설탕연합주식회사가 테이텀이 '생명'이라고 부른 것을 수호하기 위해 끊임없는 공격을 감행한 1960년대에 전면전으로 치달았다. 유명한 영양학자, 의사, 실험 연구자들이 설탕에 당뇨병 및 심장질환과 밀접하게 연관된 일련의 대사 이상을 일으키는 독특한 특성이 있음을 시사하는 보고서를 쏟아내기 시작했다. 아직 인간까지는 몰라도, 실험 동물에서는 확실했다. 이와 때를 같이하여 소비자 운동이 활발해지면서, 유해한 살충제 및 식품첨가물로부터 대중을 보호할 책임을 제대로 이행하라는 요구가 식품의약국에 빗발쳤다. 1969년 리처드 닉슨 대통령이 주최한 백악관식품영양보건회의는 식품의약국이 "일반적으로 안전하다고 인식되는" 물질, 즉 일반적 안전성 목록에 있는 식품 성분을 대대적으로 검토할 것을 촉구했다. 그때까지 식품의약국은 소금, 후추, 식초 등 다른 "흔한 식품 성분"과 마찬가지로 설탕 역시 어떤 용도로 사용해도 안전하다고 간주했다.[8] 하지만 이제 식품의약국이 충분히 우려할 만한 이유가 있다고 판단한다면 설탕 또한 사카린과 시클라메이트처럼 "일반적 안전성 지위"를 빼앗길 참이었다.

테이텀의 설명에 따르면 설탕산업에 대한 도전은 우선 신뢰성에 관한 것이었다.("소비자 운동의 영향 중 하나는 기업과 산업계의 동기에 관한 대중의 믿음이 크게 약화되었다는 것입니다."[9]) 동시에 존립을 위협하는 것이기도 했다. 테이텀이 "설탕의 적들"이라고 부른 연구자들과 공중보건 당국이 제기한 비난에 시급히 대처해야만 했다. "이들의 위협에 대항하여 사실을 확고하게 밝히지 못한다면, 장차 새로 제정되는 법에 의해 존립이 위태로운 위기를 맞게 될 것입니다."

그러나 1970년대에 설탕산업은 전쟁에서 승리를 거두었다. 그 결과 설탕이 건강에 미치는 영향에 대한 여론과 공중보건 당국 및 연방 정부의 인식을 이후 20~30년간 유리한 방향으로 몰아갈 수 있었다. 식품산업 역사상 홍보전에서 가장 빛나는 승리를 거둔 것이다. 설탕연합주식회사의 경영진은 이 사실을 확실히 알고 있었다.

1980년대 중반에 학계와 정부 연구자들이 설탕이 심장질환이나 당뇨병의 원인일 수 있다고 주장하려면, 신뢰성에 큰 손상을 입을 것을 각오해야 했다. 설탕업계가 홍보전에서 거둔 승리 덕분에 설탕(자당과 액상과당) 소비량은 장 메이어가 주장한 것처럼 크게 감소하기는커녕, 적어도 반세기 동안 사상 최대로 증가했다. 우연이든 아니든, 비만과 당뇨병 또한 엄청나게 증가했다.

1960년대와 1970년대에 설탕업계가 거둔 승리를 돌이켜보면 매우 중요한 질문이 떠오른다. 제대로 수행된 연구 결과 완전히 명백하지는 않더라도 생산품이 위험하다는 주장이 제기된다면, 산업계는 어떻게 대응해야 할까? 연구 결과가 매우 불리하게 나왔을 때 근거의 한계와 모순을 지적하며 제품을 방어하는 것은 자연스러운 반응이다. 그러나 산업계의 책임은 거기서 끝인가? 향후 연구에서 어떤 결과가 나올지 손놓고 지켜보기만 하면 될까?

1970년대 중반에 접어들자 심지어 설탕업계에 자문역으로 고용된 연구자들조차, 설탕이 당뇨병을 일으키고 심장질환 위험을 높이는지 확실히 밝힐 수 있는 실험과 임상 연구를 업계 스스로 비용을 들여 시행해야 한다고 지적하기 시작했다. 하지만 설탕업계는 연구 대신 설탕을 방어하고 비판자들을 공격하기 위한 홍보 캠페인을 벌이는 데만 골몰했다. 이런 캠페인이 성공을 거두면서, 급박한 질문을 확실하게 해결하거나 설탕이 무해하다는 사실을 입증하는 데 필요한 연구는 20년 이상 지연되었다. 다행히 이런 연구들은 비록 간헐적일망정 여전히 진행 중이다. 하지만 설탕업계의 캠페인이 성공을 거둔 것은 전반적으로 만성 질병의 가장 유력한 원인이 식이성 지방, 특히 포화지방이라고 믿은 영양학계의 도움이 있었기에 가능했다. 어떻게 이런 일이 벌어졌는지 이해하는 것은 매우 중요하다.

1950년대에 이르면 영양 연구의 초점은 식품의 에너지 함량과 비타민 및 미네랄 함량(세계대전 이전의 소위 "새로운 영양")에서, 특정 식품들이 선진국의 주요 사망 원인인 만성 질환을 일으킬 가능성이 있다는 쪽으로 옮겨가 있었다. 보다 새로운 영양이라는 경향의 중심은 심장질환이었으며, 식이성 지방이 원인이라는 믿음이 점점 커지면서 과학 연구의 방향이 결정되었다. 영양학자들과 다른 연구자들, 특히 심장 전문의를 비롯한 의사들이 이런 연구를 수행하며 새로운 방법론과 절차를 만들어냈다. 아직 완전히 확립되지 않은 채 모습을 갖추어가는 전혀 새로운 과학이었던 것이다. 돌이켜보면 이때 중요한 역할을 한 사람들은 자신이 무슨 일을 하는지, 어떻게 하면 가장 잘할 수 있는지 거의 알지 못했던 것 같다. 하지만 그들이 내린 결론이 이후 50년간 영양학적 도그마를 형성했으며 현재까지 이어지고 있다.

관상동맥질환은 점점 더 많은 미국인이 심장 발작으로 죽는 것 같다는 관찰에 따라 가장 큰 관심 대상으로 떠올랐다. 1948년 미국심장협회는 심장병 연구 기금을 마련하기 위해 수백만 달러 규모의 홍보 캠페인을 벌였다.[10] 이 과정에서 협회는 한 가지 부정할 수 없는 사실에 전 국민의 관심을 집중시켰다. 심장질환으로 죽는 미국인의 수가 다른 어떤 병으로 인한 사망자보다 많다는 것이었다. 국가적으로 심장병이 유행하고 있다는 믿음이 생겨났다. 영양학자들과 심장 전문의들이 그 이유를 찾는 일에 뛰어들었다. 식습관과 아무런 관련이 없는 스트레스가 한 가지 유력한 원인으로 떠올랐다. 이로 인해 A형 성격을 가진 사람들과 기업의 중역들이 특히 심장질환에 걸리기 쉽다는 관념이 형성되었다. 또 한 가지 유력한 용의자는 혈중 콜레스테롤 수치였다. 이는 실제로 심장질환의 위험을 높인다는 사실이 입증되었다.

콜레스테롤이 관상동맥질환의 특징적 소견인 동맥경화 플라크의 주성분이라는 사실은 이미 수십 년 전부터 알려져 있었다. 토끼에 콜레스테롤 함량이 높은 먹이를 주었더니 동맥경화가 의심되는 병변이 생겼다는 러시아 연구자들의 실험은 유명하다.(당연한 일이지만 초식동물인 토끼는 자연 상태에서 콜레스테롤이 풍부한 먹이를 섭취하지 않는다는 반론이 때때로 제기되었다.) 1930년대에 컬럼비아 대학교 연구자들은 혈중 콜레스테롤 수치(혈청 콜레스테롤)를 측정하는 방법을 개발했다. 연구자들이 각기 다른 식단을 섭취한 피험자의 혈청 콜레스테롤 수치를 측정하여 어떤 차이를 보이는지 관찰하고 비교할 수 있게 된 것이다. 분석법이 개발되자 콜레스테롤은 즉시 영양학의 중심 주제로 떠올랐다. '위험인자' 역학이라는 새로운 과학에 뛰어든 연구자들은 대규모 집단 연구를 통해 수천 명의 혈청 콜레스테롤 수치를 측정하고, 나중에 어떤 사람에게 심장질환이 생기는지 관찰할 수 있었다. 가장 먼저 수행된 것이 유명한 프레이밍햄 연구다. 의사들 역시 심장질환 환자의 콜레스테롤 수치를 측정하여 건강한 사람의 콜레스테롤 수치와 비교했다.

1952년 미네소타 대학교의 영양학자 앤슬 키스는 혈중 콜레스테롤 수치가 높으면 심장병이 생기며, 콜레스테롤 수치를 높이는 원인은 식단 속에 포함된 지방이라고 주장했다. 키스는 이해 상충이 있었다.[11]

설탕업계에서 제공한 자금으로 연구를 수행했던 것이다. 설탕연구재단과 그 뒤를 이은 설탕연합주식회사는 최소한 1944년부터 그에게 연구비를 제공했다. 그가 전쟁 중 군용으로 개발한 것으로 유명한 케이래션K-ration('케이K'는 보통 '키스Keys'를 가리키는 것으로 여겨진다)에는 설탕이 잔뜩 들어 있다. 그저 짐작이지만, 이런 배경 때문에 자연스럽게 설탕이 아닌 다른 무언가가 문제라고 믿게 되었을지도 모른다. 어쨌든 키스의 결론, 특히 심장질환에서 지방과 콜레스테롤의 역할에 대한 생각에 잘못된 점이 많다는 사실은 분명하다. 하지만 그의 생각과 강한 성격(경쟁자들은 물론 친구들까지도 그를 전투적이며 무자비한 사람이라고 묘사했다[12])은 이후 30년간 영양학 연구의 방향을 결정해버렸다.

심장질환의 원인으로 식이성 지방과 콜레스테롤에 초점을 맞춘 데는 미국심장협회도 결정적인 역할을 했다. 지금도 마찬가지다. 1957년 미국심장협회는 당대 최고의 심장 전문의 몇 명이 작성한 15쪽짜리 근거 평가서를 발표했다. 이 문서는 결론부에서 식이성 지방과 심장병 가설이 매우 의심스럽다고 지적하며, 연구자들이(키스를 염두에 두었을 것이다) "비판적 검토를 거치지 않은 근거들을 기반으로 고집을 부린다"고 비난했다.[13] 이것이 미국심장협회에서 마지막으로 발표한 비판적 분석이다. 1960년 12월 이들은 새로운 근거나 임상시험도 없이 입장을 바꾸었다. 이제 키스가 위원으로 참여하게 된 임시 위원회는 1957년 보고서와 정반대로 "당대의 가장 과학적인 근거들"로 볼 때 심장질환의 원인은 식단에 포함된 포화지방이며, 심장질환 위험이 높은 사람(예를 들어 콜레스테롤 수치가 높으며 과체중인 흡연자)은 포화지방을 거의 먹지 말아야 한다고 주장했다.[14] 한 달 뒤 키스는 미국 영양학의 대표주자로 〈타임〉 표지를 장식했다.[15] 그는 식이성 지방이 심장질환의 원인이라는 사실은 의심의 여지가 없으므로 국가적으로 저지방 식단(당시 지방 섭취량의 절반 미만)을 섭취해야 한다고 주장했다.

이후 10년간 대서양 양쪽의 연구자들은 점점 더 정교한 일련의 임상시험을 수행했다. 콜레스테롤 수치를 낮추는 식단이 심장질환을 예방하는 것은 물론 보다 건강하고 오래 살 수 있게 해준다는 가설을 검증하려는 것이었다. 하지만 결과는 기껏해야 모호하다고 할 수밖에 없었다. 몇 건의 연구에서 식단의 포화지방 함량을 낮추면 심장질환이 약간 줄어드는 것으로 나타났다. 수명을 연장할 가능성이 시사된 연구도 한 건 있었다. 그러나 다른 연구에서는 전혀 그런 효과가 관찰되지 않았으며, 심지어 포화지방 섭취를 줄이면 수명이 짧아진다는 결과[16]도 있었다.✦[17] 50년이 지난 현재까지도 식이성 지방과 심장질환의 연관성을 광범위하게 검토한 결과는 기껏해야 포화지방을 섭취하면 심장질환 위험이 늘어날 수도 있음을 "시사하는" 수준에 불과하며, 기존 근거로 이런 결론을 뒷받침할 수 없다고 언급한 논문도 많다.[18]

그러나 1960년대는 물론 1970년대 들어서도 매체들은 이 문제에 관한 한 미국심장협회를 편향에 사로잡히지 않은 절대적 권위로 신뢰하며 〈타임〉에서 시작된 경향을 그대로 이어갔다. 연구자들이 포화지방이 심장질환을 일으킨다는 가설에 흥미를 갖고 이를 입증하기 위해 노력하고 있다는 소식이 널리 전해지는 것만으로도 일반 대중은 사실이라고 믿었다. 한편 미국심장협회는 불가피하게 한번 내놓은 결론을 전례 없이 강하게 지지하는 일련의 보고서를 발표하며 식이성 지방 권

✦ 이 연구는 1973년에 완료되었지만 1989년까지도 공식적으로 발표되지 않았다. 책임연구자는 나에게 직접 그 이유를 들려주었다. "우리가 기대한 결과가 나오지 않았기 때문"이었다. 이 분야에는 이런 식의 선택 편향이 너무나 많다.

장 섭취량을 재검토했다. 1970년 미국심장협회는 다양한 임상시험을 통해서도 가설을 입증하는 데 계속 실패했다. 게다가 모든 임상시험은 성인, 특히 원래부터 심장질환 위험이 높은 성인 남성을 대상으로 한 것이었다. 그럼에도 미국심장협회는 "영유아, 어린이, 청소년, 임신 수유부, 노령층"까지 포함하는 모든 미국인이 저지방 식단을 섭취해야 한다고 주장했다.[19] 어린이와 영유아는 말할 것도 없지만, 여성에 대한 임상시험을 수행하지도 않은 채 그렇지 않아도 모호한 결과를 여성에까지 확대 적용하는 것 역시 논리적 비약이었다.

1978년 유명한 프레이밍햄심장연구소의 설립자 토머스 도버가 〈뉴잉글랜드의학학술지〉에서 지적한 것처럼, 영향력 있는 연구자들은 이후 다양한 의학 학술지를 통해 식이성 지방과 심장병의 관계가 "훨씬 많은 조사를 필요로 하는, 아직 입증되지 않은 가설"이라고 인정했다.[20] 하지만 언론과 미국심장협회, 나중에는 미국 하원과 농무부까지도 이 가설을 거의 확실한 사실인 것처럼 받아들였다.

이 시기에 일어난 일에 대한 가장 간단한 설명은 식이성 지방과 심장병 가설이 진공 상태나 마찬가지로 아무것도 없던 영역을 채워주었다는 것이다. 식단에서 어떤 성분이 심장질환을 일으킬까라는 의문에 대해 생생하면서도 일견 합리적으로 보이는 대답을 제공했다. 일단 자리 잡은 도그마에 도전하는 것은 진공 상태를 처음부터 채우는 것보다 훨씬 어려운 일이다. 이후 등장한 가설들은 이미 그 의문에는 답이 나와 있다는 사람들의 믿음을 극복해야 했다.

심장병의 원인에 대한 논의에 설탕이 등장한 것은 당연한 일이다. 적어도 지방이 문제라는 생각에 사로잡히지 않은 영양학자와 연구자들에게는 너무나 명백한 원인 물질로 생각되었다. 설탕이 인과적으로 연관되어 있을 가능성이 높다는 생각은 일련의 명제를 근거로 했다. 첫째, 일부의 주장처럼 극적인 증가 추세인가 하는 문제를 일단 접어두면 심장질환의 유병률은 서구 각국에서 증가 일로에 있었으며, 풍족한 국가일수록 더 크게 증가했다. 즉 저개발 국가보다 선진국에서 훨씬 높았다. 둘째, 당뇨병, 비만, 고혈압의 유병률도 똑같은 추세를 보였다. 셋째, 이 질환들은 서로 밀접하게 연관되어 있다. 비만인 사람은 당뇨병과 고혈압과 심장 발작이 생길 가능성이 더 높으며, 심장 발작을 경험한 사람은 고혈압, 비만, 당뇨병 환자일 가능성이 높다. 당뇨병 환자는 혈압이 높고 비만한 경우가 많으며, 심장 발작으로 사망할 가능성이 매우 높다. 따라서 원인이 무엇이든 풍족함과 관련이 있고, 서구식 식단이나 생활습관에서 빼놓을 수 없는 것이며, 심장질환뿐 아니라 이 모든 질병을 한꺼번에 일으킬 수 있어야 한다.

예를 들어 흡연 인구가 크게 늘어난 것을 원인으로 생각해볼 수 있다. 실제로 흡연은 심장질환 위험을 증가시킨다. 하지만 예나 지금이나 흡연이 비만과 당뇨병을 일으킨다고 주장하기는 어렵다. 많은 권위자가 자동차와 다양한 기계가 도입되면서 사람들의 활동이 예전보다 훨씬 줄어든 것도 하나의 요인이라고 믿는다. 하지만 역시 예나 지금이나 자동화와 기계화의 이익을 별로 누리지 못하고 매우 힘든 육체 노동으로 삶을 꾸려가는 사람들에서도 비만, 당뇨병, 고혈압이 높은 빈도로 발생한다.

식단을 살펴보자. 서구화하거나 도시화한, 또는 그저 이전보다 훨씬 풍족해진 인구 집단에서 가장 뚜렷하고 일관성 있게 관찰되는 변화는 바로 설탕 소비량이다.

일부 인구 집단은 동물성 식품, 특히 붉은 살코기를 섭취할 기회 또한 크게 늘어났다. 하지만 이뉴잇족, 대평원 지역의 북아메리카 원주민 부족, 마사이족 같은 아프리카 유목민은 예로부터 주로 동물성 식품을 섭취했다. 이들 또한 서구화하면서 비만, 당뇨병, 고혈압, 동맥경화가 크게 늘었다. 그리고 단 하나의 예외도 없이 서구화 과정에서 설탕 섭취량이 크게 늘어났다. 코카콜라, 펩시, 설탕산업의 사업 모델 자체가 사람들의 설탕 섭취량을 늘리는 데 전력을 다하도록 되어 있다. 미국 농무부 통계에 따르면 20세기 초반 이후 미국인의 지방 섭취량이 증가한 것은 사실이다.[21] 하지만 1850년대 이후 설탕 섭취량의 증가에 비하면 규모가 훨씬 적은 데다 그리 뚜렷하지도 않다. 영양학자들은 당연히 미국 농무부에서 보고한 지방 섭취량에 관한 수치에 의문을 제기하고 나섰다. 사실 그 수치들은 제2차 세계대전 초기의 추정치를 근거로 한 것이었다.

설탕 섭취량에 관한 한 그런 모호함은 전혀 없다. 1963년 런던 대학교의 영양학자 존 여드킨은 영국의 상황을 이렇게 설명했다. "현재 우리는 200년 전 조상들이 1년 동안 섭취했던 양을 단 2주 만에 먹어 치운다. 우리가 섭취하는 총 칼로리의 20퍼센트가 설탕이다. 이는 탄수화물 섭취량의 거의 절반에 해당한다."[22] 여드킨과 다른 연구자들은 이렇게 단순한 사실을 근거로 설탕이야말로 모든 선진국에서 비만, 당뇨병, 고혈압, 심장질환의 유병률을 크게 증가시키는 가장 유력한 용의자라고 생각했다.

1960년대 초반 이를 둘러싼 논쟁에 기름을 부은 것은 이스라엘, 남아프리카공화국, 남태평양 등지에서 관찰된 설탕 섭취량과 당뇨병 유병률의 연관성이었다. 이 지역들에서는 남북전쟁 이후 미국에서 일어난 것과 비슷한 변화가 수십 년 만에 훨씬 빠른 속도로 진행되었다.

1954년 엘리엇 조슬린은 유전적 소인이 당뇨병의 가장 중요한 요인이 아니라는 이스라엘 의사 아론 코언의 믿음을 직접 반박하고 나섰다. 코언은 미국 원주민과 제2차 세계대전 후 이스라엘로 물밀듯 쏟아져 들어온 이민자 집단을 대상으로 10년간 당뇨병을 치료하고 연구했다.[23] 이 경험을 통해 유전적으로 취약한 사람에게 당뇨병을 유발하는 데 식단이 매우 중요한 역할을 한다고 확신하게 되었다. 조슬린의 반박에 대해 코언은 두 가지 독특한 사건을 계기로 이스라엘로 유입된 이민자 집단의 당뇨병 유병률을 비교하는 것으로 대응했다. 첫 번째 집단은 1930년대에 아라비아반도 남서쪽 끝에 있는 예멘에서 대규모로 건너와 25년간 이스라엘에 정착해 살고 있었다. 두 번째 집단은 '마법의 융단 작전'이라 불리는 1949년의 전설적인 대규모 공수작전을 통해 단 1년 사이에 이스라엘로 건너온 4만 9000명의 예멘 출신 유대인이었다.

1930년대부터 이스라엘에 살았던 예멘인들의 당뇨병 유병률은 다른 이스라엘인들은 물론 뉴욕이나 기타 어떤 지역의 인구 집단과 비교해도 큰 차이가 없었다. 이들의 유병률은 '마법의 융단 작전'을 통해 들어와 코언의 연구 당시 불과 5~6년간 이스라엘에 살았던 예멘인들보다 무려 50배나 높았다. 코언은 예멘 출신의 두 이민자 집단에서 고혈압과 심장질환의 유병률 역시 비슷한 차이를 보인다는 사실에 주목했다. 그는 체계적인 설문을 통해 예멘에 살았을 당시 섭취한 식단과 이스라엘에서 현재 섭취하는 식단을 조사했다. 가장 두드러진 차이는 지방 섭취량이 아니었다. "예멘에 살 때 설탕 섭취량은 무시할 정도였다. 설탕을 거의 먹지 않았던 것이다. 이스라엘로 건너온 후 설탕 섭취량은 놀랄 정도로 늘었다. 탄수화물 총 섭취량에는 거의 변화가 없었다."[24]

남아프리카공화국의 의사 조지 캠벨 역시 더반에 있는 에드워드8세병원 당뇨병 클리닉에서 직접 진료한 두 가지 인구 집단을 대상으로 비슷한 관찰 연구를 수행했다. 그가 연구에 착수한 까닭은 아프리카 전역에 걸쳐 상대적으로 부유한 백인들에게 비만, 당뇨병, 심장질환, 고혈압 등 다양한 만성 질환이 점점 늘어나는 반면 전통적인 생활 습관을 고수하는 시골 지역의 흑인들에게는 이런 병이 거의 없다는 사실을 깨달았기 때문이다. 하지만 고향을 떠나 도시로 옮겨와 사는 흑인들에게는 똑같은 병이 나타났다. 그는 시골과 도시 지역 인구 집단 사이에서 나타난 "질병 스펙트럼의 차이에 엄청난 충격을 받았다".[25] 그 차이만으로도 이 질병들을 일으키는 가장 중요한 원인이 유전이 아니며, 식단이나 생활 습관의 어떤 요소라는 사실을 입증할 수 있을 것 같았다.[✦26]

캠벨은 19세기 후반 인도에서 건너와 남아프리카공화국 나탈 지역에 사탕수수 농장의 계약직 노동자로 정착한 이민자들의 후손을 집중적으로 연구했다.[27] 캠벨이 진료하는 당뇨병 환자 다섯 명 중 네 명이 이 집단에 속했다. 많은 수는 아직도 지역 설탕산업에 종사했다. "이 집단에서는 당뇨병이 문자 그대로 폭발적으로 발생한다." 캠벨은 이 집단의 중년 남성 세 명 중 한 명이 당뇨병 환자라고 추산했으며, 이런 유병률은 "거의 확실히 세계에서 가장 높다"고 썼다.(뒤에 살펴보겠지만 이 부분은 캠벨이 틀렸다.) 인도인의 후손이라는 사실이 유전적 소인이 아닐까?

✦ 나중에 캠벨과 다른 연구자들은 아프리카 흑인과 불과 수백 년 전 아프리카에서 강제로 끌려온 미국 흑인의 질병 스펙트럼을 비교한 후 동일한 결과를 보고했다. 그 결과는 만성 질환에 유전 아닌 다른 요인이 관여한다는 사실을 강력하게 시사했다. 미국에 존재하지만 아프리카에는 거의 존재하지 않는 식단이나 생활 습관의 어떤 측면이 이 질병들을 유발한다고 밖에 생각할 수 없었다.

하지만 인도 전역에 걸쳐 당뇨병의 유병률은 100명 중 한 명에 불과했다. 유전적 소인이 존재한다고 해도, 당뇨병 자체는 그 지역의 고유한 환경에 의해 유발된 것이었다. 물어볼 것도 없이 식단에 주의가 집중되었다. 지방 섭취량은 쉽게 배제할 수 있었다. 이들의 지방 섭취량은 인도와 마찬가지로 아주 낮은 편이었다. 단순히 너무 많이 먹는다는 생각도 쉽게 배제할 수 있었다. 나탈 지방의 인도인 중 가난한 축에 드는 사람은 하루 1600칼로리에 불과한 열량으로 근근이 버티고 있었다. "그 정도 수입이라면 많은 국가에서 거의 기아 임금starvation wage으로 간주되는 수준일 것이다."[28] 그럼에도 그들 중 일부는 "믿기 어려울 정도로 뚱뚱했으며, 혈액 검사 결과 의심할 여지없이 당뇨병을 앓고 있었다". 다시 한번 설탕 섭취량이 주목받았다. 인도에서 1인당 설탕 섭취량은 연간 5.5킬로그램이었던 반면, 나탈 지방 인도인은 거의 35킬로그램을 섭취했던 것이다.

또한 캠벨은 도시 지역과 시골 지역에 사는 줄루족의 질병 발생률을 비교해보았다.[29] 그의 병원을 찾는 도시민들에게 당뇨병, 고혈압, 심장질환이 흔히 나타난 반면 시골 주민들에게는 이런 질병이 사실상 전혀 없었다. 도시에 사는 줄루족은 연평균 40킬로그램의 설탕을 섭취한 반면, 시골에 사는 줄루족은 불과 18킬로그램을 섭취하는 데 그쳤다. 이 수치조차 10년 사이에 여섯 배가 증가한 것이었다.

연구를 통해 캠벨은 다양한 인구 집단에서 당뇨병의 유행에 관해 두 가지 의미 있는 결론을 제시했다. 첫째, 대부분의 인구 집단은 1인당 연간 설탕 섭취량이 30킬로그램에 이를 때까지는 그런대로 잘 버텼다. 그 정도면 1870년대 미국과 영국의 섭취량에 해당한다. 남아프리카공화국의 나탈 인도인이나 줄루족 도시 거주민 또한 당뇨병 유병률이 크게 증가하기 전까지는 설탕 섭취량이 이 정도 수준에 머물렀다. 둘째, 예를 들어 흡연자에게 폐암이 발생하기까지 일정한 시간이 걸리는 것과 마찬가지로 당뇨병도 잠복기가 있었다. 직접 진료한 환자들의 병력에서 캠벨은 당뇨병이 나타나기까지 "도시 생활에 노출된 기간이 놀랄 정도로 일정하다"는 사실을 발견했다. 그것은 18~22년이었다.

1960년대 초반 두 명의 영국 연구자가 당뇨병과 심장질환뿐 아니라 여기 관련된 다양한 만성 질환의 원인이 바로 설탕이라고 강력하게 주장했다. 다름 아닌 토머스 피터 클리브와 존 여드킨이다. 여드킨이 유럽 전체까지는 몰라도 영국에서 가장 영향력 있는 영양학자였던 반면 군의관 출신으로 해군의학연구소의 연구 책임자인 클리브는 아웃사이더라 할 수 있었다.[30] 클리브는 백설탕과 정제된 곡물이 똑같이 흔한 만성 질환을 일으킨다고 주장했다. 여드킨은 오직 설탕에만 집중했다. 하지만 두 사람 모두 콜레스테롤과 포화지방 가설을 둘러싼 논쟁에서 찾아볼 수 없었던 진화론적 관점을 적용했다는 공통점이 있다.

클리브는 1940년 이후 〈랜싯〉을 통해 식품이 자연 상태의 형태에서 더 많이 변할수록 섭취하는 동물(인간)에 더 해로우며, 설탕과 정제된 밀가루야말로 이 사실을 가장 두드러지게 보여주는 예라고 끊임없이 주장했다.[31] 일련의 논문과 책을 통해(하나는 조지 캠벨과 함께 썼다) 클리브는 다윈의 이론을 나름대로 해석하여 "적응의 법칙"이라는 개념을 주창했다.[32] 캠벨과 다른 연구자들이 전 세계에 걸쳐 규명하기 시작한 만성 질환의 유행을 이 개념을 통해 설명하고자 했던 것이다. 즉 모든 동물종은 "환경 속의 모든 비자연적(새로운) 요소에 적응하는 데 적당한 시간이 필요하다. 따라서 어떤 요소의 위험성은 얼마나 오랫동안 그 요소가 존재했는지로 평가할 수 있을 것이다". 클리브는 19세기 중반 이후 설탕과 밀가루의 정제량 및 소비량이 급격히 증가한 것이야말로 약 1만 년 전 농경이 도입된 이래 인류의 영양에 있어 가장 중요한 변화라고 생각했다. "일반인의 입장에서 보면 그런 처리 과정이 존재한 것은 100년 정도에 불과하다. 이는 진화라는 관점에서 보면 거의 무無에 가까운 시간이다."[33]

캠벨, 코언, 그 밖의 다른 사람들이 연구한 대부분의 인구 집단에서 미국인과 유럽인이 100년 이상에 걸쳐 경험한 설탕과 흰 밀가루 섭취량의 변화가 불과 10~20년 사이에 일어났다. 클리브의 추론에 따르면 이런 식품에 대한 반응(특히 비만과 당뇨병의 유행) 역시 훨씬 짧은 기간 동안 훨씬 급격히 일어날 터였다. 아프리카계 미국인이나 북아메리카 원주민, 남태평양 제도민, 캠벨이 연구한 나탈 지역 인도인 등 설탕을 상당히 많이 섭취하는 인구 집단을 같은 양의 설탕을 섭취하는 유럽계 인구 집단과 비교해본다면 전자의 비만과 당뇨병 유병률이 훨씬 높을 것이었다. 훨씬 짧은 기간 동안 상대적으로 많은 섭취량에 적응해야 했기 때문이다.

클리브는 설탕과 밀가루를 정제하면 과다 섭취하기가 훨씬 쉽다고 생각했다. 그는 사과 한 개에 들어 있는 티스푼 한 숟갈 분량의 설탕과 흔히 음료를 통해 섭취하는 설탕의 양을 비교하여 이 사실을 설명했다. "차에 넣어 마시든 다른 형태로든 티스푼 한 숟갈 분량의 설탕은 금방 섭취할 수 있다. 하지만 사과라면 한꺼번에 많은 양을 먹을 수 없다. [영국에서] 한 사람이 하루에 섭취하는 설탕량의 평균인 약 150그램을 섭취하려면 중간 크기의 사과 20개를 먹어야 한다는 사실을 생각하면, 이 원리가 뚜렷하게 드러난다. (…) 자연 상태의 식품을 하루에 그만큼 섭취하는 사람이 있을까? 억지로 섭취한다면 다른 음식을 먹을 수 있을까?"[34]

나아가 클리브는 설탕을 정제하면 그 속에 들어 있는 자당과 포도당 모두 소화 속도가 증가한다고 주장했다. 특히 췌장이 인류 역사상 유례없을 정도로 엄청난 포도당의 세례를 받았다는 사실로 지난 100년간 당뇨병이 급증한 현상을 쉽게 설명할 수 있다고 했다. "췌장에 부담을 주는 요인이 다른 장기에도 똑같이 부담이 된다고 가정해보자. 전체적으로 장기들이 해야 하는 일의 총량은 크게 부담이 되지 않을지도 모르지만, 처리 속도가 문제다. 예를 들어 감자를 먹는다면 전분이 당분으로 전환되어 혈류로 흡수되는 과정이 부드럽고 느리게 진행되지만, 농축된 설탕을 먹는다면 [양에 관계없이] 이 과정이 급격히 진행될 것이다."[35]

존 여드킨은 의사이자 생화학자였다. 나중에 프랑스 생화학자인 자크 모노는 여드킨이 케임브리지 대학교에서 박사 학위를 받을 때 수행한 연구가 자신의 노벨상 수상에 기초를 제공했다고 인정한 바 있다.[36] 여드킨은 제2차 세계대전 중 아프리카 서부에서 군에 복무할 때, 병사들에게 발생한 피부병의 원인이 비타민 부족증이라는 사실을 밝히면서 영양학에 관심을 갖게 되었다. 1950년대 초반 그는 퀸엘리자베스 칼리지(1956년 런던 대학교에 소속된다)에 유럽 최초로 영양학만을 연구하는 프로그램을 개설한 후, 비만과 심장질환의 원인과 예방법을 찾는 데 전력을 다했다.

1963년 〈랜싯〉에 게재된 기념비적인 논문에서 여드킨은 동물종이 특정 식단과 식품의 조합에 "해부학적, 생리학적, 생화학적으로" 적응하며, 식단이 급격히 변화할수록 건강에 해로울 가능성이 높다는 클리브의 개념을 적극적으로 받아들였다.[37] 그는 비만, 당뇨병, 심장질환 등 풍요로운 서구에 흔하지만 다른 지역에는 드문 일련의 질병을 기술하기 위해 "문명병"이라는 용어를 제안하면서, 상대적 설탕 섭취량에 따라 이런 양상이 나타난다고 주장했다.(후세 연구자들은 서구 사회가 유일한 문명 사회라는 암시를 피하기 위해 "서구적 질병"이라는 용어를 선호한다.)

여드킨의 〈랜싯〉 논문은 캘리포니아 대학교, 뉴욕의 록펠러 대학교, 예일 대학교 등에서 생화학자들과 생물리학자들biophysicist이 진행한 일련의 연구를 근거로 제시했다. 이 연구자들은 심장질환 환자들이 섭취하는 식단의 탄수화물 함량을 분석하고 나서 비만, 심장질환, 당뇨병에 공통적인 병리가 있다고 주장했다. 여드킨은 심장질환과 동맥경화 플라크의 주원인으로 콜레스테롤이 아니라 혈액 속에서 콜레스테롤을 운반하는 작은 입자 즉 지단백질에 초점을 맞추었다.[38](오늘날 LDL 콜레스테롤 또는 "나쁜 콜레스테롤"이라고 할 때도 사실은 저밀도 지단백질LDL 입자에 포함되어 혈액 속을 돌아다니는 콜레스테롤을 일컫는다.) 콜레스테롤은 혈액 속을 순환하는 여러 가지 지방 중 하나일 뿐이다. 콜레스테롤과 함께 지단백질에 실려 혈액 속을 돌아다니는 또 다른 지방이 있는데 이를 중성지방이라고 한다. 지단백질은 밀도에 따라 종류를 구분하는데, 각기 다른 비율로 중성지방과 콜레스테롤을 운반한다. 지단백질의 역할을 설명하는 데 가장 흔히 사용되는 비유가 버스와 승객이다. 지단백질을 버스, 콜레스테롤과 중성지방을 승객으로 생각하는 것이다. 이후 30년간 가장 뜨거운 논쟁거리였고, 현재까지도 어느 정도 불씨가 남아 있는 의문은 동맥벽을 손상시켜 심장질환을 일으키는 원인이 버스냐 아니면 거기 타고 있는 승객들 중 하나냐는 것이다.

콜레스테롤과 중성지방은 심장질환을 일으키는 데 관여할 가능성이 있으며, 다양한 지단백질 또한 마찬가지다. 콜레스테롤은 측정법이 발달하기 시작한 1950년대와 1960년대에도 비교적 측정하기 쉬웠다. 하지만 중성지방을 측정하기는 어려웠으며, 지단백질 입자를 정량하려면 고도로 전문적인 고가의 장비가 필요했다. 지단백질이 심장질환에서 덜 중요하다는 것이 아니라 단지 측정하기가 어려웠다는 말이다. 여드킨이 지적한 대로 이미 당시에도 다양한 연구를 통해 지단백질이 결정적인 역할을 할 가능성이 제기되었다.

1960년대 초 예일 대학교와 록펠러 대학교 연구자들은 심장질환에서 콜레스테롤이 아니라 중성지방 수치가 높은 경우가 더 많다고 보고했다.[39] 식사 직후가 아니라 밤 사이 공복 상태를 유지한 후 측정했을 때, 심장질환 환자들은 혈중 콜레스테롤보다 중성지방 수치가 비정상적으로 상승해 있는 경우가 더 많았다. 명백한 소견이었다. 가족력이 있거나, 당뇨병이 있거나(조슬린이 30년 전에 지적한 바 있다), 그저 과체중 혹은 비만으로 위험은 높지만 아직 심장질환이 생기지 않은 사람들 역시 중성지방 수치가 높은 경향이 있었다.

여드킨은 모든 소견을 종합해볼 때 대사와 어쩌면 호르몬의 측면에서도 뚜렷한 비정상적 패턴이 관찰되며, 모든 것이 한데 합쳐져 심장질환을 일으키거나 최소한 심장질환에 동반된다고 주장했다. 그리고 이런 일련의 패턴이 그저 콜레스테롤이 높다는 사실보다 훨씬 심오한 의미를 지닌다고 지적했다. 예일 대학교와 록펠러 대학교 연구를 통해 밝혀진 소견은 하나같이 식단의 탄수화물 함량이 결정적인 역할을 한다는 것을 시사했다.[40] 특히 혈중 중성지방 수치는 지방이 아니라 탄수화물을 섭취할 때 높은 수준을 유지했다. 이 관점에서 보면 식이성 지방은 심장질환과 거의 관계가 없는 것 같았다. 여드킨은 탄수화물 중에서도 특히 설탕이 가장 큰 문제라고 생각했다.

이후 10년간 여드킨은 일련의 실험을 통해 설탕 가설을 검증했다.[41] 래트, 마우스, 토끼, 돼지 등 실험 동물에 설탕이나 전분을 먹인 후 측정한 결과 설탕을 섭취할 때 중성지방, 콜레스테롤, 인슐린 수치가 다양한 조합으로 상승했다. 인간 피험자 역시 설탕이 듬뿍 든 식단을 섭취한 후 콜레스테롤과 중성지방이 동시에 상승했지만 중성지방이 훨씬 급격하게 상승했다. 동시에 인슐린 수치도 점차 상승했으며, 심지어 혈구들이 들러붙기 쉬운 상태가 되었다. 여드킨은 이런 상태가 되면 혈전이 생겨 심장 발작이 일어나기 쉬울 것이라고 해석했다.✦[42] 다른 연구자들도 인간이나 실험 동물이 수주에서 수개월간 설탕을 섭취할 때 생기는 효과를 조사하기 시작했다. 하나같이 같은 결론을 시사하는 소견이 나타났지만 설탕이 만성 질환의 진정한 원인인지, 인간과 실험 동물이 그저 음식을 너무 많이 먹어 비만 상태가 되고 이로 인해 병이 생기는 것인지를 확실하게 규명하지 못했다.

당시 미국과 유럽에서 지방 가설을 검증하기 위해 수행된 임상시험에서는 설탕 가설을 검증하려는 시도를 하지 않았다. 1960년대와 1970년대에 연구자들은 더 정교하고 비용이 많이 드는 임상시험을 시작했다. 피험자를 지방 함량 또는 함유된 지방의 종류가 다른 식단에 무작위 배정한 후, 1년 또는 수년간 추적하며 그 영향을 관찰하는 방식이

✦ 미국에서는 미네소타 대학교의 앤슬 키스 연구진이 중년 남성에게 설탕이 많이 함유된 식단을 제공한 후 역시 콜레스테롤 수치가 상승했다고 보고했다. 이후 키스는 대학생들을 대상으로 수차례 연구를 반복한 결과, 설탕이 듬뿍 든 식단이 큰 해를 끼치지 않는 것 같다고 보고하며 자신이 옳고 여드킨이 틀렸다고 주장했다. 그러나 가능성이 아주 높지는 않을지 몰라도 사십 대나 오십 대 남성이 설탕을 섭취할 때 십 대 후반이나 이십 대 청년과 전혀 다른 반응을 보일 수도 있다.

었다. 심장질환과 암이 더 많이 생기거나 더 적게 생겼을까? 더 오래 살거나 더 일찍 죽는 경향이 나타났을까? 이 시험들은 하나같이 지방을 적게 섭취하거나 포화지방 대신 다불포화지방을 섭취하면 수명이 늘어난다는 사실을 확인하는 데 실패했다. 하지만 설탕에 대해서는 이런 학문적 노력이 시도되지 않았다. 게다가 혈액 속을 순환하는 중성지방 수치를 측정한 연구자는 매우 드물었다. 당시 혈중 지단백질을 정량하려면 터무니없이 비싸고 극도로 정교한 장비가 필요했기 때문이다. 따라서 향후 심장질환의 "위험인자"로 불리게 될 이 물질들에 대한 연구는 극히 드문 몇몇 연구소에서 서로 고립된 채 진행되었다.

심장 전문의들과 미국심장협회가 심장질환에서 중성지방과 지단백질의 역할에 대해 생각한다는 것은, 당연히 의사의 입장에서 생각하는 것이었다.[43] 혈액 속에서 심장질환과 연관된 물질을 연구해서 심장질환에 대해 무엇을 알 수 있는지보다, 진료실에서 환자를 볼 때 그 물질을 측정할 수 있는지를 우선적으로 고려했다는 뜻이다. 중성지방 수치를 낮추는 약이 있는가? 그렇다면 그 약을 주었을 때 위험보다 이익이 더 큰가? 그렇지 않다면 중성지방을 측정한들 무슨 소용이 있단 말인가? 반면 콜레스테롤 수치는 심장질환 연구에 관심을 갖는 연구자는 물론 의사도 쉽게 측정할 수 있었다. 이렇게 하여 콜레스테롤은 가장 많이 연구되고 미국심장협회의 관심이 집중되는 주제가 되었다.

〈영국의학학술지〉와 〈랜싯〉 등 영국의 의학 학술지에는 만성 질환에서 설탕의 역할에 대한 고찰이 끊임없이 발표되었다. 1964년 스코틀랜드의 한 의사는 〈랜싯〉에 보낸 편지에서 이렇게 주장했다. "문명 사회에서 설탕의 정제는 어쩌면 담배의 발견보다 더 큰 비극이라 할 것이다."[44] 과학자들이 흔히 그렇듯, 연구자들과 임상 의사들은 진짜 문제가 설탕이라는 주장에 끊임없이 의문을 제기하면서 확실한 결론을 얻으려면 어떤 연구가 필요한지 논의했다. 미국 학술지들은 학계와 마찬가지로 여전히 지방에만 초점을 맞춘 채 설탕을 둘러싼 의문에 대해서는 전반적으로 침묵을 지켰다.

1962년 심장질환과 당뇨병에 관련된 증거들이 제시되기 시작했을 때 설탕연합주식회사는 이 문제를 상당히 우려했지만, 먼저 해결해야 할 다른 문제들이 있었다.[45] 우선 쿠바 미사일 위기로 인해 설탕연합주식회사 내부 문건에서 "카스트로 상황"이라고 명명한 일들이 이어지면서 그때까지 협회 회원이었던 쿠바의 설탕 제조업체들이 더 이상 재정적으로 기여할 수 없게 되었다.[46] 한편 인공 감미료, 특히 시클라메이트가 위협적인 경쟁 제품으로 떠오르며 존립이 직접적으로 위협받게 되자 사카린과 시클라메이트에 대한 연구 프로그램을 진행하는 것이 "최우선 순위"가 되었다.[47]

1968년 설탕연합주식회사의 연구 부문이 국제설탕연구재단으로 독립한다.(이 단체는 1978년 세계설탕연구기구로 명칭이 바뀌어 지금까지 이어진다.) 설탕업계 내부 문건에 따르면 이는 전 세계적으로 보다 많은 회원사를 모집하기 위한 조치였다. 설탕 섭취와 당뇨병 및 심장질환 사이의 연관성에 대한 증거가 점점 늘어나면서, 이 증거들에 맞서 싸울 재정적 기반을 확충해야 했던 것이다. 1969년 설탕 제조사들을 끌어들여 더 많은 회비를 걷기 위해 재단이 제작한 "설탕 연구에서 가장 시급한 현안들"이라는 제목의 홍보물은 "전 세계적으로 충치, 당뇨병, 심장질환의 원인에 관해 오해가 존재"하므로 영양 및 공중보건 연구에 집중해야 한다고 설명했다.[48] 간단히 말해서 설탕이 이 문제들의 원인이라는 개념에 맞서 싸우는 데 재단 기금을 쓸 것이라는 뜻이다.(이 단체의 기조를 이루는 생각에 설탕에 대한 무조건적 신뢰가 깃들어 있다는 사실은 오늘날에도 뚜렷이 나타난다. 사이트에 명시되어 있듯이 설탕연합주식회사의 사명은 "의료인, 언론 매체, 정부 관료, 대중에게 설탕의 미덕을 교육하는 것"이다.[49])

이 점에서 설탕연합주식회사는 1940년대 이후 계속 연구비를 제공한 앤슬 키스에게 엄청난 도움을 받았다. 1957년 여드킨은 키스의 연구를 암시적으로 공격했다.[50] 영국에서 심장질환이 식이성 지방 섭취량보다 설탕 섭취량이나 기타 다른 요인들, 심지어 1인당 텔레비전 혹은 라디오 보유 대수와 상관관계가 더 높다는 논문을 발표한 것이다. 1970년 키스는 한 통의 편지를 통해 반격에 나섰다. 그는 이 편지를 우선 동료 연구자들에게 배포한 후, 별로 알려지지 않은 〈동맥경화〉라는 학술지에 나중에 발표했다. 이 편지에서 여드킨을 우스꽝스러운 인물로 취급하면서 그의 주장이 "과격"하고, 지방이 아니라 설탕이 심장질환의 원인이라고 제시한 증거 또한 "조잡하기 짝이 없으며" "말도 안 되는 소리"에 불과하다고 맹공을 퍼부었다.[51]

하지만 키스의 비난 대부분은 자신의 연구에도 똑같이 적용할 수 있다. 아마 스스로도 이 사실을 잘 알고 있었을 것이다. 그의 연구는 방법론상 여러 가지 한계와 문제를 안고 있었다. 다른 연구자들도 이 점을 막 이해하던 참이었다. 예를 들어 그는 단기적 임상시험 결과를 장기적으로 발생하는 만성 질환에 확대 적용한다든지, 식습관과 질병 사이에 상관관계가 있을 뿐인데도 인과관계가 있는 것처럼 암시했다. 그런데도 키스는 이와 같은 논리적 결함을 지적하며 여드킨과 그의 연구를 깎아내렸다.

결국 키스는 당시 막 발표한 〈7개국 연구〉의 1차 결과를 바탕으로 여드킨에 대한 반대 논리를 구축했다. 1956년에 시작된 이 연구는 이후 오랫동안 영양학자들과 대중에게 포화지방이 심장질환의 원인이며, 올리브유 같은 단불포화지방이 심장질환을 예방한다는 확신을 심어주었다. 키스는 국제 연구팀을 구성하여 이탈리아, 유고슬라비아, 그리스, 핀란드, 네덜란드, 일본, 미국 등 7개국의 16개 인구 집단에서 심장병 발생률과 식단을 비교했다. 역설적이지만 키스의 연구는 서로 다른 인구 집단에서 설탕과 지방 섭취량을 직접 측정한 최초의 연구였다. 다양한 식이성 인자 중 두 가지가 심장질환과 가장 밀접한 관련이 있다는 결론이 나왔다. 바로 설탕과 포화지방이었다. 두 인자는 인구 집단이 서구화하고 보다 여유 있는 생활을 하게 되면서 동물성 단백질과 더불어 점점 많은 양을 섭취하는 경향이 있는 다량 영양소이다. 상관관계는 설탕보다 포화지방에서 아주 약간 더 높은 것 같았다. 또한 한 가지를 많이 섭취하는 집단은 다른 쪽도 많이 섭취하는 경향이 있었기 때문에 키스는 "자당이 어떤 식으로든 병인으로 작용한다는 생각에 의존하지 않고도 자당과 [관상동맥심장질환] 사이에 관찰된 관계를 적절히 설명할 수 있다"고 주장했다.[52] 간단히 말해서 설탕이 심장질환을 일으키지 않는다는 것이었다. 어느 모로 보나 추정일 뿐이었지만 키스는 계속 밀어붙였다. "이 논문에서 말한 어떤 내용도 다양한 식단에서 흔히 나타나는 높은 자당 함량을 승인하는 것으로 받아들여서는 안 된다"면서도 여전히 "이론적 기반이나 실험적 증거가 전혀 없다"고 여드킨을 공격했다.

4년 뒤 키스와 그의 부인 마거릿은 공저자로 요리책을 출간했다. 지중해식 식습관의 치유 효과에 대한 믿음을 근거로 한 책이었다. 여기서도 그들은 여드킨이 학계에 몸담고 있는 연구자 중에서 "혼자만 그런 주장을 한다"고 밀어붙였다. "여드킨과 그를 재정적으로 지원하는 세력은 아무리 사실을 제시해도 한발짝도 물러서지 않는다. 이제는 아무도 믿지 않는 노래를 끊임없이 반복할 뿐이다."[53]

식이성 지방 가설은 설탕 가설은 물론 이후 끊임없이 계속될 논란에 말할 수 없을 정도로 큰 영향을 미쳤다. 흔히 연구자들은 키스가 맞다면 여드킨이 틀린 것이고, 여드킨이 맞다면 키스가 틀린 것이라고 생각했다. 나중에 여드킨의 동료 한 사람이 말했듯, 여드킨과 키스 사이에 개인적인 차원에서 "상당한 혐오감이 있었다"는 사실 역시 과학적 갈등을 해소하는 데 전혀 도움이 되지 않았다.[54] 결정적인 근거들이 오직 한 가지 관점에서만 해석되었다. 대부분 포화지방 가설을 지지하는 쪽이었다. 예를 들어 한국전쟁에서 전사한 미군을 부검한 병리 전문의들은 십 대에 불과한 병사의 동맥 속에도 이미 상당한 양의 플라크가 쌓여 있다는 사실을 발견했다.[55] 한국군 전사자들은 그렇지 않았다. 이 소견은 미군은 포화지방이 풍부한 버터, 고기, 유제품을 많이 먹지만 한국군은 그렇지 않기 때문이라고 해석되었다. 그러나 분명 설탕 섭취량의 차이로도 이 소견을 설명할 수 있다(또는 다른 요소로도 설명할 수 있을 것이다). 1950년대 후반까지도 한국의 1인당 설탕 섭취량은 한 세기 전 미국의 설탕 섭취량과 비슷하거나 어쩌면 더 낮았을 것이다.

프랑스 사람들이 포화지방이 풍부한 식단을 섭취하지만 상대적으로 심장질환 발생률이 낮다는 사실이 알려졌을 때도 연구자들은 그저 해명할 수 없는 "역설"로 치부해버렸다. 관상동맥질환이 재앙에 가까울 정도로 흔한 미국과 영국에 비해 전통적으로 설탕 섭취량이 훨씬 적다는 사실을 무시했던 것이다.[56] 18세기 말 프랑스의 1인당 설탕 소비량은 영국의 5분의 1 미만이었다. 사탕무 설탕 혁명이 일어난 이후인 19세기 말에도 프랑스의 1인당 설탕 소비량은 15킬로그램으로 40킬로그램인 영국이나 30킬로그램인 미국에 비해 훨씬 적었다. 시드니 민츠는 이렇게 썼다. "영국이나 미국과 달리 프랑스에서 단맛은 쓴맛, 신맛, 짠맛, 매운맛 등 다른 모든 맛에 비해 귀하게 여겨진 적이 한 번도 없는 것 같다. 설탕이 영국 음식을 버려놓았는지 아니면 17세기 영국 음식이 프랑스 음식에 비해 더 많은 설탕을 필요로 했는지 묻는 것이 반드시 짓궂은 질문이라고 할 수는 없다."[57]

언론인들도 설탕의 잠재적 해악에 대해 쓰곤 했지만, 심장질환의 원인일 수도 있다고는 생각하지 않았다. 예를 들어 〈뉴욕타임스〉의 개인 건강 분야를 담당한 제인 브로디는 1977년 "설탕, 가면을 쓴 악당일까?"라는 제목의 기사를 썼지만, 기본적인 생각은 "이 분야의 전문가들에게 널리 인정받지 못하며 지방과 콜레스테롤이 원인일 가능성이 더 높다고 한다"는 것이었다.[58]

미국의 연구자들과 관찰자들은 키스와 그의 식이성 지방 가설을 지지하는 경향이 있었지만, 유럽에서는 다른 가능성에 대해서도 열린 생각을 갖고 있었다. 세계보건기구에서 심장질환을 연구했고 나중에 유럽의학협회 회장을 역임한 로버트 마시로니는 이렇게 썼다. "식이성 지방 특히 포화지방이 [관상동맥심장질환의] 발생에 중요한 역할을 한다는 강력한 증거가 있는 것은 사실이다. 하지만 포화지방이 유일한 또는 가장 중요한 원인이라는 증거는 없다. 여러 가지 당분과 심혈관질환의 관련성을 생각할 때는 이 영양소들이 지방과 공통적인 대사 경로를 거친다는 사실을 반드시 염두에 두어야 한다. 어쩌면 탄수화물 대사 이상이 비정상적인 지방 대사를 유도하고, 이에 따라 동맥경화와 관상동맥질환의 원인으로 작용할지도 모른다."[59]

1971년 여드킨은 런던 대학교 영양학과장직에서 은퇴하며 여생을 연구와 저술에 바치고자 했다. 대학교 행정 부서에서는 후임으로 남아프리카공화국의 영양학자 스튜어트 트러스웰을 영입했다. 트러스웰은 키스의 식이성 지방 가설을 절대적으로 신봉하며 이 이론에 따라 식단을 바꾸어야 한다고 공개적으로 주장하는 사람이었다.[60] 그는 여드킨이 은퇴한 후 학과에서 사무실을 제공하고 실험실을 그대로 유지하도록 지원하기로 한 약속을 깨버렸다. 여드킨으로서는 연구 경력에 종지부를 찍게 된 셈이었다.[61] 대신 그는 은퇴한 첫해에 설탕을 맹렬히 비판하는 대중서를 썼다.[62] 이 책은 1972년 영국에서 《순수한 백색의 죽음》, 미국에서는 《달콤한 위험》이라는 제목으로 출간되었다.

수많은 연구에도 불구하고 미국 의학계는 여드킨과 그의 이론을 받아들이지 않았지만, 책은 언론의 주목을 받았다. 〈타임스〉에 "설탕, 정말 필요한가"라는 제목의 기사가 실리기도 했다.[63] 언론의 주목을 받자 상원도 관심을 갖고 개입했다.[64] 1973년 4월 조지 맥거번이 이끄는 상원 소위원회에서 마침내 식이성 설탕, 당뇨병, 심장질환에 관한 청문회를 열기에 이르렀다. 장 메이어가 자문을 맡았다.

청문회에는 국제적으로 유명한 연구자들이 출석하여 증언했다.[65] 여드킨은 물론 아론 코언, 조지 캠벨, 피터 클리브, 미국 국립보건원 소속으로 애리조나주 원주민 피마족에서 당뇨병을 연구하던 피터 베넷이 출석했다. 베넷은 피마족이야말로 그때까지 연구된 모든 인구 집단 중 당뇨병 발생률이 가장 높을 것이라고 증언했다. "유일한 의문은 전반적인 칼로리, 즉 탄수화물을 과도하게 섭취하는 것이 문제가 아니라 설탕만을 콕 집어서 원인으로 지목할 수 있느냐는 것입니다." 또한 미국 농무부 탄수화물영양학연구소장인 월터 머츠는 동료인 캐롤 버다니어와 함께 정제당이 적어도 실험용 래트에서는 건강에 특히 해로운 영향을 미치는 것으로 보인다고 증언했다. 버다니어는 정제당이 구체적으로 혈당과 중성지방을 상승시키고 당뇨병을 일으킨다고 설명하며 이렇게 덧붙였다. "결국 쥐들은 매우 일찍 사망합니다."

국제설탕연구재단은 이듬해 3월 워싱턴에서 학회를 열어 대응에 나섰다. "설탕 섭취가 당뇨병 위험에 영향을 미치는가?"라는 제목의 이 학회에는 설탕과 당뇨병과 심장질환의 상관관계에 명백히 회의적인 입장을 가진 연구자만 초빙되었다. 맥거번의 청문회에서 증언한 연구자는 한 명도 연사로 참여하지 않았다. 상관관계를 입증하는 증거가 명백하다고 주장할 만한 학자가 참여하지 않은 이유를 재단 측은 이렇게 설명했다. "국제설탕연구재단 직원과 구성원은 그 과학자들의 연구와 결과를 이미 잘 알고 있습니다."[66]

그러나 학회에 초빙된 연구자들도 설탕 가설에 회의적이기는 했지만, 상당히 많은 사람이 특히 설탕에 민감할 가능성이 있으며 설탕 섭취를 줄이지 않는다면 심장병 위험이 높아질 것이라는 데 동의했다. 연사 중 벨기에의 영양화학자 장 크리스토프는 이렇게 말했다. "식이적 관점에서 자당이 일부 환자에게 혈청 중성지방을 상승시킨다는 사실을 고려할 때 (…) 섭취 제한이 매우 중요할 수 있습니다."[67] 학회 보고서가 한 당뇨병 학술지에 게재되었고, 국제설탕연구재단은 회원들에게 그 내용을 배포했다. 결론은 이랬다. "학회 참석자 전원은 확실한 결론에 이르려면 아직도 많은 연구가 필요하다는 데 동의했으며, 향후 연구 방향에 대해 다양한 제안이 나왔다."[68]

1975년 9월 국제설탕연구재단은 올바른 방향을 제시해달라고 고용한 과학 자문위원들과 함께 연구 우선 순위를 논의하기 위해 몬트리올에서 다시 학회를 열었다.[69] 이때쯤 설탕업계는 상당히 난처한 입장에 처해 있었다. 설탕연합주식회사의 회의에서 존 테이텀이 보고했듯이, 미국 내 설탕 판매량(결국 설탕 섭취량)이 불과 2년 만에 1인당 45킬로그램에서 40킬로그램으로 12퍼센트 감소한 것이다. 가장 중요한 이유는 "소비자 운동가들이 설탕 섭취와 일부 질병을 연관지었기 때문"이다.

몬트리올 학회 이후 국제설탕연구재단은 토론토 대학교의 당뇨병 전문의 에롤 말리스의 권고안을 강조한 문건을 배포했다.[70] 말리스는 재단이 권고를 받아들여야 한다고 했다. "당뇨병(및 기타 질병)의 경과에 자당이 어떤 영향을 미칠 수 있고 실제로 미치는지 그 맥락을 명확히 하는 것이 설탕업계에도 최선의 이익이다. 이렇게 하려면 잘 설계된 연구 프로그램이 필요하다. 연구 프로그램을 통해 자당이 어떤 사람들에게 나쁜지는 물론, 설계를 잘 한다면 정확히 어느 정도까지 섭취해도 좋다는 권고안을 마련할 수 있을지도 모른다. (…) 이런 연구에는 상당히 많은 비용이 들 수 있으나, 결과를 얻으려면 충분히 포괄적인 방식으로 연구를 수행해야 한다. 모든 면에서 최선을 다해 지원하지 않고 시늉만 내서는 답을 얻어낼 가능성이 거의 없다."

하지만 설탕업계는 시늉만 낼 뿐이었다. 1975년 미국 설탕 회사들은 연구비 사용 방식을 두고 서로 뜻이 갈려 설탕연구재단에 대한 지원을 철회해버렸다. 테이텀은 "전 세계적으로 설탕에 관한 연구를 통일하려는 노력이 참담한 실패로 돌아갔습니다"라고 이사회에 보고했다.[71] 이제 설탕연합주식회사는 국제적인 차원에서 기금을 모으는 대신 설탕을 사용하는 국내 산업에서 돈을 끌어모아 미국 내 연구 방향을 통제하기 시작했다. 코카콜라, 허쉬, 제너럴푸즈, 제너럴밀스, 내비스코, 라이프세이버스, 퀘이커오츠, 엠앤엠/마스, 펩시코, 닥터페퍼 등 수많은 회사가 기금을 출연했다.

하지만 설탕연합주식회사는 우선 메디슨가✦로 달려갔다. 전설적인 광고회사인 칼바이어앤어소시에이츠를 고용하여, "가능한 한 가장 폭넓은 계층을 대상으로(사실상 모든 사람이 소비자이므로) 식품으로서 설탕의 안전성을 확고히 각인하는" 공중보건 캠페인을 기획한 것이다.[72](미국홍보협회에서 "여론을 이끈" 공로로 시상하는 은모루상은 홍보업계 최고의 영예로 꼽힌다. 1976년 바이어의 홍보 회사와 설탕연합주식회사는 설탕 옹호 캠페인으로 공동수상 지원서를 제출하여 결국 수상에 성공했다.) 이들은 우선 의학계, 영양학계, 치의학계에서 존경받는 권위자 중 대중에게 설탕이 반드시 필요하다고 생각하는 사람을 끌어모아 식품영양권고위원회를 구성했다.[73] 존 테이텀과 설탕업계에는 그들이야말로 "탁월하고 객관적인 의과학자들"이었다.[74]

포화지방 섭취와 혈청 콜레스테롤 수치 상승이 심장질환의 가장 유력한 원인이라는 믿음은 다시 한번 설탕업계에 큰 이익이 되었다. 앤슬 키스의 미네소타 대학교 동료인 헨리 블랙번이 식단과 심장질환이라는 주제에 대해 〈뉴잉글랜드의학학술지〉에 "극단적으로 다른 두 가지 태도가 고집스럽게 대립하면서 서로 말만 많을 뿐, 상대방의 주장에 거의 귀를 기울이지 않는다"라고 썼을 때도,[75] 그리고 국립보건원에서 비록 간접적이지만 식이성 지방과 콜레스테롤 가설을 검증하기 위해 2억 5000만 달러가 넘는 예산을 들여 전례 없이 큰 규모로 두 건의 임상시험을 시작했을 때도, 설탕연합주식회사와 국제설탕연구재단은 포화

✦ Madison Avenue. 맨해튼의 거리 이름으로 광고회사들이 밀집해 있어 미국 광고업계를 뜻하는 말로 쓰인다.(옮긴이)

지방이 심장질환의 원인이라는 사실은 이미 확실히 규명되었다는 믿음을 근거로 설탕에 대한 공격을 과학적으로 방어할 수 있었다. 심지어 테이텀은 〈뉴욕타임스〉 편집장에게 보낸 비공개 서신에서 일부 "설탕 비판자들"은 오로지 "포화지방에 대한 공격을 약화하기 위해" 그런 행동을 한다고 주장하기도 했다.[76]

식품영양권고위원회에는 심장질환 권위자가 필요했다. 설탕연합주식회사는 미네소타 대학교에서 키스와 긴밀한 관계를 맺으며 연구한 프랜시스코 그란데를 내세웠다. 키스와 그란데는 30편이 넘는 논문을 함께 썼다. 대부분 식이성 지방과 심장질환의 추정된 연관성을 뒷받침하거나, 설탕이 관련되었다는 증거를 논박하는 내용이었다. 위원회에 영입된 두 번째 심장병 권위자는 오리건 대학교 영양학과의 윌리엄 코너로, 식이성 콜레스테롤이 심장질환을 일으킨다는 이론의 대표 주자였다.[77]

한편 위원회는 당뇨병 전문가로 워싱턴 대학교의 에드윈 비어먼을 영입했다. 그는 거의 혼자 힘으로 미국당뇨협회를 설득해 당뇨병 환자에게 탄수화물을 마음껏 먹어도 좋다고 권고하게 함으로써 실질적으로 당분 함량을 무시하도록 만든 인물이었다. 또한 심장질환의 원인은 높은 콜레스테롤 수치이며, 결국 식단에 포함된 포화지방이 중요할 뿐 설탕은 아무런 문제가 되지 않는다는 무조건적인 믿음을 갖고 있었다.[78]

설탕연합주식회사를 위해서였든 자신의 연구를 위해서였든, 비어먼은 사람들이 당뇨병의 잠재적 원인으로서 설탕의 역할을 연구할 필요가 없다고 믿게 만드는 데 결정적인 역할을 했다. 그는 설탕과 다른 탄수화물이 칼로리를 과잉 공급할지는 몰라도, 당뇨병 발생에는 아무런 역할을 하지 않는다는 확고한 신념을 갖고 있었다. 그는 미국당뇨협회가 영양 지침을 마련하고, 자체 자금으로 당뇨병 연구 주제를 결정하고, 환자 권리 옹호 및 권고 역할을 수행할 때(이 협회는 지금도 똑같은 일을 한다), 설탕에 초점을 맞추지 않도록 했다.[79] 1976년에 발표된 이래 지금까지도 연방 정부의 당뇨병 연구 주제 선정에 계속 영향을 미치는 보고서가 있다. 당뇨병국가위원회에서 발표한 "당뇨병을 물리치기 위한 장기 계획"이다. 이 보고서에서 비어먼은 역학자인 켈리 웨스트와 함께 비만과 영양학적 요인에 대한 부분을 저술하면서 설탕이 당뇨병 발생에 조금이라도 중요한 역할을 한다는 생각을 전면적으로 반박했다. 비어먼과 웨스트는 일부 연구자(피터 클리브와 아론 코언이 언급되었으나 여드킨의 이름은 없었다)가 설탕 등 정제 탄수화물이 당뇨병의 유발인자일 수도 있다는 사실을 "호소력 있게 주장했다"고 인정했다. 하지만 이 생각이 타당하다고 여기지 않았으며, 설탕의 역할에 대한 연구를 향후 연구 권고안에 포함시키지 않았다. "모든 실험 및 역학적 근거를 검토한 결과, 당뇨병의 위험을 증가시키는 가장 중요한 식이성 인자는 공급원에 관계없이 총 칼로리 섭취인 것으로 생각된다." 1979년 비어먼은 또 다른 논문을 〈미국임상영양학학술지〉에 발표하면서 같은 논리를 고수했다. 이 논문은 앞의 보고서와 같은 정도의 영향을 미쳤다. "자당과 탄수화물을 더 많이 섭취하는 것이 당뇨병의 발생과 관련이 있다는 가설에 대한 생물학적 근거는 전혀 찾아볼 수 없다."[80]

설탕연합주식회사의 식품영양권고위원회가 선봉으로 내세운 인물은 하버드 대학교 공중보건대학원 영양학과의 설립자이자 오랫동안 과장을 역임한 프레드 스테어였다. 설탕업계는 1940년대 초반부터 계속 스테어와 그의 학과를 지원했다. 국제설탕연구재단은 스테어가 혈당과 식욕과 비만 사이의 관계를 연구하면서 자신들이 지원한 연구비로 1952년에서 1956년 사이에만 30건에 이르는 연구 논문과 논평을 발표했다고 추산했다.[81] 1960년 영양학과에서 500만 달러를 들여 학과 건물을 신축하기로 했을 때, 스테어는 대부분 민간 기부금으로 건축비를 충당했다. 그가 "선도 기부금"이라고 일컬은 102만 6000달러는 쿨에이드와 아침 식사용 음료인 탱Tang의 제조사 제너럴푸즈에서 제공했다.[82]

1960년대 후반에 이르면 스테어는 학계에서 대중적으로 가장 유명한 설탕의 수호자가 되어 있었다. 그가 "현대 사회에서 설탕 섭취가 건강을 해친다는 말은 일말의 진실조차 담고 있지 않다"라고 쓰는 동안,[83] 그의 학과는 설탕업계는 물론 전미제과협회, 코카콜라, 펩시코, 전미청량음료협회에서 막대한 자금을 챙겼다.[84](담배업계의 내부 문건에 따르면 하버드 대학교 영양학과는 스테어 자신의 요청으로 담배연구위원회에서도 돈을 받았다. 담배가 심장질환의 원인이 아니라는 사실을 입증하는 연구가 목적이라고 명시되었다.[85]) 스테어는 자신이 커피나 시리얼에 설탕을 넣지 않는다는 사실을 선선히 인정했지만, 그것은 밤에 마티니를 마시기 위해 칼로리 여유분을 확보하려는 것이라고 설명했다.[86] 또한 그는 어린이를 포함하여 어느 누구에게든 설탕을 피하라고 권하는 것은 타당하지 못하며, "위험할 수도 있다"고 주장했다. 설탕 대신 포화지방을 먹게 될 가능성이 높기 때문이라는 이유였다. "그런 권유가 바람직하지 않다는 데 모든 사람이 동의하기를 바랍니다."[87]

설탕연합주식회사는 언론에 반설탕 정서가 등장할 때마다 스테어와 하버드 대학교라는 권위를 이용했다.[88] 설탕업계 내부 문서에서 "스테어 박사를 〈에이엠 아메리카 쇼AM America Show〉에 출연시킬 것"이라거나, "스테어 박사와 3분 30초짜리 인터뷰를 한 후 200개의 라디오 방송에 제공할 것" 같은 메모를 볼 수 있다. 설탕연합주식회사는 스테어를 대중의 반설탕 정서를 무마하기 위한 선봉장으로 이용함으로써 "설탕산업이 모습을 드러내지 않은 채 배후에 머물 수 있다"는 점과 스테어의 이해 상충 역시 뒤로 감출 수 있다는 점을 잘 알고 있었다.

결국 식품영양권고위원회 구성원들은 〈인간의 식단에서 설탕〉이라는 88쪽짜리 백서의 저자로 가장 유용하게 이용된다.[89] 이 문서는 1930년대까지 거슬러 올라가 여드킨, 메이어, 코언, 캠벨, 클리브, 기타 "설탕의 적들"이 수행한 연구를 반박하는 데 사용할 근거와 주장을 수집한 것이었다. 스테어는 서론을 직접 쓰고 문서 전체를 편집했다. 그란데는 심장질환에 관한 장章을 쓰며 설탕이 원인이 아니라고 기술했다.[90] 비어먼은 메이요 클리닉의 랠프 넬슨과 함께 당뇨병에 관한 장을 쓰면서 역시 설탕이 원인이 아니라고 기술했다.[91] "인간에서 1차성 당뇨병의 원인은 아직 밝혀지지 않았다. (…) [그러나] 설탕을 많이 섭취한다고 해서 당뇨병이 생긴다는 증거는 없다." 설탕에 대한 이런 입장이 당혹스러운 이유는 비어먼과 넬슨이 실제로는 당뇨병 환자에게 설탕이 나쁘기 때문에 먹어서는 안 된다고 믿었다는 점이다. 그들은 8쪽으로 된 당뇨병 장에서 두 개의 짧은 문장을 통해 이 점을 분명히 했다. 그들은 "여전히 단순당은 피해야 한다"라고 썼는데, 자당이야말로 대표적인 단순당이다.

설탕연합주식회사는 〈인간의 식단에서 설탕〉을 2만 5000부 이상 인쇄하여 배포했다.[92] 1975년 각종 신문의 식품 분야 편집자들이 시카고에서 학회를 열었을 때, 설탕업계가 준비한 자료 속에는 이 백서가 들어 있었다. 설탕업계가 마련한 부문에는 프레드 스테어의 제자로 당시 미국의학협회 식품 및 영양 분과장을 맡은 필 화이트가 연사로 나섰다.

이 부문의 좌장을 맡은 존 테이텀은 토론 주제가 설탕 자체가 아니라 식품을 둘러싼 일시적이며 광적인 유행 전반을 다루는 것이며, 설탕을 포함하여 "유사 과학자들의 무리가 부당하게 매도하는" 수많은 상품이 포함된다고 주장했다.[93] 언론에 송고된 기사에는 한 건강 분야 기자가 작성한 전문성이라고는 찾아볼 수 없는 요약본과 "과학자들, 설탕 공포증을 몰아내다"라는 제목의 보도자료가 첨부되었다.[94]

스테어를 라디오와 텔레비전 프로그램에 출연시킴으로써 설탕연합주식회사가 이런 문서를 작성하고 필요한 자금을 댔다는 사실은 완전히 비밀로 유지되었다. 설탕연합주식회사의 문서를 보면 전적으로 설탕업계에서 비용을 들여 식품영양권고위원회의 활동을 유지하고 보고서를 발표했다는 사실을 알 수 있지만, 문서 어디에도 이런 사실이 명시적으로 씌어 있지 않다. 설탕연합주식회사는 보고서의 편향이나 이해 상충에 관해 "함구하고 질의를 받았을 때만 사용"하기 위한 기밀 문서를 작성하여 전국 설탕 제조사 홍보 담당자들에게 보냈다.[95] 문서에는 스테어가 백서를 발간하자고 제안하고 설탕연합주식회사에 비용을 요청했기 때문에 "평소 모든 연구 계획을 지원한 것과 마찬가지로" 그가 연구에 들인 시간에 대가를 지불했으며, "사본을 구입하여" 2만 5000부를 배포했다고 되어 있다.

1976년 11월, 마침내 복잡하게 얽힌 스테어의 이해 상충이 드러나고 말았다. 공익과학센터의 설립자인 마이클 제이콥슨이 두 명의 동료와 함께 "뇌물 받은 교수들"이라는 제목의 기사를 발표한 것이다.[96] 스테어가 시리얼의 영양가에 대한 의회 청문회에서 '아침 대용 시리얼은 훌륭한 식품'이라고 증언한 지 3년 만이었다. 제이콥슨과 동료들은 이렇게 썼다. "하버드 대학교 공중보건대학원은 켈로그, 내비스코, 관련

기업 재단들로부터 약 20만 달러를 받았다." 스테어는 나중에 이렇게 시인했다. "수많은 대중은 물론, 유감스럽지만 일부 동료들도 나를 돈을 받고 식품업계의 하수인 노릇을 한 괴물로 생각한다."[97] 그러나 1976년 이미 설탕업계는 홍보 캠페인에 더 이상 스테어를 필요로 하지 않았다. 〈인간의 식단에서 설탕〉 대신 식품의약국에서 발표한 문서가 충분히 그 역할을 해주었던 것이다.

스테어와 동료들이 〈인간의 식단에서 설탕〉의 초안을 작성하는 동안, 식품의약국은 설탕을 정말로 일반적 안전성 즉 "일반적으로 안전하다고 인식된다"고 간주할 수 있는지에 대해 첫 번째 검토에 착수했다.[98] 1969년 닉슨 대통령이 식품영양보건회의를 발족시킨 후, 백악관에서 일반적 안전성 검토 연구를 요청했던 것이다. 1972년 식품의약국은 이 연구를 위해 미국실험생물학회연합과 수탁 계약을 맺었다. 연합 측에서는 열한 명의 위원으로 일반적안전성물질 특별위원회를 구성하여 아카시아에서 황산아연에 이르기까지 수많은 식품첨가물을 검토했다. 이후 5년간 위원회는 식품의약국에서 조금이라도 안전하지 않을 가능성이 있다고 생각한 230종의 물질을 검토한 후 72편의 〈종합 보고서〉를 제출했다.[99]

설탕에 관한 과학적 증거들을 검토하여 계속 일반적 안전성 지위를 부여할지를 공식적으로 결정한 것도 일반적안전성물질 특별위원회였다. 이 과정이 산업계에 민감한 영향을 미칠 수 있다는 사실은 명백했다. 위원들은 이렇게 썼다. "조금이라도 이해 상충으로 비칠 수 있는 행동조차 피해야 한다고 거듭 강조했다."[100] 그러나 식품의약국을 대리하여 설탕의 안전성을 검토할 위원회의 위원장을 맡은 사람은 다름 아닌 조지 어빙 주니어였다. 어빙은 생화학자로 국제설탕연구재단 과학 자문위원을 오랫동안 역임하고, 1969년부터 2년간 위원장까지 지낸 인물이었다.[101] 아이오와 대학교 소아과학 교수로 위원회 위원을 맡은 새뮤얼 포멘 역시 1970년에서 1973년까지 유아식에서 설탕의 역할을 연구하면서 설탕업계의 연구비를 받았다.[102]

식품의약국 지침에 따라 위원회는 "어떤 정보를 통해서든 (…) 유해한 생물학적 효과를 의심할 만한 신뢰성 있는 증거나 합리적인 이유"가 있을 때는 해당 물질이 위험하다고, 즉 일반적으로 안전하다고 인식되지 않는다고 선언할 수 있었다. 하지만 설탕처럼 민감한 주제에 대해서도 그럴 수 있었을까? 위원들은 증거가 모호하다면, 건강에 위험할 가능성이 없다고 결론 내릴 충분한 이유가 된다고 판단한 것 같다. 그들은 이렇게 썼다. "자당을 건강 위험 물질로 선언한다면 포도당, 과당, 꿀은 어떻게 한단 말인가?"[103]

지금 우리가 옳다고 생각하든 그르다고 생각하든, 윤리적이라고 생각하든 비윤리적이라고 생각하든, 위원회는 설탕을 검토하는 과정에서 설탕연합주식회사가 발간한 〈인간의 식단에서 설탕〉과 그 저자들에게 크게 의존했다. 1976년 1월 설탕연합주식회사는 일반적안전성물질특별위원회의 "잠정적 결론" 사본을 빼내, 식품영양권고위원회 구성원들에게 "긴급 검토 요청"과 함께 배포했다. 스테어와 그의 동료들이 "데이터의 누락과 오류는 물론 혹시 있을지 모를 배경 정보의 해석 오류까지 잡아내주기를" 기대했음은 물론이다.[104] 하지만 잠정적인 결론조차 설탕업계에 유리한 쪽이었다. 설탕과 심장질환을 논한 부분에는 "서로 모순되는 결과들"이 있다고 지적하며[105] 열네 건의 연구를 인용했다.[106] 그중 하나가 다름 아닌 〈인간의 식단에서 설탕〉에서 프랜시스코 그란데가 기술한 장이었으며 다른 다섯 건은 그란데의 연구실에서 수행하거나 설탕업계에서 연구비를 지원한 연구였다. 당뇨병을 기술한 부분도 비슷했다. 한 문단에서는 다양한 연구를 통해 "자당을 장기적으로 섭취하는 경우 기능적인 측면에서 탄수화물 대사 능력이 변해 당뇨병이 생길 수 있다는 점이 암시된다"고 인정했지만, 곧바로 "최근 발표된 보고들은 이를 부인하는 경향이 있다"고 덧붙였다.[107] 부인하는 근거로 인용한 네 편의 보고서 중 한 편은 〈인간의 식단에서 설탕〉에서 에드윈 비어먼이 랠프 넬슨과 함께 쓴 장이었으며, 다른 두 편은 비어먼의 연구실에서 수행한 연구였다.[108]

1년 뒤 발표된 일반적안전성물질 특별위원회 개정판은 설탕이 충치의 원인이 된다고 결론 내릴 만한 합리적인 근거가 있다고 기술했으나, 그 밖에는 적어도 현재 섭취 수준에서 어떤 형태로든 설탕이 "대중적 위험"은 아니라고 결론지었다. 또한 설탕과 당뇨병의 상관관계에 대한 증거는 "정황적"이며, 칼로리 과잉의 원인이라는 점을 제외하고는 설탕과 당뇨병을 관련 지을 "타당한 근거가 없다"고 썼다. 설탕과 심혈관질환의 상관관계에 대한 증거 또한 "분명하지 않다"고 평가했다. "더욱이 심혈관질환에 관련된 가장 중요한 식이성 인자는 식단에 포함된 지방의 종류와 양인 것으로 보인다. 따라서 심혈관질환에서 자당의 역할은 질병의 원인을 증폭하는 인자는 될지 몰라도 2차적인 것 같다."[109]

충치를 제외하고 개정판에 실린 단 하나의 경고문은 식음료업계에서 설탕의 사용량이 꾸준히 증가했으며, 이런 추세가 지속된다면 모든 것을 원점에서 재검토해야 한다는 것이었다. "설탕 섭취량이 늘어난다면 (…) 설탕이 식이성 위험이 될 수 있을지에 대해 추가적인 데이터 없이 판단할 수 없다."[110]

그 후 위원회 검토자들은 설탕연합주식회사에서 자신들의 보고서에 "정보와 데이터를 제공"하여 도와준 데 대해 감사를 표했다.[111] 나중에 존 테이텀은 "협력자 명단에 언급된 것은 영광이지만, 언급되지 않았으면 더 좋았을 것이라고 생각한다"고 했다.[112] 보고서에 서명한 사람은 다름 아닌 국제설탕연구재단 과학자문위원회 전임 위원장이었던 어빙이었다.

1977년 1월 발표를 앞두고 식품의약국은 보고서의 내용을 논의하기 위한 공청회를 열었다. 농무부 탄수화물영양학연구소장인 셸던 라이저는 동료들과 함께 "자당이 비만, 당뇨병, 심장질환을 일으키는 식이성 인자 중 하나"임을 입증하는 "풍부한 증거"[113]를 제출했다.[114] 나중에 〈미국임상영양학학술지〉에 보낸 편지에서도 설명했듯이, 미국인 중 일부가 설탕과 기타 탄수화물 함량이 높은 식단을 견디지 못한다는 사실은 명백했다. 당시 그들은 1500만 명의 성인이 이런 상태라고 추정했다. 또한 위원회 검토자들에게 이 사실 하나만으로도 설탕 섭취를 "최소한 60퍼센트" 줄여야 할 이유가 된다며, "대중에게 지나친 설탕 섭취의 위험성을 알리기 위한 전국적 캠페인에 착수할 것"을 촉구했다.

하지만 위원회 위원들은 자신들과 같은 전문가 위원회의 "불완전성을 전적으로 인정"하면서도 자신들의 결론을 옹호했다. 그들은 이렇게 썼다.[115] "엄청난 불확실성과 제약 속에서 최선을 다했다."[✦116]

한편 설탕연합주식회사는 일반적안전성물질 특별위원회 보고서를 구원이자 면죄부로 크게 부각하면서 식품의약국의 노력 덕분에 결

✦ 이 제약에는 연구의 절대량 부족, "실험 디자인상의 한계" "상업적으로 첨가되는 식품 성분의 도입 또는 철회와 관련된 사회적 결과의 복잡하기 짝이 없는 상호작용" "과학 이론과 경험적 소견의 끊임없는 확장" 등이 포함되었다.

정적인 결과가 나왔다고 선언해버렸다. 위원회 보고서는 설탕이 유해하다는 증거를 '모호하다' '분명치 않다' '정황적이다' 등 다양한 표현을 사용하여 기술했으나, 설탕연합주식회사는 이를 "존재하지 않는다"는 뜻으로 해석했다. 테이텀은 회원들에게 전문을 보내 설탕산업과 관련된 모든 회사의 직원이 위원회 보고서를 "암기해야 한다"고 했다.[117] "일반적 안전성 보고서는 어느 누구도 무시할 수 없습니다. 여러분은 우리가 전국 방방곡곡에 이 내용을 널리 알리기 위해 최대한 밀어붙이는 모습을 보게 될 것입니다."[✦✦118]

"설탕은 안전합니다!" 설탕연합주식회사는 광고에서 식품의약국 보고서를 언급하며 이렇게 선언했다. "설탕은 치명적인 질병을 일으키지 않습니다. (…) 설탕이 당뇨병, 심장질환, 다른 질병을 일으킨다는 과학적인 증거는 없습니다." 광고는 부주의한 소비자에 대한 경고문으로 끝을 맺었다. "이제 설탕을 공격하는 말을 들어도 속지 마십시오. 그가 누구든 입증하지 못한다는 사실을 명심하십시오. 그가 무엇을 팔려고 하는지, 무엇을 감추려고 하는지 생각해보십시오. 질문할 기회가 있다면 그에게 일반적 안전성 보고서에 대해 물어보십시오. 아마 대답을 못할 겁니다. 영양을 가지고 거짓말을 늘어놓는 사람들을 물리치는 데는 과학적인 사실이 최고의 방법입니다."[119]

설탕연합주식회사가 실제로 당뇨병에 관한 연구에 자금을 대기

✦✦ 1976년 5월 미국홍보협회는 설탕의 입장을 옹호하는 홍보 캠페인에 대해 설탕연합주식회사와 바이어앤어소시에이츠에 은모루상을 수여하면서, 이 광고가 설탕에 대한 "신중하지 못한 논평의 싹을 잘라버렸다"는 점을 강조하고 위원회 보고서의 결론부가 "장차 설탕이 법적 규제 대상이 될 가능성을 차단"한 쾌거라고 추켜세웠다.

도 했지만 이런 결과가 나온 데는 무엇보다 위원회 보고서가 발표되기 전에 과학자 겸 자문위원들이 합심하여 설득 노력을 편 것이 주효했다.[120] 1976~1978년 사이에 설탕업계는 설탕연합주식회사와 국제설탕연구재단을 통해 프레드 스테어와 식품영양권고위원회에 참여한 그의 동료들에게 매년 6만 달러를 제공했다. 업계 내부 문서를 인용하자면 1975~1980년 사이에는 "과학 연구를 업계를 보호하는 주춧돌로 유지하기 위해" 10여 건의 연구에 65만 5000달러를 지출했다.[121] 연구 제안서는 먼저 식품영양권고위원회 구성원의 심사를 받은 후, 설탕업계 인사와 소위 "기여 연구 회원"인 코카콜라나 허쉬 같은 기업 측 인사로 구성된 위원회에서 다시 한번 걸러졌다. 놀랄 일도 아니지만 모든 자금은 설탕에 면죄부를 주기 위해 꾸며진 연구 제안서와 설탕업계에 친화적인 연구자, 그저 식품영양권고위원회 구성원과 친한 사람에게 흘러들어갔다.(매사추세츠 공과대학에서 제안한 연구는 설탕이 래트의 뇌에서 세로토닌 수치를 상승시키는지 연구하여 "우울증의 경감 등 치료적 가치를 입증"하는 것이 목표였다.)

이 시기 설탕연합주식회사에서 돈을 받아 연구를 수행한 사람이 둘 있었다.[122] 비어먼의 친구이자 의과대학 동창인 하버드 대학교의 론 아키와 워싱턴 대학교에서 비어먼의 제자였던 폴 로버트슨이다. 나중에 두 사람은 모두 일종의 감사 표시로 인터뷰를 통해 설탕연합주식회사의 연구 철학을 적극적으로 설명했다. 당뇨병을 일으킬 가능성이 있는 제품을 판매한다고 집중 공세를 받은 데 대해 로버트슨은 이렇게 말했다. "그들은 당뇨병 연구에 실질적으로 도움을 주었다고 말할 수 있는 위치에 서고자 하는 것입니다."

설탕업계의 노력은 계속 홍보전에 집중되었다. 내부 문건과 발표를 통해 테이텀은 식품의약국 보고서에 집중한 결과 설탕연합주식회사가 전면적인 전쟁 중 다음 번의 소규모 전투에서는 패했다고 설명했다. 사실은 1973년에 설탕에 관한 청문회를 주관했던 조지 맥거번의 위원회가 1977년에 "자멸할 것"이라고 확신했기 때문에 식품의약국 쪽에 주의를 집중한 것이었다.[123] 그러나 위원회는 계속 존속하며 그해 1월 〈미국인의 식단 목표〉라는 보고서를 발간했다. 맥거번은 보도자료를 통해 이 보고서가 "미국인의 식단에 존재하는 위험인자에 관해 연방 정부 내 모든 부서를 통틀어 최초로 발표된 포괄적 문건"이라고 설명했다.[124] 보고서는 주로 지방을 덜 섭취하는 데 초점을 맞추었지만, 동시에 설탕 섭취량을 40퍼센트 줄여야 한다고 권고했다. 조지 캠벨이 인구집단에서 당뇨병 유행이 나타나기 시작하는 역치로 추정한 수치에 맞춘 것이었다. 설탕업계로서는 불의의 습격을 받은 셈이었다.

테이텀은 설탕연합주식회사 구성원들에게 식품의약국 보고서를 "우리의 과학적 성서로 삼아" 맥거번의 위원회를 "꾸준히 설득"했으나 맥거번이 전혀 귀를 기울이지 않았고, 40퍼센트라는 수치를 한치도 양보하지 않았다고 말했다(테이텀은 "그의 팀원들이 그랬을 가능성이 더 높다"고 했다).[125] 이 수치는 1977년 말에 발간된 〈미국인의 식단 목표〉 개정판에도 그대로 수록되었다. 맥거번은 테이텀에게 보낸 편지에 이렇게 썼다. "비만 및 질병과 설탕의 관계에 어느 정도 비중을 두어 생각할 것인지는 판단에 달린 문제입니다. 그리고 저는 우리의 판단이 매우 신중했다고 생각합니다."[126]

하지만 맥거번의 보고서가 발표된 후 설탕연합주식회사와 설탕업계는 판세를 다시 뒤집었다. 1980년 마크 헥스테드가 이끄는 농무부 소위원회에서 초안을 마련한 〈미국인의 식단 지침〉 초판을 통해서였다.

헥스테드는 프레드 스테어가 이끄는 하버드 대학교 영양학과에서 평생 일한 사람이었다. 나중에 그는 설탕에 대한 권고안은 1979년 미국임상영양학회에서 발표한 에드윈 비어먼의 논평을 전적으로 참고했다고 말했다.[127] 다시 한번 강조하지만, 비어먼은 설탕이 무해하다고 확신한 사람이다.

〈미국인의 식단 지침〉에는 이렇게 씌어 있다. "널리 알려진 통념과 달리 설탕을 지나치게 많이 먹는다고 해서 당뇨병이 생기는 것 같지는 않다." 그러고는 어느 정도가 "지나치게 많은"지 규정하지 않은 채, "지나치게 많은 설탕을 피하라"고 권고한다.[128] 1985년 발간된 지침 제2판에서도 농무부(이때는 프레드 스테어가 지침 권고 위원회에 참여했다)는 여전히 너무 많은 설탕을 피하라고 권고했지만, 당뇨병과 설탕의 연관성에 관한 경고문이 삭제되었다. 대신 "지나치게 많은 설탕을 섭취한다고 해서 당뇨병이 생기지는 않는다"고 명시했다.[129] 그사이에 농무부 탄수화물영양학연구소에서 여러 건의 중요한 연구가 발표되어 설탕 섭취가 실제로 당뇨병의 원인이며, 심지어 "많지 않은" 양의 설탕조차 상당히 많은 사람에게 심장질환 위험을 높일 수 있다는 견해를 뒷받침했는데도 말이다.[130]

1986년 식품의약국은 설탕을 일반적으로 안전하다고 인식할 수 있는가라는 문제로 다시 돌아갔다. 월터 글린스먼(나중에 옥수수가공협회의 자문역을 맡는다)이 이끄는 세 명의 식품의약국 행정관은 1976년 일반적안전성물질 특별위원회가 조사를 마친 지점에서 출발했다. 모든 증거를 다시 검토한 후 이들은 이렇게 결론 내렸다. "설탕을 현재 수준으로 섭취했을 때 일반 대중에게 해가 된다는 확실한 증거는 없다."[131]

식품의약국의 평가는 곧 설탕에 대한 정부의 공식 입장이 되었다. 이후 발표된 식단과 건강에 대한 공식 보고서에는 똑같은 논리와 결론이 반복된다. 20세기 후반 이 문제에 관해 가장 영향력 있는 문서라 할 1988년의 〈영양과 건강에 대한 공중위생국장 보고서〉,[132] 1989년 발표된 국립과학아카데미 보고서 〈식단과 건강〉[133]은 물론 2005년에 발표된 의학연구소의 평가 보고서[134]에서도 사정은 마찬가지였다. 이 공식 문서들은 모두 식이성 문제의 뿌리가 지방에 있다고 주장한다. 공중위생국장 보고서에 따르면 "지방 함량이 높은 식품을 과도하게 섭취하는 것"은 열 가지 주요 사망 원인 중 다섯 가지에서 두드러진 역할을 하며, 따라서 그해 미국의 사망 건수 210만 건 중 3분의 2에서 주원인으로 생각할 수 있었다.[135] 설탕과 만성 질환의 관계가 확실하지 않다는 식품의약국의 결론이 끊임없이 반복 인용되면서, 설탕연합주식회사에서 그랬듯 "확실하지 않다"는 말이 "존재하지 않는다"와 동의어가 되어갔다. 2016년 3월 현재까지도 설탕연합주식회사 사이트에는 식품의약국 보고서가 여전히 잘못 인용되어 있다.[136]

또한 이 보고서들은 하나같이 식품의약국의 두 번째 경고를 무시해버렸다. 식품의약국 보고서는 설탕이 무해할 가능성이 높다는 결론을 내리면서 분명 "설탕을 현재 수준으로 섭취했을 때"라는 단서를 달았다.[137] 월터 글린스먼이 나중에 설명했듯이, 어떤 물질이든 너무 많이 섭취하면 해로울 수 있기 때문에 약물과 식단으로 섭취하는 물질을 논의할 때는 섭취 수준이 핵심적인 요소다.[138] 이 보고서들에 담긴 논리는 시클라메이트와 사카린이 동물에 암을 유발하는 용량이 비현실적인 양이었음에도 금지된 것과 모순된다. 하지만 식품의약국과 글린스먼의 위원회는 개의치 않았다.

1986년 식품의약국 보고서에서 글린스먼과 동료들은 당시 설탕 섭취 수준을 연간 1인당 20킬로그램으로 추정했다.[139] 하루 섭취량으로 따지면 매일 콜라를 한 캔 반씩 마시는 정도에 해당한다. 이 양은 당시 농무부 추정치(1인당 33킬로그램)의 절반을 약간 넘는 데 불과하며, 21세기 초에 농무부가 추정한 1인당 40킬로그램의 절반에도 못 미친다. 설탕을 가장 신랄하게 비난하는 사람도 현재 미국인들이 첨가당과 액상과당을 연평균 20킬로그램밖에 섭취하지 않는다면 크게 만족할 것이다. 여러 가지 근거로 보아 우리는 그보다 훨씬 많은 설탕을 섭취한다.

1989년 '영국 식품 정책의 의학적 측면에 대한 위원회'에서는 영국 정부 역사상 최초로 설탕의 보건 측면에 대한 공식 평가서를 발표했다. 〈식이성 설탕과 인간 질병〉이라는 제목의 이 보고서는 영국에서 가장 유명한 영양학자, 생화학자, 생리학자 열두 명으로 구성된 위원회에서 작성했다. 위원장은 당뇨병 전문의인 해리 킨으로 1970년대 내내 설탕업계로부터 연구비를 제공받은 사람이다.

영국의 보고서에는 미국 식품의약국, 공중위생국, 국립과학아카데미의 주장을 근거로 설탕에 면죄부를 주려는 충동과 과학적인 근거 사이의 갈등이 명백히 드러나 있다. 킨과 동료들은 당시 영국인들의 추정 섭취량(미국 농무부가 자국민에 대해 추정한 1인당 33킬로그램과 거의 같았다)에 해당하는 설탕을 장기적으로 섭취할 경우, 여드킨의 주장대로 중성지방 수치 상승과 관련된 다양한 대사 이상을 통해 결국 심장질환, 당뇨병, 고혈압, 비만이 생길 수 있다는 사실을 인정했다. 전체 인구 중 상당히 많은 사람이 설탕과 기타 탄수화물에 민감하다는 사실 또한 받아들였다. 하지만 역시 설탕이 이 질병들에 "인과적 역할을 하지는 않는다"는 결론을 내렸다.[140] 한 가지 중요한 경고는 중성지방 수치가 높은 사람(오늘날 영국과 미국의 성인 중 최대 절반 정도가 여기에 해당할 수 있다)은 자당과 기타 "첨가당" 섭취량을 연간 9~18킬로그램으로 제한하는 것이 바람직하다는 것이다. 빅토리아 시대 초기에 영국의 1인당 설탕 섭취량과 대략 비슷한 수치다. 200년 전의 식습관으로 돌아가라는 뜻이다.

9 ____ 그들이 몰랐던 것

의과대학에서 정식 과목으로 의학적 무지에 관해 가르치면 좋겠다. 교과서도 있어야 할 것이다. 매우 두꺼운 책이 될 수밖에 없겠지만.[1]

_ 루이스 토머스, 〈아주 오래된 직업으로서 의학〉, 1985년.

지난 400년간 과학적인 방법론에 대한 생각은 단 두 마디 개념으로 요약되어왔다. 바로 '가설'과 '검증'이다. 믿을 수 있는 지식을 확립하고 싶다면, 즉 진실이라고 생각하는 것이 정말로 진실인지 알려면 두 가지 과정을 반드시 거쳐야 한다. 과학철학자인 칼 포퍼는 이렇게 말했다. "과학의 방법론은 과감한 추측과 이를 반박하려는 기발하고도 혹독한 시도들로 이루어진다."[2] 여기서 "과감한 추측"이 바로 가설이다. 이것은 과학에서 비교적 쉬운 부분이다. "이를 반박하려는 기발하고도 혹독한 시도"란 실험적 검증을 가리킨다. 이 부분이 어렵다. 시간과 노력과 돈이 필요한데, 세 가지 모두 엄두가 나지 않을 정도로 엄청나게 필요한 경우도 종종 있다.

영양에 관한 가설은 특히 어렵다. 식품과 성분, 식습관이 무병장수를 추구하는 데 어떤 영향을 미치는지에 관한 것일 경우가 많기 때문이다. 예를 들어 이 책에서 검증하려는 가설은 설탕이 비만과 당뇨병의 식이성 유발물질이며, 만일 그렇다면 심장질환 같은 연관 질병도 유발할 것이라는 점이다. 하지만 이 가설은 괴혈병이나 각기병 등의 비타민 부족증처럼 수개월에 걸쳐 나타나는 일이 아니라, 지난 수십 년간 우리에게 일어난 일에 관한 것이다. 만성 질환이 나타나는 데는 그 정도 시간이 걸린다.

1960년대 후반, 미국 국립보건원 행정관들은 식이성 지방이 심장질환을 일으켜 결국 수명을 단축한다는 가설을 검증하기 위해 임상시험을 고려했다. 하지만 이런 임상시험을 하려면 아마도 수십만 명의 피험자와 10억 달러 이상의 비용이 필요할 것이다.[3] 시험을 한다고 해도 반드시 신뢰할 수 있고 결정적인 결과가 나오리라는 보장이 없다. 그 이유는 이상적인 상황에서 독립적인 연구자들에 의해 결과가 재현되는 것 역시 과학적인 과정의 핵심으로 간주되기 때문이다. 가설이 사실로 널리 인정되려면 반드시 결과를 재현하는 단계가 있어야 한다. 결국 이 임상시험은 수행되지 못했다.

그 뒤로 일어난 일들을 살펴보면 영양학과 공중보건 정책의 독특한 문제들이 무엇인지, 그 문제들이 어떻게 서로 영향을 주고받는지에 대해 많은 것을 알 수 있다. 10억 달러를 들여 식이성 지방 가설을 검증하는 대신, 국립보건원은 똑같은 주제를 약간 변형해 가설적 추론의 연결 고리를 검증하려는 두 건의 임상시험에 약 2억 5000만 달러를 투자했다.[4] 첫 번째 시험은 콜레스테롤 수치가 높은 남성에게 저지방 식단을 권고하면(필요하다면 동시에 혈압약을 복용시키고 금연 상담을 받도록 해서) 그렇지 않은 경우보다 더 오래 살 것이라는 가설을 검증하는 것이다. 시험 결과가 1982년에 발표되었는데 가설을 확인하는 데 실패했다. 저지방 식단을 섭취한 남성들의 사망률이 원하는 대로 먹은 남성들보다 오히려 더 높았던 것이다. 하지만 연구자들은 저지방 식단이 해로울 수도 있다는 생각을 거부했으며, 금연이 몸에 나쁠 리는 없으므로 결국 반신반의하면서도 혈압약에 예상치 못한 부작용이 있어 사망을 막기는커녕 부추겼다는 결론을 내렸다. 두 번째 임상시험은 콜레스테롤 수치가 아주 높은 남성에게 콜레스테롤 저하제를 투여하면 약을 먹지 않은 남성에 비해 수명이 늘어난다는 가설을 검증하려고 했다. 시험 결과가 1984년에 발표되었는데, 약물이 도움이 되었지만 그 효과는 매우 미미했다.

그 후 국립보건원의 전문가들은 맹신에 가까운 일을 저질렀다. 심장질환으로 매년 수십만 명의 미국인이 죽어간다는 걱정에 사로잡힌 나머지 콜레스테롤을 낮추는 약물이 콜레스테롤 수치가 매우 높은 남성들의 수명을 연장해준다면, 콜레스테롤을 낮추는 식단 역시 모든 사람에게 똑같은 효과를 발휘할 것이라고 가정한 것이다. 행정관 중 한 명은 이렇게 표현했다. "세상은 완벽하지 않다. 결정적인 데이터란 얻을 수 없는 것이므로, 지금 얻은 것을 가지고 최선을 다해야 한다."[5] 그 못지않게 중요한 사실은 이런 맹신을 미국 전역에 알리는 것이 위험을 감수할 만한 이익이 있다고 생각했다는 점이다. 1984년 상당한 논란에도 불구하고 그들은 2세 이상의 모든 미국인에게 저지방 식단을 권장하는 대규모 홍보 캠페인을 시작했다.[6] 지금까지 우리는 그 결과 속에서 살고 있다.

과학의 발전이 이 지점에서 멈추었다면 이 맹신이 정당화될 수 있는지 없는지 알 수 없었을 것이다. 하지만 이제 우리는 정확한 사실을 알고 있다. 결국 국립보건원에서 5억 달러에서 10억 달러에 이르는 비용을 들여(정확한 수치는 추산 방법에 따라 다르다) 저지방 식단이 여성에서 만성 질환을 예방하고 수명을 연장한다는 가설을 검증하는 데 나섰기 때문이다. 이 연구에 참여한 권위자들은 긍정적인 결과가 나올 것을 전혀 의심하지 않았다.[7] 여성을 대상으로 한 임상시험이 매우 적었으므로, 임상시험에 여성을 참여시켜야 한다는 정치적 압력에 시달렸을 뿐이다. 여성건강계획Women's Health Initiative이라는 이름의 이 시험은 1990년대 초반에 시작되어 2006년에 결과가 보고되었는데, 또 한 번 가설을 확인하는 데 실패했다.[8] 상담을 통해 저지방 식단을 섭취하고, 과일 야채 통곡식을 더 많이 먹고, 붉은색 살코기를 적게 먹으라고 권고받은 약 2만 명의 여성에서 건강상의 이익이 전혀 관찰되지 않은 것이다. 다시 말해 식단에 관해 아무런 지침도 받지 않은 채 먹고 싶은 대로 먹은 여성들과 별로 다를 것이 없었다.

연구자들과 보건 당국은 이 결과를 기존의 믿음에 의문을 던져볼 계기로 인식하기를 다시 한번 거부했다.[9] 지방이 심장질환을 일으키며 저지방 식단이 심장질환을 예방한다는 믿음 말이다. 그때까지 수행된 무작위 배정 임상시험 중 가장 큰 규모의 연구였는데도 그저 올바른 답을 내는 데 실패했다고 생각했다. 연구 기간이 더 길었거나, 더 많은 피험자가 참여했거나, 연구에 참여한 여성들이 보다 철저히 저지방 식단을 유지했다면 예상한 결과 즉 "통계적으로 유의한" 결과가 나왔으리라는 해석이 제기되었을 뿐이다. 전문가들은 그때까지 수십 년 동안(미국심장협회 같은 경우 거의 반세기 동안) 식이성 지방이 사람들을 죽이고 있다고 주장했다. 따라서 최초의 맹신을 근거로 한 식단에 대한 자신들의 선입견과 그간 끊임없이 강조해온 조언이 틀렸다고 인정하기보다, 임상시험이 실패했거나 아주 성공적이지는 못했다는 생각을 받아들이기가, 최소한 그렇게 말하기가, 더 쉬웠던 것이다.

과학에서는 가설을 반복해서 검증할수록 사실이라고 믿을 이유가 줄어드는 경우가 많다. 식이성 지방 이론이 바로 그렇다. 1987년 정부가 맹신을 바탕으로 대대적인 공중보건 캠페인을 벌이는 와중에 소위 '결정적'이라는 〈영양과 건강에 대한 공중위생국장 보고서〉가 발표되었다. 보고서는 연간 미국에서 사망하는 200만 명을 놓고 볼 때 세 명 중 두 명이 "지방 함량이 높은 식품을 과도하게 섭취한 것"이 주 사망 원인이며, "과학적 근거의 신뢰성은 (…) 1964년에 밝혀진 담배와 건강에 관한 근거보다도 훨씬 인상적이다"라고 주장했다.[10] 25년이 지난 후, 과학적 근거에 관해 가장 권위 있는 검토 자료로 인정되는 코크란연합의 자료는 저지방 식단이 건강상 이익이 없으며 고지방 식단에서 포화지방 대신 다불포화지방을 섭취하면 약간의 이익이 "있는 것 같다"고 보고했다.[11] 뭐랄까, 결국 맹신은 맹신일 뿐이라는 사실이 입증된 것이다.

모든 영양학적 논란의 중심에는 한 가지 단순한 사실이 자리 잡고 있다. 공중보건 정책과 올바른 과학은 상호 배제적일 수 있다는 것이다. 수많은 미국인이 식단 관련 질병으로 죽어갈 때 사람들의 생명을 구할 가능성이 높다면, 맹신이라도 정당화할 수 있다. 오히려 그런 조치를 취하지 않는다면 무책임한 일이 될 것이다. 하지만 올바른 과학에 반드시 내재되어야 할 회의주의, 막연한 믿음이 사실인지 확인하기 위해 혹독할 정도로 반복 검증하는 과정과 맹신은 양립할 수 없다. 행동을 취해야 한다고 믿는 경우, 보건 당국은 언제나 "결정적인 과학적 증거"를 수집할 시간이 없다고 주장한다. 하지만 과학자들은 "결정적인 과학적 증거"가 없다는 말은 진실이 무엇인지 알 수 없다는 뜻이므로 어떤 행동을 취할지도 알 수 없다고 주장한다. 양쪽 다 옳을지도 모른다. 내가 〈사이언스〉의 의뢰로 이런 영양학적 논란에 대해 처음 조사를 시작한 1999년에 당시 국립보건원 질병예방국장인 윌리엄 할란은 이 문제를 이렇게 표현했다. "우리 모두는 '확실히 답해 봐. 그런 거야, 그렇지 않은 거야?'라고 말하는 사람들에게 압력을 받고 있어요. 그들은 5년 뒤에 조사를 마치고 나서 대답을 내놓기를 원치 않아요. 당장 답을 얻기를 원하죠. 대충 얼버무릴 수도 없어요. (…) [그래서] 우리는 그렇게 되기를 원하지 않는 입장, 과학적으로 정당화할 수 없는 입장에 항상 억지로 끌려들어갑니다."[12]

하지만 여기에는 한 가지 위험이 따른다. 원하지 않는데 그런 상황으로 끌려들어갔다고 해도 성급한 또는 불완전한 근거를 바탕으로 스스로 답을 알고 있다고 일단 우기거나 그런 척하기 시작하면, 반대되는 증거가 계속 쌓이는데도 옳다고 우길 가능성이 높다는 점이다. 인간이 하는 일이라면 어디에나 따르는 위험이다. 거의 400년 전 과학의 방법론을 개척한 프랜시스 베이컨은 우리 스스로 형성한 선입견과 일치하지 않는 증거는 피하려고 드는 너무도 인간적인 특성을 최소화하고, 비판적이고 합리적으로 생각하는 방법을 개발하고자 했다.✦[13] 가혹한 검증을 수없이 거치지 않고서는 믿음과 선입견을 결코 극복할 수 없다. 단 한 번 검증한 후에, 아니 심지어 몇 번 검증을 반복하더라도, 자신의 믿음이 틀렸다고 인정하기보다 검증에 문제가 있었다고 믿는 편이 언제나 더 쉽기 때문이다. 과학의 방법론은 이런 경향을 극복할 수 있게 해준다. 완전히 없애지는 못하더라도 말이다.

✦ 베이컨은 이렇게 썼다. "인간의 이해력이란 일단 어떤 의견을 받아들이면 그것을 뒷받침하고 그것과 일치하는 모든 것을 끌어들인다. 이미 널리 인정되고 많은 사람이 그렇게 믿어서 받아들였든, 그저 마음에 들어서 받아들였든 마찬가지다. 반대 증거가 너무나 많고 명백해도 거대하고 유해한 편견에 사로잡힌 채 애초에 받아들인 가정들의 권위를 손상하지 않고 유지하기 위해 몇 가지 꼬투리를 잡아 무시하거나, 비난하거나, 배제해버린다."

1969년 존 여드킨은 영양학 연구라는 맥락, 특히 설탕과 만성 질환에 대해 신뢰성 있는 지식을 확립하는 데 있어서 이와 같은 갈등에 대해 설명했다.[14] 런던에서 열린 한 토론회에서 여드킨은 당시까지 설탕에 대한 연구 중 결정적이라고 할 만한 것은 한 건도 없다고 했다. 당시 활발하게 논의되던 가설을 실제로 검증해본 사람이 아무도 없다는 것이었다. 설탕 섭취가 만성 질환의 원인이라는 가설을 래트에서 실험한 적은 있었다. 그 이유는 오로지 실험이 가능했기 때문이다. 래트에 설탕이 듬뿍 든 식단을 먹이거나 먹이지 않으면서 일생 동안 어떤 일이 벌어지는지 계속 관찰하는 방식이었다. 하지만 그것은 래트의 일생이지, 인간의 일생이 아니었다. 래트가 인간의 조건을 반영하는 좋은 모형인지 아닌지조차 아는 사람이 없었다. 토론회에 참석한 다른 연구자들이 지적했듯이, 실험에 사용된 래트들이 다른 래트의 조건을 반영하는 좋은 모형인지조차 알 수 없었다. 관찰된 소견 중 일부가 흔히 "계통 특이적"이라고 부르는 범주에 속했던 것이다.[15] 설탕을 많이 섭취하면 수명이 짧아진다는 소견이 어떤 계통의 래트에서 관찰되었지만, 다른 계통의 래트에서는 관찰되지 않았다는 뜻이다.

여드킨이 지적했듯이 설탕이 심장질환과 당뇨병을 일으킨다는 가설을 제대로 검증하려면 10년이나 20년에 걸쳐 무작위 배정 대조군 임상시험을 시행해야 했다. 당시 국립보건원에서 계획 중이었고 머지않아 식이성 지방과 콜레스테롤 가설을 부정하게 되는 임상시험과 똑같은 유형의 연구가 필요하다는 말이었다. 이런 임상시험은 두말할 것도 없이 가용 예산 범위를 훨씬 넘어섰다. 여러 명의 연구자가 협력한다고 해도 마찬가지였다. 미국 국립보건원이나 영국의학연구위원회 등 정부 차원의 기구에서 잘 조직된 프로그램을 마련해야만 가능했다. 이런 프로그램이 없다면 연구자들은 결국 한정된 자원으로 실행할 수 있는 연구만 하게 된다. 래트나 영장류를 연구하거나, 인간 피험자라면 기껏해야 수십 명 정도를 몇 주나 몇 개월간 관찰하면서 무슨 일이 일어나는지 보는 것이다. 여드킨은 이렇게 말했다. "이런 실험들의 결과를 여러 가지 한계가 있다는 이유로 무시해버리는 것은, 이 정도 실험을 해놓고 모든 인간이 장기적으로 섭취하는 식단에 관련된 의문들의 답을 얻었다고 무비판적으로 받아들이는 것만큼 큰 실수일 것이다."[16]

1986년 식품의약국에서 설탕에 면죄부를 주었다는 사실을 인식한 보건 전문가들과 임상 의사들, 비만과 당뇨병 연구자들은 제2형 당뇨병이 설탕이 아니라 비만 때문에 생기며, 비만 자체는 너무 많은 칼로리를 섭취하거나 운동으로 소모하는 칼로리가 너무 적기 때문에 생긴다는 합의에 이르렀다. 이 논리에 따르면 다량 영양소는 오직 칼로리 함량에 의해서만 체중에 영향을 미칠 수 있으며, 칼로리는 칼로리일 뿐이므로 설탕을 먹는다고 해서 특별히 다른 식품보다 더 살이 찌는 것이 아니며, 따라서 다른 식품에 비해 당뇨병을 일으키거나 악화시킬 가능성이 더 높다고 할 수 없었다. 이 논리야말로 설탕업계에서 1930년대 이래 줄기차게 주장하고 견지해온 것이다. 하버드 대학교의 프레드 스테어가 똑같은 칼로리라면 디저트보다 마티니를 선호한다고 한 것도 같은 논리에서 나온 말이다.

하지만 과학이 발전하면서 보다 섬세한 시각이 등장했다.[17] 두 가지 식품 또는 다량 영양소가 전혀 다른 방식으로 대사된다면, 예를 들어 포도당과 과당이 전혀 다른 장기에서 대사된다면(실제로 대부분 그렇다), 지방 세포 속에 지방을 저장하는 과정을 조절하는 호르몬과 효소에 전혀 다른 영향을 미칠 것이다. 100칼로리의 포도당을 섭취하는 것과 100

칼로리의 과당을 섭취하는 것이 칼로리 함량으로는 동일하지만, 인체에 전혀 다른 영향을 미칠 가능성이 매우 높다. 설탕이라는 형태로 포도당과 과당을 50칼로리씩 섭취했을 때도 마찬가지일 것이다. 그렇지 않다고 믿는 것은 일종의 맹신이다.

이미 영양학자들은 100칼로리의 지방을 섭취하는 것과 100칼로리의 탄수화물을 섭취하는 것이 관상동맥에 플라크가 축적되는 현상에 전혀 다른 영향을 미친다고 생각했다. 심지어 100칼로리의 포화지방과 100칼로리의 불포화지방을 섭취하는 것도 전혀 다른 영향을 미친다고 믿었다. 그렇다면 서로 다른 다량 영양소가 지방 세포에 지방이 축적되는 과정이나 당뇨병의 발생과 관련된 현상(1960년대에 로절린 앨로와 솔로몬 버슨 등의 연구자들이 주장한 인슐린 저항성과 고인슐린혈증이 가장 가능성 높은 기전으로 생각된다)에 전혀 다른 영향을 미친다고 믿지 않을 이유가 있을까? 하지만 비만과 당뇨병 연구자들은 "칼로리는 칼로리일 뿐"이라는 말을 만트라처럼 되뇌었다. 인체에서 설탕이 대사되는 방식은 다른 탄수화물과 달리 독특한 면이 있다는 생각을 대중에게 설명할 때도 이 말만 반복했다. 이 끈질긴 시각은 20세기 초반의 과학에 근거를 둔 것이다. 이 생각을 고수하려면 이후 의학과 과학 분야에서 수십 년간 축적된 지식을 의도적으로 거부해야 했다.

1980년대에 이르러 설탕이나 설탕 속의 과당 성분을 전문적으로 연구하는 생화학자, 생리학자, 영양학자 들은 인간 피험자에서 설탕 섭취의 단기적 효과는 물론, 설탕이 대사되는 방식과 설탕 대사가 전반적으로 인체에 미치는 영향의 세세한 부분까지 일관성 있는 결론에 도달했다. 전분이든 밀가루든 설탕 분자의 절반이라는 형태로든 일단 몸에 들어온 포도당은 근육, 뇌, 기타 조직에서 직접적인 연료로 사용되며 글리코겐이라는 화합물의 형태로 근육과 간에 저장될 수 있다. 하지만 설탕의 과당 성분은 전혀 다른 경로를 거친다. 대부분의 과당은 순환하는 혈액에 도달하지 못한다. 그저 간에서 대사될 뿐이다. 포도당의 경우 간과 근육 세포에서 연료로 사용하고 필요하다면 글리코겐으로 저장하는 피드백 기전이 작용한다. 과당에도 이런 피드백 기전이 작용한다. 하지만 간에서 일어나는 과당 대사는 좀 다르다. 생화학자들의 표현을 빌리자면, 과당이 지방으로 전환되는 과정은 "세포 조절의 영향을 전혀 받지 않는다".[18] 그 결과 중성지방이 많이 생성되어 중성지방 수치가 비정상적으로 상승한다. 설탕이 듬뿍 든 식단을 섭취한 피험자 중 많은 사람에서 이런 현상이 나타난다.

심장 전문의와 역학자들이 중성지방이 상승하면 실제로 심장질환 위험이 높아지는지를 두고 논쟁을 벌이는 동안(이 과정에서 콜레스테롤이 가장 중요하다는 자신들의 믿음과 자가당착에 빠지기도 했다), 생화학자들은 자당이야말로 '지방을 가장 많이 생성하는' 탄수화물이며(설탕에 관한 식품의약국 보고서를 작성한 월터 글린스먼조차 이 사실을 인정했다[19]) 지방이 생성되는 부위는 바로 간이라는 사실을 받아들이게 되었다.✦[20] 이스라엘 생화학자 엘리사 샤프릴은 이 과정을 전문 용어로 "과당이 풍부한 식단에 의해 유도되는 간의 현저한 지방 생성능"이라고 기술했다.[21] 이 현상은 일부 동물종에서 관찰되지만 다른 종에서는 관찰되지 않으며, 인간을 대상으로 한 단기 임상시험에서도 다른 사람보다 더 뚜렷이 나타나는

✦ 1916년 서로 다른 탄수화물이 인체에서 얼마나 빨리 대사되는지를 최초로 연구한 카네기 연구소의 해럴드 히긴스 역시 똑같은 현상을 관찰했다. 과당은(때때로 갈락토오스도) "인체에서 우선적으로 지방으로 전환되는 반면, 포도당은 글리코겐[탄수화물의 저장 형태]으로 전환되어 그 상태로 저장되는 경향이 있었다".

사람이 있다는 사실이 명백히 입증되었다.[22] 인간 시험에서 애초에 중성지방 수치가 가장 높은 피험자들은 설탕 섭취를 줄인 데 대한 반응도 가장 크게 나타났다. 이런 소견은 원래 중성지방이 높았던 원인이 설탕이었음을 시사한다(입증한다고 할 수는 없지만). 또한 이들은 저설탕 식단을 섭취할 때 콜레스테롤 수치 역시 가장 많이 감소하는 경향을 보였다.

인간과 동물이 설탕에 어떤 반응을 보이는지를 관찰한 실험에서는 그 밖에도 예상치 못한 흥미로운 현상이 발견되었다. 예를 들어 젊은 여성이 설탕의 중성지방 상승 효과에 비교적 저항성을 갖는 반면 나이 든 여성, 특히 폐경기를 지난 여성은 남성과 똑같은 반응을 나타냈다.[23] 연구자들은 이 소견으로 젊은 여성에서 비교적 심장질환이 드문 이유를 설명할 수 있을지 알고 싶었지만, 할 수 있는 일이라고는 추정하는 것뿐이었다. 1980년대 후반 들어 이런 연구로 정부 연구비를 따내기가 점점 힘들어졌던 것이다.

또한 설탕이 풍부한 식단을 섭취할 때 중성지방이 크게 상승하는 피험자는 탄수화물을 섭취할 때 포도당 불내성이라는 현상을 쉽게 나타냈다.[24] 탄수화물 섭취 후 몇 시간 동안 다른 사람보다 혈당이 훨씬 높게 올라간다는 뜻이다. 세포가 인슐린의 혈당 조절 작용에 상대적으로 강하게 저항성을 보이고 있을 가능성이 있다는 의미다. 하지만 왜 이런 현상이 일어나는지는 분명치 않았다. 설탕 자체는 간에서 대사되며, 심지어 설탕 속의 과당 성분이 인슐린을 분비하는 췌장을 자극하지도 않는다는 점을 생각하면 더욱 그랬다. 1970년대 초 아론 코언과 동료들은 이런 반응이 유전적 취약성에 의해 결정될 가능성이 매우 높으며, 적어도 래트에서는 향후 당뇨병의 발생과 관련이 있다고 보고했다.[25] 코언의 팀은 설탕이 듬뿍 든 식단에 포도당 불내성을 나타내는 것 말고는 건강상 아무런 문제가 없는 마른 래트들을 사육했다. 그 후 이 래트들의 자손을 따로 모아 사육했다. 자손들 역시 설탕을 섭취하면 포도당 불내성을 나타냈다. 이 과정을 반복하자 이 계통의 래트는 3대代를 못 가 설탕을 먹으면 포도당 불내성 정도가 아니라 당뇨병에 걸렸다. 인간에서도 똑같은 현상이 일어날까? 이 소견으로 왜 어떤 사람은 다른 사람보다 설탕을 더 많이 섭취하지 않아도 당뇨병에 걸리는지 설명할 수 있을까? 코언은 물론 어느 누구도 답을 내놓지 못했다.

1986년 월터 글린스먼의 연구팀은 설탕에 관한 식품의약국 최종 보고서를 작성했다. 그들은 소견들을 다각도로 논의한 후, 설탕 섭취의 장기적 효과에 대한 결정적인 증거가 없기 때문에 설탕이 일반적으로 안전하다고 결론 내렸다. 이때는 대다수 연구자들과 임상 의사들이 심장질환에서 설탕이 아니라 지방이 문제라는 개념을 갖고 있었으므로 사실상 설탕은 일반적으로 안전하다고 간주되었다. 하지만 상당한 정보를 바탕으로 독자적인 의견을 갖고 있다고 여겨지는 대부분의 권위자가 그렇게 믿는다고 해서, 설탕이 실제로 안전하다고 할 수는 없었다.

여드킨, 월터 머츠, 미국 농무부 탄수화물영양학연구소의 셸던 라이저 등 설탕이 안전하지 않다고 주장하는 연구자들은 편향에 사로잡혔다거나, 나쁜 과학자라거나, 돌팔이들이나 믿는 가설에 지나치게 빠져 있다는 소리를 들었다. 하지만 이 의문에 확실히 답할 수 있는 검증은 한 번도 제대로 수행된 적이 없었다. 글린스먼과 공동 저자들 역시 이런 검증이 필요한지에 대해 아무런 의견을 내놓지 않았다. 식품의약국 보고서를 작성하면서 어떤 분야에 더 많은 연구가 필요한지 적시하는 것은 그들의 임무가 아니었으므로 그렇게 하지 않았던 것이다.[+26] 이미 식이성 지방이 심장질환의 식이성 원인이라고 선언된 후였다. 정부와 보건 당국은 어떻게 하면 미국인들이 저지방 식단을 섭취하게 만들 수 있을지 궁리하는 데 모든 노력을 기울이고 있었다.

설탕을 둘러싼 과학이라는 주제는 머지않아 다른 맥락을 갖게 된다. 하지만 그전에 영양학 권위자들이 이 문제를 인식하는 방식은 물론, 더욱 중요하게는 대중이 설탕을 인식하고 소비하는 방식에 동시에 영향을 미친 두 가지 사건이 일어났다. 20세기 내내 당뇨병 전문가들과 영양학자들은 식품의 특정 성분이 당뇨병을 유발하거나 악화시킨다면, 이 성분이 우리를 더 살찌게 만들거나(1980년대에 식이성 지방이 살찌게 만드는 주범이라고 널리 인식된 이유는 단 한 가지, 칼로리 밀도가 높다는 것이었다) 췌장의 인슐린 분비 세포에 독특한 방식으로 부담을 주기 때문이라고 믿었다. 영국의 피터 클리브조차 그렇게 믿었으며 1960년대에 정제된 곡식과 설탕이 비만과 당뇨병, 관련 만성 질환의 원인이라고 주장했을 때도 여전히 이 견해의 영향을 벗어나지 못했다.

이것이 사실이라면 설탕과 기타 탄수화물이 당뇨병에 영향을 미치는 데 가장 중요한 요소는 얼마나 빨리 작은 탄수화물로 소화되어 포도당이 혈액 속으로 흡수되고 결국 혈당이 올라가느냐일 것이다. 이 개념을 "혈당 지수"라고 한다. 이 개념은 1970년대 후반 옥스퍼드 대학교 연구자들이 개척한 것으로 클리브가 적어도 한 가지 점에서는 옳았음을 의미한다.[27] 탄수화물을 더 많이 정제하거나 가공할수록, 함께 섭취할 때 소화를 늦추어주는 지방과 식이섬유를 적게 섭취할수록, 혈당 반

✦ 25년 후 나는 옥수수가공협회의 자문위원이 된 월터 글린스먼에게 설탕에 관한 의문을 완벽하게 해소하려면 어떤 연구를 해볼 수 있을지 물어보았다. 그는 대답을 거부했다.

응이 더 크게 나타나며 이를 대사하기 위해 더 많은 인슐린이 필요하다는 것이다. 클리브의 견해로 바꾸어 말한다면 췌장에 더 큰 부담을 준다는 뜻이다. 옥스퍼드 대학교 연구자들은 물에 포도당만 녹인 용액을 섭취할 때를 기준치인 100으로 잡고 혈당 지수를 산정했다. 옥수수 가루가 80, 백미가 72, 흰빵이 69, 사과가 39, 아이스크림(지방 함량이 매우 높다)은 겨우 36이었다.

혈당 지수가 처음 발표되자 그 궁극적 가치를 두고 놀랄 정도로 험악한 논쟁이 벌어졌다. 한 가지 명백한 문제는 특정 식품을 섭취할 때 나타나는 혈당 반응이 사람에 따라 크게 다르며, 함께 섭취한 식품 속에 얼마나 많은 지방과 단백질과 식이섬유가 함유되어 있는지에 크게 영향을 받는다는 점이다. 또 다른 문제는 지방, 심지어 포화지방이 풍부한 식품이(아이스크림이 가장 좋은 예다) 바로 지방 함량 때문에 혈당 지수가 낮아져 건강한 식품처럼 보인다는 점이다. 비만과 당뇨병과 심장질환에 있어서 식이성 지방이 문제라고 확신했던 수많은 영양학자와 연구자들은 이 결론을 도저히 받아들일 수 없었다. 그럼에도 혈당 지수라는 개념은 당뇨병 환자들 사이에서 천천히 인정을 받았다. 어떤 식품을 먹어도 되고 어떤 식품을 먹으면 안 되는지, 먹는다면 인슐린 용량을 어느 정도로 조절할지 결정하는 데 아주 유용했던 것이다.

예기치 못한 문제는 혈당 지수를 적용하면 설탕이 심지어 당뇨병 환자에게도 건강한 식품처럼 보인다는 점이다. 대부분의 과당은 섭취한 후 간에서 대사될 뿐 혈액 속으로 흡수되어 혈당을 올리지 않으므로 혈당 지수에 반영되지 않는다. 따라서 설탕(자당과 액상과당)은 비교적 혈당 지수가 낮다. 절반에 해당하는 포도당만 혈당을 올리기 때문이다. 혈당 지수 개념을 적용하면 과당은 당뇨병 환자에게 이상적인 감미료이며, 설탕 자체는 그다지 신경 쓸 만한 물질이 아닌 것처럼 보인다. 따라서 미네소타 대학교 연구팀이 1983년 〈뉴잉글랜드의학학술지〉에 게재한 논문에서 결론으로 제시한 "당뇨병 환자는 자당이 들어 있는 식품을 피해야 한다"는 권고는 근거를 잃게 된다.[28] 아니나 다를까, 1986년 미국당뇨협회 역시 이를 공식 입장으로 발표했다.[29]

지금까지 설탕이 건강에 해롭다고 비난받고 실제로 1인당 설탕 섭취량이 감소한 1970년대 전반부를 시작으로, 대공황 이후 처음으로 총 칼로리 섭취량이 현저히 늘어나기 시작한 1980년대까지 일어난 일들을 살펴보았다. 이런 문제를 음미해보면 1980년대에 칼로리만 지닌 감미료, 즉 설탕과 액상과당의 소비가 늘면서 최근 들어 비만과 당뇨병 유행이 거의 평행선을 그리듯 늘어난 현상을 이해하는 데 도움이 된다. 1999년 미국인들은 남성, 여성, 어린이 할 것 없이 1인당 70킬로그램의 설탕과 액상과당을 구매했다.[30] 불과 25년 전 구매량인 50킬로그램에서 3분의 1이 넘게 늘어난 수치다. 구매량 중 어느 정도를 실제로 섭취했는지는 계산 방식에 따라 다르지만, 1999년에 글린스먼과 식품의약국 연구팀에서 불과 13년 전에 공식적으로 안전하다고 정의한 양의 두세 배에 이르는 자당과 액상과당을 섭취하고 있었던 것이다.

설탕 섭취량이 증가하기 시작한 것은 설탕업계가 홍보 캠페인에 성공하고, 식품의약국이 설탕에 면죄부를 주기 조금 전부터다. 액상과당, 특히 액상과당-55가 식품업계에 도입된 시점과 맞아떨어진다. 액상과당-55란 55퍼센트의 과당과 45퍼센트의 포도당이 혼합된 물질로 코카콜라나 펩시에 넣었을 때 설탕과 구별되지 않는다.[+31] 1984년에는 코카콜라와 펩시에서 설탕을 완전히 밀어냈다. 값이 쌀뿐더러 레이건 행정부에서 통과시킨 정부 입법 덕분에 계속 싼 가격을 유지하리라 전

망되었기 때문이다. 시럽 형태로 만들 수 있다는 점도 음료업계에 편리했다. 1984년부터 20세기 말까지 액상과당이 상당 부분 설탕을 잠식하고 그 비율이 계속 상승하면서 칼로리를 지닌 감미료의 섭취량 역시 꾸준히 증가했다.

왜 이렇게 되었는지에 대해서는 다양한 설명이 있다. 우선 보건 당국이 나서서 살이 찌는 원인이 지방이며, 설탕은 지나치게 섭취하지 않는 한 무해하다는 암시를 주었다. 1990년대 중반에는 미국심장협회조차 간식으로 포화지방이 함유된 식품을 섭취하느니 차라리 사탕을 먹으라고 권고했다.[32] 또 다른 단순한 설명은 옥수수가공협회가 액상과당이 설탕과 다른 물질인 것처럼 선전하는 데 비상한 노력을 기울였다는 것이다. 그들은 우선 제품을 그냥 "과당"이라고 불러 순수한 과당인 것처럼 생각하게 한 뒤, "과당"은 다름 아닌 "과일의 당"이라고 설명하여 아주 건강한 식품처럼 포장했다.[33] 미국당뇨협회와 당뇨병 전문의들이 과당은 혈당을 올리지 않으며, 대사 과정에 인슐린을 필요로 하지 않으므로 과당이야말로 이상적인 감미료라고 주장한다는 사실 역시 액상과당이 이상적인 감미료라는 믿음을 부추겼다.

사람들이 청량음료와 주스와 갈수록 늘어나는 가공식품과 빵과 과자를 통해 섭취하는 액상과당이 실은 다른 형태의 포도당과 과당 혼합물, 즉 사실상 설탕이라는 사실을 그저 깨닫지 못했을 뿐이라고 생각하

✦ 액상과당 속 과당과 포도당은 설탕과 달리 서로 결합되어 있지 않다. 그 때문에 일부 연구자는 액상과당이 훨씬 유해하다고 주장하지만, 이 주장은 다소 타당성이 떨어진다. 식품산업, 특히 청량음료(1970년대에 식품에 첨가된 설탕의 약 50퍼센트가 청량음료에 들어간 것으로 추산된다)에 사용되는 설탕 역시 결국 '전화당轉化糖'이 되어, 우리가 섭취할 때는 과당과 포도당이 분리(가수분해)된 상태이기 때문이다.

기가 좀 어렵지만, 실제로 벌어진 일이 정확히 그렇다.[34] 옥수수가공협회는 그 차이를 눈에 띄지 않게 감추는 데 성공했다.[++] 바야흐로 액상과당은 독특한 건강상의 이익을 갖는다고 선전되는 수많은 제품(게토레이 등의 스포츠 음료, 은행잎, 인삼, 기타 뭔지 모를 생약 성분이 들어 있다는 온갖 차, 저지방 요구르트)을 제조할 때 가장 먼저 고려되는 감미료로서 폭발적인 인기를 누렸다. 세조 회사들은 액상과당이 다른 형태의 설탕일 뿐이며, 사실은 설탕보다 훨씬 살을 찌게 만들 수도 있으며, 어쩌면 액상과당으로 인해 당뇨병에 걸릴 가능성이 높을지도 모른다는 사실을 소비자에게 알리지 않았다. 그저 식품 성분표에 대부분의 칼로리가 액상과당에서 유래한다고만 적어 넣었다. 실제로 사람들은 더 살이 찌고 동시에 훨씬 많은 당뇨병 환자가 발생했다. 중요한 문제는 이런 현상이 우연히 동시에 발생했는지 아니면 인과관계가 있는지 밝히는 것이다.

1980년대 후반 들어 과학 자체의 맥락이 근본적으로 변하기 시작했다. 간에서 과당을 대사하는 생화학적 과정이 자세히 밝혀지면서 왜 설탕을 섭취하면 혈액 속에서 중성지방 수치가 상승하는지 이해하게 된 것이다. 이 부분은 논란의 여지가 없었다. 하지만 이 사실을 이해하는, 보다 정확하게 표현하면 이해해야만 하는 의학적 맥락 역시 변화를 겪었다. 심장병과 당뇨병에 대한 이해가 계속 발전하면서 관심의 초점

++ 2000년대 초 영양에 관한 첫 번째 책을 쓰기 위해 조사와 취재를 시작할 무렵 내가 인터뷰한 많은 연구자가 액상과당은 그저 과당일 뿐이라고 믿거나, 설탕의 절반은 과당이라는 사실을 몰랐다. 그들은 인구 집단을 연구하는 역학자이거나 만성 질환을 진료하는 의사들이었으므로, 이렇게 단순한 사실도 모를 정도로 영양학적 생화학적 배경지식이 부족했던 것이다.

이 콜레스테롤과 식이성 지방에서 식단의 탄수화물 함량 쪽으로 옮겨간 것이다.

의학계는 인슐린 저항성과 "대사 증후군"이라고 알려진 상태가 심장질환과 당뇨병의 유일한 위험인자는 아닐지라도 중요한 위험인자임을 깨달았다.[35] 심장질환과 당뇨병이 생기기 전에 먼저 대사 증후군이 나타났기 때문이다. 현재 미국 질병관리본부는 미국 성인 중 약 7500만 명이 대사 증후군이라고 추정한다.[36]

대사 증후군을 진단할 때 가장 먼저 확인하는 증상, 즉 진단 기준은 허리가 굵어지는 것이다. 과체중이나 비만인 사람(현재 미국인의 3분의 2가 이런 상태다)은 대사 증후군일 가능성이 높다. 허리가 굵어지면 혈압이 올라가기 쉽고, 포도당 불내성이 생겨 당뇨병으로 진행할 가능성이 높다. 살찐 사람이 마른 사람보다 심장 발작을 일으킬 위험이 높은 것도 대사 증후군 때문이다. 물론 마른 사람도 대사 증후군일 수 있다. 이들은 대사 증후군이 아닌 마른 사람에 비해 심장질환과 당뇨병이 생길 위험이 더 높다.

대사 증후군이라는 개념이 등장하면서 이전까지 의학계에서 무관하다고 생각한 질환, 적어도 별도로 독립적인 원인이 있다고 생각한 질환들이 하나의 범주로 통합되었다. 체중 증가(비만), 혈압 상승(고혈압), 중성지방 상승과 HDL 콜레스테롤 하강(이상지질혈증), 심장병(동맥경화), 혈당 상승(당뇨병), 염증(다양한 질병)이 모두 인슐린 저항성과 혈중 인슐린 수치 상승(고인슐린혈증)으로 인해 생긴다는 사실이 밝혀진 것이다. 이 상태는 일종의 항상성 장애다. 전신의 신체 기능을 조절하는 시스템이 고장을 일으켜 모든 곳에서 천천히, 장기적으로 병적인 결과가 빚어진다.

대사 증후군에 관한 연구는 1950년대 초반으로 거슬러 올라간다. 인슐린 저항성이 비만과 제2형 당뇨병의 원인이라는 로절린 앨로와 솔로몬 버슨의 발견과, 1963년에 설탕 섭취야말로 심장병의 식이성 원인일 가능성이 가장 높다고 주장한 여드킨의 과학이 만나는 지점이 바로 여기다. 여드킨이 지적했듯이 이 질병들은 하나도 빠짐없이 실험 동물에 설탕을 먹임으로써 유발할 수 있었다. 많은 경우 사람에게 설탕을 먹여도 마찬가지 결과가 나타났다. 이 이론에 수많은 과학적 연구를 더한 것은 스탠퍼드 대학교의 내분비학자 제럴드 리븐 연구팀이었다. 이들의 연구에 힘입어 의학계 전체가 이 문제에 주목하게 되었으므로 상당한 공로라 할 것이다. 리븐의 주장은 여드킨의 이론과 거의 비슷했다. 심장질환과 당뇨병이 비만을 비롯하여 대사장애 및 호르몬 이상과 공통적으로 관련이 있으며, 콜레스테롤 수치가 올라가는 것은 빙산의 일각에 불과하다는 것이다. 리븐은 이 질병들에 모든 종류의 탄수화물이 관여한다고 생각했다. 하지만 여드킨과 달리 그는 설탕이 독성 물질이며 포화지방은 그렇지 않다는 주장을 끝까지 밀어붙이는 열성 신도는 아니었다.

1987년 리븐은 국립보건원에서 주최한 당뇨병 예방에 관한 학회에서 대사 증후군이라는 새로운 과학에 대해 설명했다.[37] 학회에 참석한 연구자들과 임상 의사들은 제시된 과학적 증거가 매우 설득력 있다는 사실은 인정했지만, 동시에 한 행정관이 그 자리에서 지적했듯이 "사실이 아니기를" 바랐다. "아무도 어떻게 대처해야 할지 모르기 때문"이었다. 지금까지 지방은 심장에 나쁘며 너무 많은 단백질을 섭취하면 콩팥에 부담을 줄 수 있다고 믿었다. 그런데 이제 탄수화물이 나쁘다는 개념이 나온 것이다. 행정관은 덧붙였다. "어쨌든 뭔가 먹어야 할 것

아닙니까?" 하지만 남은 것이 없는데 뭘 먹는단 말인가?

이듬해 리븐은 미국당뇨협회 연례 학회에서 최고의 영예로 꼽히는 밴팅 강연Banting Lecture의 연사로 선정되었다.[38] 이 자리에서 그는 자신이 X증후군(대사 증후군)이라고 이름 붙인 현상을 뒷받침하는 증거를 설명했다. 리븐에 따르면 대사 증후군의 가장 중요한 이상인 인슐린 저항성이야말로 제2형 당뇨병의 근본 원인이다. 하지만 인슐린 저항성이 생겼다고 해서 모든 사람이 당뇨병 환자가 되지는 않는다. 일부는 신체의 저항성을 극복하는 데 충분한 인슐린을 계속 분비한다. 하지만 이 고인슐린혈증은 신체 구석구석에 매우 나쁜 영향을 미친다. 중성지방 수치를 높이고, 혈압을 상승시키며, HDL 콜레스테롤 수치를 낮추어 심장질환을 일으키는 한편, 인슐린 저항성을 더욱 악화시킨다. 악순환이 생기는 것이다. 인슐린이 너무 많이 분비되면 인슐린 저항성이 생기고, 인슐린 저항성이 생기면 더 많은 인슐린이 분비된다. 당뇨병과 심장질환의 위험성은 점점 높아진다. 사람들이 역사상 유례없이 살이 찐다는 사실은 원인일 수도 있지만, 결과일 수도 있는 것이다.

대사 증후군에 관한 연구 결과가 축적되면서 인슐린 저항성에 동반되는 이상이 점점 더 많이 밝혀지고 있다. 비만인 사람에게 이런 대사 및 호르몬 이상이 나타나면 결국 심장질환과 당뇨병으로 진행하게 된다. 혈액 속에서 LDL 입자[39](LDL 자체는 콜레스테롤이 아니고 콜레스테롤 운반 입자다)와 요산이 크게 상승하는 것도 그런 이상 중 하나다. 또한 혈액 속에서 C-반응성 단백질과 기타 염증성 분자의 농도가 상승하는 일도 흔하다. 만성 염증 상태가 동반된다는 뜻이다.[40]

대사 증후군이라는 개념이 확립되면서 심장질환 위험에 대한 용어도 크게 변했다. 콜레스테롤 수치가 높은 것은 대사 증후군에서 나타나는 이상에 포함되지 않는다. 흔히 '나쁜' 콜레스테롤이라고 하는 LDL 콜레스테롤도 마찬가지다. 그보다 중성지방 수치 상승, HDL 콜레스테롤 감소, 혈압 상승, 과체중, 포도당 불내성, 무엇보다 하루도 빠짐없이 지속되는 인슐린 저항성과 인슐린 과다 분비가 더 중요한 인자이다. 이 모든 이상은 식단의 지방 함량이 아니라 탄수화물 함량과 관련이 있다.

궁극적인 질문은 이것이다. 인슐린 저항성은 왜 생길까?[41] 왜 이런 악순환이 일어날까? 1960년대 초반 이후 많은 연구자와 임상 의사는 비만, 적어도 과도한 지방 축적이 원인이라고 생각했다. 비만이 당뇨병을 일으킨다고 믿은 것도 같은 이유에서다. 비만과 당뇨병은 너무나 밀접하게 연관되어 있었다. 하지만 이 이론으로는 왜 마른 사람에게 인슐린 저항성과 당뇨병이 생기는지 설명할 수 없다. 그래서 마른 사람에서는 오래 앉아 있는 습관이 대사 증후군을 일으킨다는 설명이 제기되었다. 인슐린 저항성이 생기는 자세한 과정이 어떻든 비만한 사람은 인슐린 저항성이 생기며, 비만 자체는 소모하는 칼로리보다 섭취하는 칼로리가 더 많기 때문에 생긴다고 생각했다. 이 가정은 한 번도 엄밀하게 검증된 적이 없지만 타당하다고 여겨졌기에, 별 거부감 없이 받아들여졌다.

하지만 혈당 지수에 관한 연구 이후 인슐린 저항성 및 고인슐린혈증이 심장질환과 당뇨병의 원인이자 악화 인자라는 사실이 받아들여지면서, 흥미로운 부작용이 하나 생겼다. 1980년대 후반 들어 설탕과 그 속의 과당 성분을 연구하는 사람이 다시 늘기 시작했다는 점이다. 연구자들이 특별히 설탕이 인간에게 나쁘다는 사실을 우려했기 때문은 아니었다. 일부는 미국당뇨협회의 주장처럼 과당이 당뇨병 환자에게 이상적인 감미료일 가능성이 높다고 생각해서, 일부는 과당이 실험실에서 대사 과정을 연구하는 데 포도당과 비교할 수 있는 물질로 유용하다고 생각해서 연구를 시작했다.(포도당은 혈당과 인슐린 분비를 즉각적으로 높이지만 과당은 그렇지 않다.)

스탠퍼드 대학교의 리븐 연구팀이 실험용 래트와 마우스에서 인슐린 저항성과 대사 증후군의 증상들을 유도하는 가장 쉬운 방법은 대량의 과당을 먹이는 것이라는 사실을 입증한 후에 과당 연구에 뛰어든 사람들도 있었다. 리븐의 연구팀이 래트에 대부분 과당으로 구성된 식품을 먹이는 실험을 한 이유는, 미국당뇨협회의 권고안이 정말 타당한지 궁금했기 때문이다. 이들은 즉시 인간 대사 증후군의 "놀라운 모형"을 찾아냈다는 사실을 깨달았다.[42] 높은 중성지방 수치, 높은 인슐린 수치(고인슐린혈증), 인슐린 저항성은 물론 요산 수치가 높은 것까지 모든 면에서 똑같은 동물을 쉽게 얻을 수 있었던 것이다.

간에 지방이 축적되는 이유가 궁금해서 설탕 연구를 시작한 연구자도 있었다. 인간에서 지방간과 비만의 관계가 처음 보고된 것은 1950년대로 거슬러 올라간다. 새뮤얼 젤먼이라는 캔자스주 의사는 다량의 탄수화물 섭취가 어떤 이유로든 비만과 관계가 있을 것이라고 생각했다. 그의 기록에 따르면 이 주제에 관심을 갖고 연구를 시작한 것은 병원에 근무하는 보조원이 "매일 코카콜라를 20병 이상 마시고" 비만 환자가 되었기 때문이다.[43] 의학 문헌상 알코올 섭취력이 없는 성인이 지방간으로 진단된 첫 번째 증례 보고는 1980년이며, 어린이의 경우는 1984년이다.[44] 소위 비알코올성 지방간이다. 이 증례들은 술을 많이 마셔서 생긴 알코올성 지방간과 구분할 수 없을 정도로 똑같았다. 술을 마시지 않는 성인과 어린이에게 왜 지방간이 나타날까? 이들은 거의 예외없이 비만 상태였고 중성지방이 높았다. 다시 말해 대사 증후군을 앓고 있었다.

미국에서 오늘날 비알코올성 지방간은 약 7500만 명의 성인[45]뿐 아니라(대사 증후군 추정 환자 수와 일치하는 것은 우연이 아닐 것이다) 청소년에서도 열 명에 한 명꼴[46]로 나타난다고 추정된다. 놀랍지만 유아에서도 진단된다. 명백히 또 하나의 유행이 시작된 것이다. 비알코올성 지방간 환자를 진료하는 의사 중 일부는 비만이 원인이라고 생각한다. 현대적 식단이나 생활 습관 중 어떤 측면이 독특하게 작용하여 간에 지방을 축적시킨다고 믿는 의사도 있다. 비알코올성 지방간 역시 대사 증후군 및 인슐린 저항성과 밀접한 관련이 있으므로, 간에 축적된 지방이 대사 증후군의 핵심인 인슐린 저항성을 일으킬 가능성도 제기되었다. 오늘날 인슐린 저항성을 연구하는 많은 연구자가 그렇게 믿는다. 최근 밝혀진 많은 증거 또한 이를 뒷받침한다. 하지만 도대체 왜 지방이 간에 축적될까? 몇몇 연구자는 설탕 연구에서 답을 찾고자 한다. 과당이 간에서 대사되는 과정에서 지방을 생성하는 능력이 매우 높기 때문이다.

1990년대 이후 연구를 통해 몇 가지 사실이 명확히 밝혀졌다.[47] 첫째, 동물에 충분한 양의 순수한 과당이나 설탕(포도당과 과당)을 먹이면 다량의 과당이 간에서 지방으로 전환된다. 이때 생성되는 지방은 팔미트산이라는 포화지방이다. 사람이 섭취하면 LDL 콜레스테롤을 상승시켜 심장질환을 일으킬 가능성이 높은 물질이다. 관련된 생화학적 경로는 매우 명확하여 논란의 여지가 없다. 충분한 기간 동안 충분한 양의 과당을 동물에게 먹이면, 팔미트산이 간에 축적되어 비만인 어린이와 성인에서 관찰되는 것과 똑같은 지방간이 생긴다. 지방 축적과 함께 처음에는 간에서, 이어서 점차 다른 세포에서도 인슐린 저항성이 나타나 결국 대사 증후군으로 진행한다. 적어도 실험 동물에서는 확실히 그렇다.

연구자들의 말에 따르면, 설탕이나 과당을 섭취할 때 동물에 나타나는 이런 대사적 효과는 섭취량이 많다면(전체 섭취 칼로리의 약 70퍼센트) 일주일 만에도 나타날 수 있다.[48] 현재 미국인들이 섭취하는 수준(전체 칼로리의 약 20퍼센트)을 동물에 먹이면 이런 소견이 나타나기까지 몇 개월이 걸릴 수도 있다. 어떤 경우든 설탕 섭취를 중단하면 지방간이 없어지고, 인슐린 저항성도 사라진다. 2011년 수행된 연구에서는 스물아홉 마리의 레수스 원숭이에 평소에 먹는 사료와 과당으로 단맛을 낸 음료를 함께 마실 수 있도록 했다. 1년 안에 한 마리도 빠짐없이 "인슐린 저항성과 대사 증후군의 다양한 특징"이 나타났으며, 네 마리에는 제2형 당뇨병이 발생했다.[49]

인간에서도 비슷한 결과가 나타났다. 실험에는 보통 과당만 사용했다. 물론 당뇨병이 생길 때까지 진행하지는 않았다. 1980년대 중반 스위스 로잔 대학교의 뤼크 타피는 "과당 대사의 매우 특이한 점, 즉 인슐린을 필요로 하지 않고 쉽게 대사된다는 점에 몹시 흥미를 느껴" 과당 연구를 시작했다.[50] 피험자들이 하루에 코카콜라나 펩시콜라 8~10캔에 해당하는 과당을 섭취하자(타피에 따르면 "상당히 고용량"이다) 불과 며칠 사이에 간에서 인슐린 저항성이 나타나면서 중성지방 수치가 상승했다. 더 낮은 용량에서도 똑같은 효과가 나타났지만 한 달 이상의 시간이 걸렸다.

설탕이나 과당이 간에 지방을 축적시키고 인슐린 저항성을 일으킨다는 연구 결과는 꾸준히 축적되었다. 하지만 1986년 월터 글린스먼과 식품의약국 공동 저자들이 지적했듯이 모든 실험이 결정적인 수준에 미치지 못해 쉽게 반박당할 수 있다는 점은 여전했다. 설치류에서 나타난 결과가 반드시 인간에게 적용되는 것은 아니다. 인간 피험자에게 과당 음료를 마시게 한 후 나타난 결과를, 마시기 전과 비교하거나 다른 피험자에게 포도당 음료를 마시게 하고 나타난 결과와 비교한 시험도 마찬가지다. 매일 실제로 섭취하는 식단에 의해 똑같은 결과가 나타나리라 생각할 수 없다. 실제 상황에서는 인간이든 동물이든 적어도 액체 형태로 순수한 과당이나 순수한 포도당을 마시는 일이 없기 때문이다. 언제나 설탕이나 액상과당처럼 두 가지 물질이 대략 50대 50으로 혼합된 형태를 섭취한다. 또한 설치류와 인간 연구에 사용된 과당과 자당의 양은 항상 그런 것은 아니지만, 대부분 엄청난 수준이다. 설치류는 총 칼로리의 60퍼센트 이상, 인간은 총 칼로리의 30~40퍼센트에 해당하는 칼로리를 설탕으로 섭취했다. 연구 기간도 짧았다. 기껏해야 몇 개월의 연구를 통해 얻은 결론을 대사 증후군, 비만, 당뇨병, 심장질환 등 수년에서 수십 년에 걸쳐 발생하는 질병에 어떻게 적용할 것인지는 명확하지 않다. 연구자들은 다량의 설탕을 몇 개월간 섭취하는 연구(이런 연구는 비용이 저렴하고 수행하기가 크게 어렵지 않다)에서 일어난 일들이 보다 현실적인 섭취량을 장기간 섭취하는 연구(이런 연구는 비용도 많이 들고 수행하기도 어렵다)에서도 똑같이 일어날 것이라고 가정한다. 이런 가정은 합리적이고 어쩌면 명석할지도 모르지만(나는 그렇게 생각한다) 그렇다고 반드시 옳다는 뜻은 아니다.

결국 설탕업계와 설탕업계로부터 지원을 받은 연구자는 물론 지원을 받지 않은 연구자 중 일부가, 설탕을 제한했을 때 인슐린 저항성과 대사 증후군이 줄어드는 현상은 오직 피험자의 체중이 감소할 때만 나타난다는 점을 지적할 것이다.[51] 그리고 칼로리는 칼로리일 뿐이므로 체중을 줄이는 유일한 방법은 적게 먹는 것이며, 따라서 설탕의 문제는 맛이 너무 좋아 칼로리를 지나치게 섭취하도록 만드는 것뿐이라고 주장할 것이다. 이 논리는 결국 사람들이 적게 먹고 운동을 많이 하면 비슷한 건강 효과를 얻게 될 것이라는 주장으로 회귀한다.

하지만 생화학적 사실과 동물 실험을 통해 시사되듯 설탕이 실제로 인슐린 저항성을 유발한다면, 과도한 지방 축적과 비만을 유발할 가능성 또한 매우 높다. 설탕을 먹지 않는다면 인슐린 저항성이 개선되고, 체중이 줄어들 것이다. 더 적게 먹기 때문이 아니라, 인슐린 저항성 자체가 없어지기 때문이다. 물론 설탕업계는 이렇게 생각하지 않는다.

언제나 이 주제에 관한 연구를 검토하고 나면 더 많은 연구가 필요하다는 결론이 나오는 이유는, 이런 복잡성 때문이다. 1993년 식품의약국이 설탕에 면죄부를 주는 보고서를 발표한 지 불과 7년 만에 〈미국임상영양학학술지〉는 한 권 전체를 할애하여 과당 즉 설탕 섭취의 효과를 다루었다.[52] 논문들은 하나같이 설탕 섭취가 유해할지도 모른다는 증거를 제시한 후, 이미 20년 전 설탕업계의 과학자 겸 자문위원들이 제안한 연구가 필요하다고 결론 내렸다. 실제로 설탕을 어느 정도 섭취하면 유해한지를 명확히 해야 한다는 것이다. 이 특별판에 실린 논평에서 타피와 동료인 에리크 제키에는 이렇게 썼다. "과당이나 자당을 장기적으로 섭취할 때 일어날 수 있는 대사적 변화를 명확하게 밝히기 위해 보다 많은 연구가 필요하다는 것은 명백하다."[53]

2010년 타피와 동료인 킴앤 레는 공동으로 설탕에 관한 논평을 쓰면서 똑같은 주장을 반복했다. 그들은 전문 용어를 사용하여 이렇게 설명했다. "과당의 잠재적인 병인적 역할을 보다 확실히 파악하려면, 과당을 많이 섭취하는 사람에서 과당 섭취량을 줄이는 중재 연구가 분명히 필요하다. 하지만 현재로서도 단기 중재 연구들을 통해 청량음료, 가당 주스, 빵이나 과자 등을 통해 많은 과당을 섭취하는 경우, 대사질환과 심혈관질환 위험이 증가할 수 있다는 사실이 시사된다."[54] 전문 용어를 빼고 말하면, 설탕을 어느 정도 섭취해야 실험용 래트나 심지어 개코원숭이에서도 관찰된 현상이 우리에게도 나타날지 합리적인 선에서 확실히 알려줄 수 있는 실험이 여전히 필요하다는 뜻이다. 지금 우리가 먹는 정도면 안전할까? 이미 안전한 수준을 넘었기 때문에, 대사 증후군이 나타나 인슐린 저항성이 생기고 결국 비만, 당뇨병, 동맥경화로 이어질까? 아니면 설탕이 아니라 전혀 다른 무언가가 문제일까?

가까운 장래에 무엇 하나라도 확실히 알아낼 가능성은 그리 높지 않다. 결국 앞에서 언급한 문제로 다시 돌아간다. 공중보건을 위해 필요한 조치와 탁월한 과학을 위해 필요한 조치는 일치하지 않을 수 있다. 설탕과 액상과당은 식품의약국에서 규제하는 "급성 독소"가 아니므로, 며칠이나 몇 개월 정도 연구해서는 그 효과를 합리적인 수준으로 밝혀낼 수 없다. 문제는 설탕과 액상과당이 수십, 수백 번이 아니라 수천 번 식사를 하는 동안 서서히 축적되어 효과를 나타내는 만성 독소냐 아니냐는 것이다. 타피가 말한 "중재 연구"를 수년에서 수십 년간 계속해야 의미 있는 결론을 얻을 수 있다는 뜻이다. 수만 명까지는 아니라도 최소한 수천 명의 피험자를 고설탕 식단과 저설탕 식단에 무작위 배정한 후, 오랜 세월 동안 추적 관찰하며(피험자 수가 많을수록 시험 기간은 짧아질 수 있다) 어느 시험군에서 질병과 사망이 더 많이 발생하는지 보는 것이다. 이런 연구에는 깜짝 놀랄 만큼 많은 비용이 들기 때문에 연구를 할 수 있으리라 기대하는 연구자는 거의 없다.

설탕과 과당 연구에 흥미를 느끼고, 이 물질들을 섭취했을 때 어떤 대사적 효과가 나타날지 우려하는 연구자들이 점점 늘어나는 것은 확실하다. 실험실 연구에 자금을 지원하거나 최소한 그런 자금을 어떻게 마련할 수 있을지 논의하는 데 적극적으로 나서는 보건 단체도 전 세계적으로 늘고 있다. 하지만 이런 노력에는 여전히 설탕과 액상과당을 수년간 섭취했을 때 어떤 일이 일어나는지, 또한 얼마나 섭취해야 문제가 생기는지를 밝혀낼 인간 시험이 반드시 필요하다. 수십 년간 답을 내놓지 못한 이 주제에 관심을 갖는 연구자들에게 무엇 하나라도 확실히 밝혀낼 수 있을지 모른다는 희망을 주는 임상시험으로 2016년 가을 현재 미국 내에서 진행 중인 것은 10여 건에 불과하다.[55] 그나마 모두 소규모이고 시험 기간도 짧다.

설탕, 즉 자당과 액상과당이 인슐린 저항성과 대사 증후군의 주원인이며 결국 비만, 당뇨병, 심장질환을 일으키느냐는 질문에 대한 대답은 '분명 그럴 가능성이 있다'는 것이다. 1970년대까지 밝혀진 생물학적 기전만으로도 분명 설탕이 가장 유력한 용의자이며, 언제나 그랬다. 설탕이 일으키는 손상, 즉 독성은 오랜 세월에 걸쳐 축적된 끝에 질병으로 나타난다. 담배를 피운다고 해서 모든 사람이 폐암에 걸리지는 않듯 설탕을 섭취한다고 해서 모든 사람에게 그런 결과가 나타나는 것은 아니지만, 지금까지 밝혀진 생물학적 사실들로 생각해볼 때 인슐린 저항성과 대사 증후군이 나타났다면 설탕이 원인일 가능성이 가장 높다. 이 문제에 관해서라면 설탕이 무해하다고 믿는 쪽이 맹신에 가깝다. 많은 증거가 암시하듯 설탕이 정말로 인슐린 저항성을 일으킨다면, 너무나 유감스러운 의미를 갖게 될 것이다.

10 ＿＿ 만약 혹은 그렇다면? 1

우리(인디언보건국과 국립보건원)가 당뇨병을 발견하고 조기에 대처할 수 있는 능력을 충분히 갖추고도, 토호노 오덤과 기타 미국 인디언 부족을 덮친 재난을 예방하지 못했다는 사실을 생각하면 때때로 의기소침해진다.[1]

_ 제임스 저스티스, "사막 부족에서 당뇨병의 역사", 1994년.

1940년 2월 엘리엇 조슬린은 당뇨병 유병률을 포괄적으로 조사하기 위해 애리조나주를 찾았다.[2] 얼마 전 발표된 전국 조사에서 당뇨병으로 인한 사망률이 각 주 사이에 크게 달랐던 것이다. 로드 아일랜드나 메사추세츠 같은 곳에서 당뇨병 사망률이 가장 낮은 주보다 서너 배나 높은 이유가 무엇일까? 그는 당뇨병 사망률이 낮은 지역 중에서 애리조나주를 가장 적합한 연구 대상으로 생각했다. "안락의자에 앉아 통계 숫자를 들여다보는" 방식보다 항상 현장 연구를 지지한 조슬린은 답을 찾기 위해 직접 애리조나로 날아갔다. 주 보건위원회와 의학회, 재향군인국, 인디언보건국 등의 기관에서 지원을 아끼지 않고 편의를 봐준 덕에 조슬린은 어디든 제한없이 접근할 수 있었다. 지역 언론 역시 이 사실을 미리 보도하여 상당한 도움을 주었고, 피닉스병리학연구소는 연구용 혈당 검사 비용을 최소한으로 낮추어주었다. 560명이 넘는 주 내 의사에게 항공 우편으로 서신을 보내 진료 중인 당뇨병 환자를 한 명도 빠짐없이 보고하도록 요청하기도 했다.

조슬린은 6월에 열린 미국의학협회 연례 학회에서 연구 결과를 보고했다. 그는 자신이 "당뇨병 그림"이라고 부른 자료에서 애리조나주 내에 755건의 증례를 파악했다. 그중 73명은 보호 구역에 사는 미국 원주민이었다. 우선 이 인구 집단이 비교적 젊다는 사실을 지적하고, 증례 중 몇 퍼센트가 실제로 애리조나주 의사들에게 진료를 받아왔는지 추정한 후, 조슬린은 애리조나주에 사는 미국 원주민들에서 당뇨병은 다른 민족 집단에 비해 덜 흔하지 않으며, 발병률 또한 아마도 1000명 중 서너 명꼴로 다른 주의 원주민과 비슷하다는 결론을 내렸다. 제2차 세계대전이 시작될 무렵 당뇨병은 애리조나든 다른 지역에서든, 미국 원주민에서든 백인에서든, 드물지만 어디서나 볼 수 있었다는 뜻이다. 어느 인구 집단도 당뇨병에서 자유롭지 않았다.

세상은 변했다. 현재 미국의 당뇨병 유병률은 조슬린이 애리조나를 찾은 때처럼 1000명당 서너 명이 아니라 열한 명당 한 명이다. 1960년대에 이미 연구자들은 다름 아닌 애리조나주 미국 원주민들의 제2형 당뇨병 유병률이 성인의 경우 50퍼센트를 넘는다고 보고했다. 그때까지(아마 지금까지도) 전 세계에서 가장 높은 수치였다. 국립보건원 연구자들과 인디언보건국에서 일하는 현지 의사들은 이런 유행이 전혀 뜻밖이라고 입을 모았다. 그전까지 원주민 집단은 조슬린과 다른 연구자들이 밝혔듯이 비교적 건강해 보였다.[3] 당뇨병이 있더라도 증상이 너무나 가벼워 병원을 찾을 이유가 없었거나, 지역 의사들이 진단하지 못한 채 그럭저럭 지냈다고 볼 수 있다. 하지만 질병은 눈 깜짝할 사이에 물밀듯 덮쳐왔다. 보건 의료 서비스를 제공하던 의사들과 병원들 역시 그 영향을 벗어날 수 없었다.

이 미국 원주민 집단에 어떤 일이 일어났는지를 이해하는 것은, 현재 전 세계 수많은 인구 집단에 일어나는 일을 이해하는 데 결정적이다. 예를 들어 1960년대와 현재의 미국을 비교할 때 당뇨병 유병률이 900퍼센트 증가했다는 사실을 어떻게 설명할 수 있을까? 미국 질병관리본부의 통계가 정확하다면 말이다. 1960년대 이후 대사 증후군과 인슐린 저항성을 더 잘 이해하게 되면서 이 집단에서 관찰된 중요한 사실들 역시 계속 새롭게 해석되었다. 이 현상이 설탕 자체와 직접적인 관련이 있으며 설탕 섭취가 그 원인이라는 생각도 이런 맥락에서 나온 것이다.

당뇨병 유행을 경험한 미국 원주민 부족 중 이 현상을 이해하는 데 결정적인 단서를 제공하는 것은 애리조나에 사는 세 개의 부족이다. 애리조나 중남부를 흐르는 힐라강과 솔트강 유역에 사는 피마족(아키멜 오덤 즉 강변 주민이라는 뜻), 더 남쪽에 살지만 이들과 밀접한 관련이 있는 파파고족(토호노 오덤 즉 사막 주민이라는 뜻), 북서부의 나바호족이 그들이다.

피마족은 전 세계에서 가장 잘 연구된 토착민 집단이다. 20세기 이전 피마족 영토에 들어간 선교사, 군인, 의사, 여행자에 따르면 이들은 부유하고 적어도 겉보기에 건강한 인구 집단이었다. 하지만 번영의 시대는 1860년대 들어 종말을 맞는다. 이 지역으로 유입된 백인과 멕시코 출신 미국인들이 풍족한 사냥감인 토종 동물을 남획한 데다, 어업을 영위하고 농작물에 물을 대는 데 무엇보다 중요한 힐라강의 물을 자신들의 필요에 따라 마구 사용해버린 것이다. 1870년대 들어 피마족은 소위 "기근의 세월"을 겪기 시작했으며, 이런 상태가 19세기 말을 지나 20세기까지도 이어졌다. 1901년 11월 이들을 연구하기 위해 애리조나로 들어가 4년 뒤 피마족과 그 문화에 대해 기념비적인 사후事後 보고서를 발표한 하버드 대학교의 인류학자 프랭크 러셀은 이렇게 썼다. "이로 인한 굶주림과 절망과 상실 속에서도 이 부족의 기가 꺾이지 않았다는 사실이 놀라울 뿐이다."[4]

피마족은 대부분의 미국 원주민 집단과 마찬가지로, 제2차 세계대전이 발발하여 젊은이들이 군대에 지원하면서 "백인 사회"로 통합되는 과정이 시작될 때까지 궁핍하고 고립된 상태로 남았다. 한 국립보건원 연구자는 이렇게 썼다. "미국의 다른 지역에서 일어난 대부분의 사회경제적 발전이 그들을 피해갔다."[5] 미국 원주민을 연구한 한 인류학자의 표현에 따르면 세계대전은 피마족이 "현대성과 조우한 결정적 시기"였다.[6] 제2차 세계대전 중 약 2만 5000명의 미국 원주민이 미군에 복무했으며, 4만 명이 전쟁 관련 산업에 종사했다.[7] 피마족 역시 남녀를 가리지 않고 인근 피닉스시의 다양한 공장에서 일자리를 얻었다. 전쟁 중에 피마족 1인당 소득이 약 250퍼센트 증가하여 짧은 호황을 누린 뒤로, 계속해서 서구식 식단과 생활 습관에 동화되었다. 1991년 발표된 전쟁 중 미국 원주민의 생활에 관한 역사물에서 지적하듯, 전쟁은 "부족 해체 과정을 가속화했다. 그전까지 보호 구역 내에 약 40만 명이 미국 사회와 완전히 단절된 채 살았다. 하지만 전쟁으로 인해 보호 구역이 개방되면서 수천 명의 인디언이 자의든 타의든 밖으로 진출했다."

제2차 세계대전 이전에 피마족과 기타 미국 원주민 집단에서 비만과 당뇨병의 유병률에 관한 통계는 드물다. 주로 병원 의무기록이며, 때때로 인류학자나 인디언보건국 의사들의 조사 기록이 남아 있을 뿐이다. 프랭크 러셀과 의사 출신 인류학자인 알레시 허들리치카*는 20세기 초반 피마족에서 극도의 가난에도 불구하고 비만이 급증한 현상을 언급했다.[8] 당시만 해도 비만은 거의 전적으로 부족의 노인, 특히 여성에게만 나타났다. 러셀은 이렇게 썼다. "인디언이라면 흔히 떠올리는 '키 크고 건장한 근육질'이라는 통념과 충격적일 정도로 다르게 비만한 모습이었다."[9]

당시 피마족은 자급 농업을 통해 수확하는 것만큼 정부 배급에 의존했다. 허들리치카에 따르면 이미 식단에 "백인의 식단에도 충분히 오를 만한 것 중 구할 수 있는 모든 것"이 포함되어 있었다.[10] 러셀은 이들의 식단을 구성하는 식품 중 몇 가지가 "크게 살이 찔 만한 것"이라고 했으나, 구체적으로 무엇인지는 언급하지 않았다.[11] 또한 허들리치카는 남녀가 똑같은 수로 구성된 피마족 어린이 약 250명의 몸무게와 키를 측정하고, 오늘날의 기준으로 볼 때 깡마른 것은 아니지만 평균적으로 마른 편이라고 보고했다.[12] 1938년 애리조나 대학교의 한 인류학자는 공공사업진흥국에 구직 신청서를 낸 200명이 넘는 파파고족 남성의 몸무게를 잰 후, 평균 체중이 약 70킬로그램 정도로 역시 호리호리한 편이었다고 기록했다. 1940년대 초반과 1949년에 파파고 어린이를 조사한 기록에는 비만에 관한 언급이 없지만, 그사이에 소년과 소녀의 평균 체중이 약 9킬로그램 이상 증가한 것으로 나타났다.[13]

20세기 초에도 피마족에 당뇨병 환자가 있었을지 모르지만, 러셀과 허들리치카 모두 언급할 정도는 아니라고 생각했다. 1930년대에 보호 구역 내 인디언보건국 병원들은 조슬린의 연구와 같은 결과를 보고했다.[14] 즉 그때까지 당뇨병은 미국 원주민 집단에서 상당히 드물었다. 인디언보건국 기록에 따르면 조슬린이 연구를 시작하기 전 6년간 애리

✦ 허들리치카는 나중에 워싱턴 D.C.에서 스미스소니언협회Smithsonian Institution가 운영하는 박물관의 첫 번째 자연인류학 큐레이터를 맡았다. 이 박물관이 오늘날 미국 국립자연사박물관이다.

조나주 내 미국 원주민 집단 전체에서 당뇨병으로 사망한 사람은 열한 명에 불과했다. 1931년에서 1936년 사이에 나바호족 보호 구역 내 민간 의료기관인 세이지메모리얼병원에서 보고한 당뇨병 증례는 단 한 건이었다(하지만 조슬린이 지적했듯이 병원의 환자 중 50세가 넘는 사람이 75명에 불과했다). 1947년까지 같은 병원에 입원한 2만 5000명의 나바호족 환자 중에도 16년간 모두 합쳐 다섯 건의 증례만 기록되어 있을 뿐이다.[15]

1950년대 초에 접어들자 유행의 조짐이 나타났다.[16] 애리조나 대학교에서 지역 원주민의 건강을 조사한 결과 당뇨병 사망률이 1940년에 조슬린이 보고한 수치보다 두세 배 더 높았던 것이다. 조사를 수행한 인류학자들은 피마족 어린이들이 아직도 "가난이 만연한" 환경 속에 살지만 이제 너무 쉽게 비만해진다고 지적했다. 이런 경향은 이미 6세 이전에 어느 정도 뚜렷하게 나타나고, 11세에 이르면 훨씬 자주 관찰되었다. "비만이 그저 어린 시절에 나타나는 특징으로 몸이 성숙해지면서 사라지는 것이 아니라는 사실은, 아주 짧게라도 피마족 보호 구역에서 살거나 근무해보면 누구나 쉽게 알 수 있다." 미국 원주민 집단을 진료하는 병원들의 2년간 입원 기록을 조사한 결과 94명의 당뇨병 환자가 피마족이었다.[17] 불과 10여 년 전에 조슬린이 파악한 숫자는 21명이었다. 1954~1955년 사이에 인디언보건국 소속 의사인 존 파크스와 엘리너 와스코가 이 지역에서 진료하는 의사와 인디언보건국 소속 병원을 조사한 후 283명의 피마족 당뇨병 환자를 보고했다. 이들의 추정에 따르면 이제 피마족은 스물다섯 명 중 한 명 이상이 당뇨병 환자로, 혈당이 전혀 조절되지 않을 때 생기는 증상을 보였다.[18]

유행의 규모와 전파 속도가 뚜렷이 드러난 것은 1963년이었다. 영국 출신 류머티즘 전문의 피터 베넷과 감염병 역학자 탐 버치 등 두 명의 국립보건원 연구자가 류머티즘성 관절염을 연구하기 위해 힐라강 보호 구역을 찾았다. 이들은 피마족처럼 덥고 건조한 환경에 사는 집단에서는 관절염이 드물 것이라고 생각했다.[19] 베넷과 버치는 900명이 넘는 피마족의 혈액 검체를 채취했는데, 그중 30퍼센트에서 혈당이 당뇨병 수준이었다. 30세가 넘은 사람 중에 두 명 중 한 명이 당뇨병이었지만 제대로 진단과 치료를 받지 않았다.[20] 1965년 조사 결과를 발표한 지 몇 개월 만에 두 명의 연구자에게 다시 애리조나로 돌아가 피마족의 당뇨병을 연구하면서 국립보건원 지소를 설립하라는 임무가 떨어졌다.[21] 이 시설은 오늘날까지도 미국 원주민의 당뇨병을 연구한다. 1971년 베넷과 버치가 이끄는 연구팀은 "보수적인 기준"을 적용했는데도 당시까지 한 인구 집단에서 기록된 가장 높은 당뇨병 유병률을 발표했다. 또한 피마족 남성 중 3분의 2, 여성은 90퍼센트 이상이 비만 또는 과체중이었다.[22] 비슷한 시기에 파파고족과 기타 부족을 연구하던 인디언보건국 의사들도 비슷한 수준의 높은 수치를 보고했다.[23]

1980년대 중반에 이르자 피마족을 괴롭히던 당뇨병과 비만 유행이 나바호족을 비롯해 애리조나, 유타, 뉴멕시코 전역의 미국 원주민 부족에서 뚜렷하게 입증되었다.[24] 이제 당뇨병은 이들에게 가장 중요한 사망 원인이었다. 애리조나주 인디언보건국 병원의 당뇨병 외래 진료 건수는 불과 10년 동안 거의 세 배 증가했다. 의사와 연구자들은 어린이 비만과 제2형 당뇨병이 계속 증가하면서, 발병 연령도 계속 낮아진다고 보고했다.[25]

1980년대 내내 인디언보건국 소속 의사들과 국립보건원 연구자들은 이 현상을 명확히 설명해보려고 무진 애를 썼다. 피마족 성인 두 명 중 한 명이 당뇨병 수준의 혈당을 나타내는데도 당뇨병 합병증으로 병원에 입원하는 사람이 적은 이유가 무엇일까? 미국 원주민이 다른 인종 집단에 비해 높은 혈당에 잘 견디며 따라서 이들에게 당뇨병은 비교적 가벼운 병일 가능성이 제기되었다. 이런 믿음은 신장질환, 심장질환, 고혈압, 신경 손상, 괴저로 인한 사지 절단, 실명 등 친숙한 당뇨병 합병증이 속출하면서 깨지고 말았다. 1983년 피마족을 연구하기 위해 애리조나를 찾은 한 국립보건원 연구자는 "이들이 겪는 엄청난 고통에 충격을 받았다"고 말했다.[26]

유일한 설명은 1961년 파크스와 와스코가 연구 결과를 발표하면서 처음 주장한 것처럼(그리고 10년 뒤 베넷과 버치가 다시 주장한 것처럼) 엄청난 당뇨병 유행이 이들을 휩쓸고 있다는 것이었다. 사실상 새로운 질병이 출현한 것이나 마찬가지였다. 애리조나의 병원들이 당뇨병 합병증을 앓는 미국 원주민으로 넘쳐나지 않는 이유는 아직 합병증이 생길 정도로 오랫동안 당뇨병을 앓지 않았기 때문이었다. 1993년 인디언보건국의 제임스 저스티스는 모든 근거를 검토한 후 이렇게 썼다. "철저한 검사가 수행되고 당뇨병(대부분 제대로 조절되지 않았다)을 앓은 기간이 늘어날수록 흔하고 무서운 합병증이 나타났다."[27]

1965년 베넷과 버치는 피마족의 당뇨병을 연구하기 위해 아예 애리조나주에 정착했다. 그 동기는 나중에 베넷이 회상했듯이 눈앞에 전개되는 비극이 너무나 가슴 아프면서도, 한편으로 "당뇨병 자체와 그 영향을 이해하는 환상적인 기회"라는 점이었다.[28] 이후 30년 넘게 국립보건원 연구자들은 미국 원주민은 물론 이제 전 세계를 휩쓰는 당뇨병과 비만이 왜 그리고 어떻게 한 집단에서 폭발적으로 증가하는지에 대해 엄청난 지식을 쌓게 된다.

이런 현상이 나타나는 데는 세 가지 요인이 작용하는 것 같다.

첫째는 서구화 과정을 거치면서 나타나는 식단과 생활 습관의 변화다. 사실 이런 변화는 전 세계 모든 토착민 집단에서 공통적으로 일어났다. 1980년대에 국립보건원 연구자들은 식품의약국과 국립보건원의 주장을 그대로 반복하여 미국 원주민 집단의 당뇨병이 비만에 의해 생긴다고 생각했다. 조슬린과 기타 당뇨병 연구자들이 1920년대 이래 줄곧 주장한 것과 똑같다. 또한 비만 자체는 많은 칼로리를 섭취하는 동시에(물론 식이성 지방의 높은 칼로리가 문제라고 생각했다) 사회가 현대화하면서 앉아서 생활하는 습관이 생기기 때문이라고 생각했다. 미국 원주민 중 많은 수가 고되게 노동하며 그전에도 항상 그렇게 살아왔다는 사실은 그다지 중요하게 생각하지 않았다.

하지만 이 현상에서 설탕은 가장 유력한 용의자로 보이며, 지난 100년간 관찰하고 논의한 기록 속에 끊임없이 반복되어 나타나는 주제다. 1906년 피마족이 이미 서구화된 식단을 섭취한다고 지적했을 때 허들리치카가 의미한 것은 주로 지역 교역소에서 구입하거나 정부 배급 식품 속에 포함된 설탕, 흰 밀가루, 라드(돼지기름)였다.[29] 반 세기 후 보호 구역의 생활 환경을 조사한 인디언보건국 의사들은 피마족, 파파고족, 나바호족이 30~40년 전 시골에 살던 미국인들이 동네 상점에서 구입한 것과 비슷한 서구화된 식품, 특히 설탕과 기타 단것을 구입한다고 보고했다.[30] 불가피하게 식사 때마다 마시는 커피 속에 든 설탕과 간식 삼아 마시는 "다량의 온갖 청량음료"에 대해서도 언급했다.[31] 나중에 제임스 저스티스가 보고했듯이 미국 농무부에서 잉여농산물식량계획을 시작한 뒤인 1950년대 후반에는 보호 구역 내에서도 "대량의 정제된 밀가루, 설탕, 설탕 함량이 높은 과일 통조림"을 쉽게 구할 수 있었다.[32] 1992년 미국 질병관리본부 소속 의사이자 역학자가 나바호족과 기타 미국 원주민 집단에서 당뇨병의 폭발적 증가에 대한 에세이를 발표했을 때도 이 점이 중요하게 부각되었다. "현재까지 보고된 모든 증거가 비만의 원인으로 탄수화물보다 식이성 지방 쪽에 더 무게를 두지만, 나바호족 청소년의 가당 음료 섭취 수준(전국 평균의 두 배가 넘는다)은 놀라울 정도"이며, 따라서 인디언보건국이 프로그램의 목표를 "비만과 가당 음료 섭취량"을 낮추는 것으로 설정한 것은 당연하다고 썼다.[33]

미국 원주민 집단 및 다른 인구 집단에서 비만과 당뇨병 유행에 관한 설명 중 명백한 사실은 1인당 설탕 섭취량이 늘어날수록(특히 가당 음료) 더 많은 사람이 인슐린 저항성을 갖는다는 점이다. 설탕 섭취량이 인체가 견딜 수 있는 역치를 넘어선다는 뜻이다. 어떤 사람은 비교적 많은 양에도 잘 견디지만, 적은 양의 설탕만 섭취해도 대사 증후군이 생기고 비만과 당뇨병으로 진행하는 사람도 있다. 더 많은 어린이가 설탕을 섭취할수록 더 어린 나이에 이런 문제가 나타날 가능성이 높다. 아침 대용 시리얼, 사탕, 아이스크림, 주스, 청량음료가 넘쳐나는 환경에서는 더욱 그렇다. 1960년대에 당뇨병 전문의 조지 캠벨이 주장했듯 설탕과 당뇨병도 담배와 폐암처럼 일정 시간이 지난 후에야 질병이 나타난다면, 예를 들어 역치를 넘는 양의 설탕을 20년쯤 계속 섭취했을 때 당뇨병이 생긴다면, 현재 성인들에게 나타나는 현상은 이미 수십 년 전에 설탕 역치를 넘어선 사람들의 축적 효과인지도 모른다.

물론 유전도 관련된다. 부모는 자녀가 비만 또는 당뇨병이 될 가능성에 영향을 미친다. 자녀에게 무엇을 어떻게 먹이고 먹도록 허용하는지, "단것을 엄격히 통제"하는지[34] 어디까지 허용하는지를 통해서만이 아니라, 유전자를 통해서도 영향을 미친다는 뜻이다. 현재 우리가 사는 세상에서 살이 찌고 당뇨병이 되기 쉬운 체질 또는 다른 사람보다 어린 나이에 살이 찌고 당뇨병이 되는 체질은 모두 유전자를 통해 부모에게 물려받은 것이며, 그 유전자는 다시 자녀에게 전달될 수 있다. 유전학자들은 설탕이 듬뿍 든 음식을 쉽게 섭취하는 환경에 유난히 민감하게 반응하는 취약한 "유전형"을 지닌 사람이 있으며, 바로 이것이 비만과 당뇨병 표현형이 나타나고 다른 사람들보다 더 이른 나이에 나타나는 이유라고 설명한다. 물론 이런 유전형을 갖지 않은 사람도 있다.

피마족과 기타 미국 원주민 부족 연구자들은 이유가 어떻든 이들이 현대 서구식 식단을 섭취하고 현대 서구식 생활 습관에 따라 살아갈 때 특히 비만과 당뇨병이 생기기 쉬운 유전자를 가졌다고 생각했다. 그럴지도 모르지만 현재 우리는 식단과 생활 습관이 급속도로 서구화할 때 매우 다양한 유전형질을 지닌 매우 다양한 인구 집단에서 비만과 당뇨병이 매우 비슷한 형태로 유행한다는 사실을 안다. 그렇다면 또 다른 가설을 세울 수 있다. 즉 피마족을 비롯한 미국 원주민 집단은 1960년대에 피터 클리브가 다른 토착민 집단에 대해 주장했듯이, 20세기 들어 급속히 늘어난 설탕 섭취에 적응할 시간이 가장 짧았던 집단일 뿐이라는 점이다. 그들이 설탕의 효과를 가장 견디지 못한 이유가 바로 여기에 있다. 그들은 주어진 환경에 적응할 시간이 없었다. 세대를 거듭하면서 설탕 섭취량이 서서히 증가하고, 당뇨병과 비만의 부적응적 성격, 즉 출생결손과 유아 및 모성 사망률의 증가가 서서히 나타나지 않았다. 인슐린이 발견되기 전에는 당뇨병을 앓는 산모의 절반 정도가 임신 중 또는 출산 후 얼마 안 되는 기간에 목숨을 잃었다.[35] 조슬린은 이 산모들의 예후가 "끔찍하다"고 묘사했다.[36] 살아남는 태아나 신생아 또한 가까스로 절반을 넘었다. 인슐린이 발견된 후 1940년대까지도 보스턴에 있는 조

슬린의 클리닉을 제외한 다른 곳에서 산모와 아기들의 예후는 거의 개선되지 않았다.[37]

애리조나주에서 피마족의 당뇨병을 처음 연구하기 시작한 임상 의사와 연구자들은 당뇨병 산모에게 태어난 어린이도 출생 전후 시기를 견디고 살아남기만 하면 "그 뒤로는 괜찮을 것"으로 믿었다(인디언보건국에서 경력을 시작하여 나중에 국립보건원에서 근무한 소아과 의사 데이비드 페티트의 말이다).[38] 실상은 전혀 달랐다. 이 문제가 특히 시급한 이유가 바로 여기 있다. 당장 설탕 섭취량을 크게 줄이지 않는다면 지금껏 경험하지 못한 전혀 새로운 문제를 겪게 될 가능성이 높다.

베넷과 버치가 애리조나에서 연구를 시작한 1965년 이후 국립보건원은 이 인구 집단들의 당뇨병을 계속 연구하고 있다. 피마족 어린이는 5세부터 어른이 될 때까지 2년마다 진찰과 검사를 받는다. 피마족 여성이 출산한 아기 또한 연구에 등록된다. 국립보건원 연구자들은 왜 1960년대에 피마족에서 그토록 엄청난 당뇨병 유행이 발생했는지는 물론, 그 유행이 이후 세대에 어떤 영향을 미쳤는지도 규명하고자 한다.

1983년 국립보건원 연구자들은 당뇨병이 있는 산모의 자녀 중 절반 이상이 늦어도 십 대 후반까지 비만 상태가 된다고 보고했다.[39] 임신 후 당뇨병이 발생한 여성의 자녀에서 관찰된 비율의 두 배가 넘고, 임신 기간 내내 건강했으며 나중에도 당뇨병이 생기지 않은 여성의 자녀와 비교하면 세 배가 넘는 수치다. 1988년 국립보건원 연구자들은 어린이들이 성인이 될 때까지 5년을 더 관찰한 후, 당뇨병이 있는 산모의 자녀 중 45퍼센트가 이십 대 중반 이전에 당뇨병 환자가 되었다고 보고했다.[40] 역시 임신 후에 당뇨병이 발생한 여성의 자녀에 비하면 다섯 배 이상(8.6퍼센트), 계속 건강을 유지한 여성의 자녀와 비교하면 30배 이상

(1.4퍼센트)에 달했다.

국립보건원 연구자들은 유전이 어떤 역할을 하는 것은 분명하다고 보고했다. 아버지가 당뇨병 환자인 경우에도 이른 나이에 비만과 당뇨병이 생길 위험이 증가한다. 하지만 그 효과는 어머니가 당뇨병인 경우에 비할 바가 아니다. 이 사실은 임신 중 고혈당 및 인슐린 저항성과 이로 인한 포도당 불내성 및 대사 증후군의 영향이 모체에서 자궁 속 태아에게 전달된다는 의미다.

오늘날에는 이 개념을 "주산기 대사 프로그래밍" 또는 "대사적 각인"이라고 한다. 자궁 속의 여러 가지 조건, 즉 자궁 내 환경이 태아의 발달에 영향을 미치며 조건이 조금만 달라져도 태어난 후 신생아가 주변 환경에 다르게 반응한다는 뜻이다. 특히 포도당을 비롯한 영양소는 모체의 혈액 속을 순환하는 영양소 농도에 비례하여 자궁 내에서 발달 중인 태아에게 태반을 통해 전달된다. 산모의 혈당이 높을수록 더 많은 포도당이 태아에게 공급된다. 발달 중인 태아의 췌장은 쏟아져 들어오는 포도당에 반응하여 인슐린 분비 세포를 과다 생성한다. 노스웨스턴 대학교에서 당뇨병과 임신의 관계를 연구하는 보이드 메츠거는 이렇게 말한다. "아기가 당뇨병 환자가 되지는 않지만, 췌장의 인슐린 분비 세포는 주어진 환경에 자극받아 기능을 시작하고 크기와 숫자가 모두 늘어납니다. 과도하게 기능을 나타내는 거지요. 그러면 아기는 보다 많은 지방을 축적합니다. 당뇨병이 있는 산모의 아기가 거의 항상 살이 찐 채 태어나는 이유가 바로 여기 있습니다."[41]

1920년대에 덴마크의 소아과 의사인 요르예 페데르센이 박사 논문에서 처음 제시한 이 현상은 왜 비만한 당뇨병 여성이 몸집이 매우 큰 아기를 낳을 가능성이 높은지 설명할 때마다 인용된다.[42] 피마족에 관한 국립보건원 연구는 임산부의 고혈당이 자녀의 일생에 걸쳐 계속 영향을 미친다는 사실을 확인한 수많은 연구 중 하나일 뿐이다. 임신 중 포도당 불내성을 나타낸 여성은 그렇지 않은 여성에 비해 몸집이 크고 살이 찐 자녀를 낳는다. 이 어린이들은 성인기에 도달하기 전에 비만과 당뇨병이 생길 위험이 더 높다. 임신 전에 당뇨병이 있었거나 임신 중 당뇨병이 발생한(임신성 당뇨병) 여성뿐 아니라, 비만한 여성과 임신 중 몸무게가 많이 늘어난 여성도 마찬가지다. 평균적으로 이런 여성들은 정상 체중을 유지한 건강한 여성에 비해 혈당이 높으며, 중성지방도 더 높다. 모체 비만은 어린이 비만의 강력한 위험인자이며, 자녀가 성인이 되었을 때 대사 증후군과 비만 발생을 예측할 수 있는 가장 강력한 인자다.

인슐린 저항성이 있거나 비만하거나 당뇨병이 있는 산모가, 인슐린 저항성이 있거나 비만하거나 당뇨병 환자가 될 가능성이 높은 자녀를 낳는다면, 이 자녀들이 가임 연령이 되었을 때 위험은 더 커질 것이다. 이 문제에 주의를 기울여온 연구자들이 문헌에서 종종 지적하듯, 세대를 거듭할수록 문제가 점점 악화하는 "악순환"이 시작되는 것이다.[43] 이 개념은 미국 원주민 집단에서 불과 한두 세대 만에 비만과 당뇨병이 폭발적으로 늘어나고, 이 유행을 가라앉히려는 노력이 실패한 이유를 상당히 설득력 있게 설명해준다. 세대가 거듭될수록 점점 더 많은 어린이가 사전 프로그램되어 비만과 당뇨병을 지닌 성인, 더 나아가 비만과 당뇨병을 지닌 산모가 될 가능성이 높아지는 것이다. 2000년 국립보건원 연구팀은 "당뇨성 자궁 내 환경"의 "악순환"이라는 이론으로 제2차 세계대전 후 피마족에서 제2형 당뇨병이 급격히 증가한 현상을 상당 부분 설명할 수 있다고 썼다. 이 현상은 또한 "전국적으로 이 병이 걱정스러울 정도로 늘어나는 한 가지 요인"일지도 모른다. 다른 연구자들도 이 악순환이 전 세계적 당뇨병 유행의 원인일지도 모른다는 이론을 내놓은 바 있다.[44]

중요한 문제는 이것이다. 피마족과 기타 토착민 집단 등 불과 몇 세대 만에 당뇨병이 폭발적으로 증가하고 반세기 이상 유병률이 끊임없이 증가한 모든 인구 집단에서, 애초에 당뇨병과 비만의 원인인 인슐린 저항성과 대사 증후군을 일으킨 요인이 무엇일까?

오랜 통념을 고수하는 사람들은 설탕이 인슐린 저항성의 가장 중요한 원인은 아닐지 몰라도 원인 중 하나라는 연구가 끊임없이 축적되는데도, 설탕에 면죄부를 주는 쪽으로 기우는 것 같다. 비만과 제2형 당뇨병은 밀접하게 연관되어 있기 때문에, 공중보건 전문가와 미국당뇨협회 등에서는 당뇨병을 예방하는 데 가장 중요한 것은 건강한 체중을 유지하고 "건강하게 먹는 것"이라고 주장한다. 한 세기 전 당뇨병 전문의 프레더릭 앨런이 썼듯이 설탕이 당뇨병에 원인적 역할을 하느냐는 질문에 대해 "의료인들은 대개 분명히 말하기를 꺼리거나 부정하는 태도를 보인다. (…) 그러나 의료인들의 실제 행동은 완전히 긍정하는 것이나 다름없다".[45] 예를 들어 미국당뇨협회는 살이 찌는 것은 "유전과 생활 습관적 요인", 즉 "어떤 형태로든 섭취한 칼로리"에 의한 것이므로 설탕이 제2형 당뇨병의 원인이라는 주장은 "근거 없는 믿음"에 불과하다고 설명한다.[46] 하지만 곧바로 당뇨병을 예방하기 위해 모든 사람이 가당 음료를 피해야 한다고 권고하며, 그렇게 하면 "돈을 절약"할 수도 있다고 덧붙인다.[47] 간에 지방이 축적되는 것이 인슐린 저항성, 당뇨병, 비만의 원인적 인자일 가능성이 높다고 인정하면서도, 1980년대 이래 간에 지방을 축적시키는 원인이 설탕이라는 증거가 계속 쌓이고 있다

는 사실은 무시한다.[48]

정말로 설탕이 인슐린 저항성의 원인이라면, 어느 인구 집단이든 일정량 이상을 섭취하기 시작하고(그 양이 얼마인지는 일단 차치하고), 그리고 그 집단의 여성들이 대사 증후군을 나타내기 시작하고, 그리고 그들이 일단 살이 찌고 인슐린 저항성을 갖기 시작하고, 그리고 임신 중에 인슐린 저항성과 포도당 불내성이 나타나기 시작하면, 비만과 당뇨병의 유행은 기정사실이라고 할 수 있을 것이다. 이 현상은 20세기 들어 불과 수십 년 만에 설탕이 넘쳐나는 서구식 환경에 노출된 토착민 집단처럼 매우 빨리 나타날 수도 있고 서서히 진행될 수도 있다. 하지만 언젠가는 나타난다. 1988년 국립보건원 연구자들이 피마족 문제를 고찰하면서 썼듯이 다시 원래 상태로 돌아가지 못할 수도 있다. "악순환의 고리를 깰 수 있을지는 알 수 없다."[49] 임신 중 당뇨병과 고혈당을 치료하는 것은 두말할 것도 없이 악순환의 고리를 끊는 방법 중 하나다. 이 순간에도 수많은 의사가 이 치료에 최선을 다하고 있다. 그러나 인슐린 저항성의 궁극적인 원인을 밝히는 것, 심지어 설탕이 근본적인 원인일 가능성이 있다는 사실을 인정하는 것만으로도 단순한 치료를 넘어 훨씬 심오한 변화의 첫걸음이 될 것이다.

11 _____ 만약 혹은 그렇다면? 2

서구적 질병의 잠정 목록

대사 및 심혈관 질환: 본태성 고혈압, 비만, 제2형 당뇨병, 콜레스테롤 담석, 뇌혈관질환, 말초혈관질환, 관상동맥질환, 정맥류, 심부정맥 혈전증, 폐 색전증.

대장 질환: 변비, 충수돌기염, 게실성 질환, 치질 및 대장의 암과 용종.

기타 질환: 충치, 신장 결석, 고요산혈증 및 통풍, 갑상선 중독증, 악성 빈혈, 아급성 복합변성, 유방암, 폐암 등 기타 암.[1]

_ 휴 트로얼과 데니스 버킷, 《서구적 질병: 출현과 예방》, 1981년.

1981년 휴 트로얼과 데니스 버킷이 서구적 질병의 잠정 목록을 발표했을 때 이의를 제기한 사람은 거의 없었다. 지금도 그렇다. 서구적 질병이란 대개 감염성 질병이 아닌 만성 질환으로, 서구식 식단 및 생활 습관과 관련되어 있다. 유럽과 미국, 기타 지역의 도시에서 흔하지만, 서구의 영향에서 벗어난 토착민 집단에서는 비교적 드물다. 서구화와 함께 이런 병들이 한꺼번에 나타나는 것을 보면, 반드시 산업 발전에 의해 환경 속에 존재하게 된 화학물질이나 불운 때문이 아니라 음식이나 생활방식 속의 어떤 요인으로 인해서도 생긴다는 것을 알 수 있다.

트로얼과 버킷은 모두 선교 의사로 경력을 시작했다. 트로얼은 30년간 케냐와 우간다의 다양한 병원과 의과대학에서 일하며 학생들을 가르쳤다. 은퇴한 이듬해인 1960년에 《아프리카의 비감염성 질환》이라는 책을 냈다. 아프리카 토착민 집단에서 나타나는 질병의 종류를 체계적으로 기록한 최초의 저술이다. 버킷은 우간다에서 18년간 일하며 〈워싱턴포스트〉에서 지칭했듯 "세계에서 가장 유명한 의학계의 탐정"이 되었다.[2] 역학 연구를 개척하면서 인간의 암 중에 바이러스가 원인인 것도 있다는 사실을 최초로 밝힌 공로를 인정받은 것이다. 치명적인 어린이 암 중 하나인 이 병은 지금도 버킷림프종이라 불린다.

버킷과 트로얼은 서구적 질병의 잠정 목록을 만들기 위해 전 세계의 입원 기록을 조사하고 기존 의학 문헌을 샅샅이 뒤졌다. 5개 대륙에 걸쳐 《서구적 질병》의 집필에 참여한 의사 및 연구자 34명의 의견도 참고했다. "잠정 목록"이라고 한 까닭은 이런 선구적인 노력이 오류를 내포할 위험이 있다는 점을 인정하면서, 한편으로는 과민성대장증후군, 궤양성대장염, 크론병, 다양한 자가면역질환 역시 당시로서는 근거가 불충분하지만 목록에 추가될 가능성이 높다는 점을 염두에 둔 것이다. 버킷과 트로얼은 피터 클리브가 자신들의 연구를 이끈 등불이라고 밝혔다. 이 목록 역시 1950년대에 클리브와 캠벨이 정제된 곡식과 설탕이 문제라는 뜻에서 "사카린 질병"이라고 지칭한 질병 목록과, 1963년 여드킨이 자신의 주장을 설명하면서 만든 용어로 당시 널리 사용된 소위 "문명병"의 목록을 크게 확장한 것이라 할 수 있다.

트로얼과 버킷은 지금 보면 매우 당연한 이유에서 "서구적 질병"이라는 용어를 선호했다. "아프리카와 아시아의 의대생들에게 그들의 사회가 문명화되지 않아 이 질병들의 발생률이 낮다고 가르치는 것은 매우 부적절했다."[3] 오늘날까지 우리는 그들이 제안한 용어를 사용한다. 이 질병들은 20세기 내내 그리고 21세기 들어서도 유병률이 계속 증가했으며, 많은 경우 비만 및 제2형 당뇨병과 밀접하게 관련된다.

버킷과 트로얼의 잠정 목록은 대영제국 의학계의 집단 의식이 반영된 것이다. 세계 곳곳에 식민지, 자치령, 보호령, 속주를 갖고 있으면 이렇게 멀고 외딴 곳(1903년 식민지 장관인 조지프 체임벌린은 영국암연구기금을 설치하면서 "삶의 조건이 크게 다른 지역들"이라고 묘사했다[4])에서 일하는 의사들조차 자신의 임상 경험과 입원 환자 기록을 고국에서 일하는 동료들의 것과 비교해 무언가를 배울 수 있다. 버킷과 트로얼 같은 의사들은 영국 내 의과대학과 병원에서 수련을 마친 후 머나먼 제국의 변방에 위치한 선교 병원이나 식민지 병원에서 의술을 펼칠 기회를 얼마든지 얻을 수 있었다. 그러면서 유럽인과 토착민 사이의 질병 스펙트럼 차이를 눈으로 확인했던 것이다. 역시 이런 식으로 경력을 쌓고 1965년 국제암연구기구 초대 회장을 지낸 존 히긴슨은 "질병의 양상과 발병 기전"의 차이라는 말로 자신이 관찰한 바를 설명했다.[5] 또한 그들은 토착민들이 서구식 식단과 도시 생활에 적응하는 동안 질병 스펙트럼이 어떻게 변하는지도 관찰할 수 있었다.

예를 들어 1929년 트로얼이 도착했을 때 케냐에는 유럽에서 수련을 받고 자격을 취득한 의사가 100명도 넘었다. 심지어 지역 의사협회를 결성하고, 1923년에 창간된 〈동아프리카의학학술지East African Medical Journal〉 등 의학 잡지까지 발간했다. 그들의 임무는 영국에서 이주해온 수천 명의 정착민은 물론 까마득히 오래전부터 고수한 생활 습관에 따라 살아가는 아프리카 원주민 300만 명의 건강을 보살피는 것이었다. 트로얼은 이렇게 썼다. "그토록 많은 의사가 상주하면서 300만 명에 달하는 남성, 여성, 어린이가 산업화 이전의 부족 생활에서 급속도로 서구화하는 과정을 관찰한 것은 1920년대의 케냐 말고는 전무후무한 일일 것이다."[6]

하지만 케냐와 우간다에서 트로얼과 동료들이 경험한 것은[7] 남아프리카공화국에서 조지 캠벨이 관찰한 것, 애리조나주와 미국 전역의 보호 구역에서 일하는 인디언보건국 의사들이 관찰한 것, 전 세계 토착민 집단에서 당뇨병이 처음 발생한 과정을 기록으로 남긴 의사와 연구자들이 수집한 것과 크게 다르지 않았다.

트로얼은 케냐에 도착할 당시 고혈압과 당뇨병이 아예 없었다고 썼다. 원주민들은 먹을 것이 전혀 부족하지 않았고, 비교적 고지방 식단을 섭취하는데도 "고대 이집트인"처럼 마른 체형을 갖고 있었다.✦[8] 하지만 1950년대에 이르면 대도시와 소읍에서 비만한 아프리카인을 흔히 볼 수 있었다. 1956년 트로얼은 관상동맥질환으로 생각되는 아프리카 흑인의 증례를 최초로 보고했다.[9] 대법관이었던 환자는 비만한 체형으로, 20년간 영국에서 살며 그곳 음식을 먹었다. 1960년대에 이르면 고혈압은 서구와 마찬가지로 아프리카 흑인들에게도 흔한 병이 되었다. 1970년 트로얼이 동아프리카로 돌아갔을 때는 "마을마다 비만한 아프리카인들이 넘쳤고, 모든 대도시에 대형 당뇨병 클리닉이 있었다. 두 가지 질병은 동시에 태어나, 동시에 성장했다."[10]

클리브, 캠벨, 여드킨이 관찰한 것처럼 버킷과 트로얼 역시 영국 의학 문헌과 전 세계 수백 명의 의사가 관찰한 바를 종합하여 일관성 있

✦ 트로얼에 따르면 제2차 세계대전 중 영국 정부는 아프리카인들이 왜 영국군의 징집 요건을 충족할 만큼 체중이 늘지 않는지 조사하기 위해 영양학자로 구성된 조사팀을 현지 파견했다. 트로얼은 이렇게 썼다. "요리에 쓸 닭을 살찌우는 방법을 모르는 사람은 없지만, 아프리카인을 그렇게 만드는 방법 (…) 전투를 치를 수 있을 정도로 근육과 지방을 늘릴 방법을 아는 사람은 아무도 없었다. 이 수수께끼를 해결하려고 그들의 장을 수없이 엑스선으로 촬영했지만 여전히 풀지 못했다."

는 발병 패턴을 파악했다. 어느 인구 집단이든 서구화 과정을 거치면 조금 빠르고 늦은 차이만 있을 뿐, 만성 질환들이 나타났다. 순서 또한 비슷하여 치주 질환(충치), 통풍, 비만, 당뇨병, 고혈압 등으로 시작하여 결국 모든 병이 만연한다.

발병 양상을 세세한 부분까지 구체적으로 관찰하면 인구 집단에 따라 조금씩 다른 패턴이 관찰되었다. 정확히 어떤 일이 벌어지는지, 왜 그런지 이해하려면 진화생물학적 관점이 필요하다. 버킷과 트로얼은 《서구적 질병》 서문에 이렇게 썼다. "어느 지역사회에 나타나는 질병의 종류와 발생률은 언제나 수많은 환경 인자가 상호작용을 통해 그 사회의 유전적 풀pool에 미친 영향을 반영한다."[11] 인구 집단들을 비교해도 유전자 또는 유전형은 그 집단을 구성하는 개인들의 유전자만큼은 아니라도 서로 다를 것이다. 유전자가 발현되는 환경과 오랜 세월 지내온 환경 또한 서로 다르다. 서구화 과정이 각 인구 집단과 개인에 다른 영향을 미치지만, 일반적인 양상은 동일하다는 뜻이다. 버킷은 이렇게 썼다. "비교적 안정적인 인구 집단의 유전적 풀은 기나긴 진화의 시간 속에서 매우 서서히 변한다. 반면 환경은 급격히 변할 수 있다. 환경 인자들이 급속도로 변하면 환경에 연관된 질병의 양상 또한 급속도로 변한다."[12]

버킷은 어느 집단 또는 전 세계에서 일련의 질병이 동시에 나타난다면, 공통된 원인이 존재할 가능성이 높다고 주장했다. 그것이 가장 단순한 가설이었다. 1975년 트로얼과 공동 편집한 서구적 질병에 대한 첫 번째 저서에서 그는 "관계의 유의성"이라는 용어를 써서, 단 한 가지 환경적 유발 원인이 개인의 유전적 다양성, 노출 기간, 노출 정도에 따라 다양한 질병을 일으킬 수 있다고 지적했다.[13]

버킷은 담배를 예로 들었다. 흡연의 첫 번째 증상은 대개 손가락이 담뱃진에 찌들어 착색되는 것이다.(필터 없는 담배를 피우던 시절이었다.) 이어서 기관지염과 폐암이 뒤따른다. 당시에 알았더라면 폐기종과 심장 질환도 언급했을 것이다. 한 개인에서 이런 병들이 실제로 나타나는지는 얼마나 오랫동안 담배를 피웠는지, 얼마나 많이 피웠는지, 이런 병에 얼마나 취약한지에 달려 있다. 운이 좋은 사람이나 유전적으로 축복받은 사람이라면 하루에 담배를 몇 갑씩 피워도 손가락이 착색되는 것 말고는 병에 걸리지 않을 수 있다. 어떤 사람은 기관지염만 앓는가 하면, 폐암만 걸리는 사람도 있고, 기관지염과 폐암을 모두 앓는 사람도 있을 것이다. 모든 사람에게 모든 질병이 나타나는 것은 아니지만, 인구 집단 전체를 보면 결국 흡연에 연관된 모든 질병이 나타난다. 그 모든 질병의 원인은 바로 흡연이다. 이런 양상과 인과관계를 확실히 밝히는 방법은 한 가지밖에 없다. 담배를 피우는 집단과 피우지 않는 집단을 비교하거나, 한 집단 내에서 흡연자와 비흡연자를 비교하는 것이다.

버킷은 또 다른 예로 매독을 들었다. "원인균인 스피로헤타가 발견되기 전부터 매독의 증상을 나타내는 환자들을 연결해보면 공통적인 원인이 있음을 짐작할 수 있었을 것이다. 예를 들어 어떤 환자에서 구개口蓋 천공, 골막하 골 침착이 나타나고, 과거력상 특징적인 피부 발진과 음경 궤양이 있었을 것이다." 치료받지 않으면 결국 치매, 청력 소실, 심장과 신경 손상 등의 증상이 나타나겠지만, 모든 증상은 동일한 단 한 가지 원인에 의해 생긴다. 버킷은 노출 기간에 따라 "초기" "중기" "후기"에 나타나는 질병이 있다고 설명했다. "특정 질병들이 이전까지 거의 없었던 집단에 처음 출현하면서 특징적인 패턴을 나타낸다면, 이로써 공통적인 하나의 원인적 인자 또는 서로 관련된 원인적 인자들이 있음을 알 수 있다."[14]

버킷과 트로얼이 제시한 서구식 생활 습관에 노출되어 생기는 질병의 잠정 목록에서, 충수돌기염과 충치 같은 병은 보통 어린이들에게 나타난다. 발병에 오랜 시간이 걸리지 않기 때문에 인구 집단이 서구화하는 과정에 오래 노출되지 않아도 나타나는 것이다. 이런 병은 비교적 원인을 파악하기 쉽다. 하지만 비만, 당뇨병, 통풍, 고혈압 등은 노출된 집단의 개인이 중년에 도달했을 때 비로소 나타난다. 암과 심장질환은 50년 이상 노출된 후에야 생기는 수도 많으므로 특히 파악하기 어렵다. 선교 의사나 식민지 의사들에게 진료를 받는 토착민 집단은 상대적으로 수명이 짧았다. 따라서 암 같은 병이 비교적 드물다고 해도 실제로 드문지 아니면 암에 걸릴 정도로 오래 사는 사람이 드문지를 살펴보아야 한다.

소위 "사카린 질병"에 관한 책들을 통해 클리브는, 서구적 질병들이 한꺼번에 나타나는 현상의 인과관계를 추정하는 데 충치가 명백한 단서를 제공한다고 주장했다. 충치는 생애 초기에 나타나기 때문에 모든 서구적 질병이 뒤따라 나타날 것임을 예고하는 '탄광 속의 카나리아' 역할을 한다는 것이다. 충치가 정제된 곡식, 아마도 대부분 설탕에 의해 발생한다는 사실로부터 모든 서구적 질병도 마찬가지라고 추정할 수 있지 않을까? "치아에 특히 나쁜 영향을 미치는 정제 탄수화물이 소화관을 따라 내려가면서 소화관의 다른 부분에도 상당한 영향을 미치지 않는다면, 또한 소화관에서 흡수된 후에 신체의 다른 부분에 악영향을 미치지 않는다면 그것이 오히려 이상하지 않을까?"[15]

1975년 서구적 질병에 대한 첫 번째 책을 펴내면서 버킷과 트로얼도 똑같은 생각을 했다. 단 한 가지, 그들은 현대 가공식품에 식이섬유가 부족한 것이 이런 현상의 주된 원인이라고 설명했다. 설탕이나 곡식을 정제하는 과정에서 식이섬유가 제거되기 때문에, 한꺼번에 나타나는 질병 중 "초기"에 출현하는 병에 변비가 포함되며 변비는 식이섬유를 첨가하여 치료 및 예방이 가능한 (어쩌면 유일한) 질병이라는 것이다.

1981년 버킷과 트로얼은 《서구적 질병》을 출간하면서 이 문제에 관해 전통적인 시각을 드러냈다. 1970년대의 영양학 연구자들은 심장질환의 원인으로 포화지방, 고혈압의 원인으로는 소금에만 주의를 집중했다. 버킷과 트로얼은 동료들과 의견을 같이 하여 서구적 질병의 원인이 한 가지가 아니라고 생각했다.

이런 시각이 정당할까? 개인에서든 집단에서든 한꺼번에 나타나며 서구식 식단 및 생활 습관과 밀접한 관련이 있는 수많은 만성 질환을 단 한 가지 식이성 유발물질(설탕)로 설명해야 할까, 아니면 여러 유발물질로 설명해야 할까? 아이작 뉴턴은 《프린키피아》에서 오컴의 면도날이라는 개념을 설명한다. "자연 현상을 설명할 때는 사실이며 설명하는 데 충분한 것 이상의 원인을 받아들여서는 안 된다."[16] 소위 "자연철학에서 추론의 규칙들" 중 제1규칙이다. 그렇다면 서구적이며 도시적인 생활과 관련된 만성 질환의 존재를 설명하는 데 식단과 생활 습관의 다양한 측면 즉 다양한 원인을 상정해야 할까, 아니면 한 가지(설탕)로 충분할까?

비만, 당뇨병, 심장질환, 통풍의 관계를 생각해보자. 뒤의 세 가지 질병은 모두 비만과 관련이 있다. 지방이 과도하게 축적되어 발생하거나 악화된다는 것이 일반적인 생각이다. 네 가지 질병 모두 인구 집단이나 개인에서 한꺼번에 무리 지어 나타난다. 모두 고혈압과 관련이 있다. 의사들은 이 병들을 한데 묶어 고혈압성 장애라고 부르기도 한다. 모든 병에서 혈압이 병적으로 높아지는 경향이 있다는 뜻이다. 이렇게 보면 이 병들은 동일한 식단 또는 생활 습관에 의해 유발될 가능성이 높다. 그것이 무엇이든 말이다. 하지만 1980년대 들어 사람들은 더 이상 이런 시각을 갖지 않게 되었다.

서구화된 인구 집단에서 이 질병들이 한꺼번에 무리 지어 나타난다는 사실과 그 양상이 가장 잘 규명된 예를 든다면, 남태평양의 섬나라 토켈라우제도에서 수행된 연구일 것이다. 현재 토켈라우제도는 전 세계에서 당뇨병 유병률이 가장 높은 국가다.[17] 피마족이 있지만 이들은 국가가 아니라 하나의 부족일 뿐이다.✦ 2014년 현재 토켈라우제도 사람 중 거의 38퍼센트가 당뇨병 환자다. 비만 인구는 3분의 2가 넘는다.[18]

여기서 우리는 서구화에 따라 사람들의 생활이 어떻게 변하는지에 대해, 영양학 연구 사상 유례를 찾을 수 없을 정도로 생생한 역학 현장을 목격할 수 있다. 토켈라우제도는 뉴질랜드 보호령으로 세 개의 고리 모양 산호섬으로 되어 있다. 1960년대에 인구가 크게 늘어 거의 2000명에 달하자 뉴질랜드 정부는 자원자들을 뉴질랜드 본토로 이주시켰다. 1968년 웰링턴 의과대학의 이언 프라이어가 이끄는 역학자들이 토켈라우제도이주민연구에 착수했다.[19] 본토로 이주한 모든 토켈라우제도 사람을 추적하여 생활 습관이 서구화 및 도시화한 데 따른 식단과 건강의 변화를 기록하고, 산호섬에 남은 모든 사람에 대해서도 똑같은 과정을 수행했다.

연구가 한창 진행 중이던 1960년대 중반 토켈라우제도 사람들의

✦ 이 부분은 약간 혼란스럽다. 토켈라우는 뉴질랜드 보호령이지만, 뉴질랜드와 토켈라우 정부는 공식적으로 국가로 지칭한다. 하지만 유엔은 토켈라우를 국가로 인정하지 않는다.(옮긴이)

식단은 코코넛, 생선, 코코넛과 생선을 먹여 키운 돼지고기, 닭고기, 전분이 풍부하고 멜론처럼 생긴 빵나무 열매, 역시 전분이 풍부한 뿌리 채소인 풀라카pulaka 등이었다.[20] 당시 전 세계에서 가장 지방 함량이 높은 식단이었다. 50퍼센트가 넘는 칼로리를 지방, 그것도 대부분 코코넛에 함유된 포화지방으로 섭취했다.[21] 1968년에 이르면 때때로 들어오는 교역선을 통해 약간의 설탕과 흰 밀가루를 섭취했지만, 현대 서구의 기준으로 볼 때 매우 미미한 수준이었다. 총 섭취 칼로리의 2퍼센트에 불과했으며, 설탕으로 환산하면 1인당 연평균 3.5킬로그램에 못 미쳤다. 당시 섬사람들의 의무 기록을 보면 수두와 홍역이 때때로 크게 유행했으며 드문드문 나병, 피부병, 천식 증례가 보인다.[22] 통풍을 앓는 사람도 몇 명 있었다.[23] 남성의 3퍼센트, 성인 여성은 거의 9퍼센트가 당뇨병 환자였다.

산호섬 사람들의 식단은 서서히 서구화했지만, 1970년대 후반에 현금 경제가 도입되고 교역소가 설립되자 이 과정이 훨씬 빨라졌다.[24] 1982년에 수행된 마지막 연구 평가에서는 코코넛 소비량이 크게 줄어 있었다. 1인당 설탕 섭취량은 연간 24킬로그램으로 늘었으며, 흰 밀가루 섭취량 또한 연간 5.5킬로그램에서 30킬로그램으로 크게 늘었다. 알코올 섭취량도 늘었다. 흡연은 흔한 습관이 되었다. 육류 통조림과 냉동식품도 들어왔지만, 아직까지 생선 위주의 전통 식단이 남아 있었으므로 소비량은 미미했다.

한편 뉴질랜드로 이주한 토켈라우제도 사람들의 식단과 생활 습관은 갑자기 큰 폭으로 변했다.[25] 빵나무 열매 대신 빵과 감자를, 생선 대신 육류를 먹었다. 코코넛은 거의 먹지 않았다. 설탕 섭취량은 엄청나게 늘었지만, 신체 활동 또한 마찬가지였다.[26] 남성들은 삼림 관리나 철도 건설 현장에서 막노동을 했으며, 여성들은 전자 제품 조립 공장이나 방직 공장, 저녁 시간에 사무실 청소를 하며 멀리 떨어진 직장까지 걸어다녔다.

두 개의 인구 집단에서 식단의 서구화에 따라 만성 질환이 급격히 늘어난 양상은 비슷했다. 1960년대 후반에서 1980년대 초반 사이에 당뇨병 유병률은 가파른 상승 곡선을 그렸는데, 이주민 집단에서 특히 두드러졌다.[27] 1982년에는 이주민 여성 중 거의 20퍼센트, 이주민 남성은 11퍼센트가 당뇨병 환자였다. 고혈압, 심장질환, 통풍 역시 양쪽 모두 크게 증가했지만 증가 폭은 이주민 집단에서 훨씬 두드러졌다.[28] 이주민은 산호섬 주민에 비해 통풍을 앓을 가능성이 아홉 배나 높았다. 놀랄 일도 아니지만 비만 역시 늘었다.[29] 평균적으로 남성은 9킬로그램, 여성은 14킬로그램 정도 체중이 늘었다. 어린이 역시 더 뚱뚱해졌다.

무엇이 문제였을까?

토켈라우제도의 경험에서 알 수 있듯이 서구화 과정 중에는 식단과 생활 습관이 크게 변하므로 인과관계에도 큰 변화가 따른다. 훨씬 최근(2008~2012년)에 토켈라우제도를 정기적으로 오가는 교역선의 적하 목록을 보면 엄청난 양의 백미, 설탕, 밀가루, 독주毒酒, 맥주, 청량음료, 담배는 물론 육류, 아이스크림, 버터 등 현대적 식품, 심지어 산호섬에서는 찾아볼 수 없던 외래종 과일과 채소가 흘러들어갔다.[30] 이 식품들 중 일부 또는 전부가 한꺼번에 작용하여 여러 서구적 질병이 늘었다고 볼 수 있을 것이다.

이 문제에 관한 전통적인 사고방식은 1960년대와 1970년대 미국에서 수행된 영양학 연구에서 비롯되었다. 서구적 질병은 한꺼번에 무리 지어 나타나는 경향이 있지만, 각 질병이 각기 다른 식단과 생활 습관에 의해 유발된다는 것이다. 연구팀은 토켈라우제도이주민연구를 통해 "관찰된 [질병] 발생률의 차이는 각기 다른 관련 변수로 설명할 수 있다"고 주장했지만, 이주민들과 토켈라우제도에 남은 사람들의 경험이 판이하게 다르기 때문에 다양한 원인이 실제로 어떻게 작용했는지 알아내기 어렵다는 사실을 인정했다.[31]

이주민들은 산호섬 주민들에 비해 생활 습관이 훨씬 활동적인데도 체중이 더 많이 늘었다. 섬에 살 때보다 포화지방을 훨씬 적게 섭취했음에도 심장질환이 늘었다. 연구팀은 이주민들에서 고혈압, 통풍, 당뇨병, 심장질환이 점점 늘어나는 이유는 적어도 부분적으로는 체중 증가, 즉 너무 많이 먹기 때문이라고 주장했다. 고혈압 유병률의 증가는 새로운 문화에 적응하는 스트레스와 소금 섭취량이 더 많아진 것 같다는 점으로 설명했다. 통풍은 산호섬 주민보다 붉은 살코기를 더 많이 섭취하기 때문이라고 했다. 천식이 늘어나는 것은 섬에는 존재하지 않는 다양한 알레르기 유발물질이 뉴질랜드 본토에 존재하기 때문이라고 설명했다.

모든 설명이 합리적이다. 그리고 아직까지 우리가 이 질병들을 해석하는 방식과 어느 정도 일치한다. 하지만 나는 설탕이 이 질병들의 공통적인 원인이라고 주장한다. 인과관계에 관한 버킷의 논리적 분석이 옳다고 믿기 때문이다. 오컴의 면도날이라는 이론으로 요약할 수 있듯 가장 간단한 가설이 옳을 가능성이 가장 높다. 물론 틀릴 수도 있다. 어떤 사회에서 서로 연관된 것이 분명한 범죄가 계속 일어난다고 해서, 첫 번째 사건의 범인이 반드시 모든 사건의 범인이라고 말할 수는 없다. 그러나 그가 모든 사건의 범인일 가능성은 여전히 매우 높다. 범인이 여러 명이라고 가정하기 전에 반드시 이 가능성을 생각해보아야 한다. 현재 연구자들이 다루는 관찰적 증거로는 서구식 식단과 생활 습관을 받아들일 때 실제로 설탕이(또는 식단에 포함된 다른 어떤 물질이) 만성 질환을 유발하는지에 대해 합리적 의심을 넘어서는 확실성을 제공할 수 없다. 우리가 할 수 있는 최선은 이 가설이 옳을 가능성이 있는지, 그렇다면 옳을 가능성이 가장 높은지를 따져보는 것이다.

설탕을 가장 유력한 유발인자로 의심하는 이유는 대사 증후군과 인슐린 저항성이라는 현상이 밝혀졌다는 점이다. 이로 인해 비만과 당뇨병과 심장병의 패러다임이 1970년대의 전통적인 관점에서 현재의 관점으로 완전히 옮겨왔다. 1970년대에 비만은 너무 많이 먹어서 생기고, 당뇨병은 너무 살이 쪄서 생기고, 심장질환은 두 가지 요인에 포화지방을 지나치게 많이 섭취하는 식습관이 더해져서 생긴다고 생각했다. 하지만 지금은 대사 증후군이야말로 비만, 당뇨병, 심장질환을 일으키는 핵심적이고 공통적인 원인이라고 생각한다. 버킷과 트로얼의 서구적 질병 목록, 즉 서구식 식단과 생활 습관에 관련된 만성 질환들이 하나같이 비만과 당뇨병에 관련된 질병이라는 사실 역시 인슐린 저항성과 대사 증후군이 주된 작용 원리이거나 결정적인 사전 요인임을 의미한다. 인슐린 저항성과 대사 증후군이 궁극적으로 설탕 때문이라면 이 모든 질병 역시 어느 정도는 설탕 때문이라고 할 수 있다. 설탕을 모든 식이성 유발인자 중에서 가장 먼저 의심해야 하는 이유가 여기 있다. 사실 프라이어 연구팀이 토켈라우제도이주민연구에서 관찰한 바를 정리했을 때부터 의심했어야 했다.

토켈라우제도에서 보듯, 지난 50년간 영양학자들과 심장병 연구자들은 소금을 너무 많이 먹는 것이 고혈압의 원인이라고 생각했다. 여기서 고혈압이란 오랫동안 혈압이 병적으로 높게 유지되는 상태를 가리킨다. 의사들이 대사 증후군을 진단할 때 기준으로 삼는 다섯 가지 항목 중 하나가 고혈압이므로, 고혈압 또한 다른 네 가지 항목과 같은 유발 인자(식단 또는 생활 습관)에 의해 발생할 가능성이 높다. 혈압이 높은 사람은 인슐린 저항성과 대사 증후군이 있을 가능성이 높다. 또한 과체중이거나 살이 찌고 있는 상태로, 중성지방이 높고 HDL 콜레스테롤은 낮으며, 포도당 불내성도 있을 가능성이 높다. 모든 현상이 함께 일어나며 동일한 원인에 의해 유발될 가능성이 높다는 뜻이다. 오컴의 면도날과 버킷의 논리를 생각해보자. 만약 설탕이 인슐린 저항성을 일으키고, 중성지방을 상승시키고, 우리를 살찌게 만든다면, 그렇다면 동시에 고혈압을 일으킬 가능성도 매우 높다. 직접적으로는 아니더라도 인슐린 저항성과 체중에 미치는 영향을 통해 간접적으로 말이다. 설탕이 범인이다.

'만약 혹은 그렇다면' 가설을 이렇게 정리할 수 있다. 만약 서구적 질병이 비만, 당뇨병, 인슐린 저항성 및 대사 증후군과 관련이 있다면, 그렇다면 인슐린 저항성과 대사 증후군을 일으키는 원인이 이 질병들의 식이성 유발인자이거나 최소한 인과관계에서 핵심적인 역할을 할 가능성이 높다. 설탕, 즉 자당과 액상과당이 인슐린 저항성과 대사 증후군의 식이성 유발인자라고 믿을 만한 충분한 이유가 있기 때문에, 설탕은 앞으로 논의할 암과 알츠하이머병을 포함하여 모든 서구적 질병의 가장 중요한 원인일 가능성이 매우 높다. 식단에서 설탕을 완전히 없앨 수 있다면 이 만성 질환들은 완전히 없어지지 않더라도 비교적 드문 병이 될 것이다. 어떤 조건에서는 사실상 존재하지 않을지도 모른다.

이제부터 중요한 서구적 질병들을 하나하나 살펴보면서 설탕이 원인이거나 중요한 인자일 가능성, 유일한 용의자는 아니더라도 중요한 용의자 중 하나일 가능성을 따져보려고 한다. 비만과 당뇨병은 앞에서 자세히 다루었고, 심장질환은 인슐린 저항성 및 대사 증후군과의 관계를 통해 간접적으로 알아보았다. 따라서 우선 통풍에서 시작하여 다시 고혈압으로 돌아갔다가, 1970년대와 1980년대에 버킷과 트로얼의 시야에 아예 들어오지도 않은 암과 알츠하이머병(노인성 치매)을 살펴본다.

통풍은 특히 흥미롭다. 7천 년 전에 만든 이집트 미라의 골격에도 심한 통풍을 앓은 흔적이 남아 있으니 분명 고대에도 존재했던 병이다.[32] 하지만 통풍은 현대적 식단과 생활 습관, 특히 과식과 관련되어 맨 처음 나타나는 만성 질환이기도 하다(과식을 어떻게 정의하든). 통풍은 언론의 주목을 받는 일이 거의 없지만, 환자 수는 그 어느 때보다 많다. 최근 조사에 따르면 20세 이상 미국 남성 중 거의 6퍼센트, 여성의 2퍼센트 이상이 통풍을 앓고 있다.[33] 유병률은 나이가 들수록 높아져 칠십 대 성인의 9퍼센트, 팔십 대가 되면 12퍼센트 이상으로 치솟는다. 여덟 명에 한 명 꼴이다. 1960~1990년대에 비만 및 당뇨병의 증가와 더불어 유병률이 두 배 이상 높아졌으며, 그 뒤로도 꾸준히 증가한 것 같다.

19세기 중반 영국의 의사 앨프리드 개로드가 요산이라는 물질이 핵심적인 역할을 한다는 사실을 발견하면서 통풍의 병리가 밝혀지기 시작했다. 혈액 속에서 요산이 점점 늘어나(고요산혈증) "과포화" 상태가 되면 뾰족한 바늘 모양의 요산염 결정이 생성된다. 이 결정들이 연부조직과 팔다리의 관절에 쌓이면서(엄지 발가락이 가장 유명하다) 염증, 부기, 극심한 통증을 일으킨다. 통증이 얼마나 심한지 18세기의 쾌락주의자 시드니 스미스는 눈알 위를 걷는 것 같다는 유명한 말을 남겼다.[34]

요산은 어디서 생기며 왜 그렇게 많이 생길까? 요산은 퓨린(아미노

산의 기본 구성 요소)이라는 단백질 복합체의 분해 산물이다. 퓨린은 육류에 가장 많이 들어 있기 때문에, 100년이 넘도록 혈액 속에서 요산 수치가 상승하는 이유가 고기를 너무 많이 먹는 것이라고 생각했다. 하지만 이 가설을 실험으로 입증하기는 매우 어려웠다. 1947년 하버드 대학교의 프리드리히 클렘페러와 월터 바우어는 의학 교과서에서 그 어려움을 아주 우아하게 표현했다. "오래도록 존경할 만한 유산으로 거의 성스러운 분위기까지 띠는 이런 가르침이, 적절한 실험은 물론 임상 데이터의 포괄적인 통계 분석에 의해서도 검증된 바 없다는 사실은 더없이 애석한 상황이라 하지 않을 수 없다."[35]

사실 거의 채식만 한다고 해도 요산 수치는 아주 미미하게 떨어질 뿐이며 정상으로 돌아갈 가능성이 거의 없다.[36] 엄격한 채식이 통풍 발작 발생률을 일관성 있게 감소한다는 증거도 거의 없다. 통풍 치료 시 퓨린 제거 식단을 더 이상 처방하지 않는 것도 이런 이유에서다. 1984년 의사이자 생화학자인 어빙 폭스는 "이런 식단이 효과가 없으며" 요산 수치에 "미미한 영향"을 미칠 뿐이라고 했다.[37] 통풍은 채식주의자들에서도 언제나 상당한 발생률을 나타냈다. 바우어와 클렘페러는 "통념보다 훨씬 높다"면서, 20세기 중반 인도의 "대부분 채식주의자이며 술은 입에도 대지 않는 사람들"도 통풍 발생률이 7퍼센트에 이른다는 추정치를 제시했다.[38] 사실 붉은 살코기(단백질)를 더 많이 먹을수록 콩팥에서 더 많은 요산이 배설되어 혈중 요산 수치가 감소한다.[39] 퓨린은 도움이 안 되지만, 육류의 높은 단백질 함량은 오히려 이로울 수 있다는 뜻이다. 결국 육류 섭취와 통풍 가설은 매우 의심스럽다.

육류가 원인이 아니라면 그리고 "술을 입에도 대지 않는 사람들"로 볼 때 알코올만으로 통풍의 발생을 설명할 수 없다면, 도대체 원인이 무엇일까?

첫 번째 단서는 통풍과 모든 서구적 질병의 관계에서 찾아야 한다. 고요산혈증과 인슐린 저항성과 대사 증후군은 모두 대사 이상이다. 이것들 사이에 어떤 관계가 있을까? 지난 세기에 통풍은 우리가 익히 아는 서구적 질병들의 양상과 나란히 발생해왔다. 전통적인 식단을 섭취하는 토착민 집단에서 통풍이라는 병은 이름조차 없었다.[40] 거의 보고되지 않았음은 물론이다. 1947년 트로얼은 동아프리카에 이 질병이 매우 드물어 진료를 시작한 후 첫 17년간 아프리카 토착민 중에서는 단 한 명의 환자도 보지 못했으며, 기록으로 읽은 적도 없다고 했다.[41] 마침내 통풍에 걸린 르완다 토착민이 그를 찾았을 때 트로얼은 이를 매우 희귀한 증례로 판단하여 〈동아프리카의학학술지〉에 보고했다. 병원 기록으로 볼 때, 1960년대까지도 케냐와 우간다의 통풍 발생률은 토착민 1000명 중 한 명 미만이었다. 그러나 1970년대 말에 이르면 서구화와 도시화가 진행되면서 아프리카인들의 요산 수치가 상승을 거듭하며, 남태평양 제도에서도 고요산혈증과 통풍 발생률이 급격히 치솟는다. 1975년 이언 프라이어의 동료인 뉴질랜드의 류머티즘 전문의 B. S. 로즈는 남태평양 제도 사람들을 "거대한 통풍 가족"이라고 묘사했다.[42]

통풍이 비만과 관련된다는 사실은 히포크라테스 때부터 알려졌다. 통풍의 원인이 부유함과 지나친 식욕이라는 생각도 여기서 비롯되었다. 통풍 환자가 동맥경화와 고혈압 발생률이 높다는 사실이 오래전부터 보고되었다.[43] 뇌졸중과 관상동맥질환은 통풍 환자의 흔한 사망 원인이다. 당뇨병 역시 자주 동반된다.[44] 1951년 하버드 대학교 연구팀은 혈청 요산 수치가 체중에 비례하며, 심장 발작을 일으킨 사람들이 건강한 대조군에 비해 고요산혈증이 있을 가능성이 네 배에 이른다고 보고했다.[45] 이후 1960년대 내내 일련의 연구가 진행되었다. 연구자들은 고요산혈증과 포도당 불내성 및 중성지방 상승의 관계를 조사했고, 인슐린 수치 상승 및 인슐린 저항성과 관계도 탐구했다.[46] 1990년 스탠퍼드 대학교의 제럴드 리븐 연구팀은 인슐린 저항성과 고인슐린혈증에 의해 콩팥에서 요산 배설이 감소하며, 이에 따라 혈중 요산 수치가 상승한다고 보고했다. 리븐은 이렇게 썼다. "인슐린 저항성에 의한 혈청 요산 농도 변화는 콩팥 수준에서 작용한다고 생각된다." 즉, 인슐린 저항성이 심해질수록 혈청 요산 농도가 올라간다.

설탕 또는 과당이 통풍의 주된 원인이라는 증거는 두 가지 측면에서 살펴볼 수 있다.

첫 번째는 정황적 증거다. 통풍은 고립된 인구 집단이 서구화 및 도시화할 때뿐 아니라, 유럽과 미국에서도 나타난다. 수세기 동안 이 인구 집단들에서 통풍의 분포는 설탕의 보급과 정확히 같은 궤적을 그렸다. 17세기 후반까지 이 병은 오로지 귀족, 부자, 식자층에서만 발생했다. 미식과 알코올을 양껏 즐길 여유가 있는 계급이다. 영국에서 통풍은 이 계급들에서 거의 유행 수준에 도달한 후, 18세기 들어 사회 전체로 퍼졌다. 흔히 "통풍 대유행"[47]이라고 부르는 이 현상은 영국 설탕산업의 탄생과 성장 그리고 시드니 민츠의 표현대로 설탕이 "왕들의 사치품에서 평민들의 제왕적 사치품으로"[48] 전환한 과정과 거의 항상 때를 같이 했다.✦

두 번째 증거는 정황적인 것이 아니다. 설탕의 과당 성분은 혈청 요

✦ 통풍 대유행은 부분적으로 당시 소비되던 포트 와인 등의 강화 와인이 납으로 오염되었기 때문이기도 하다.

산 수치를 직접 상승시킨다. 과당을 주입했을 때 요산 수치가 "깜짝 놀랄 정도로 상승"하는 현상은 1960년대 후반 핀란드 연구자들이 "과당 유발성 고요산혈증"이라는 이름으로 처음 보고했다.[49] 이후 1980년대 말까지 일련의 연구를 통해 이 효과가 실제로 존재한다는 사실이 확인되고, 다양한 생화학적 기전까지 밝혀졌다. 예를 들어 과당이 간에서 대사될 때는 세포 반응의 주 에너지원이자 퓨린을 많이 함유한 ATP의 분해가 촉진된다.[50]("ATP"는 "아데노신 3인산"의 약자로, 여기서 아데노신은 퓨린의 일종인 아데닌의 한 형태이다.) 이 과정에서 요산 합성이 증가한다. 알코올이 요산 수치를 상승시키는 과정도 똑같다(맥주에 퓨린이 들어 있기도 하다). 또한 과당이 ATP에 미치는 영향에 의해 퓨린 합성이 촉진되며, 과당 대사 중 생성된 젖산이 콩팥에서 요산의 배설을 감소시켜 간접적으로 요산 농도를 상승시킨다.

과당이 요산 수치를 올리는 기전에 대한 설명은 과당 대사와 통풍 사이의 유전적 관련성이 밝혀지면서 더욱 힘을 얻었다. 통풍은 집안 내력으로 나타나는 일이 많다. 의사들은 항상 이 병이 강력한 유전적 요소를 지녔다고 생각했다. 1990년 미국 통풍 연구의 선구자인 에드윈 시그밀러와 나중에 영국의학연구위원회 의장이 되는 조지 래디는 공동 연구를 통해 이런 가족성 경향이 과당 대사 조절 유전자의 특이적인 결함 때문인 것 같다고 보고했다. 이 결함을 물려받은 사람은 과당 대사에 문제가 생겨 태어날 때부터 통풍에 걸리기 쉽다는 것이다. 연구자들은 과당 대사 장애가 "통풍의 상당히 흔한 원인"일 가능성이 있다고 결론 내렸다.[51]

이런 소견을 논문으로 발표하면서 연구자들은 합리적인 수준에서 그 의미를 분명히 규정했다. 1967년 핀란드 연구팀은 이렇게 썼다. "통풍 환자에서 혈청 요산 수치가 매우 중요하기 때문에, 식단 속의 과당에 주의를 기울일 필요가 있다."[52] 당연히 건강한 사람이 과당이 많이 함유된 식단을 장기적으로 섭취할 때의 결과에 대해 추가적인 연구가 필요했다. 1984년에 발표된 영양과 통풍에 관한 논문은 "과당은 중성지방 생성을 증가시키는 것은 물론 요산 합성 속도를 상승시킬 수 있기" 때문에 통풍 환자는 과당 즉 설탕이 많이 함유된 식단을 피해야 한다고 설명했다.[53] 1993년 영국의 생화학자 피터 메이스는 과당 대사에 관한 문헌을 검토한 후 〈미국임상영양학학술지〉에 논평을 실으면서 건강한 사람이 과당 즉 설탕이 많이 함유된 식단을 섭취하는 경우 고요산혈증과 통풍이 발생할 가능성이 높지만 확인 연구는 수행된 바 없다고 썼다.[54]

인슐린 수치 증가와 인슐린 저항성이 요산 수치를 상승시킨다고 보고한 리븐의 연구와 함께, 이 소견은 요산과 통풍에 관한 한 자당과 액상과당이 모든 탄수화물 중 최악임을 시사한다. 과당은 요산 생성을 증가시키고 배설을 감소시키며, 포도당 역시 인슐린에 영향을 미쳐 요산 배설을 감소시키기 때문이다. 따라서 설탕이 통풍의 원인일 가능성이 높으며, 설탕 섭취 양상으로 통풍의 발생과 분포를 설명할 수 있다고 생각하는 것이 합리적이다.

이 가설은 최근 들어서야 진지하게 검토되었다. 이전에 통풍에 관심을 가진 영양학자들은 알코올과 육류 섭취에만 초점을 맞추었을 뿐, 다른 요소에 거의 신경을 쓰지 않았다. 통풍 환자, 특히 비만한 통풍 환자가 육류와 알코올 섭취를 삼가야 한다는 오래된 믿음은 1970년대 이후 지금까지 이어지는 식단 처방에 그대로 반영되었다.

하지만 설탕과 과당 가설은 다시 한번 때를 잘못 만났다. 1960년대 중반 알로푸리놀이 개발된 것이다. 알로푸리놀은 통풍 환자에서 요산 수치를 낮추고 통풍 발작을 예방하며 저렴하기까지 하다. 실험실에서 통풍의 발병 기전과 퓨린 대사를 연구하던 학자들은 이제 알로푸리놀 치료를 미세하게 조절하는 방법이나, 분자생물학의 새로운 기법을 이용하여 통풍과 퓨린 대사의 유전학을 연구하는 쪽으로 방향을 바꾸었다. 알로푸리놀 덕분에 통풍 환자도 원하는 것을 마음껏 먹고 마실 수 있게 되었으므로 이제 영양학적 연구는 시간 낭비일 뿐이라고 생각한 것이다.

과당 유발성 고요산혈증에 관한 연구가 막 시작된 참이었다. 결국 인간에서 과당과 자당 섭취가 요산 수치를 상승시킨다는 소견이 거듭 입증된 1980년대에 통풍에 관한 기초 연구는 막을 내리고 말았다. 대표적인 연구자들이 손을 뗐으며, 국립보건원의 연구비 역시 거의 끊겼다.[55] 어쩌다 유명 학술지에 통풍의 임상적 관리에 관한 논문이 실려도 거의 항상 약물 요법에 초점을 맞출 뿐이었다. 식단에 관한 내용은 기껏해야 몇 문장 정도였으며, 과학적 사실조차 혼란스럽게 기술되었다. 통풍의 식이요법에 관한 논문에서 인슐린 저항성과 요산의 관계를 언급하고도, 퓨린 함량이 낮다는 이유로 "설탕"과 "단것"을 권장 식품에 포함하는 경우도 있었다.[56] 일부 논문에는 과당 섭취가 요산 수치를 상승시킨다는 말도 함께 적혀 있어 저자들이 "설탕"과 "단것"에서 과당이 어떤 역할을 하는지 전혀 모른다는 사실을 드러냈다.

과당 유발성 고요산혈증에 대한 최근 연구에 따르면 그 의미는 통풍 자체를 훨씬 넘어선다. 콜로라도 대학교의 신장 전문의 리처드 존슨은 1990년대 후반부터 요산이 신동맥에 미치는 영향을 연구했다.[57] 혈중 요산 수치가 일정 수준 이상 올라가면 신동맥을 손상할 수 있고, 이에 따라 혈압도 올라갈 수 있다. 설탕 섭취가 요산 수치를 상승시킨다면 혈압도 상승시킨다고 생각하는 것이 합리적이다. 1986년 식품의약국에서 식단에 포함된 설탕에 공식적으로 면죄부를 준 뒤에 밝혀진 과당과 설탕의 또 다른 잠재적 유해성이다. 살인 용의자가 재판을 받고 증거불충분으로 무죄 판결이 난 뒤에 유전자 증거로 범인임이 밝혀진 것과 같다. 이것은 자당과 액상과당이 특히 건강에 유해한 또 하나의 기전으로 통풍과 고혈압, 심지어 당뇨병과 고혈압이 흔히 동반되는 이유를 설명해줄지 모른다. 물론 이 관계를 설명할 수 있는 기전이 이것 하나라는 뜻은 아니다.

지난 50년간 의료계는 고혈압의 식이성 유발인자가 소금이라는 데 의견이 일치했다. 소금을 너무 많이 먹으면 혈압이 올라간다. 고혈압은 만성 질병으로 심장질환과 뇌혈관질환(뇌졸중) 위험을 증가시킨다. 단순하고도 간결한 가설이다. 그만큼 틀릴 가능성이 높은 가설이기도 하다. 설탕이 고혈압을 일으킨다고 주장하는 것은 소금이 고혈압을 일으키지 않는다고(또는 생각했던 것만큼은 아니라고) 주장하는 셈이 되며, 대부분의 전문가를 불쾌하게 만들 우려가 있다. 그러니 역사적인 사실부터 시작하여 철저히 짚고 넘어갈 필요가 있다.

고혈압은 관점과 기술의 발전이 과학적인 이해를 촉진한 또 하나의 예다.[58] 혈압이 높다는 것이 무슨 의미인지, 어떤 사람이 혈압이 높고 어떤 사람은 그렇지 않은지를 이해하고 다른 질병 특히 심장질환 및 뇌졸중과 어떤 관계가 있는지 밝혀내기 전에, 우선 혈압을 측정하는 쉽고 표준화된 방법이 있어야 했다. 그런 기구 즉 혈압계가 환자를 진료하는 의사에게 널리 보급된 것은 20세기 초였다. 팔에 압박대를 감아 혈압을 측정하는 기구의 초기 단계이다. 1920년대에 이르면 전 세계 의사들이 고립되어 살아가던 토착민들의 혈압을 측정하여, 현대 서구식 식단을 섭취하고 현대 서구식 생활 습관에 따라 살아가는 사람들의 혈압과 비교하기 시작했다. 미국과 유럽 의사들은 혈압이 높은 것이 좋은지 나쁜지를 두고 논쟁을 벌였다.(1920년에 출간된 한 교과서는 혈압이 높다는 것은 혈액을 충분히 공급받지 못하는 조직에 산소와 양분을 공급하기 위한 신체의 보상 반응으로 "유해할 가능성이 있지만, 생명을 구하는 과정"일 수도 있다고 주장했다.[59]) 그 결과에 따라 엄청난 돈이 왔다 갔다 하는 생명보험사의 계리사들이 결정적인 연구를 수행했다.

1920년대에 계리사들은 혈압과 고혈압에 관해 몇 가지 확실한 사실을 밝혀냈다. 특히 중요한 것이 적어도 유럽과 미국에서는 나이가 들수록 그리고 체중이 늘수록 혈압이 높아지며(당뇨병이 생길 가능성과 마찬가지다) 체중 자체는 당연히 나이가 들수록 늘어난다는 점이었다. 한 세기 전에는, 아무 문제없이 생명보험에 들 수 있을 정도로 건강하다고 여겨진 중년 남성에서 140mmHg 미만의 수축기 혈압은 비교적 괜찮은 것으로 간주되었다. 이 수치가 아직까지 고혈압의 하한선으로 생각되는 것도 이 때문이다. 혈압이 140을 넘어 올라가기 시작하면 건강하게 오래 살 가능성이 점점 줄어든다. 따라서 생명보험사들은 혈압이 140 이상인 경우 보험 가입 자체를 꺼리거나, 적어도 혈압이 그보다 낮은 사람과 다른 요율을 적용하려고 했다. 그래야 돈을 잃지 않을 것이었다. 1923년 뮤추얼생명보험사의 수석 의학 전문가가 〈미국의학협회지〉에 쓴 것처럼 더 많은 "청구 건에 보험금을 지불해야" 할 테니 말이다.[60]

다시 20년간 연구가 축적되자 혈압에 관해 미국과 유럽에서 입증된 사실들이 서구식 식단과 생활 습관에 노출되지 않은 토착민 집단에는 적용되지 않는다는 점이 분명히 드러났다.[61] 이들에게 당뇨병과 비만이 매우 드물거나 아예 존재하지 않는 것처럼, 나이가 들수록 혈압이 오른다는 특징 또한 나타나지 않았다. 혈압은 젊은 나이에 더 낮은 경향이 있긴 했지만, 일생 동안 계속 낮게 유지되었다. 이런 소견은 필리핀에서 처음 보고된 후[62] 뉴멕시코의 주니족,[63] 그린란드와 래브라도의 이뉴잇족,[64] 케냐 원주민 부족들(아프리카 부족민과 유럽 현지인 사이에 혈압의 "이런 차이는 상당히 충격적인 것으로 설명이 필요할 것이다"),[65] 시리아의 베두인족("아랍인들의 특징적인 저혈압"),[66] 중국 토착민 집단, 유카탄반도와 과테말라의 토착 부족들,[67] 그리고 제2차 세계대전 막바지에는 파나마의 쿠나족("고혈압이 아예 없다는 놀라운 소견")[68]에서도 관찰되었다. 하지만 비만과 당뇨병이 그랬듯 1960년대에 의사들은 이들이 도시화와 서구화 과정을 거친 후 고혈압이 나타났다고 보고했으며(휴 트로얼도 그중 하나였다) 같은 내용의 논문이 학술지에 실리기 시작했다.[69]

약간 다른 환경에서 사는 비슷한 토착민 집단과 비교해도 서구화된 집단은 혈압이 더 높고 나이가 들수록 상승했다. 1958년 봄 세계보건기구 의학 담당관 프랭크 로웬스타인이 브라질에서 두 개의 토착민 부족을 비교한 연구가 있다.[70] 한 부족은 프란체스코 수도회 선교단의 절대적인 영향 아래 살면서 식량도 선교단에서 공급받았으며, 다른 부족은 열대우림 깊숙한 곳에서 고립된 생활을 영위했다. 로웬스타인은 비슷한 방식으로 수행된 연구들을 검토한 뒤 이렇게 결론 내렸다. "성인기에 나이가 들수록 평균 혈압이 높아지는 경향을 나타내지 않은 집단은, 하나같이 비교적 고립된 채 문명과 접촉이 제한된 원시적 환경에서 살아가는 상대적으로 작고 균질한 인구 집단이었다. (…) 또한 그들은 거의 전적으로 주변 환경에서 구할 수 있는 자연 식품만 먹고 살았다.” 로웬스타인은 서구화에 따라 수많은 “생활 습관”이 변하기 때문에 이 현상을 설명할 수 있는 요인 역시 아주 많을 것이라고 주장했다. 하지만 어떤 요인으로든 설명할 수만 있다면, 이는 곧 고혈압은 물론 우리 모두가 나이가 들수록 혈압이 올라가는 현상도 설명해줄 것이다.

1980년대에 세계 곳곳에서 활동 중인 150명의 연구자가 함께 혈압에 관한 연구 결과를 발표했다. 당시까지 혈압에 관해 수행된 역학 조사 중 최대 규모인 이 연구에서도 서구적 질병에서 일관성 있게 관찰된 현상이 뚜렷이 나타났다. 연구자들은 세계 각지의 52개 지역사회에서 혈압을 측정했는데 그중 브라질의 야노마모족, 징구족, 케냐와 파푸아뉴기니의 오지에 사는 부족 등 네 개의 인구 집단은 로웬스타인이 정의한 “비교적 고립된 채 문명과 접촉이 제한된 원시적 환경에서 살아가는 상대적으로 작고 균질한 인구 집단”이라 할 수 있었다.[71] 이들은 그때까지 보고된 가장 낮은 혈압을 나타냈을 뿐 아니라, 나이가 들어도 여전히 혈압이 낮았다. 고혈압이 아예 존재하지 않는 것이나 다름없었다. 이런 소견은 연구에 참여한 다른 어느 인구 집단에서도 관찰되지 않았다.

1988년에 발표된 이 연구는 인터솔트INTERSALT 연구라고 불린다. 애초에 소금이 혈압을 상승시킨다는 가설을 검증하기 위해 수행되었기 때문이다.[72] 따라서 혈압과 소금에만 초점을 맞추었다. 영양학계에서 소금은 혈압을 상승시키는 가장 유력한 원인 인자일 뿐 아니라 사실상 유일한 인자로 간주된다.[+73] 고립된 토착민 집단들은 소금뿐 아니라 설탕도 거의 섭취하지 않았지만, 연구자들은 1960년대 이래 언제나 그랬던 것처럼 소금에만 관심이 있었다.

소금 가설은 비교적 단순하고 기본적인 생리학을 근거로 한다. 우리 몸은 혈중 나트륨 농도를 항상 일정하게 유지하려고 한다. 소금이 바로 염화나트륨이다. 많은 양의 소금을 섭취하면 몸에서 나트륨 농도를 적당한 수준으로 희석하기 위해 보다 많은 물을 끌어들인다. 이에 따라 혈압이 상승한다. 이 현상은 단기적으로 보면 매우 분명하다. 소금이 많이 든 음식을 먹으면 목이 마른 것만 봐도 알 수 있다. 술집에서 짭짤한 과자를 공짜로 제공하는 것도 손님들이 결국 목이 말라 더 많은 술을 주문하기 때문이다. 이때 몸에 들어온 과량의 물과 소금을 소변으로 배출하기 위해 콩팥이 평소보다 더 열심히 일을 해야 하는데, 그러다 보면 언젠가 한계에 부딪혀 만성적으로 혈압이 높아진다고 생각했던 것이다. 1950년대 이래 이 가설은 고혈압의 원인에 대한 표준적인 사고방식이었다. 이후 발표된 문헌에도 이 가설을 검증하기 위한 무작위 배정 시험이 넘쳐난다.

하지만 포화지방과 심장질환의 경우와 마찬가지로, 소금과 고혈압 가설[74] 역시 임상시험을 통해 확인하기가 너무나 어려웠다. 못 말릴 정도로 이 가설에 집착하는 사람이 아니고서는, 너무 많은 소금을 섭취하는 것이 고혈압이 생기고 나이가 들수록 혈압이 올라가는 원인이라는 설명을 믿기가 점점 더 어려워졌다. 임상시험에서 나타난 소견들을 체계적으로 검토해보면 거의 예외없이 다음과 같은 결과를 확인할 수 있다. 예를 들어 평균 소금 섭취량을 절반으로 줄이면(현실적으로 대단히 달성하기 어려운 목표다) 혈압은 고혈압 환자에서 평균 4~5mmHg, 혈압이

✦ 소금 가설이 널리 받아들여진 1960년대에 케냐와 우간다의 유목민과 남태평양 제도민에서 서구화에 따른 혈압 상승을 조사한 연구자들은 애초에 설탕과, 어쩌면 흰 밀가루가 명백한 유발인자라고 생각했다. 두 가지야말로 서구화가 진행되면서 식단에 추가된 가장 눈에 띄는 식품이었다. 그러나 이들은 미국의 연구자들이 소금이 문제라고 확신한다는 사실을 알고 소금 쪽으로 관심을 돌려버렸다.

정상인 사람에서는 약 2mmHg 정도 떨어진다. 하지만 고혈압 중 가장 가벼운 제1기 고혈압도 건강 혈압보다 20mmHg 상승한 상태로 정의된다. 제2기 고혈압은 정상보다 40mmHg 상승했다는 뜻이다. 소금 섭취를 반으로 줄여도 혈압이 4~5mmHg밖에 떨어지지 않는다는 사실은, 소금이 고혈압의 중요한 식이성 원인이 아니라는 뜻이다. 그러나 여전히 보건 전문가들은 1978년 공익과학센터에서 과장된 어조로 선언했듯이 소금이 "죽음의 백색 분말"이라는 메시지를 전파한다.[75] 임상시험에서 나타난 결과, 즉 소금이 고혈압의 원인이 아니라는 사실을 회피하려다 보니 식단이나 생활 습관에서 다른 무언가가 원인일 수 있다는 것을 인정하지 않으며 그 원인을 밝히려는 연구도 아예 수행되지 않는다. 소금이 문제가 아니라면 도대체 무엇이 문제라는 말인가? 2010년 〈뉴요커〉의 필진 중 한 명인 캐서린 슐츠는 자신의 책《오류의 인문학》에서 이렇게 지적했다. "우리는 어떤 것이 옳다고 생각하는 즉시 다른 것에 관심을 끊어버리고, 오직 믿음을 강화하는 시시콜콜한 것들에 집중하거나 아예 모든 것에 귀를 닫아버린다."[76]

당연하지만 설탕이 원인이라는 증거는 기나긴 역사를 갖고 있다. 이제 인구 집단뿐 아니라 실험실과 진료실에서도 확인된다. 이미 1860년대에 독일의 전설적인 영양학자 카를 폰 포이트는 어찌된 셈인지 탄수화물을 먹으면 체내에 수분이 축적된다고 주장했다.[77] 지방 섭취 시에는 관찰되지 않는 현상이다. 1919년 워싱턴카네기연구소 산하 영양학 연구소 소장 프랜시스 베네딕트는 연구소 동료들과 함께 발표한 수많은 획기적 논문 중 하나에서 이 소견을 확인했다.[78]

1933년에는[79] 이 과정에 인슐린이 작용한다는 사실이 밝혀졌다. 이를 밝힌 컬럼비아 대학교 당뇨병 연구팀은 애초에 영양학적 맥락에서 연구를 수행한 것이 아니었다. 간단히 말해서 인슐린은 이뇨제와 반대 작용을 하는 것 같다. 이뇨제는 소변 생성을 늘리는 반면, 인슐린은 소변 생성을 억제하여 결국 소금이 잔뜩 든 음식을 먹을 때와 비슷한 결과를 초래한다. 인슐린은 콩팥에서 나트륨과 물이 소변으로 빠져나가지 못하게 하여(통풍에서 요산을 빠져나가지 못하게 하는 것과 똑같다) 전문용어로 "전해질 평형" 또는 "전해질 생리"라고 부르는 상태를 깨뜨린다(나트륨은 전해질의 일종이다). 1950년대에 학자들은 이 현상을 연구한 뒤 "인슐린 투여 관련 항이뇨 작용"과 같은 제목의 논문들을 발표했다.[80] 채 10년도 지나지 않아 이 현상은 물론 인슐린이 콩팥, 체내 나트륨 축적, 고혈압에 미치는 영향을 설명하는 생물학적 기전이 밝혀졌다. 제럴드 리븐과 함께 인슐린 저항성과 대사 증후군 관련 분야를 개척한 텍사스 대학교의 내분비학자 랠프 디프론조에 따르면 고혈압 환자 특히 비만이나 당뇨병으로 인슐린 저항성을 지닌 환자에게 "인슐린이 나트륨을 통해 중요한 역할을 한다"는 사실은 분명하다.[81]

1980년대에 나중에 노스웨스턴 대학교 의과대학장을 지낸 하버드 대학교의 내분비학자 루이스 랜즈버그는 인슐린이 혈압을 상승시키고 어쩌면 고혈압을 유발할 수 있는 또 다른 기전을 발견했다.[82] 바로 중추신경계를 직접 자극하는 것이다. 이후 랜즈버그의 발견은 왜 비만이 고혈압을 일으키는지 설명하는 이론에서 확고한 하나의 축이 된다. 비만한 사람은 인슐린 저항성이 생겨 만성적으로 인슐린이 상승한다. 높은 수준의 인슐린은 다시 중추신경계를 자극하고, 심박수를 상승시키며, 혈관을 수축시켜 결국 만성적으로 혈압이 높은 상태가 된다는 것이다. 비만 환자들은 교감신경계의 활성이 증가하는 것으로 나타나기 때문에 이 이론은 완벽하게 타당하다. 유감스럽게도 의료계는 이런 과학적 사실이 여전히 비만과 당뇨병 환자의 고혈압에만 적용된다고 생각한다. 아직도 고혈압의 식이성 원인에 대한 논의는 거의 강박적으로 소금을 어느 정도로 먹어야 하느냐에 초점이 맞추어져 있다.

인슐린이 혈당을 상승시켜 고혈압을 일으킬 수 있음을 설명하는 모든 기전은 설탕의 효과와 직접적인 관련이 있다. 설탕이 인슐린 저항성을 일으켜 만성적으로 인슐린 수치가 높은 상태를 유발한다면 당연히 고혈압을 일으킬 것이라고 예상할 수 있다. 설탕 속의 과당 성분이 요산에 미치는 영향에 관한 리처드 존슨의 연구 또한 보다 직접적으로 혈압을 상승시킬 가능성을 시사한다.[83] 존슨의 연구는 요산 수치가 상승하면 최소한 실험 동물에서는 가벼운 신장 손상이 일어나며, 이에 따라 기존 신장질환이 더 빨리 악화한다는 것이다. 이때 요산은 신장 속 혈관을 수축시켜 혈액 속 노폐물을 여과하는 작은 모세혈관(사구체)의 혈압을 상승시키는 것 같다.

이런 기전에 의해 애석하게도 과당과 설탕은 고혈압뿐 아니라, 당뇨병의 "혈관 합병증" 가운데 하나로 생각되는 신장질환과도 관련된다. 버킷과 트로얼의 잠정 목록에는 언급되지 않았지만 또 다른 서구적 질병을 일으키는 것이다. 존슨의 연구가 옳다면 요산 수치가 상승하는 것만으로도 인슐린 저항성을 유발하여, 어쩌면 제2형 당뇨병과 비만까지 진행할지도 모른다. 또한 포도당은 과당의 흡수 및 대사를 촉진한다고 생각되기 때문에 포도당과 과당이 함께 들어 있는 자당과 액상과당은 실로 최악이라 할 것이다.

고혈압에 대해 마지막으로 생각해볼 것이 있다. 임상시험에서 소금 섭취를 제한해도 혈압에 미치는 영향이 미미한 것은, 어떤 사람은 소금에 예민하고 다른 사람은 그렇지 않기 때문이라는 가설이 제기된 바 있다. 소금 민감성이라는 개념은 상당히 모호하며, 논란의 여지가 있다.[84] 어쨌든 그 의미는 사람들 중 일부만 식단의 소금 함량에 민감하다는 것이다. 이런 사람은 얼마나 많은 소금을 섭취하느냐에 따라 혈압이 크게 오르내릴 것이다. 소금에 민감하지 않은 사람은 소금을 먹더라도 혈압이 비교적 일정한 상태를 유지할 것이다. 보건 전문가들은 일부 사람들만 소금에 민감할지도 모른다는 가설이 모든 사람에게 소금을 적게 섭취하라고 권고하기에 충분한 근거가 된다고 생각한다. 소금을 적게 먹는다면 민감한 사람에게 큰 이익이 될 것이고 민감하지 않은 사람에게도 나쁠 것 없다는 논리다. 하지만 소금 민감성 역시 인슐린 저항성 및 대사 증후군과 관련이 있는 것 같다. 예를 들어 요산 수치가 상승했을 때처럼 신장 내 모세혈관을 손상하는 것만으로도, 래트에서 소금 민감성 고혈압을 유발할 수 있다.[85]

이런 소견과 다른 연구 결과들을 종합하여 현재 연구자들은 소금 민감성이라는 현상이 인슐린 저항성에 의해 유발된다고 생각한다.[86] 그렇다면 소금 민감성 고혈압이 있든 없든, 모든 사람이 소금을 적게 섭취하여 얻을 수 있는 효과는 인슐린 저항성과 대사 증후군의 수많은 증상 중 하나에 불과한 고혈압을 완화하는 것뿐이다. 그보다는 애초에 인슐린 저항성과 대사 증후군을 일으킨 원인, 즉 설탕을 피하는 편이 훨씬 낫지 않을까? 수많은 증상 중 하나가 아니라 아예 문제의 근원을 뿌리 뽑아버릴 수 있을 테니 말이다.

설탕과 인슐린 저항성 가설의 의미 중 가장 도발적인 것은 설탕이 암을 유발하거나 악화시킬 가능성이 높다는 점이다. 이 가정은 두 가지 관찰에서 출발한다. 첫째, 암은 버킷과 트로얼이 잠정 목록을 통해 주장했듯이 서구식 식단과 생활 습관에 의해 생길 가능성이 매우 높은 것 같다. 실제로 인구 집단이 서구화하면서 유병률이 크게 증가한다. 문명병이라는 개념 자체가 암 때문에 생겨난 것이다. 1844년 프랑스의 의사이자 나폴레옹 군대에 참여하여 레지옹 도뇌르 훈장을 받은 스타니슬라스 탕슈는 사망 등록부 조사를 통해 유럽 전역에서 암 발생률이 증가하고 있으며 시골 지역보다 도시에서 더 흔하다고 결론 내렸다. 그는 암이 고대에도 있었으며, 인류 역사상 언제나 존재했을 가능성이 높다는 사실을 인정하면서도 이런 유명한 말을 남겼다. "정신이상과 마찬가지로, 문명의 진보와 함께 증가한 것으로 보인다."[87] 탕슈는 이후 한 세기 동안 의사, 통계학자, 역학자들이 외딴 지역과 오지에서 일하는 의사들에게 정보를 요청하여 연구하는 경향을 이끈 최초의 인물일 것이다. 그들이 얻은 답은 그런 곳에 사는 인구 집단에서는 거의 항상 암이 드물거나, 최소한 그때까지는 드물었으나 시간이 지날수록 늘고 있다는 것이었다.

1902년 영국 정부는 왕립내과학회 및 왕립외과학회와 함께 "암과 악성 질병의 원인, 예방, 치료와 관련된 또는 영향을 미치는 모든 것"[88]을 조사하기 위해 암연구기금✦을 설립했다.[89] 암이 갈수록 흔해지고 있으며, 그 이유와 정확한 실태를 파악하기 위해 필요한 조치를 취해야 한다는 문제의식이 있었던 것이다. 조사위원회가 구성되어 영국은 물론 전 유럽과 아시아의 병원, 대영제국 전역의 선교 병원 및 식민지 병원에서 수집한 악성 질병 기록을 주의 깊게 검토했다. 전 세계 모든 영국 식

✦ Cancer Research Fund. 나중에 명칭이 임페리얼암연구기금Imperial Cancer Research Fund으로 변경되었다가, 현재는 영국암연구Cancer Research UK라고 불린다.

민지와 보호령의 총독과 판무관에게 공문을 보내 선교 병원과 식민지 병원 의사들에게 암 유병률을 보고하고, 가능한 경우 새로 진단되어 수술로 제거한 모든 암의 표본을 "신체에서 제거한 즉시 포르말린에 담가" 런던으로 보내 세심한 현미경 검사를 받도록 하라고 지시했다.[90]

수개월 내로 뉴펀들랜드, 카리브해, 오스트레일리아 전역, 뉴질랜드, 남태평양, 아프리카의 모든 영국 보호령, 지중해(지브롤터와 몰타), 인도양(모리셔스), 아시아에서 편지와 표본이 속속 도착했다.[91] 보고에서 한 가지 주제가 공통적으로 되풀이되었다. 처음에는 대영제국동아프리카회사 소속으로 나중에 영국 정부 소속으로 케냐와 우간다에서 근무한 R. U. 모팻 박사가 썼듯이, "토착민 부족에서 암이 드문 질병이라는 의견은 전체적으로 만장일치에 가깝다".[92] 모팻은 동아프리카에서 10년간 근무했지만 "의심할 여지없이 암인 환자"는 단 한 명밖에 못 보았다. 몸바사에 사는 스와힐리족 여성에게 발생한 유방암이었다. 그는 환자가 수술을 거부했으며 그 뒤로는 어떻게 되었는지 모른다고 썼다.

1908년 암 연구자와 통계학자들로 구성된 기금 위원회에서 발표한 세 번째 보고서에는 몇 가지 주목할 만한 결론이 언급되었다.[93] 첫째, 암 발생률은 유럽 전역에서 확실히 증가하고 있지만 그렇게 된 데는 "거의 전역에서 통계의 정확성을 향상하려는 노력"에 힘입은 바도 컸다.[94] 따라서 실제로 암이 더 자주 발생하는지, 의사들이 보다 주의를 기울인 덕에 암 환자를 놓치지 않게 되었는지는 확실치 않았다. 둘째, 암이 발생하지 않는 인구 집단은 없지만, 보고서에 "야만족들"이라고 기술된 원주민 또는 토착민 집단에서 암이 매우 드물다는 사실은 확실했다. 이때도 암이 발생하지만 제대로 진단되지 않는 것인지, 암에 걸릴 정도로 수명이 길지 않기 때문인지, 암에 걸렸다고 해도 영국 의사들을 찾아오지 않기 때문인지는 확실치 않았다. 어쩌면 1898년 조슬린과 레지널드 피츠가 미국의 당뇨병 환자들을 묘사한 것과 같이 "전체적으로 (…) 세심한 의학적 관리를 받으려는 경향"이 부족했는지도 모른다.[95]

보고서는 이 문제를 더 추적하는 것이 "현재로서는 도움이 되지 않을 것"이라고 결론 내렸다.[96] 하지만 의문은 계속되었다. 1910년과 1915년에 연구자들은 중서부 및 서부의 미국 원주민 집단을 진료하는 인디언행정국 의사들이 조사한 결과를 보고했다.[97] 두 번의 조사에서 모두 원주민들은 분명 같은 지역에 사는 백인들보다 수명이 더 길지는 않더라도 비슷했으며, 그럼에도 암 진단률과 암으로 인한 사망률은 현저히 낮았다. 암, 특히 유방암이 드물다는 사실은 50년도 더 지나 인디언보건국 의사들이 미국 원주민 집단의 의무 기록을 자세히 조사했을 때도 여전했다.[98]

1913년 미국암통제학회라는 명칭으로 창설된 미국암학회 역시 전문 위원회를 구성하여 체계적인 조사에 나섰다. 위원회를 이끈 사람은 프루덴셜보험 사의 수석 통계학자를 지낸 프레더릭 호프먼이었다. 1915년 호프먼은 〈전 세계의 암 사망률〉이라는 700쪽이 넘는 보고서에서 너무나 많은 "의학적 자격을 갖춘 관찰자들"이 세계 각지의 토착민과 원주민 집단에서 암이 상대적으로 드문 현상을 관찰했기 때문에, 이를 중요하지 않은 소견으로 무시할 수는 없다고 결론 내렸다.[99]

호프먼은 이렇게 썼다. "아무리 원시적이고 야만적인 인종이나 집단이라 해도, 왜 암이 그토록 드문지 알 수 없다. 문명화되지 않은 집단에서 사망 원인을 정확하게 판단하기가 현실적으로 어렵다는 점을 고려하더라도, 이들에게 암이 거의 모든 문명화된 국가에서만큼 흔하다면, 전 세계의 토착민과 오랜 기간 함께 살아온 수많은 의료 선교사와 잘 훈련된 의학적 관찰자가 이미 오래전에 소위 '문명화되지 않은' 종족에서 악성 질병의 발생 빈도에 관해 보다 확고한 사실적 근거를 제공했으리라 생각하는 편이 안전할 것이다."[100]

또한 호프먼의 보고서는 암이 아직은 드물지만 유병률과 사망률이 꾸준히 증가하는 것 같다고 결론 내렸다. "신뢰성 있는 데이터를 얻을 수 있는 사실상 모든 국가와 대도시에서 실제로 그리고 꾸준히 증가하는 몇 안 되는 질병 중 하나다."[101] 호프먼의 연구팀은 미국에서 암 사망률이 매년 2.5퍼센트씩 꾸준히 증가한다고 추정했다. 유병률이 증가한다고 보고되자 당뇨병과 마찬가지로 격렬한 논란이 벌어졌다. 수명이 늘어나고, 새로운 진단 기법이 개발되고, 사망 원인을 고령이나 다른 질병이라고 기술하는 것보다 암이라고 기술하는 경향이 늘어났기 때문일까, 아니면 암 자체의 발생률과 유병률이 실제로 증가하는 것일까?

훨씬 최근에 발표된 보고서들은 적어도 부분적으로는 후자가 옳다는 결론이다. 1997년에 발표된 세계암연구기금과 미국암연구소의 보고서는 이렇게 설명한다. "1930년대에 이미 미국에서 연령 보정 암 사망률의 증가 추세가 뚜렷해졌다."[102] 예를 들어 어떤 사람이 60세가 되었을 때 암으로 사망할 가능성이 이전에 비해 증가했다는 뜻이다. 60세가 되는 사람은 갈수록 늘지만, 그중 암 사망자 수가 아니라 비율이 증가한다는 말이다. 물론 일부는 폐암이 급작스럽게 증가한 탓이었으며, 이는 다시 담배에 설탕을 사용한 덕분에 흡연이 대유행한 탓이었다. 하지만 흡연과 관련이 없는 암도 늘어났다.

암 역시 서구적 질병이라는 증거로서 이런 현상은 1930년대 내내 관찰되었으며, 점점 흔해졌다. 1952년에 선교 사업으로 노벨 평화상을 수상한 알베르트 슈바이처도 똑같은 사실을 기술했다. 1913년 슈바이

처는 서아프리카 적도 지역 저지대의 병원에서 일하기 시작했는데, 매년 수천 명의 원주민을 진료하면서도 "암이 한 건도 없다는 사실에 깜짝 놀랐다". 하지만 그는 "원주민들이 점점 더 백인들의 생활 습관을 따르면서" 자신의 환자 중에도 암이 계속 늘었다고 적었다.[103]

제2차 세계대전 후 이런 관찰을 기술한 문헌은 줄었지만 완전히 없어지지는 않았다. 1950년대에 영국에서 수련받은 미국인 의사 존 히긴슨은 아프리카 토착민 집단에서 암 유병률을 조사한 후, 미국과 유럽에 비해 여전히 크게 낮다고 보고했다.[104] 이에 따라 그는 인간에게 발생하는 대부분의 암이 주로 식단과 생활 습관의 어떤 측면 때문에 발생한다고 결론 내렸다. 이 연구로 인해 1965년 히긴슨은 세계보건기구 산하 국제암연구국의 초대 국장으로 임명되었다. 1964년 세계보건기구는 인간에서 발생하는 암의 일부 어쩌면 대부분이 "잠재적으로 예방 가능"하다고 발표했다.[105]

이뉴잇족에서도 1952년까지 암은 매우 드물었다. 20세기 초 아프리카와 마찬가지로 캐나다 북부에서 진료하는 의사들도 어쩌다 암 환자를 진료하면 의학 학술지에 증례를 보고했다.[106] 1984년 캐나다 의사들은 서부 및 중부 북극권에 사는 이뉴잇족의 30년간 암 발생률을 분석했다.[107] 이 시기 폐암과 자궁암 발생률은 "깜짝 놀랄 정도로 상승"했으나 유방암은 여전히 "눈에 띌 정도로 드물었다". 이뉴잇족의 유방암 증례는 1966년 이전에 단 한 건도 보고되지 않았으며, 1967~1980년 사이에 보고된 것도 오직 두 건뿐이었다. 이후 유방암 유병률이 꾸준히 증가했지만 여전히 북아메리카의 다른 민족에 비해 현저히 낮았다.

1950년대 이래 서구식 생활 습관과 암 사이의 관계를 생각할 때 사람들은 보통 산업화와 환경 속 발암 물질에 초점을 맞추었다. 하지만

1980년대에 히긴슨은 이 생각에 반대하며, 산업 화학물질 탓으로 돌릴 수 있는 것은 "암으로 인한 부담 중 매우 작은 일부일 뿐"이라고 주장했다.[108] 역학자들이 체계적으로 데이터를 검토했을 때도 암의 상당히 큰 부분이 생활 습관과 식단에 의해 발생한다는 결론이 거듭 확인되었다. 가장 좋은 예가 유방암이다. 일본에 사는 일본 여성에서 유방암 발생률이 높았던 적은 한 번도 없다.[109] 하지만 미국으로 이주한 일본인 가정에서 태어난 여성들은 불과 두 세대만 지나면 다른 민족과 유방암 발생률이 똑같아진다. 미국식 생활 습관과 식단에 관련된 무언가가 유방암을 일으킨다는 뜻이다. 그것이 무엇인지는 아직 확실치 않지만 말이다.[✦110]

1981년 옥스퍼드 대학교의 리처드 페토와 리처드 돌 경(1950년대에 담배와 폐암의 관계를 규명한 연구로 작위를 받았다)은 획기적인 역학 논문을 통해 식단과 생활 습관을 적절히 바꾼다면 미국에서 발생하는 암의 4분의 3을 예방할 수 있을 것으로 추정했다.[111] 그들은 식단이 가장 중요한 것 같다고 했다. 페토와 돌의 분석에 따르면 모든 암의 최소 10퍼센트, 최대 70퍼센트가 우리가 먹는 것에 의해 발생한다.

21세기 초, 암과 서구화의 관계는 전혀 새로운 형태로 나타났다. 비만과 당뇨병 모두 암 발생 위험을 증가시킨다는 결정적인 사실이 관찰된 것이다. 사실 이 가능성은 19세기 후반에도 의학 문헌에 언급되었다. 1889년 〈영국의학학술지〉에 실린 논문에는 이런 구절이 나온다. "당뇨병과 신생물(즉, 악성 종양)의 동시 발생은 (…) 그리 드물지 않

✦ 다른 서구적 질병 역시 매우 비슷한 양상을 나타낸다. 예를 들어 1976년 캘리포니아 대학교 버클리 캠퍼스의 마이클 마멋Michael Marmot과 레너드 사임Leonard Syme은 심장질환의 발생 양상도 비슷하다는 사실을 입증했다.

다."[112] 암 연구자들이 이 사실을 진지하게 주목한 것은 21세기 초반에 이르러서였다.

2003년 유지니아 캐일이 이끄는 미국 질병관리본부 역학팀은 〈뉴잉글랜드의학학술지〉에 미국의 암 사망률이 확실히 비만 및 과체중과 관련이 있다는 분석 결과를 보고했다.[113] 논문에 따르면 체중이 가장 무거운 그룹에 속하는 남녀는 마른 편인 사람에 비해 암으로 사망할 위험이 각각 50퍼센트 및 60퍼센트 높았다. 사망 위험의 증가는 식도암, 결장직장암, 간암, 담낭암, 췌장암, 신장암, 여성의 유방암, 자궁암, 자궁경부암, 난소암 등 모든 흔한 암에서 관찰되었다. 미국 질병관리본부는 2004년 당뇨병과 암, 특히 췌장암, 결장직장암, 간암, 방광암, 유방암의 관계를 분석한 결과를 후속 논문으로 발표했다.[114] 연구자들은 나중에 암과 관련된 어떤 인자가 비만과 당뇨병이라는 대사적 환경에서 크게 활성화되는 것 같다고 말했다.[115]

그 인자가 무엇일까? 뚜렷한 단서가 있다. 아직 비만과 당뇨병은 아니지만 대사 증후군 즉 인슐린 저항성을 가진 사람에서 똑같은 관련성이 관찰된다는 점이다. 혈중 인슐린은 물론 관련 호르몬인 인슐린 유사 성장인자 수치가 높을수록 암에 걸릴 가능성이 높다. 암과 인슐린의 상관관계는 당뇨병 치료제에서도 분명히 드러난다.[116] 2005년 스코틀랜드 연구팀은 인슐린 저항성을 감소시켜 혈중 인슐린 수치를 낮추는 메트포민을 복용한 당뇨병 환자들이 다른 약물로 치료한 경우에 비해 암 위험이 유의하게 낮다고 보고했다.[117] 이런 상관관계가 여러 차례 확인되자 연구자들은 무작위 배정 대조군 임상시험을 통해 메트포민을 항암제로, 즉 암의 재발을 방지하거나 억제할 수 있는 약물로 사용할 수 있는지 알아보았다.[118] 또한 인슐린이 암 촉진 인자일 가능성, 예를 들어 인슐린 저항성에 의해 인슐린 수치가 비정상적으로 올라가면 암 위험이 증가하는지도 연구하고 있다.

이 주제는 1960년대에 선구적인 연구자들의 실험실에서 새롭게 대두되었다. 그중 하나로 나중에 노벨상을 수상한 하워드 테민은 암 세포가 증식하는 데 인슐린이 필요하다는 사실을 입증했다.[119] 적어도 체외에서 배양한 세포에서는 확실히 그렇다. 이 소견은 나중에 유방암 세포에서도 확인되었다. 암 세포로 악성화하기 전 정상 유방 세포 표면에는 인슐린 수용체가 없고, 세포 내부에 인슐린 신호에 반응하는 기관들이 없는데도 같은 소견이 나타났다. 토론토 대학교의 암 연구자 부크 스탐볼릭이 썼듯이 이 유방암 세포들은 마치 인슐린에 "중독된 것" 같았으며, 실험 환경에서 인슐린 공급을 서서히 줄이자 사멸해버렸다.[120] 부신암과 간암 세포에서도 같은 현상이 관찰되었다. 1976년에 발표된 한 보고서는 인슐린이 "몇몇 암에서 세포 증식을 강력하게 자극한다"[121]고 썼으며, 국립암연구소에서 발표한 논문은 특정 유방암 세포주가 "인슐린에 매우 예민하게 반응했다"[122]고 보고했다. 이때는 이미 악성 유방암에 정상 유방 조직에는 없는 인슐린 수용체가 존재하며, 인슐린 수용체가 많을수록 인슐린에 민감하다는 사실이 밝혀진 후였다.

인슐린 유사 성장인자는 1950년대에 발견되었다. 이름처럼 인슐린과 구조가 매우 비슷할 뿐 아니라 세포에 미치는 영향도 비슷하지만, 이 인자는 인슐린처럼 탄수화물이나 단백질을 섭취할 때 분비되는 것이 아니라 성장 호르몬의 자극에 의해 분비된다. 인슐린 자체에 의해 분비되기도 한다. 종양 세포에는 정상 세포의 두세 배에 이르는 인슐린 유사 성장인자 수용체가 존재한다. 연구자들은 암 세포가 성장하는 데 이 인자의 기능성 수용체가 반드시 필요하다고 믿는다. 암에서 인슐린과 인슐린 유사 성장인자의 역할을 연구하는 학자들은 이 호르몬들이 암 세포가 분열하고 증식하는 데 필요한 에너지뿐 아니라, 그 과정에 반드시 필요한 신호를 제공한다는 데 의견이 일치한다. 혈액 속에 인슐린과 인슐린 유사 성장인자가 많을수록 더 많은 암 세포가 증식하여 종양이 커진다는 뜻이다.

인슐린 및 인슐린 유사 성장인자와 암의 관련성은 현재 과학적으로 잘 규명되어 있다. 가장 존경받는 연구자들끼리 대체로 의견이 일치한다. 특히 뉴욕 웨일코넬 의과대학에서 암 연구 프로그램을 이끄는 루이스 캔틀리와 뉴욕 메모리얼슬론케터링 암 센터의 병원장인 크레이그 톰슨이 중심 인물이다. 이들은 암이 "증식성" 질병인 동시에 대사질환이라고 믿는다.[123] 암 세포 내 대사 프로그램, 즉 세포에 에너지를 공급하는 방식이 변해야 무한 증식이 가능하다고 생각하는 것이다. 이 관점을 뒷받침하는 또 다른 증거는 그간 다양한 암에서 발견된 중요한 유전적 돌연변이들이 세포 증식뿐만 아니라 세포 내 대사를 조절하는 데도 결정적인 역할을 하는 것 같다는 점이다.

암을 대사질환으로 보는 관점에서 인슐린과 인슐린 유사 성장인자는 일련의 단계를 통해 암의 진행을 촉진한다. 첫째, 인슐린 저항성이 생기고 인슐린 수치가 상승하면 전암세포(암이 되기 전 단계의 세포)의 포도당 흡수가 증가한다. 이렇게 되면 이 세포들은 영양소가 풍부한 환경에 놓인 효모처럼 호기성 해당작용이라는 과정을 통해 에너지를 생산하기 시작한다. 바르부르크 효과라고 불리는 이 현상은 노벨상을 수상한 독일의 생화학자 오토 바르부르크가 1920년대에 발견했지만, 암의 진행에도 중요한 역할을 한다는 사실이 최근에야 인정되었다.[124] 일단 이런 전환 과정을 마치면 암 세포는 증식에 필요한 여러 물질과 함께 엄청난 양의 포도당을 대사하기 시작한다.

톰슨이 주장한 것처럼 포도당을 빠른 속도로 대사함으로써 암 세포는 "반응성 산소종", 일상 용어로는 "자유 래디컬"이라고 불리는 물질을 대량으로 생성한다.[125] 이 물질은 다시 세포핵 속의 디엔에이에서 돌연변이를 일으킬 수 있다. 톰슨은 세포가 더 많은 포도당을 더 빠른 속도로 대사할수록 더 많은 자유 래디컬이 생성되어 디엔에이 손상을 일으킨다고 설명한다. 더 많은 디엔에이가 손상되어 더 많은 돌연변이가 생길수록 건강한 세포에서 정상적으로 진행되는 과정이 병적인 과정으로 변하여 무한 증식 능력을 갖게 될 가능성도 높아진다. 그 결과 종양 성장이 점점 빨라진다. 이 과정이 진행되는 동안 혈액 속을 순환하는 인슐린과 인슐린 유사 성장인자는 세포에 계속 증식하라는 신호를 보내는 동시에, 병적 증식을 중단하는 기전(전문 용어로 세포 자멸사 apoptosis라고 한다)을 억제하는 신호를 보낸다.

연구자들은 지난 10여 년간 새로 이해한 사실들을 근거로, 인슐린과 인슐린 유사 성장인자가 암 발생에 관여하는 방식을 두 가지로 설명한다.

첫째는 세포 속의 디엔에이에 돌연변이가 일어나(이 과정은 불운으로 설명할 수밖에 없다) 인슐린과 인슐린 유사 성장인자가 세포에 보내는 신호 강도가 증폭되고, 이에 따라 세포가 더 많은 포도당을 흡수하여 암으로 진행하는 것이다. 이 과정에는 인슐린 저항성과 혈중 인슐린 수치 상승이 필요 없다. 이런 암들은 '인슐린 비의존성'이다. 인슐린 비의존성 암은 인슐린 수치가 낮고, 숙주(암이 발생한 사람)가 인슐린 감수성을 유지하는 상태에서도 계속 자라며 다른 부위로 퍼질 수 있다.

암이 시작되는 두 번째 경로는 혈당과 혈중 인슐린 수치가 상승하는 것에서 시작한다. 즉, 인슐린 저항성이 생기는 것이다. 원인이 무엇이든 인슐린 저항성이 생기면 인슐린 분비가 증가하고 혈당이 상승하여, 세포에 더 많은 포도당을 흡수하고 더 많은 에너지를 생산하라는 신호를 전달함으로써 건강한 세포가 악성 세포로 변한다.

이 이론에 따라 캔틀리와 톰슨 같은 연구자들은 다시 설탕에 주목한다. 캔틀리는 정확히 이런 이유 때문에 설탕이 "두렵다"고까지 말한다.[126] 설탕(자당과 액상과당)이 인슐린 저항성을 유발한다면 설탕이야말로 암을 일으키는 주범이거나, 최소한 암의 성장을 촉진할 것이다. 전체적인 기전에서 몇 가지 세부 사항은 틀릴지도 모르지만 비만, 당뇨병, 암의 관련성과 인슐린, 인슐린 유사 성장인자, 암의 관련성을 연결해보면 인슐린 저항성을 일으키는 모든 원인이 암이 생길 위험을 증가시킨다고 할 수 있다. 설탕이 인슐린 저항성을 유발한다면, 설탕이 암의 원인이라는 결론을 내리지 않을 수 없다. 이런 주장이 너무 급진적으로 들리고 공개적으로 논의된 일은 드물다고 해도 마찬가지다.

이제 전체적인 줄거리가 명확해졌으리라 생각한다. 인슐린이 질병과 관련이 있다면, 인슐린 저항성과 대사 증후군이 그 질병을 악화시킬 가능성이 높으며 애초에 질병을 일으킬 수도 있다. 설탕이야말로 질병의 식이성 유발물질일 가능성이 크다.

치매라는 병은 역사가 길다. 우리는 역사상 어느 때보다도 이 병이 흔한 시대를 살고 있다. 60세를 넘은 사람이 알츠하이머병에 걸릴 가능성은 5년마다 약 두 배씩 증가한다. 적어도 현대 서구 사회에서는 그렇다. 따라서 사람들이 오래 살수록 알츠하이머병의 유병률과 사회적 부담이 점점 커진다. 현재 우리는 선조들보다 훨씬 오래 살기 때문에 위험이 점점 증가하고 있다.

알츠하이머병의 병리학적 특징은 20세기 초반에 이르러서야 공식적으로 인정되었다.[127] 빠르게 진행하는 치매와 함께, 뇌 속에 아밀로이드판과 신경섬유매듭이라는 특징적인 병변이 계속 축적되는 것이다. 하지만 의학사가들이 지적하듯 아밀로이드판과 신경섬유매듭은 그전부터 알려져 있었다. 1906년에 알로이스 알츠하이머가 비교적 젊은 치매 환자를 사후 부검하면서 뇌에서 이런 현상을 관찰했다는 개인적 경험을 보고한 것뿐이다. 이후 이 병은 알츠하이머의 이름을 따서 명명되었지만, 새롭거나 희귀한 질병이어서가 아니라(그랬을지도 모르지만) 알츠하이머가 일하던 연구소의 소장이 그렇게 명명해야 한다고 주장했기 때문이다. 몇몇 연구에서 알츠하이머병의 유병률을 다양한 인구 집단에서 비교한 후, 서구식 식단과 생활 습관으로 인해 생길지도 모른다고 제안했지만 당뇨병이나 심지어 암과 비교해도 증거가 그리 명백하지는 않다.

알츠하이머병은 암과 마찬가지로 제2형 당뇨병과 관련이 있다. 이런 소견은 1990년대 중반부터 보고되었다. 일본의 히사야마에서 8백 명의 고령자가 참여한 연구,[128] 네덜란드의 로테르담에서 7000명의 노인을 대상으로 한 연구,[129] 미네소타주 로체스터에서 1500명의 제2형 당뇨병 환자를 대상으로 한 연구[130] 등을 통해서였다. 이후로도 비슷한 소견이 계속 확인되었다. 학자들은 제2형 당뇨병 환자가 당뇨병이 아닌 사람에 비해 알츠하이머병의 위험이 1.5배에서 2배 높으며, 1999년 로테르담 연구에서 지적했듯이 "인슐린의 직간접적 효과가 치매 위험을 높일 가능성이 있다"고 말한다.[131] 체질량 지수와 허리 둘레도 알츠하이머병 위험과 관련이 있다. 허리가 굵을수록 위험이 높다. 하지만 이

상관관계는 중년에서만 관찰되며 이후로 관찰되지 않는다. 많은 사람이 해당하겠지만, 삼십 대와 사십 대에 체중이 늘어 비만해지면 위험이 증가할 수 있다. 몇몇 연구에서는 인슐린 수치가 높을수록(고인슐린혈증) 위험이 증가했다.[132] 고혈압 역시 알츠하이머병 위험을 증가시킨다.

오래전부터 연구자들은 이런 관련성을 설명하기 위해 제2형 당뇨병에 동반되는 모든 대사 및 호르몬 문제를 검토하고 수많은 가능성을 제시했다. 어쩌면 고혈당 자체가 알츠하이머병 위험을 증가시킬지도 모른다. 혈당이 높을수록 뇌의 산화 스트레스가 커지며, 소위 최종당화산물 생성을 증가시킨다.[133] 최종당화산물은 아밀로이드판 및 신경섬유매듭의 축적과 관련이 있다. 어쩌면 직접적인 원인일지도 모른다. 고혈압 자체가 문제일 수도 있다. 어쩌면 비만에 동반되는 염증, 즉 매우 비대해진 지방 세포에서 분비하는 "염증성" 분자가 문제일지도 모른다.

현재 인슐린 저항성이 생긴 사람의 뇌에서 인슐린의 작용 때문에 알츠하이머병이 생기거나 악화할 수 있는 다양한 기전이 밝혀지고 있다. 이 견해를 근거로 일부에서는 알츠하이머병을 제3형 당뇨병이라고 부르기도 한다.[134] 인슐린에 의한 신호 전달 및 인슐린 저항성과 밀접한 관련이 있을 것 같다는 뜻이다. 2014년에 조슬린당뇨센터 원장을 역임한 C. 로널드 칸은 하버드 대학교 의과대학 동료 두 명과 함께 논평을 발표했다. 지금까지 인슐린이 "뇌의 활동을 미세 조정하는 데 결정적인 역할을 한다"고 밝혀진 다양한 신호 전달 방식을 소개했다.[135] 그러고 나서 인슐린 신호 전달 조절에 장애가 생길 때 인지 장애 및 기분 장애와 알츠하이머병을 일으킬 수 있는 많은 기전을 고찰했다. 뉴런 기능과 소위 "시냅스 생성"의 직접적인 장애(시냅스란 뉴런과 뉴런 사이의 연결을 일컫는 말로 일생에 걸쳐 계속 생성되며 건강한 뇌 기능에 결정적인 역할을 한다),

뇌에 아밀로이드판과 신경섬유매듭이 축적되는 속도를 직접적으로 증가시키는 것, 뇌가 이 병변들을 제거하는 속도를 감소시키는 기전 등이 포함된다. 이 모든 이론은 아직까지 추정적이지만, 제2형 당뇨병과 알츠하이머병의 밀접한 관련을 보여주는 또 하나의 주요 인자는 훨씬 확정적이다.

알츠하이머병은 치매의 유일한 원인이 아니다. 연령이나 제2형 당뇨병과 밀접하게 관련된 유일한 병도 아니다. 제2형 당뇨병과 고혈압 모두 뇌혈관질환과 뇌졸중 위험을 뚜렷이 증가시킨다("뇌혈관 사건"). 그 결과 뇌 조직이 죽고("경색" 또는 "미세 경색") 손상 부위와 범위에 따라 치매가 생긴다. 소위 혈관성 치매다. 의사들은 뇌졸중이 생긴 후 얼마 안 되어 치매가 발생하고, 알츠하이머병과 같은 점진적인 뇌 기능 저하가 나타나지 않은 경우에 혈관성 치매를 의심한다. 하지만 이것은 치매라는 질병이 생기는 과정을 지나치게 단순화한 것이다.

지난 20년간 치매 연구에서 밝혀진 획기적인 사실은 치매가 나타나든 그렇지 않든 누구나 나이가 들면 뇌 속에 아밀로이드판과 신경섬유매듭이 축적되며, 어느 정도 혈관 손상도 겪는다는 점이다. 아밀로이드판과 신경섬유매듭은 여전히 알츠하이머병의 대표적인 병리 소견으로 인정되지만, 혈관 손상(경색과 미세 경색)이 축적될수록 치매로 진행할 가능성이 더 높다. 이런 사실은 1997년 켄터키 대학교에서 노터데임 수녀회 소속 수녀들을 대상으로 수행한 연구[136]를 통해 처음 밝혀졌으며 이후 여러 건의 후속 연구에서 확인되었다. 뇌에서 아밀로이드판과 신경섬유매듭의 양과 분포가 일정하다면 혈관 손상이 많을수록 치매로 진행할 가능성이 높고, 사후 부검에서는 알츠하이머병으로 진단될 가능성이 높다. 그 이유는 단순하다. 의사가 환자가 치매라는 사실을 알고 있는 상태에서 아밀로이드판과 신경섬유매듭을 보기 때문이다. 유전을 비롯하여 많은 요인에 따라 이 과정이 더 빨리 진행되는 사람도 있다. 이들은 혈관 손상이 일정한 수준을 넘어서는 순간 치매 증상이 나타난다. 당뇨병과 고혈압을 함께 앓는다면 당연히 인슐린 저항성을 갖고 있으며, 따라서 더 많은 혈관 손상이 일어나므로 혈관 손상의 문턱값에 더 일찍 도달할 것이다.

인슐린과 인슐린 저항성이 알츠하이머병 발병에 직접적으로 관여하든 그렇지 않든 이 과정이 일어난다. 설탕이 인슐린 저항성을 일으킨다면, 그리하여 제2형 당뇨병과 고혈압을 일으킨다면, 설탕이야말로 우리의 미래에 치매라는 적이 도사릴 가능성을 높인다고 할 수 있을 것이다.

만성 서구적 질병들이 인슐린 저항성, 대사 증후군, 비만, 당뇨병과 관련이 있으며, 따라서 설탕 섭취와 밀접한 관련이 있다는 점을 또 다른 각도에서 생각해볼 수도 있다. 의사들은 당뇨병 여부를 명확하게 진단하지만, 사실 당뇨병은 이전에 존재하지 않은 나쁜 일들이 한꺼번에 급작스럽게 시작되는 현상이 아니다. 그보다는 건강한 상태에서 질병에 이르는 하나의 연속선에서 특정 지점이라고 생각해야 할 것이다. 당뇨병이란, 지금까지 살펴본 인슐린 저항성과 관련된 대사 이상들(조절 시스템의 항상성 장애)이 악화된 상태로 볼 수 있다. 인슐린 저항성이 이 대사 이상들의 직접적인 원인이라고는 할 수 없을지 몰라도 밀접한 관계가 있는 것이 사실이다. 인슐린 저항성은 대사 증후군의 핵심 요소다.

현재 인간은 역사상 어느 때보다 인슐린 저항성이 높다. 인슐린 수치가 높아질수록 혈당도 상승하기 때문에 포도당 불내성이 심하다. 혈압이 높고 몸무게도 많이 나간다. 따라서 당뇨병이 생길 가능성이 높으며, 당뇨병과 연관된 다양한 질병과 증상을 겪을 가능성도 높다. 그 안에는 심장질환, 통풍, 암, 알츠하이머병을 비롯하여 버킷과 트로얼이 잠정 목록에 포함한 다양한 서구적 질병들이 들어간다. 보통 당뇨병 합병증이라고 일컫는 상태도 모두 포함된다. 어떤 것이 있을까? 뇌졸중, 치매, 신장질환을 일으키는 혈관성 합병증, 망막병증(실명) 및 백내장, 신경병증, 심장의 관상동맥(심장 발작) 또는 발과 다리의 동맥(사지 절단) 속에 동맥경화반 형성, 피부 속 콜라겐에 최종당화산물이 침착되어 일찍 늙어 보이는 현상, 관절과 동맥과 심장과 폐 속의 콜라겐에 최종당화산물이 침착되어 나이 들수록 탄성이 감소하는 현상 등이 있다. 당뇨병은 노화를 가속하는 병이라고 생각하는 사람들이 있다. 피부, 동맥, 관절이 조기에 노화하기 때문이다. 이렇게 다양한 만성 질환에 걸릴 위험이 높아진다는 것은 역사상 그 어느 때보다도 이른 나이에 이런 병에 걸릴 가능성이 높다는 뜻이며, 사실상 더 빨리 늙는다는 뜻이다.

그 밖에도 다양한 병적 현상이 대사 증후군 및 인슐린 저항성과 관련된다. 보통 연구자들은 이 현상들을 어떤 식으로든 살이 찌는 것, 너무 많이 먹거나 너무 적게 움직이는 것, 지방을 너무 많이 먹는 것 때문에 생긴다는 관점에서 연구한다. 이런 식단과 생활 습관은 고인슐린혈증과 인슐린 저항성을 유발한다. 이에 따라 지방이 간과 근육 세포에 축적된다. 지방독성이라고 부르는 과정이다. 한편 혈중에 코티솔 등 스트레스 호르몬이 상승한다. 염증도 증가한다. 지방 세포에서 분비되는 염증성 분자가 혈액 속에서 늘어나는 것으로 알 수 있다. 반응성 산소종(자유 래디컬)이 더 많이 생성되면서 산화 스트레스가 증가한다. 세포 속에서 미토콘드리아의 기능이 떨어지기 시작한다. 모든 현상을 과학적 회의주의의 관점에서 바라보는 연구자들은 이 모든 과정에 "관련된 현상의 방향이 아직도 분명치 않다. 모든 현상이 인슐린 저항성의 원인일 수도 있고, 결과일 수도 있다"라고 인정한다.[137] 모든 과정이 인슐린 저항성 및 대사 증후군과 함께 발생한다. 모든 과정이 살이 찔수록, 당뇨병이 심해질수록 더 심해진다. 모든 과정이 우리 몸 구석구석에 병적인 영향을 미친다. 모든 과정이 식단과 생활 습관 속에 존재하는 무언가에 의해 유발된다. 우리는 궁극적으로 그것이 무엇인지 밝혀내야 한다.

최근 들어 그렇지 않아도 복잡한 이 주제를 과학적으로 더욱 복잡하게 만드는 한 가지 요소가 추가되었다. 장내 세균총, 즉 장 속에 사는 세균이 비만과 당뇨병에서 어떤 역할을 하느냐는 문제다. 새로운 기술이 개발되면 새로운 연구 분야, 새로운 관찰, 새로운 발견이 뒤따른다. 혈압, 콜레스테롤, 인슐린 감수성을 측정할 수 있게 되었을 때 그랬던 것처럼, 이 세균들의 유전체에서 염기서열을 분석할 수 있게 되자 새로운 연구의 지평이 열렸다. 장내 세균총 연구는 이제 막 발걸음을 뗀 초보 단계다.

언론인 마이클 루이스의 표현대로 비만과 당뇨병 분야에서 장내 세균총이라는 주제는 새로운 것 중에서도 새로운 것이므로 각종 매체에서 엄청난 주목을 받고 있다. 하지만 지금 관찰되는 사실들이 향후 수십 년간 어떤 의미를 지니게 될지는 아무도 모른다. 무엇이 신호이고 무엇이 소음일까? 분명치 않다. 지금까지 수행된 대부분의 연구는 실험용 마우스와 래트를 대상으로 한 것이다. 그 결과가 인간은 물론 다른 실험 동물에서 어떤 의미를 갖는지도 불분명하다. 인간 연구와 매우 드물게 시행된 인체 실험에서 관찰된 소견들이 있지만 아직까지는 신뢰할 만한 해석이 불가능하다. 비만, 대사 증후군, 당뇨병에서 장내 세균총에 특정한 변화가 동반되기는 한다. 그러나 연구자들 스스로 인정하듯 "이런 현상이 포도당 대사 이상과 인슐린 저항성으로 인한 결과인지, 그 원인인지는 앞으로 밝혀내야 할 문제다".[138]

우리가 먹는 식품과 그 형태(소화되지 않는 식이섬유, 정제된 곡식과 설탕, 기타 모든 것)는 장 속에서 어떤 세균이 활발하게 증식하고 어떤 세균은 그렇지 않은지에 영향을 미친다. 1950년대부터 알려진 사실이다.[139] 장내 세균은 다시 우리가 섭취하는 식품 속에 함유된 지방, 단백질, 탄수화물의 소화와 혈중 콜레스테롤 및 중성지방 수치에 영향을 미친다.

궁극적으로 과학 분야의 발전에 대한 최신 기사나 논문을 읽을 때 반드시 명심할 것이 있다. 결정적인 관찰 소견들을 반드시 해명하고 넘어가야 한다는 것이다. 장내 세균의 특정한 변화가 비만 및 당뇨병과 관련이 있다면, 이 변화 역시 동일한 근본 원인으로 인해 나타났을 수 있다. 그리고 장내 세균총의 병적 변화를 일으킬 가능성이 가장 높은 원인은 역시 서구식 생활 습관과 설탕 섭취가 엄청나게 늘었다는 사실이다. 피터 클리브의 말을 다시 한번 곰곰히 생각해보자. "치아에 특히 나쁜 영향을 미치는 정제 탄수화물이 소화관을 따라 내려가면서 소화관의 다른 부분에도 상당한 영향을 미치지 않는다면, 또한 소화관에서 흡수된 후에 신체의 다른 부분에 악영향을 미치지 않는다면, 그것이 오히려 이상하지 않을까?"[140]

인슐린 저항성, 대사 증후군, 비만 및 제2형 당뇨병과 관련된 다양한 만성 질환의 원인이 단 한 가지 영양소 단 한 가지 현상일지도 모른다는 가설에 대해, 영양학자와 보건 전문가들은 보통 두 가지 입장을 취한다.

첫째는 비난이다. 희생자들, 즉 과체중이나 비만인 사람들이 너무 많이 먹고 적게 운동한다고 비난하고, 식품업계가 너무 많은 식품을 만들면서 설탕, 소금, 지방으로 사람들의 입맛을 길들여 도저히 절제할 수 없게 만들어놓았다고 비난한다. 또한 식이성 지방, 특히 포화지방이 독특한 원인적 역할을 했을 가능성을 늘 염두에 둔다. 하지만 식이성 지방 가설을 검증하려는 시도는 대부분 실패했다.

1970년대 이래 이들은 설탕이 문제라는 생각을 일종의 돌팔이 의학으로 간주해왔다. 그사이에 비만과 당뇨병의 유병률이 거침없이 치솟았다. 이 질병들에 대해 50만 편이 넘는 의학 논문이 발표되었다. 사람들은 이 문제가 간단하다면 지금쯤 해결하지 못했을 리 없으므로, 이 문제는 틀림없이 다면적이며 매우 복잡할 것이라고 생각하게 되었다. 복잡하고 다면적이라는 표현은 이 질병들의 기원을 설명하는 데 항상 등장한다. 이제 우리는 이 표현이 설명을 위한 것인지 아니면 단지 이 문제를 전혀 이해하지 못한다는 사실을 반영하는 것인지 생각해보아야 한다.

이런 생각이 자리 잡게 된 데는 영양학과 만성 질환 연구에 자금을 제공하는 방식에도 부분적인 책임이 있다. 식단과 만성 질환이 만나는 지점은 몇 가지 핵심적인 의문에 답하기 위해 많은 연구자가 지혜를 모으는 다른 과학 분야와 거리가 멀다. 미국 국립보건원과 기타 연구 지원 기관에서는 수천수만 명의 연구자에게 연구비를 제공하여 수천수만 가지 작은 질문에 답을 얻고자 한다. 이런 작은 조각들을 모으면 어떤 현상을 합리적으로 설명하는 큰 그림이 그려지리라 기대하는 것이다. 현실은 어떤가? 우리는 온갖 소음이 일으키는 불협화음에 둘러싸인 채, 그토록 많은 연구자가 그토록 많은 퍼즐을 연구하고 있으니 그것은 틀림없이 매우 복잡한 문제일 거라고 믿는다.

언론에 등장하는 식품과 건강 분야의 권위자들 역시 우리를 괴롭히는 질병들을 "단 한 가지 영양소"로 설명하는 데 불만을 드러낸다. 지나친 단순화의 오류에 빠진다고 생각하는 것이다. 그래서 생겨난 개념이 있다. 식품업계가 산업화하고 대부분의 현대 식품이 가공되는 과정에서 잠재적으로 유해한 변화가 너무나 많이 생기기 때문에, 그 영향을 온전히 파악한다는 것은 과학의 영역을 벗어나며, 따라서 뭐랄까, 이런 시도조차 하지 말아야 한다는 것이다. 이 분야의 권위자인 캘리포니아 대학교 버클리 캠퍼스의 마이클 폴란은 인상적인 말을 남겼다. "진짜 음식을 먹어야 한다. 너무 많이 먹어서는 안 된다. 그리고 대부분 식물성이라야 한다."[141] 이렇게 먹는다면 합리적인 수준에서 최대한 건강한 식단에 근접할 것이다.

하지만 과학이란 자연에서 관찰한 현상을 설명하는 것이며, 가능한 한 가장 단순한 설명을 추구하는 것이다. 뉴턴이 말했듯 가장 단순한 설명이야말로 진실인 동시에 충분하다. 과학이라는 과정은 단순한 설명 특히 자신이 제시한 단순한 설명을 믿고자 하는 욕망과, 그 설명이 관찰한 사실을 신뢰할 만하게 해명하는지 확인하는 데 필요한 회의주의 사이의 갈등이다.

반박의 여지없이 확실하면서도 반드시 설명을 필요로 하는 몇 가지 현상으로 돌아가보자. 19세기 후반 서구에서, 훨씬 최근에는 전 세계에서 비만과 제2형 당뇨병이 나타나 결국 현대를 지배하는 질병이 되었다. 두 가지 질병의 공통적인 특징은 다름 아닌 인슐린 저항성이다. 인슐린 저항성이 생긴 사람, 즉 비만과 제2형 당뇨병 환자는 다른 수많은 만성 질환에 걸릴 위험이 높아진다. 버킷과 트로얼이 서구적 질병이라고 묘사한 이 만성 질환들도 인슐린 저항성과 밀접한 관련이 있다.

이 사실을 어떻게 설명할까? 전 세계에서 이 질병들을 일으키고 인슐린 저항성을 유발한 변화가 있었다면, 그것은 무엇일까? 우리의 식단과 생활 습관에 일어난 어떤 변화가 이 패턴을 설명할 수 있을까? 이런 현상을 설명하기에 단순한 가설로 충분한가? 수많은 반대 증거에도 불구하고 영양학계에서 고집스럽게 주장하는 가설, 너무 많이 먹고 너무 조금 움직이기 때문이라는 단순한 가설이 그것일까? 또 하나의 단순한 설명이 있다. 이쪽이 옳을 가능성이 훨씬 크다. 그것은 바로 설탕이다.

에필로그

얼마나 먹으면 너무 많은가?

알 수 없다. 1986년 식품의약국은 당시 미국인의 연간 1인당 섭취량 19킬로그램 정도라면 설탕이 안전하다는 결론을 내렸다. 학계는 비만의 원인이 칼로리 불균형이며, 심장질환의 식이성 원인이 포화지방이라고 생각했다. 이로 인해 설탕을 얼마나 먹으면 너무 많이 먹는 것인가라는 질문에 답해줄 임상시험을 시행할 명분이 없어지고 말았다.

전통적인 대답은 적당히 먹어야 한다는 것이다. 설탕을 너무 많이 먹지 말라는 뜻이다. 하지만 이 말은 동어반복에 불과하다. 우리는 살이 찌거나 인슐린 저항성과 대사 증후군의 증상이 나타난 뒤에야 비로소 설탕을 너무 많이 섭취했다는 사실을 알 수 있다. 이런 일이 벌어진 후에도 조금만 줄이면 괜찮을 것이라고 믿는다. 설탕이 든 음료를 하루 세 잔에서 한두 잔으로 줄인다든지, 매일 먹던 아이스크림을 주말에만 먹는 정도로 충분하리라 생각하는 것이다. 그러나 대사 증후군이 나타나기까지 수년, 수십 년, 심지어 수세대가 걸린다면 이렇게 소량의 설탕조차 건강을 되찾기에는 너무 많은 양일 가능성이 높다. 대사 증후군과 인슐린 저항성의 첫 번째 증상이 그저 살이 찌는 것 정도가 아니라 더 심각한 것, 예를 들어 암으로 나타난다면 얼마나 불운한 일인가?

식습관이란 적당히 먹는 것으로 충분하다고 주장하는 권위자들 혹은 자칭 권위자들은 대개 날씬하고 건강하다. 그들이 정의하는 적당한 양이란 자기 자신에게 맞는 양을 말한다. 똑같은 방식, 똑같은 양의 음식물이 모든 사람에게 똑같이 이로운 효과를 나타낼 것이라고 믿는 것이다. 그렇지 않다면 어쩔 것인가? 우리가 살이 찌거나 건강을 잃는다면 또는 우리 자녀들이 그렇게 된다면 이들은 뭐라고 할까? 우리가 또는 우리 자녀들이 설탕을 너무 많이 먹었다고 할 것이다. 어느 정도면 적당한지조차 제대로 가늠하지 못한 우리 책임이라고 할 것이다.

폐암, 심장질환, 폐기종에 걸리지 않은 흡연자가 이런 병에 걸린 흡연자에게 담배를 '너무 많이' 피웠다고 비난해도 될까? 물론 맞는 말이다. 하지만 이 주장은 건강한 수준의 흡연이 어느 정도인지, 건강한 수준이라는 것이 존재하기나 하는지에 대해서는 아무것도 알려주지 않는다. 건강에 해를 끼치지 않는 수준은 하루 몇 개피일까? 그것을 적당한 양이라고 할 수 있을까? 한 개피도 피우지 않는 것이 좋다고 주장할 수 있다. 물론 맞는 말일 것이다. 하지만 그렇다면 적당히 섭취한다는 개념 자체를 재정의해야 한다. 똑같은 논리를 설탕에 적용할 수 있다. 흡연이나 설탕 섭취로 인해 부정적인 효과가 나타나는 데 20년이 걸린다면, 어떻게 너무 늦기 전에 담배나 설탕을 너무 많이 사용하는지 알 수 있을까? 아예 일찍부터, 부모라면 자녀의 생애 초기에, '적당히'라는 개념을 '가능한 최소한'으로 바꾸는 편이 낫지 않을까?

1924년 보스턴의 당뇨병 클리닉에서 엘리엇 조슬린과 함께 어린 환자들을 치료했던 프리실라 화이트는 이렇게 말했다. "어떤 아이든 올바로 성장하려면 일주일에 아이스크림 한 컵 정도는 먹어줘야지!"[1] 하지만 임상 의학의 입장에서 이 말은 아이스크림을 먹는 어린이가 엄격하게 관리하는 어린이보다 더 많은 인슐린 주사를 맞아야 한다는 뜻이다. 일주일에 한 컵씩 먹는 아이스크림 때문에 인슐린을 더 많이 맞으면 더 많은 당뇨 합병증에 시달리고 더 일찍 죽을 수 있다. 당시에는 이런 사실을 몰랐다. 이 사실을 알았다면 화이트는 틀림없이 달리 생각했을 것이다. 또한 일주일에 한 컵이 '너무 많은지' 판단할 것도 없이, 아이스크림 한 컵을 먹을 때마다 질병 부담이 얼마나 늘어나고 수명이 얼마나 줄어드는지 알 수 있는 방법이 있다면 그녀 역시 미리 알고 싶어 했을 것이다. 부모들은 말할 것도 없다. 그런데 애초에 먹어본 적이 없어도 아이스크림이 몹시 먹고 싶을까? 한 번도 담배를 피워본 적이 없는 사람이 가끔 담배 한 개피의 여유를 즐기고 싶을까?

설탕을 얼마나 먹으면 적당한지 생각할 때는 항상 설탕이 일종의 약물이며, 중독성이 있을지도 모른다는 사실을 고려해야 한다. 찰스 만이 "모두들 그렇게 한다"고 쓴 것처럼,[2] 지금은 많은 설탕을 섭취하는 것이 정상적이며 사실상 불가피한 세상이기 때문에 모두들 설탕(또는 아이스크림)을 즐기고 거기에 의미를 부여하는지도 모른다. 이미 세상이 그렇다면 적당량을 어떻게 정의하든 아무 소용이 없다. 설탕을 적당히 섭취하려고 노력하는 것은 담배를 적당히 피우려고 노력하는 것, 하루 한 갑이 아니라 몇 개피만 피우려고 노력하는 것만큼이나 헛된 일이 될 것이다. 설탕을 많이 섭취하는 것이 불가피하다면 만성적인 영향을 피할 수 있든 없든 습관을 관리할 수 없다. 억지로 노력한다면 자신의 습관을 관리하는 것이 삶을 지배하는 하나의 강박관념이 되어버린다. 자녀에게 정해진 양만큼만 사탕을 주는 것이 양육의 가장 중요한 주제가 되어버린다. 분명 어떤 사람에게는 설탕을 조금씩 섭취하는 것보다 아예 먹지 않는 편이 더 쉽다. 디저트를 한두 숟가락만 뜨는 것보다 아예 먹지 않는 편이 더 쉽다. 설탕 섭취를 조절한다는 것이 매우 가파르고 미끄러운 언덕길이라면, 적당량을 섭취한다는 것 자체가 의미 있는 개념이 될 수 없다.

지나치게 광범위하거나 근시안적일지도 모르지만, '너무 많다'는 개념을 인구 집단의 관점에서 정의해볼 수 있다. 1960년대에 조지 캠벨이 당뇨병 유행 전에는 1인당 설탕 섭취량이 30킬로그램 정도였다고 추정한 것은 합리적일지 모른다. 1986년 식품의약국 보고서에서 1인당 20킬로그램은 안전하다고 가정한 것도 합리적일 수 있다. 하지만 당뇨병이 유행하는 것과 당뇨병이 발병하는 것은 다른 문제다. 사실은 1960년대보다 훨씬 전에 당뇨병 유행이라는 폭탄의 도화선에 불이 댕겨졌다면 어떨까? 그리하여 인슐린 저항성과 비만과 당뇨병이 생기기 쉬운 '체질'이 자궁 속에서 대물림되면서 증폭된 것이라면 어떨까? 그것이 사실이라면 개인은 말할 것도 없고, 전체 인구가 어느 정도의 설탕을 섭취해야 안전한지 판단하기가 훨씬 어려울 것이다. 인구 집단을 보면 1인당 30킬로그램이 문턱값으로 보일지 몰라도, 몇 세대 전부터 일이 반복되어왔다면 한두 세대 전의 문턱값은 20킬로그램이었을지도 모른다. 일단 문턱값을 넘어 인구 집단 전체가 비만과 당뇨병이 되는 길로 접어들고 나면, 인간 자체가 생리학적으로 다른 존재가 되어버릴 가능성이 있다. 수세대에 걸쳐 상당한 양의 설탕을 섭취해온 인구 집단에서 태어난 어린이들은, 이전 세대의 어린이들과 다를 수 있다. 설탕이 넘쳐나는 환경에 대해 다른 방식으로 반응하도록 프로그램되었을 수 있다. 다시 돌아가기가 불가능하거나, 식단을 완전히 바꿀 때만 가능할지도 모른다. 현재까지 수행된 연구로는 알 길이 없다.

비과학적인 태도일지 몰라도 나는 설탕 섭취라는 맥락에서 적당량이라는 정의의 타당성을 생각할 때마다, 역사에서 관찰된 몇 가지 사실을 떠올린다. 그중 하나는 2000여 년 전 힌두 의사들이 설탕은 영양과 비만을 동시에 불러올 수 있다고 한 말이다. 또 한 가지는 당뇨병이 설탕 때문에 생길지도 모른다고 한 프레더릭 앨런의 주장이다. 그는 부분적으로 소변에서 달콤한 냄새가 난다는 점에서, 부분적으로 당시에 당뇨병이 설탕과 밀가루를 즐길 여유가 있는 부유층에서만 생긴다는 점에서 그렇게 추정했다. 앨런은 이렇게 썼다. "가장 중요한 탄수화물 식품들을 대놓고 이렇게 비난하는 것은 마구잡이 추정이 아니라, 기존의 화학적 사고방식에서 벗어나 순수한 임상적 관찰을 근거로 한 것이다."[3]

그리고 토머스 윌리스가 있다. 1670년대에 당뇨병 환자의 소변에서 달콤한 맛과 냄새가 난다는 사실을 유럽에서 최초로 언급한 의사다. 당시 유럽에서는 소변의 맛을 보는 것이 전통적인 진단 기법 중 하나였다는 사실을 생각하면 좀 뜻밖이다. 왜 그때까지 다른 의사들은 알아차리지 못했을까? 윌리스가 당뇨병 환자의 소변에서 단맛이 난다는 사실을 안 것은 두 가지 사건과 동시에 일어났다. 설탕이 같은 시기에 영국에 카리브해의 식민지로부터 처음 유입되었고, 중국에서 수입한 차를 마실 때 감미료로 쓰이기 시작했다.

적당한 양이라는 개념과 씨름할 때마다 떠오르는 또 한 가지 생각은 프레더릭 슬레어가 1715년 〈윌리스 박사, 다른 의사들, 편견에 사로잡힌 일반인의 비난에 맞서 설탕을 옹호함〉이라는 글에서 언급한 사실이다. 영국에서 설탕이 시드니 민츠의 말처럼 "왕들의 사치품에서 평민들의 제왕적 사치품으로" 변하기 시작하던 때, 슬레어는 몸매에 신경을 쓰지만 "살찌기 쉬운 체질"인 여성들이 "생각보다 훨씬 더 몸무게가 늘어날 수" 있기 때문에 설탕을 피해야 한다고 썼다.[4] 비슷한 맥락에서 1825년 변호사 출신 미식가인 프랑스의 장 앙텔름 브리야사바랭은 아마 음식에 관해 씌어진 가장 유명한 책인《맛의 생리학》에서 녹말과 빵을 섭취하면 비만이 되며(그는 "전분" 또는 "전분성 식품"이라고 불렀다), 설탕과 함께 섭취하는 경우 비만이 되는 과정이 "훨씬 빠르고 확실하게" 일어난다고 주장했다.[5] 1860년대 포르투갈의 의사 아벨 조르당은 설탕이 비만의 원인일 가능성이 높다고 했다. 이 말에 영향을 받은 하버드대학교의 찰스 브리검은 동시대의 젊은 여성들을 관찰하고 나서, "어깨와 팔이 드러났을 때 마치 해골처럼 보인다"고 걱정하며 살을 찌워서 보다 여성스럽게 보이도록 설탕을 물에 타서 먹였던 것이다.[6]

이 모든 경우에 설탕 섭취량은 가장 부유한 사람들조차 캠벨이 추정한 문턱값인 30킬로그램은 물론 식품의약국 추정치인 20킬로그램보다 훨씬 적었을 것이다. 슬레어가 관찰한 바를 발표한 1715년 당시 영국인의 1인당 설탕 섭취량은 아마 연평균 2킬로그램 정도였을 것이다.

이런 사실과 자궁 내에서 고혈당 및 인슐린 저항성이 미치는 영향, 즉 향후 세대의 대사적 프로그래밍 또는 대사적 각인을 조사한 연구들을 함께 생각해보면 수세기에 걸친 설탕 섭취 결과 인간이라는 종 자체가 변했을지도 모른다는 생각이 든다. 설탕이 우리가 먹고 마시는 것을 완전히 바꾸어놓은 것처럼, 환경이 급격히 변하면 그 안에 사는 생물종 또한 완전히 달라진다. 일정량의 설탕에 대한 현대인의 반응은 수세기 전 사람들의 반응과 완전히 다를지도 모른다. 견딜 수 있는 양이 더 적을 수도 있고, 더 많을 수도 있다. 그저 추측할 수 있을 뿐이다. 마찬가지로 설탕 섭취량이 수세대에 걸쳐 특정 집단에서 생명을 단축하는 만성 질환의 발병 양상을 어떻게 변화시켰는지, 데니스 버킷이 연구한 것처럼 유전적으로 다른 집단에서 다른 결과가 나타날 것인지도 알 수 없다.

사고실험을 해보자. 과일과 야채를 통해 자연적으로 당분을 섭취하고 그 밖에 정제당은 조금도 섭취하지 않은 인구 집단이 있다. 이 집단을 둘로 나누어 수세대에 걸쳐 관찰한다. 한쪽은 정제당과 액상과당을 갈수록 많이 섭취하고, 다른 쪽은 계속 무설탕 상태로 살아간다. 의학과 공중보건의 발전은 양쪽에서 똑같이 진행된다. 만성 질환의 발병 양상이 똑같을까? 심장질환, 당뇨병, 암, 치매가 비슷하게 나타날까? 내 주장대로 설탕을 많이 섭취한 집단에서 만성 질환이 훨씬 많이 나타난다고 치고, 두 집단이 어느 날부터 설탕을 전혀 먹지 않는다면 몇 세대가 지나야 다시 똑같아질까? 다시 똑같아질 수는 있을까?

이 실험은 오직 상상으로만 가능하다. 현실에서는 모든 인구 집단이 오래전부터 설탕이 듬뿍 든 식단을 섭취하고 있다. 따라서 무설탕 또는 설탕 섭취량이 낮은 세상에서 '정상'과 '건강'이 어떤 모습일지는 알 수 없다. 그런 세상에서 살아왔다면 인간이라는 동물종이 어떻게 되었을지도 알 수 없다. 그래도 우리는 나이가 들수록 점점 살이 쪘을까? 나이가 들수록 LDL 콜레스테롤과 중성지방과 혈압이 상승했을까? 역사상 가장 높은 수준의 포도당 불내성과 인슐린 저항성을 경험했을까? 평균 수명은 얼마나 되었을까? 결국 어떤 질병으로 세상을 떠나게 되었을까? 어느 것 하나도 답할 수 없다.

이 상상은 앞으로 어떤 연구를 해도 이런 질문에 확실히 답할 수 없다는 점을 이해하는 데 도움이 된다. 앞에서 말했듯이 설탕이 유해하다는 증거를 개인적으로 타당하다고 믿는다 해도, 결정적인 것이 될 수는 없다. 우리 중 몇 명을 골라 두 가지 현대식 식단에 무작위 배정한다고 해보자. 식단은 모든 면에서 동일하지만 한쪽에 설탕이 들어가 있고, 다른 쪽에는 설탕이 전혀 없다. 사실상 모든 가공식품에 설탕을 첨가하고 빵처럼 아예 설탕을 넣어 만들기 때문에, 설탕을 섭취하지 않는 집단은 가공식품 역시 먹지 않는다. 마이클 폴란이 멋지게 표현했듯 "식품처럼 보이는 것"의 섭취가 급격히 줄 것이다.[7] 하지만 이들이 전보다 건강해졌다고 해서 설탕을 피했기 때문이라고 할 수는 없다. 다른 수많은 이유를 생각할 수 있다. 어떤 형태로든 정제된 곡식을 적게 먹고 글루텐, 트랜스 지방, 방부제, 인공 감미료도 훨씬 적게 먹지 않았는가? 그중 어느 것이 진짜 원인인지 확실히 알 수 있는 방법은 없다.

모든 식품을 설탕을 넣지 않고 만들 수 있지만, 그때는 맛이 달라질 것이다. 인공 감미료를 쓰지 않는다면 말이다. 설탕을 최소한으로 섭취한 집단은 체중이 감소할 가능성이 높다. 그때도 설탕을 적게 섭취했기 때문인지 어떤 형태로든 칼로리를 적게 섭취했기 때문인지 알 길이 없다. 식단에 관한 모든 조언은 언제나 비슷한 복잡성을 지닌다. 글루텐, 트랜스 지방, 포화지방, 모든 형태의 정제 탄수화물을 피하든 그저 더 적게 먹어서 칼로리를 적게 섭취하든, 결국 설탕과 수많은 성분이 들어 있는 가공식품을 피하는 결과가 된다. 좋은 효과가 나타났다고 해도 정확히 무엇 때문에 그런 효과가 나타났는지 알 수 없다. 너무나 복잡하다.[+8] 완전식품을 섭취하고 가공식품을 피하라는 권고는 정의상 설탕을 먹지 말라는 것과 마찬가지다. 거꾸로 설탕을 피하라는 권고는 정의상 가공식품을 피하라는 말과 마찬가지다.

설탕 대신 인공 감미료(칼로리 제로 감미료)를 사용하면 문제가 더욱 복잡해진다. 인공 감미료에 대한 불안은 대부분 1960년대와 1970년대에 설탕업계에서 비용 일부를 지원한 연구들을 통해 시클라메이트가 잠재적 발암물질로 규정되어 사용 금지되었다는 사실과, 사카린이 암을 일으킬지도 모른다는 주장(래트에 엄청나게 많은 용량을 사용할 때)에 기인한다. 시간이 지나면서 불안감은 많이 가라앉았지만 대신 인공 감미료가 대사 증후군을 거쳐 비만과 당뇨병을 일으킨다는 주장이 제기되었다.[9]

이런 추측은 주로 인공 감미료와 비만 및 당뇨병의 관련성을 입증한 몇몇 역학 연구에서 시작되었다. 하지만 이 연구 결과가 인공 감미료가 실제로 비만과 당뇨병을 일으킨다는 의미인지는 역시 알 수 없다. 그보다 당뇨병에 걸리기 쉬운 성향을 지닌 사람이 체중이 늘어 설탕 대신 인공 감미료를 사용했을 가능성이 더 높다. 인공 감미료의 잠재적 위험에 관한 최근 논평에서는 이 결과를 결정적이라고 보기에는 근거가 한참 부족하다고 생각한다. 인공 감미료가 이환율과 사망률을 높였을 가능성을 완전히 배제할 수는 없지만, 가능성이 매우 낮다는 것이다.

1975년 국립과학아카데미 원장 필립 핸들러가 주장했듯이, 그보다 먼저 1907년에 루스벨트 대통령이 말했듯이, 우리가 정말 알고 싶은 것은 일생 동안 또는 다만 몇 년이나 몇십 년이라도 인공 감미료를 사용하는 것이 설탕을 섭취한 것보다 건강에 더 좋으냐는 것이다. 나로서는 설탕이 더 건강한 선택이라고 생각하기 어렵다. 하지만 설탕을 장기

✦ 많은 보건 전문가가 가장 건강에 좋다고 믿는 식단은 소위 고혈압 치료 식단Dietary Approaches to Stop Hypertension이다. DASH를 처음 연구한 학자들은 "과일, 야채, 저지방 유제품이 풍부하고 포화지방 및 총 지방 함량이 낮다"고 설명했다. 이 식단의 주목표는 칼륨, 마그네슘, 칼슘을 풍부하게 제공하는 것이다. 이 전해질들이 혈압을 낮춘다고 생각한 것이다. 하지만 이 식단은 과일 주스를 제외하고 설탕, 사탕, 가당음료도 금지한다. 이 식단의 효과는 무엇보다도 설탕을 금지한 데서 비롯되었을지 모른다.

섭취할 때 어떤 효과가 나타나는지 확실히 알 수 없는 것처럼 이 질문에 대해서도 확고한 결론을 내릴 수 없다. 실험실 연구에서 인공 감미료가 인체 내에서 설탕과 비슷한 생리학적 반응을 유발할지도 모르는 기전들이 발견되었다. 예를 들어 소화관에도 입안처럼 단맛 수용체가 있다.[10] 수용체를 자극하여 설탕이라고 뇌를 속일 수 있는 물질은 몸도 속일 수 있을지 모른다. 그렇더라도 설탕에서 관찰되는 유해한 효과가 나타난다는 증거는 거의 없다. 목표가 설탕을 피하는 것이라면 설탕 대신 인공 감미료를 쓰는 것이 대안이 될 수 있다. 인공 감미료를 수년 또는 수십 년간 섭취하면 그것 자체로 유해한 효과가 나타날지, 설탕을 아예 제거한 식단을 섭취할 때 누릴 수 있는 이익을 완전히 누리지는 못하게 될지 등의 질문에도 아직은 답할 수 없다.

현재 우리는 분명 이 모든 질문을 검증하는 데 과거보다 훨씬 뛰어난 연구를 할 능력이 있다. 하지만 보건 당국에서 그런 연구를 재정적으로 지원하여 결정적인 해답을 내놓기까지는 오랜 세월이 필요할 것이다. 그때까지 어떻게 해야 할까?

궁극적으로 그리고 분명히, 얼마나 많으면 너무 많은 것이냐는 질문에 대한 답은 개인의 판단에 달려 있다. 모든 성인이 알코올, 카페인, 담배를 어느 정도까지 즐길 것인지 스스로 결정하는 것과 마찬가지다. 이 책에서 나는 설탕을 독성 물질로 간주할 근거가 충분하다고 주장했다. 잠재적 위험과 이익 사이에 어떻게 균형을 잡을 것인지에 대해서도 충분한 정보를 제공했다. 설탕이 주는 이익이 무엇인지를 정확히 알고 싶다면 설탕 없는 삶이 어떻게 느껴질지 생각해보라. 이전에 담배를 피운 사람들은(나도 그중 하나다) 담배를 끊을 때까지는 담배 없는 삶이 어떤 것일지 이성적으로 또는 감정적으로 상상조차 할 수 없었다고 말한다. 실제로 그것은 몇 주, 몇 개월, 심지어 몇 년에 걸쳐 끊임없이 이어지는 투쟁이다. 그러다 어느 날 담배를 피우고 싶다는 생각이 들지 않는 것은 물론, 담배를 피우는 행위를 상상할 수도 없고 한때 왜 담배를 피웠는지조차 이해할 수 없는 상태에 도달한다.

설탕도 비슷할 것이다. 하지만 설탕 없이 살아보려고 노력하기 전까지, 이런 노력을 며칠 또는 몇 주 동안 계속해보기 전까지, 우리는 그 상태를 절대로 상상할 수 없다.

감사의 말

《설탕을 고발한다》는 영양과 만성 질환에 관한 나의 세 번째 책이다. 앞서 출간된 두 권과 마찬가지로 1990년대 후반부터 지금까지 이 주제에 관한 취재의 결과물이다. 시간을 내어 인터뷰에 응해준 수백 명의 연구자와 공중보건 전문가, 책이라는 형태로 완성되기까지 도움을 아끼지 않은 편집자, 독자, 연구 보조원에게 다시 한번 감사드린다.

이 책은 로버트우드존슨재단에서 제정한 보건정책 연구자상 프로그램의 부 책임자 린 로거트Lynn Rogut가 2008년 1월 23일에 내게 이메일을 보내면서 시작되었다. 린은 자신이 관리하는 프로그램에서 수여하는 아주 후한 보조금에 지원할 것을 권유했다. 내가 쓴 제안서는 연구자상을 수상했을 뿐 아니라 이 책의 기초가 되었다. 재단 프로그램의 모든 관계자, 특히 연구비를 받은 3년간 프로그램을 감독하고 운영한 데이비드 미캐닉David Mechanic, 린 로거트, 신시아 처치Cynthia Church에게 깊이 감사한다. 캘리포니아 대학교 버클리 캠퍼스와, 연구비를 관리하고 조사에 학문적 기반을 제공해준 보건대학의 고故 팻 버플러Pat Buffler(그가 그립다), 앰버 산체스Amber Sanchez, 터리사 선더스Theresa Saunders에게도 큰 빚을 졌다.

8장 "설탕을 지켜라"는 〈마더존스〉 2012년 11/12월호에 실린 "작고 달콤한 거짓말Sweet Little Lies"이라는 기사에서 비롯되었다. 이 기사는 크리스틴 컨스와 공동 작업한 것이다. 크리스틴은 2011년 2월 내가 덴버의 한 독립서점에서 강연을 마친 후 다가와 자신을 소개했다. 그녀는 치과 의사로 일하면서 개인적인 관심으로 설탕업계를 조사해왔으며, 1970년대에 설탕연합주식회사의 홍보 전략을 드러내는 기밀 문서들을 발굴했다. 그 문서들이 〈마더존스〉 기사는 물론 이 책의 8장에 근거를 제공했다. 크리스틴의 조사 능력, 문장력, 비판적 사고가 없었다면 불가능했을 일이다. 자세한 이야기는 http://www.motherjones.com/environment/2012/10/former-dentist-sugar-industry-lies에 실려 있다. 이 이야기가 기사화되고 결국 책으로 출간되기까지의 과정을 인도해준 〈마더존스〉 관계자들, 특히 마이크 미캐닉Mike Mechanic(데이비드의 아들이다), 마야 두센베리Maya Dusenberry, 매디 오트먼Maddie Oatman, 엘리자베스 게틀먼Elizabeth Gettleman, 캐시 로저스Cathy Rodgers에게 감사드린다.

이 책의 바탕이 된 주장은 2011년 4월 〈뉴욕타임스매거진〉 표지를 장식한 "설탕은 독성 물질인가?Is Sugar Toxic?"라는 기사를 통해 처음 대중에 공개되었다. 나의 주장을 대중이 읽기에 적당한 형태로 정리하여 알리는 데 도움을 준 휴고 린드그렌Hugo Lindgren, 베라 티투닉Vera Titunik, 데이비드 퍼거슨David Ferguson, 그리고 2011년 당시 〈뉴욕타임스매거진〉에서 근무한 분들께 감사드린다.

이 책을 쓰기 위한 조사에 물심양면으로 도움을 준 클라크 리드Clarke Read와 마야 두센베리(다시 한번), 탁월한 조사 기술로 도움을 준 네이선 라일리Nathan Riley, 데번 심프슨Devon Simpson, 이선 리트먼Ethan Litman에게 감사를 전한다. 복잡한 사실을 제대로 정리하여 올바로 전할 수 있도록 최선을 다해 도와준 댄 팔렌차Dan Palenchar와 오랜 친구 스콧 슈나이드Scott Schneid에게도 감사를 전한다. 마크 프리드먼Mark Friedman, 마이클 로젠바움Michael Rosenbaum, 로버트 캐플런Robert Kaplan은 귀중한 시간을 내어 원고를 읽고, 생각을 정리할 수 있도록 도와주었다. 역시 심심한 감사를 전한다. 물론 이 책에 오류가 있다면 오직 나의 책임이다. 관대하게도 병원의 당뇨병 입원 환자 데이터를 19세기까지 추적하여 제공해준 보스턴의 메사추세츠종합병원 기록 보관 담당자 제프리 미플린Jeffrey Mifflin과 필라델피아의 펜실베이니아병원 학예사이자 수석 기록 보관 담당자인 스테이시 피플스Stacey Peeples에게 감사드린다.

30년간 변함없이 나를 도와준 출판 에이전트 ICM의 크리스 달Kris Dahl에게 감사드린다. 작가로서 영양에 대한 책을 쓰기 시작한 순간부터 지원을 아끼지 않은 노프Knopf 출판사의 담당 편집자 조너선 시걸Jonathan Segal에게는 갚을 수 없을 정도로 큰 신세를 졌다. 그는 모든 작가가 만나기를 꿈꾸는 편집자 중 하나다. 노프 사의 보조 편집자인 줄리아 링고Julia Ringo, 홍보 담당자인 조던 로드먼Jordan Rodman, 제작 책임자 클레어 옹Claire Ong, 북디자이너 매기 힌더스Maggie Hinders에게 감사드린다. 제작 편집자인 빅토리아 피어슨Victoria Pearson에게는 특별한 감사를 전하고 싶다.

영양과 만성 질환에 관한 나의 책 세 권은 궁극적으로 더 훌륭한 영양과학과, 건강한 식단에 관해 오래도록 도그마로 받아들여진 핵심 주장들을 검증하기 위해, 보다 철저한 연구가 필요하다는 탄원 같은 것이다. 로라앤존아널드재단의 로라와 존 아널드 부부 그리고 관계자들은 모든 사람의 건강을 위해 철저하고 비판적인 영양학 연구가 필요하다는 생각을 지지하면서 박애주의에 입각하여 기꺼이 관련된 일들을 해왔다. 항상 고맙게 생각한다. 영양과학계획Nutrition Science Initiative에 몸담고 있는 동료들이 오랜 세월에 걸쳐 베풀어준 지원과 우정에 감사하며, 우리에게 반드시 필요한 연구의 첫 단계를 실행에 옮길 수 있도록 자금을 마련하고 지원을 아끼지 않은 데 대해 경의를 표한다.

아직까지도 편향에 가까울 정도로 설탕에 반대하는 나의 주장이 명백하지 않다면, 이 자리를 빌어 적어도 전문 분야의 동료 중 일부에게 비난받을 줄 알면서도 용기있게 설탕에 반대한 모든 연구자와 의사에게 깊이 감사드림으로써 내 입장을 다시 한번 의심의 여지없이 강조하고자 한다. 책에서 언급했듯이 피터 클리브와 존 여드킨은 결정적인 역할을 했으며, 모든 사람의 감사를 받아 마땅하다. 캘리포니아 대학교 샌프란시스코 캠퍼스의 로버트 러스티그는 최근 여드킨의 횃불을 넘겨받아 설탕과 건강에 관해 대중을 계몽하고 과학적인 고찰을 수행하는 데 독보적인 존재로 두각을 나타냈다. 콜로라도 대학교의 리처드 존슨 또한 독특하면서 비할 데 없이 중요한 연구를 계속하고 있다. 충분한 지면을 할애하여 제대로 논의했는지 걱정스럽다. 내용 흐름상 1975년 《슈거 블루스Sugar Blues》라는 엄청난 베스트셀러를 써서 끊임없이 새로운 논란이 제기되는 이 분야에 크게 공헌한 윌리엄 더프티William Dufty의 공로를 언급하지 못했으나 그는 존경과 감사를 받아 마땅하다. 또한 공개적으로 명분을 위해 헌신한 코니 베넷Connie Bennett, 낸시 애플턴Nancy Appleton, 앤 루이스 기틀먼Ann Louise Gittleman을 비롯해 수많은 영양학자,

영양사, 의사 출신 저자에게 감사를 표한다.

마지막으로 이 책은 사랑과 지지와 유머로 항상 곁에서 도와준 나의 아내 슬론 테넌Sloane Tanen이 없었다면 세상에 나올 수 없었다. 아내는 책을 쓴답시고 또는 풍차를 향해 돌진하느라 서재로 모습을 감춘 남편 대신, 주말마다 불쌍한 아들들을 친구 집으로 스포츠 행사장으로 몇 년씩이나 데리고 다녔다. 귀찮은 일을 마다하지 않으면서 때로 〈실뜨기 놀이〉✦를 흥얼거리며 활기를 잃지 않은 아내에게 고마움을 다 표현할 길이 없다. 왜 내가 이 일을 하는지 끊임없이 일깨워주고 그러는 동안 유머 감각을 잃지 않은 아들 닉과 해리에게 언제나 그랬던 것처럼 무한한 감사를 표한다.

✦ 〈Cat's in the Cradle〉. 록밴드 레드핫칠리페퍼스의 히트곡.(옮긴이)

옮긴이의 말

1960년대 종로 거리, 1970년대 서울의 여름 홍수, 1980년대 대학생들의 여행 사진…. 인터넷을 돌아다니다 보면 옛날 사진들이 올라오곤 한다. 지금과 비교해 거리 풍경이라든지 생활상이 달라진 것을 보면 재미있기도 하고, 몇 가지 추억이 떠오르기도 한다. 한 가지 더 눈에 띄는 것이 있다. 1980년대까지도 살찐 사람이 별로 없다는 점이다. 나라 자체가 가난했던 때이긴 하지만 먹고살기가 곤란하지 않았을 사람들도 대부분 날씬하다. 배가 나온 사람이 별로 없다. 주변을 둘러보자. 거리 모습보다 사람들의 체형이 더 많이 변했다. 도대체 언제부터, 왜 이렇게 되었을까?

《설탕을 고발한다》는 미국의 저널리스트 게리 타우브스가 10년에 걸쳐 발표한 3부작의 마지막 책이다. 그는 2007년 《굿 칼로리 배드 칼로리Good Calories Bad Calories》, 2010년 《왜 우리는 살찌는가Why We Get Fat》, 2016년 《설탕을 고발한다The Case Against Sugar》까지 밀접하게 연관된 세 권의 책을 냈다. 모두 영양과 대사에 관해 논쟁적인 주제를 다루었고, 출간될 때마다 화제와 함께 치열한 논쟁을 불러일으켰다. 2017년 우리나라에서 니나 타이숄스Nina Teicholz의 《지방의 역설》이란 책이 번역되고, 방송에서 그 내용을 다루면서 소위 "저탄고지(저탄수화물 고지방 식단)" 열풍이 불었다. 사실 그보다 먼저 전 세계적으로 저탄고지 논쟁을 촉발시킨 책이 바로 《왜 우리는 살찌는가》이다. 《지방의 역설》은 그 연장선에서 발표된 책이다.

그렇다면 타우브스는 논쟁적인 주제를 좇아다니며 허무맹랑한 주장을 하거나, 터무니없는 유사과학을 퍼뜨려 한몫 잡아보려는 사람일까? 그렇지 않다. 오히려 정공법으로 맞서는 사람이라고 해야 할 것이다. 아무리 중요하고 시급하더라도, 복잡하고 결론 내리기 어려운 주제를 만나면 대부분 조금 생각해보다가 뒤로 미루어 놓고 만다. 꼭 게을러서는 아니다. 붙잡고 씨름하기에 벅차기 때문이다. 그 문제에 나름대로 결론을 내려면 너무나 많은 시간과 노력과 지적 에너지가 들 것을 알기 때문이다. 그러니 중요한 주제와 정면으로 맞서 자료를 수집하고, 폭넓은 시각을 제공하고, 결론을 공유해주는 사람이 있다면 고마울 따름이다. 게리 타우브스가 바로 그런 사람이다.

타우브스를 읽는 즐거움은 철저함에 있다. 우선 입장이 명확하다. 칼로리의 양보다 질이 중요하고, 비만의 주범은 탄수화물이므로 지방과 단백질 위주로 먹는다면 보다 건강하게 살 수 있으며, 특히 설탕이 오늘날 비만과 당뇨병의 유행을 일으키는 데 결정적인 역할을 했다는 것이다. 하지만 흔히 이런 주장에 뒤따르는 일화적 우격다짐이나 비난은 찾아볼 수 없다. 맥락과 검증이 빼곡할 뿐이다. 그가 옳든 그르든, 결론에 동의하든 반대하든, 그의 책 속에는 얻어갈 것이 무궁무진하다.

'맥락'과 '검증'을 다른 말로 하면 '역사'와 '과학'이다. 바야흐로 과학의 시대다. 과학은 객관적 검증을 요구한다. 이제 사람들은 신념과 구호를 믿지 않는다. 종교나 관습적 도덕률을 무턱대고 좇지 않는다. 주장하려면 검증해야 하고, 검증된 것만 주장해야 한다. 그러나 과학만으로는 진실을 파악할 수 없다. 우리의 밝히는 능력에 한계가 있고, 밝혀진 것을 해석하는 데 주관이 개입하며, 무엇을 밝힐 것인지에도 불순한 의도가 작용하기 때문이다. 너무 많은 데이터가 존재하고, 가짜 데이터도 많으며, 상당한 데이터가 재현되지 않는다는 문제도 있다. 많은 경우, 과학을 표방한 주장이 알고 보면 자신의 신념을 옹호하기 위해 구미에 맞는 데이터를 취사선택한 결과에 불과한 것은 이런 이유에서다. 요컨대 맥락이 없으면 과학은 길을 잃는다. 맥락은 어떻게 얻는가? 역사를 통해서다.

이 책은 당뇨병 이야기로 시작한다. 불과 100년 전만 해도 당뇨병은 의사 한 사람이 평생 한 번 볼까 말까 할 정도로 드문 병이었다. 현재는 미국 성인 일고여덟 명 중 한 명이 당뇨병 환자다(우리나라도 큰 차이가 없다). 세 명 중 한 명이 비만이다. 비만 전 단계인 과체중까지 포함하면 세 명 중 두 명이다. 지난 100년간 무슨 일이 일어난 것일까? 이 책은 그 주범으로 설탕을 지목한다. 그리고 설탕의 역사와 당뇨병의 역사를 흥미롭게 교차시킨다.

인류가 당뇨병을 처음으로 기술한 것은 기원전 6세기, 즉 2500년 전이다. 물론 설탕은 그전부터 존재했다. 설탕의 역사 1만 년을 기술한 책의 2장은 그 자체로 흥미진진한 설탕의 문화사다. 사탕수수가 창조설화에 등장하는 뉴기니에서 시작하여 이집트, 페르시아, 아라비아, 중세 유럽의 에피소드가 펼쳐지고, 중앙아메리카의 설탕섬과 노예 제도를 둘러싼 약탈과 탐욕과 착취의 역사를 거쳐, 유럽에서 요리법 혁명, 마침내 미국에서 사탕, 아이스크림, 초콜릿, 청량음료 산업이 성행하기까지, 설탕의 역사는 곧 인류의 역사였다. 그 역사의 장마다 관찰력이 뛰어난 의사들은 설탕의 두 가지 측면을 지적했는데 하나는 살이 찐다는 것이고, 또 하나는 중독성이 있다는 것이다.

3장과 4장은 설탕의 중독성을 다룬다. 설탕이 없었다면 담배산업이 탄생할 수 없었으며, 그토록 많은 폐암 환자가 생기지 않았을 것이라는 주장은 낯설지만 읽어보면 절로 고개가 끄덕여진다. 설탕이란 물질이 기아에 시달리는 가난한 사람들조차 한번 맛들이면 식사를 포기하는 한이 있더라도 결코 단념하지 않을 정도로 중독성이 있으며, 설탕산업이 현재와 미래의 수요 창출을 위해 주로 여성과 어린이를 대상으로 마케팅을 펼쳤다는 사실은 어떤가?

그렇다면 과학과 의학은 무엇을 했을까? 이 점을 이해하려면 역사적인 시각이 중요하다. "20세기 초반 수십 년간 의학 논문과 신문에는 다양한 질병의 원인이 바로 설탕이라고 비난하는 의사들의 글을 쉽게 찾아볼 수 있었다."(105쪽) 그러나 의학이 학문이라고 부르기도 어려울 정도로 초보적인 단계였을 때, 영양학이라는 학문이 먼저 발전했다. "결국 영양학자들은 호르몬의 역할도 제대로 모른 채 식품이 '에너지 균형'에 미치는 영향을 밝히려고 했던 셈이다. 오늘날까지도 이 문제를 생각하는 방식은 그 틀을 벗어나지 못한다. 영양학자들이 설탕은 '빈 칼로리'라고 할 때 그들은 이 문제를 20 세기 초반의 과학, 즉 칼로리와 그 속에 들어 있는 비타민과 미네랄의 양이라는 관점에서 바라볼 뿐이다. (한편) 의사들은 식품이 호르몬에 어떤 영향을 미치는지 거의 아는 것이 없었다. 아니 솔직히 말해서 이 문제에 관심을 가져야 한다는 인식 자체가 없었다."(108~109쪽)

"설탕을 먹고 살이 쪘다면 단지 설탕을 많이 먹어 칼로리를 과잉 섭취했기 때문일까, 아니면 설탕 자체의 독특한 특징 때문일까?"(110~111쪽) 설탕산업은 모든 칼로리는 그저 칼로리일 뿐 설탕이 특별히 나쁜 것은 아니라는 논리를 고수했다. 유럽에서 의학이 발달하면서 호르몬의 역할이 결정적이며, 섭취하는 식품의 종류가 중요하다는 학설이 대두되었지만, 2차 세계대전과 함께 유럽학계가 초토화되면서 이 주장은 학계에서 사라지고 만다. 그리고 2차 세계대전 후에는 학문의 중심이 미국으로 옮겨갔다. 모든 것이 부족한 시대에 "에너지와 피로의 빠른 회복이라는 관점에서 설탕은 매우 소중한 식품으로 생각되었다".(118쪽)

물론 언제까지 그럴 수는 없었다. 1950년대 들어 미국에서도 유수한 "의과대학 의사들이 설탕과 단것을 완전히 피하라고 주장하며 학술지에 항비만 식단을 발표하고, 때로는 같은 내용이 의학 교과서에까지 실렸다".(164쪽) 한편 칼로리가 제로인 인공 감미료가 개발되며 설탕의 지위를 위협했다. 설탕산업은 이런 위기를 어떻게 극복했을까? 강온 양면 전략을 구사했다. 강경책은 통상 섭취량의 800배가 넘는 용량을 썼을 때 실험동물인 래트에서 암이 발생했다는 꼬투리를 잡아 인공 감미료를 사장시킨 것이었다. 아직도 인공 감미료는 오명을 벗지 못하고 있다. 하지만 더 무섭고 지속적으로 이익을 거둔 전략은 온건책이었다. 바로 학계와 공무원을 매수한 것이다.

"의학 연구의 역사에서 흔히 나타나는 추세가 있다. 소수의 영향력 있는 권위자, 종종 단 한 명의 권위자에 의해 전체의 생각이 좌우되는 것이다. 과학계에서는 젊은 연구자들에게 권위에 도전하고 자신이 배운 모든 것을 회의적으로 바라보라고 가르친다. 하지만 의학계의 분위기는 전혀 달라 권위 있는 인물의 의견이 터무니없이 큰 비중을 갖는 경우가 많다."(124쪽) 의학을 공부한 사람으로서 뼈아픈 지적이다. 의학계에서 선구적인 인물들을 지원함으로써 설탕산업은 설탕이 비만, 당뇨병, 심장질환에 있어 결정적인 역할을 할지도 모른다는 혐의를 번번이 벗어나 식이성 지방에 그 책임을 돌릴 수 있었다. 1977년 설탕산업이 마침내 미국 식품의약국FDA으로부터 설탕이 "대중적 위험"(215쪽)은 아니라는 결론을 이끌어내면서 최종적인 승리를 거두는 대목에서는 절로 탄식이 나올 정도다. 농무부에서 "설탕이 비만, 당뇨병, 심장질환을 일으키는 식이성 인자 중 하나임을 입증하는 풍부한 증거를 제출"했지만 소용없었다. "그 후 위원회 검토자들은 설탕연합주식회사에서 자신들의 보고서에 '정보와 데이터를 제공'하여 도와준 데 대해 감사를 표했다."(216쪽)

이 책은 이렇듯 생생한 예를 통해 설탕의 과학과 역사를 매혹적으로 직조하면서 실용적인 조언 또한 놓치지 않는다. 특히 비만, 당뇨병, 심장질환은 물론 통풍과 암 등의 만성 질환을 앓는 사람, 그리고 알츠하이머병 치매에 관심이 있는 사람이라면 이 책의 마지막 장을 읽어볼 필요가 있다. 설탕이 이 병들에 결정적인 영향을 미칠 가능성이 상세히 기술되어 있기 때문이다. 하지만 이런 각론보다 더욱 중요한 의미는, "건강한 식단에 대한 대중의 판단 기준이 되는 두 가지 생각"에 근본적인 의문을 제기한다는 점일 것이다. "첫 번째는 현대 사회에서 사람들을 조기 사망으로 이끄는 만성 질환의 원인은 식이성 지방이라는 것이다. 두 번째는 소모하고 배출하는 것보다 더 많은 칼로리를 섭취하는 것이 비만과 과체중의 원인이라는 생각이다. 두 가지 생각은 우리 사고방식 속에 너무나 깊고 넓게 각인되어 있어 반대할라치면 돌팔이 취급을 당하거나, 무언가 다른 의도를 지니고 물리 법칙을 부인한다는 낙인이 찍히기 일쑤다."(133~135쪽)

의학을 전공한 입장에서 타우브스를 읽는 것은 당혹스러운 동시에 즐거운 경험이다. 모든 것을 새로운 시각에서, 권위에 기대지 말고 주체적으로 바라보라고 요구하기 때문이다. 그가 말하듯 "현재의 과학으로는 설탕이 독특한 유해성을 지닌다는 사실을 완벽하게 입증하기란 불가능하다. 설탕에 관한 증거는 담배에 관한 증거만큼 명확하지 않다. 하지만 이것은 과학의 실패가 아니라 그 한계에 관한 문제다. 설탕을 법정에 세우거나, 담배나 알코올처럼 정부가 규제하도록 만들기에 충분한 증거를 제시할 수 있을지는 더 두고 봐야 한다. 하지만 **스스로 설탕을 피하거나 섭취량을 최소화하겠다고 결심하고, 자녀를 설득하는 데 충분한 근거를 확보하고 합리적인 생각을 할 수 있느냐 하는 것은 전혀 다른 문제다.**"(35~36쪽, 강조는 역자) 바로 그렇다. 음식에 관한 정보는 복잡하고 혼란스럽다. 하지만 우리는 누구나 건강하게 사는 법을 이미 알고 있다. 개인적으로 나의 원칙은 이렇다. **뚜렷하게 나쁜 것만 빼고 모든 음식을 골고루, 감사하는 마음으로 즐겁게 먹는다. 보충제는 먹지 않는다.** 내가 '뚜렷하게 나쁜 것'으로 첫손가락에 꼽는 음식이 바로 설탕이다. 설탕 자체는 물론 적당량의 과일을 빼고 단맛이 나는 식품을 최대한 피한다. 아이들에게도 그렇게 가르친다. 설탕 자체가 독특한 독성이 있다는 주장에 동의하지 않더라도 마찬가지다. 설탕에 맛을 들이면 음료나 과자를 통해 놀랄 만큼 많은 칼로리를 별 생각 없이 섭취하게 되며, 우리 주변에서 설탕이 들어가지 않은 음식을 찾기가 갈수록 어려워지고 있기 때문이다. 여기에 되도록 몸을 많이 움직이고, 어쩔 수 없는 일로 근심하지 않으며, 충분히 숙면을 취하면 누구나 건강한 삶을 살 수 있다.

마지막으로 한 마디. 최근 인터넷을 검색하다가 설탕에 대한 공포가 과도하다는 주장이 의외로 많다는 것을 알게 되었다. 주의 깊게 읽어본 결과 설탕과 당분을 구별하지 못한 채 마구 뒤섞어 이야기한 글이 많았다(이 책의 서론에 잘 정리되어 있다). 서구에서 유해성 검증이 끝났다거나, 우리나라 사람들의 섭취량이 안전한 수준이라는 주장도 많다. 대부분 사실을 정확히 이해하지 못한 결과다. 불필요한 공포에 사로잡힐 필요가 없다는 데는 동의하지만 이 문제의 맥락은 훨씬 복잡하다. 관심이 있는 모든 독자에게 과학과 역사에 뿌리를 두고 풍부한 사례로 가득한 이 책을 권하고 싶다. 짜릿한 지적 자극을 얻으면서 건강도 챙길 수 있는 책이 어디 그리 흔한가.

2019년 6월

옮긴이 강병철

후주

제사

1. 익명. 1857.
2. Chaudhuri and Esterl 2016.

머리말

1. CDC 2016b.
2. Menke et al. 2015.
3. ACS 2016.

서론 — 왜 당뇨병인가?

1. Feudtner 2003: 45.
2. 같은 글: 45~48. 또한 Wright 1990: 325.
3. Fitz and Joslin 1898.
4. 같은 글.
5. Joslin 1921.
6. NIDDK 2012.
7. WHO 2015.
8. Helmchen and Henderson 2004.
9. Tattersall 2009: 10.
10. Aretaeus 1837: 1~3.
11. Rollo 1798.
12. Vaughan 1818.
13. 각주. 이메일, Jeffrey Mifflin, archivist, Massachusetts General Hospital, Jan. 15, 2014.
14. Saundby 1891: 1, 26, 34.
15. Osler 1892: 296.
16. Osler 1901: 418.
17. Osler 1909: 409.
18. 펜실베이니아 병원의 연간 당뇨병 입원 환자 수는 2009년 3월 12일 펜실베이니아 병원의 학예사이자 기록 보관 담당 수석인 스테이시 피플스Stacey Peeples가 이메일을 통해 제공해주었다.
19. Joslin 1934.
20. Emerson and Larimore 1924.
21. Joslin 1934.
22. Menke et al. 2015.
23. Gregg et al. 2014.
24. CDC 2014b.
25. VHA 2011.
26. ADA 2014.
27. Khardori 2015.
28. ADA 2013.
29. Saundby 1901.
30. Wilder 1940: 38.
31. Joslin 1950.
32. West 1978: ix.
33. Saundby 1908; Reed 1916.
34. Xu et al. 2013.

35. Sagild et al. 1966; Schaefer 1968.
36. Mouratoff et al. 1967.
37. Mouratoff and Scott 1973.
38. Jørgensen et al. 2012.
39. Young et al. 2000.
40. Abraham 2011.
41. West 1974.
42. Sugarman et al. 1990.
43. West 1978; Zimmet et al. 2001; IDF 2015.
44. West 1974.
45. Emerson and Larimore 1924.
46. National Analysts 1974: 33.
47. Bruce and Crawford 1995: 213.
48. McGandy and Mayer 1973.
49. 예를 들어 NAS 1975.
50. WHO 2015.
51. Today show 1976.
52. 예를 들어 DePue et al. 2010; Mau et al. 2010.
53. CDC 2014a.
54. Starling 2009.
55. PBS NewsHour 2010.
56. NIDDK 2014b.
57. CDC의 직간접 비용 추정치는 연간 심장질환과 뇌졸중 3150억 달러, 암 1570억 달러, 당뇨병 2450억 달러, 비만(2008년) 1470억 달러이다(CDC 2016a). 랜드연구소Rand Corporation는 알츠하이머병을 포함한 치매에 의한 현금성 손실액을 연간 157억 달러에서 215억 달러로 추정한다(Hurd et al. 2013).
58. 예를 들어 Guthrie 2007.
59. https://en.wikiquote.org/wiki/Isaac_Newton.
60. https://en.wikiquote.org/wiki/Albert_Einstein.
61. 예를 들어 NIDDK 2011: 117~138.
62. ALA 2014: 5.
63. West 1978: ix.
64. 예를 들어 Doll and Hill 1964.
65. 예를 들어 Reynolds 2014; Seidenberg 2015.
66. 각주. Ventura et al. 2011.
67. 예를 들어 Bray et al. 2004; Pollan 2002.
68. 인터뷰, Marion Nestle, Jan. 5, 2011.
69. Wells 2014.
70. Landa 2012.
71. Tappy and Lê 2010.
72. 예를 들어 Putnam and Haley 2003. USDA
73. http://www.ers.usda.gov/data-products/sugar-and-sweeteners-yearbook-tables의 표 49와 표 50 참고.
74. Glinsmann et al. 1986.
75. USDA 2016.
76. http://www.ers.usda.gov/data-products/sugar-and-sweeteners-yearbook-tables의 표 51과 표 52 참고.
77. Strom 2012.

1 — 설탕, 약물인가 식품인가?

1. Dahl 1984: 33.
2. Pollan 2001: 18.
3. Mintz 1985: 99.
4. Richardson 2002: 292~293.
5. Ellestad-Sayad et al. 1978.

6. Deerr 1950: 529.

7. Ripperger 1934.

8. Mann 2011: 289.

9. Mintz 1985: 100. 같은 글: 99.

10. Courtwright 2001: 29.

11. Pendergrast 1993: 194.

12. 같은 글: 439.

13. 같은 글: 24~25.

14. Weiss 1950: 2.

15. Ferguson 2002: 13.

16. Mann 2011: 372.

17. Barker et al. 1970.

18. Mintz 1985: 186.

19. Wilde 1908: 106.

20. Slare 1715: 8.

21. Steiner 1977.

22. 예를 들어 Bramen 2010.

23. Mintz 1991.

24. 익명. 1928b.

25. Blass 1987.

26. Gardner 1901.

27. Ors et al. 1999.

28. Kare 1975.

29. 익명. 1886.

30. Plice 1952.

31. 익명. 1884.

32. 예를 들어 Avena et al. 2008; Schmidt 2015.

33. Ahmed 2012.

34. Quoted in 익명. 1909.

35. AA 2001: 133~134.

36. 익명. 1919a.

37. 익명. 1920.

38. 익명. 1925b.

39. Deerr 1950: 490~491, 532.

40. Woloson 2002: 187.

41. 익명. 1909.

42. Today show 1976.

2 — 첫 1만 년

1. Brillat-Savarin 1986: 104.

2. Warner 2011: 169~170.

3. Root and de Rochemont 1976: 40~41.

4. Warner 2011: 162.

5. Galloway 1989: 2~3.

6. Warner 2011: 147.

7. 설탕과 사탕수수의 역사에 관해서는 예를 들어 Prinsen Geerligs 2010; Deerr 1949; Deerr 1950; Aykroyd 1967; Mintz 1985; Richardson 2002(17 percent sugar: 69); Abbott 2007.

8. Cohen 2013.

9. Mintz 1985: 22.

10. 예를 들어 Stare 1976b.

11. Mintz 1985: 22.

12. Pennington and Baker 1990.

13. Deerr 1949: 68.

14. 같은 글: 92.

15. Mintz 1985: 28.

16. Phillips 1985: 93.

17. Prinsen Geerligs 2010.

18. Mintz 1985: 82.

19. Aykroyd 1967: 26.

20. Mintz 1985: 99.

21. Walvin 1997: 99.

22. Montanari 1994: 120~121.

23. Braudel 1992: 191.

24. Mann 2011: 139.

25. 둘 사이의 관계는 너무나 밀접해서 설탕의 역사를 보든, 노예 제도의 역사를 보든 자세히 기술되어 있다. 내게 특별히 유용했던 것은 Phillips(1985)의 책이었다.
26. Deerr 1949: 115~123.
27. 같은 글: 104.
28. 같은 글: 138.
29. Huetz de Lemps 1999: 385.
30. Deerr 1949(Jamestown: 148; Barbados and Jamaica: 158~166; 바베이도스의 노예 수: 166; 각주. 106~108.
31. 이 추정치는 slavevoyages.org에서 인용한 것으로 가장 권위 있는 수치로 생각된다.
32. Ferguson 2002: 61.
33. Proctor 2011: 49.
34. 이 구절과 과세의 역사에 대해서는 다음 출처를 참고하라. Mintz 1985: 188~195; Strong 1954: 87~107.
35. Burrows and Wallace 1999: 72.
36. Deerr 1950: 462.
37. Burrows and Wallace 1999: 120.
38. Mintz 1991.
39. Mintz 1985: 96.
40. 익명. 1873.
41. Moore 1890.
42. Deerr 1950: 475, 478.
43. Woloson 2002: 31.
44. Warner 2011: 91.
45. 각주. 같은 글: 19.
46. 이 비교치는 Anon을 근거로 했다.
47. 1820년대 뉴욕시에 10곳 이상의 정제소가 가동 중이었다는 Deerr의 통계를 근거로 했다(Deerr 1950: 462).
48. Mintz 1985: 129~147.
49. Twain 2010: 2.
50. Hess and Hess 2000: 57~60.
51. Pennington and Baker 1990: 132.
52. Woloson 2002: 33~40.
53. Richardson 2002: 327.
54. 익명. 1903.
55. Woloson 2002: 144~150.
56. CandyFavorites.com(http://www.candyfavorites.com/shop/history-american-candy.php).
57. Quinzio 2009: 75~102.
58. Woloson 2002: 88.
59. 이 부분과 기타 발명품의 출처는 Quinzio 2009: 127, 173, 174, 175이다.
60. 각주. 어니스트 햄위와 관련해서 Quinzio 2009: 159; Pendergrast 1993: 13.
61. 이 부분의 역사적 사실은 주로 Pendergrast 1993에서 인용했다: 463, 29; 89.
62. Stoddard 1997: 26~28.
63. Babst 1940: 57~59.
64. 익명. 1921b.
65. 익명. 1919b.

3 — 담배, 설탕을 만나다

1. Weiss 1950: 2.
2. 폐암으로 인한 연간 사망자 수는 Proctor 2011: 57을 참고했다.
3. Proctor 2011: 33.
4. Weiss 1950: 2.
5. 같은 글: 6.
6. Garner 1946: 436.

7. Proctor 2011: 34.

8. Proctor 2011: 34.

9. Weiss 1950: 18.

10. Proctor 2011: 34.

11. Garner 1946: 442.

12. Proctor 2011: 31.

13. 각주. Tilley 1972: 512.

14. Weiss 1950: 31.

15. 같은 글: 514.

16. Weiss 1950: 5.

17. Tilley 1972: 622~623.

18. 각주. Weiss 1950: 39.

19. 같은 글: 45.

20. Talhout et al. 2006.

21. Elson et al. 1972.

22. Weiss 1950: 64~65.

4 — 특별한 악덕

1. Courtwright 2001: 98.

2. Orwell 1958: 32.

3. 예를 들어 청량음료 산업에 관한 Krauss 1947을 참고하라.

4. Ripperger 1934.

5. Pendergrast 1993: 174.

6. Marks and Maskus 1993.

7. Borrell and Duncan 1993; Hannah and Spence 1996: 46~67.

8. Babst 1940: 23.

9. 익명. 1945a.

10. 익명. 1931.

11. Schmitz and Christian 1993; Walter 1974; Babst 1940.

12. Belair 1937.

13. Swift 1937.

14. Quinzio 2009: 177.

15. Pendergrast 1993: 176~77.

16. Krauss 1947.

17. White 1945.

18. Williams 1945.

19. White 1945.

20. Flanagan 1943.

21. 익명. 1944b.

22. 익명. 1944a.

23. 익명. 1944b.

24. Stoddard 1997: 95~98.

25. Pendergrast 1993: 212, 각주는 210, 236.

26. 같은 글: 232.

27. Stoddard 1997: 12~131.

28. Pendergrast 1997: 269.

29. Quinzio 2009: 200.

30. Hamilton 2009.

31. Lovegren 2012: 213.

32. ERS 2015.

33. Bruce and Crawford 1995.

34. 같은 글: 10~59.

35. 같은 글: 50~51.

36. 같은 글: 214.

37. 같은 글: 103.

38. 같은 글: 106.

39. 같은 글: 106, 108.

40. 같은 글: 109, 111.

41. 같은 글: 111.

42. 같은 글: 240.

43. 같은 글:155, 158, 261.

5 — 초기의 (사악한) 과학

1. 익명. 1856.

2. Willaman 1928.
3. 예를 들어 Emerson and Larimore 1924(당뇨병); Thorne 1914(암); Dix 1904(류머티즘); 익명. 1909(담석, 황달, 간질환, 염증, 가스가 차는 소화불량, 수면장애); 익명. 1928a(궤양 및 위장관질환); Law-rie 1928(신경 불안정); 익명. 1910(퇴행적 인간들).
4. Gibson 1917.
5. 영양학의 역사와 현대 영양학의 기원에 관해서는 예를 들어 Lusk 1933; Rose 1929를 참고하라.
6. Atwater 1888.
7. Karolinska Institute 1977.
8. Flexner 1910; Ludmerer 1988(Bowditch: 37); Shryock 1979; Rosenberg 1987.
9. Krebs 1967.
10. Deerr 1949: 46.
11. Willis 1679.
12. 같은 글; Robert Tattersall, 개인 이메일, 2013년 7월 1일.
13. Willis 1679.
14. Willis 1685: 372.
15. Slare 1715: 22.
16. 같은 글: 8.
17. 각주. 같은 글: 59.
18. 같은 글: 63.
19. 같은 글: 19.
20. Hannah and Spence 1996: 10.
21. 같은 글: E4.
22. Moseley 1799: 157; 같은 글: 144.
23. 조르당의 강연과 논문은 〈미국의학저널The American Journal of Medicine〉에 실린 두 편의 논평에 잘 요약되어 있다. Jordão 1866; Jordão 1867.
24. Brigham 1868.
25. Gardner 1901.
26. Higgins 1916.
27. Gardner 1901.
28. 같은 글.
29. 익명. 1926.
30. Gardner 1901.
31. 같은 글.
32. 익명. 1926
33. 각주. 익명. 1924.
34. Kohn et al. 1925.
35. 익명. 1925a.
36. Abel 1915: 30.
37. Gardner 1901.
38. Gardner 1901.
39. 익명. 1887.
40. 익명. 1929.
41. Proctor 2011: 61.
42. Allen 1913: 146.
43. 같은 글: 148~149.
44. 같은 글: 146.
45. Charles 1907.
46. Allen 1913: 147.
47. 같은 글: 147~148.
48. 같은 글: 152.
49. 익명. 1923.
50. Emerson and Larimore 1924.
51. Joslin 1916.
52. 각주. Kahn et al. 2005.
53. Feudtner 2003: 133.
54. 익명. 1925d.
55. 각주. 익명. 1925d.

56. Joslin 1923: 74.
57. Joslin 1917: 59.
58. 각주. Snapper 1960: 374.
59. 익명. 1925c.
60. Joslin 1927.
61. Long 1927.
62. Himsworth 1931b; Himsworth 1931a.
63. Himsworth 1949a; Himsworth 1949b.
64. 각주. Himsworth 1935; 배핀섬의 이뉴잇족은 Heinbecker 1928; Mitchell 1930.
65. 예를 들어 White and Joslin 1959; Himsworth 1935; Joslin 1934; Mills 1930; Joslin 1928: 165.
66. Insull et al. 1968.
67. Himsworth 1949a.
68. Marble et al., eds., 1971.

6 — 과학이라는 이름의 화수분

1. Joslin 1921.
2. Bart 1962.
3. 예를 들어 FAO n.d.
4. Domino Sugar 1953.
5. von Noorden 1907: 693.
6. Newburgh and Johnston 1930a; Newburgh and Johnston 1930b.
7. 익명. 1939.
8. Mayer 1968: 7.
9. von Bergmann and Stroebe 1927.
10. Bauer 1929.
11. Friedman 2004.
12. Newburgh 1942. 조슬린도 분명 같은 의견이었다. 다음을 참고하라. Wilder and Wilbur 1938: 312.
13. 익명. 1979.
14. Bauer 1940.(영어로 씌어진 출처 중 비만에 관한 바우어의 관찰을 가장 잘 기술한 것은 Bauer 1941이다.)
15. Stockard 1929.
16. Newburgh 1942.
17. Grafe 1933: 148.
18. Silver and Bauer 1931; Bauer 1940; Bauer 1941.
19. Wilder and Wilbur 1938: 312.
20. Rony 1940: 173~174.
21. Bahner 1955.
22. 익명. 1955c.
23. 예를 들어 Lee and Schaffer 1934; Hetherington and Ranson 1939; Hetherington and Ranson 1942; Brooks 1946; Brooks and Lambert 1946; Mayer 1953b; Alonso and Maren 1955; Levitsky et al. 1976; Mrosovsky 1976; Greenwood et al. 1981: Oscai et al. 1984(고지방 먹이); Sclafani 1987(설탕 함량이 높은 먹이); Cohen et al. 2002; Bluher et al. 2003.
24. Cahill 1978.
25. Yalow and Berson 1960.
26. Karolinska Institute 1977.
27. Berson and Yalow 1965.
28. 같은 글.
29. 같은 글.
30. 인슐린 저항에 관해 팔타와 힘스워스의 연구를 잘 정리한 문헌으로 Gale 2013을 참고하라.
31. Berson and Yalow 1965.

32. 예를 들어 NIDDK 2014a.
33. Borders 1965.
34. 익명. 1956.
35. Sugar Information, Inc., 1956.
36. 익명. 1955b.
37. O'Connor 2015.
38. Snowden 2015.
39. GEBN 2015b.
40. GEBN 2015a.

7 — **빅 슈거**

1. 익명. 1955a.
2. Barnard 1928.
3. Sugar Institute 1931b.
4. Sugar Institute 1931a.
5. Sugar Institute 1930.
6. 익명. 1932.
7. 익명. 1936b.
8. 익명. 1936a.
9. Levenstein 1993: 53~68.
10. https://research.archives.gov/id/514288.
11. 설탕 산업계 내부 문건은 Lamborn 1942.
12. CFN 1942.
13. 익명. 1942a.
14. Lamborn 1942.
15. 같은 글.
16. 익명. 1951a.
17. 익명. 1945b.
18. 익명. 1943.
19. 익명. 1942b.
20. 예를 들어 Hockett 1947.
21. 각주. Sourcewatch, http://www.sourcewatch.org/index.php/Robert_Casad_Hockett.
22. Aykroyd 1967: 117~26; Mintz 1985: 134, 105.
23. Suddick and Harris 1990.
24. Drummond and Wilbraham 1994: 387.
25. Orwell 1958: 33.
26. Price 1939.
27. Fosdick 1952.
28. 같은 글.
29. 예를 들어 익명. 1934.
30. 익명. 1945b.
31. Kearns et al. 2015.
32. Kearns et al. 2015.
33. Smith 1952.
34. 익명. 1951a.
35. Smith 1952.
36. 익명. 1953.
37. Walker 1959.
38. Walker 1959.
39. 익명. 1951b.
40. 익명. 1954.
41. 각주. Ewen 1998.
42. Williams et al. 1948.
43. Reader et al. 1952.
44. Cutting 1943.
45. Greene, ed., 1951: 348.
46. Sugar Information, Inc., 1956.
47. Mayer 1953a.
48. Cheek, ed., 1974: 100~103.
49. 예를 들어 Bernstein and Grossman 1956.
50. Sugar Information, Inc., 1956.

51. Sugar Information, Inc., 1957.
52. House Committee 1970: 6; Cray 1969.
53. Priebe and Kauffman 1980; Cohen 2006: 96; Warner 2011: 181~207.
54. Cohen 2006: 96~97.
55. Warner 2011: 92~93.
56. Cohen 2006.
57. Handler 1975.
58. Warner 2011: 187~189.
59. 같은 글: 195~207.
60. 같은 글: 197.
61. Nagle 1963.
62. Nuccio 1964.
63. Nagle 1965.
64. 익명. 1964.
65. 같은 글.
66. Frost 1965.
67. Hickson 1975: 24~25.
68. Hickson 1962; Cray 1969.
69. U.S. Congress 1958 amendment: 1786.
70. Kelly 1969.
71. Warner 2011: 200.
72. Nees and Derse 1965.
73. House Committee 1970: 23.
74. House Committee 1970: 23~24.
75. Warner 2011: 201~202.
76. Pendergrast 1993: 290.
77. Warner 2011: 202; House Committee 1970: 24; NAS 1975: 219.
78. DGF 1972.
79. Lyons 1977.
80. Rhein and Marion 1977: 58.
81. Priebe and Kauffman 1980; Warner 2011: 203~204.
82. NCI 2009.
83. Timberlake 1983; 익명. 2016; 인터뷰, Manny Goldman, consumer products consultant, March 21, 2002.

8 — 설탕을 지켜라!

1. Yudkin 1963.
2. NAS 1975: 96.
3. Tatem 1976c.
4. Tatem 1976a.
5. Mayer 1976.
6. Tatem 1976c.
7. 같은 글.
8. USFDA 1958.
9. Tatem 1976c.
10. 익명. 1948a; 익명. 1948b; Davies 1950; Moore 1983: 77; Anitschkow and Chalatow 1913.
11. SRF 1945: 16.
12. 예를 들어 Blackburn n.d.
13. Page et al. 1957.
14. AHA 1961.
15. 익명. 1961.
16. Frantz et al. 1989.
17. 각주. 인터뷰, I. D. Frantz, Jr., Dec. 9, 2003.
18. Hooper et al. 2015.
19. Inter-Society Commission 1970.
20. Dawber 1978.
21. Taubes 2007: 10~13.
22. Yudkin 1963.
23. Cohen 1963.

24. Cohen et al. 1961.
25. Campbell's testimony in Select Committee 1973: 208~218.
26. 각주. Campbell 1963; Cleave and Campbell 1966: 25.
27. Campbell 1963; Cleave and Campbell 1966: 25.
28. Select Committee 1973: 213.
29. Campbell 1963.
30. 클리브의 배경에 관해서는 Wellcome Library, "Cleave, 'Peter'(1906~1983)"을 참고하라(http://www.aim25.ac.uk/cgi-bin/search2?coll_id=4602&inst_id=20).
31. Cleave 1940.
32. Cleave and Campbell 1966: 1.
33. Cleave 1956.
34. Cleave 1975: 8.
35. 같은 글: 84.
36. Monod 1965.
37. Yudkin 1963.
38. 예를 들어 Sniderman et al. 2011.
39. Albrink et al. 1962; Albrink 1963; Albrink 1965.
40. Ahrens 1957; Ahrens, Hirsch, et al. 1957; Ahrens, Insull, et al. 1957; Ahrens et al. 1961.
41. 예를 들어 Szanto and Yudkin 1969; Yudkin et al. 1969; Bender et al. 1972; Yudkin 1986: 94~103.
42. 각주. Anderson et al. 1963; Grande et al. 1974.
43. 예를 들어 익명. 1989.
44. Dickson 1964.
45. Hickson 1962.
46. Hass 1960.
47. Kelly 1969.
48. Kelly 1969.
49. Sugar Association, Inc.,(http://www.sugar.org/about-us/).
50. Yudkin 1957.
51. Keys 1971.
52. 같은 글.
53. Keys and Keys 1975: 58.
54. 인터뷰, Richard Bruckerdorfer, Feb. 12, 2004.
55. 예를 들어 Mayer and Goldberg 1986; Enos et al. 1953.
56. Huetz de Lemps 1999.
57. Mintz 1985: 190.
58. Brody 1977.
59. Masironi 1970.
60. Truswell 1977.
61. 인터뷰, Richard Ahrens, Dec. 7, 2002; Donald Naismith, Dec. 11, 2002; Richard Bruckendorfer, Jan. 29, 2003, Feb. 12, 2004; Michael Yudkin, Feb. 13, 2004.
62. Yudkin 1972a; Yudkin 1972b.
63. Warren 1972.
64. Select Committee 1973.
65. Select Committee 1973: 256, 155.
66. Hillebrand, ed., 1974: 56.
67. 같은 글: 61.
68. Urbinati 1975.
69. ISRF 1975: 6.
70. ISRF 1976.
71. SAI 1977b.
72. SAI 1976.

73. 같은 글.
74. Tatem 1975.
75. Blackburn 1975.
76. Tatem 1976b.
77. Deutsch 1975.
78. ADA의 영양 권고안을 마련하는 데 그의 역할은 우선 1971년 존 브런즈웰John Brunzell과 함께 당뇨병 환자를 위한 고탄수화물, 저지방 식단에 대한 논문을 발표한 것이었다(Brunzell et al. 1971). 이후 그는 바로 그해에 ADA에서 식품영양위원회Committee on Food and Nutrition 의장을 맡아 당뇨병 식단의 탄수화물 권고량을 마음껏 먹어도 좋다고 바꿔버렸다(ADA 1971).
79. National Commission 1976: 81~105, 96, 97.
80. Bierman 1979. 탄수화물과 설탕에 대한 비어먼의 리뷰는 미국 임상영양학회 위원회 보고서에 실려 있는데, USDA 행정관들은 이를 토대로 〈미국인의 식단 지침〉을 만들어 1년 후에 발표한다.
81. Cheek ed., 1974: 100~103.
82. Stare 1987: 175.
83. Whelan and Stare 1983: 194.
84. Stare 1987: 175~176.
85. 연구를 시작하기 전에 이미 흡연보다는 체형이 심장 질환의 중요한 원인이라는 결론을 써놓은 이 연구에 관해서는 http://legacy.library.ucsf.edu/tid/qhn96b00/pdf를 참고하라. 스테어가 이 연구를 위한 자금을 요구했다는 사실은 http://legacy.library.ucsf.edu/tid/eam96b00/pdf를 참고하라.
86. Hess 1978.
87. Stare 1976a.
88. SAI 1975d.
89. Stare, ed., 1975.
90. Grande 1975.
91. Bierman and Nelson 1975.
92. Darrow and Forrestal 1979: 739.
93. SAI 1975a: 2.
94. SAI 1975b.
95. SAI 1975c.
96. Rosenthal et al. 1976.
97. Hess 1978.
98. GRAS 검토의 역사에 관해서는 USFDA 2015를 참고하라.
99. LSRO 1977.
100. Siu et al. 1977: 2530.
101. ISRF 1969.
102. Cheek, ed., 1974: 4.
103. Siu et al. 1977: 2534, 2535.
104. Bollenbeck 1976.
105. LSRO 1975: 7.
106. 참고문헌 30과 46~58이다. 그중 참고문헌 56은 그란데가 기술한 장이었으며 46, 50, 51은 그란데의 연구실에서 수행한 연구, 47은 설탕 산업계에서 연구비를 지원한 연구였다.
107. 참고문헌 10과 관계가 있다.
108. 참고문헌 94~97. 그중 참고문헌 95와 96은 그란데의 연구실에서 수행한 연구이며 97은 넬슨과 함께 저술한 장이었다.
109. LSRO 1976: 13~14.
110. 같은 글: 14.
111. 같은 글: 29.
112. SAI 1977c: 2.

113. 같은 글: 30.
114. Reiser and Szepesi 1978.
115. LSRO 1977: 2553.
116. 각주. SAI 1977c: 2.
117. SAI 1977c: 2.
118. 각주. PRSA 1976.
119. SAI 1977e.
120. SAI 1978: 13~43.
121. SAI 1977d: 34.
122. 인터뷰, Ron Arky, Feb. 2, 2012; Paul Robertson, Jan. 6, 2012.
123. SAI 1977a: 4.
124. Select Committee 1977.
125. SAI 1977a: 4.
126. McGovern 1977.
127. 인터뷰, Mark Hegsted, March 30, 1999.
128. USDA and HEW 1980.
129. USDA and HEW 1985.
130. Reiser et al. 1986; Reiser and Hallfrisch 1987.
131. Glinsmann et al. 1986: S15.
132. US HHS 1988: 111.
133. NRC 1989: 273~279.
134. IOM 2005: 295~324.
135. Koop 1988.
136. http://www.sugar.org/sugar-your-diet/what-does-the-science-say/.
137. Glinsmann et al. 1986: S15.
138. 인터뷰, Walter Glinsmann, Feb. 7, 2011.
139. Glinsmann et al. 1986: S150~S216.
140. COMA 1989: 43.

9 — 그들이 몰랐던 것

1. Thomas 1985.
2. Popper 1979: 81.
3. Review Panel 1969, US HEW 1971.
4. MRFIT Research Group 1982; LRC Program 1984a; LRC Program 1984b.
5. 인터뷰, Basil Rifkind, Aug. 6, 1999.
6. Taubes 2007: 58~61.
7. Marshall 1990.
8. Prentice et al. 2006(유방암); Howard, Van Horn, et al. 2006(심장질환과 뇌졸중); Howard, Manson, et al. 2006(체중); Beresford et al. 2006(결장직장암).
9. 예를 들어 NHLBI Communication Office 2006, Buzdar 2006 및 WHO 보도자료: http://www.who.int/nmh/media/Response_statement_16_feb_06F.pdf.
10. Koop 1988.
11. Hooper et al. 2012.
12. 인터뷰, William Harlan, Jan. 24, 1999.
13. 각주. Bacon 1994: 57.
14. Yudkin 1971.
15. Bender and Damji 1971.
16. Yudkin 1971.
17. 자당과 과당의 생화학에 대해서는 예를 들어 Shafrir 1991.
18. Lyssiotis and Cantley 2013.
19. 인터뷰, Walter Glinsmann, April 11, 2002.
20. 각주. Higgins 1916.
21. Shafrir 1991.
22. 예를 들어 Kraybill 1975은 Roberts 1973을 비롯한 많은 문헌을 참고했다.
23. 예를 들어 Nikkilä 1974.

24. 예를 들어 Bender and Damji 1971.
25. Cohen et al. 1974.
26. 인터뷰, Walter Glinsmann, Feb. 7, 2011.
27. Jenkins et al. 1981.
28. Bantle et al. 1983.
29. Vinik et al. 1987.
30. 설탕 구매 수치는 USDA 웹사이트 http://www.ers.usda.gov/data-products/food-availability-(per-capita)-data-system.aspx를 참고하라.
31. 각주. Cantor 1975: 29.
32. 익명. 1995.
33. 예를 들어 익명. 1996: 16~18.
34. 식품 공급분 중 HFCS의 역할에 관한 논의로는 Duffey and Popkin 2008을 참고하라.
35. 예를 들어 Reaven 1988; Després et al. 1996; NHLBI 2015.
36. Ervin 2009.
37. Kolata 1987.
38. Reaven 1988.
39. 예를 들어 Hulthe et al. 2000.
40. 예를 들어 Coutinho et al. 2007.
41. Taubes 2009.
42. 인터뷰, Gerald Reaven, Dec. 9, 2010.
43. Zelman 1950.
44. Ludwig et al. 1980(성인); Kinugasa et al. 1984(어린이).
45. Welsh et al. 2013.
46. NIDDK 2014b.
47. 예를 들어 Tappy and Lê 2010.
48. 인터뷰, Khosrow Adeli, Nov. 30, 2010; Luc Tappy, Dec. 2, 2010; Michael Paglisotti, Jan. 3, 2011; Claire Hollenbeck, Jan. 4, 2011; Peter Havel, Feb. 12, 2011.
49. Bremer et al. 2011.
50. 인터뷰, Luc Tappy, Dec. 2, 2010.
51. 예를 들어 Rippe and Angelopou-los 2015.
52. Nov. 1993.
53. Tappy and Jéquier 1993.
54. Tappy and Lê 2010.
55. "sucrose OR fructose AND United States"라는 검색어로 clinicaltrials.gov에서 검색했다.

10 — 만약 혹은 그렇다면? 1

1. Justice 1994.
2. Joslin 1940.
3. Justice 1994; 인터뷰, David Pettitt, March 27, 2003; Peter Bennett, March 24, 2005; James Justice, April 7, 2005.
4. 피마족의 역사는 Russell 1975: 33; Smith et al. 1994: 409; Taubes 2007: 235~239.
5. Price et al. 1993.
6. Weidman 2012.
7. Bernstein 1991: 89.
8. Hrdlička 1908: 156~157.
9. Russell 1975: 66.
10. Hrdlička 1906.
11. Russell 1975: 66.
12. Hrdlička 1908: 347~348.
13. Justice 1994.
14. Joslin 1940.
15. Sugarman, Hickey, et al. 1990.

16. Kraus and Jones 1954: 25, 118.
17. Cohen 1954.
18. Parks and Waskow 1961.
19. 인터뷰, Peter Bennett, March 24, 2005.
20. Lawrence et al. 1966.
21. Miller et al. 1965.
22. Genuth et al. 1967; Bennett et al. 1971.
23. Justice 1994.
24. Gohdes 1986.
25. Sugarman, White, et al. 1990; Sugarman, Hickey, et al. 1990.
26. 인터뷰, Eric Ravussin, Feb. 22, 2005.
27. Justice 1994.
28. 인터뷰, Peter Bennett, March 24, 2005.
29. Hrdlička 1906.
30. Darby et al. 1956.
31. Hesse 1959.
32. Justice 1994.
33. Byers 1992.
34. Richardson 2002: 292~293.
35. Feudtner 2003: 150.
36. Joslin 1923: 649.
37. Tattersall 2009: 94.
38. 인터뷰, David Pettitt, March 27, 2003.
39. Pettitt et al. 1983.
40. Pettitt et al. 1988.
41. 인터뷰, Boyd Metzger, Oct. 30, 2006.
42. 그의 가설과 그 의미에 관해서는 Catalano and Hauguel-De Mouzon 2010.
43. Dabelea et al. 2000.
44. Felita et al. 2006.
45. Allen 1913: 146.
46. ADA 2015.
47. ADA 2014.
48. Geibel 2010.
49. Pettitt et al. 1988.

11 — 만약 혹은 그렇다면? 2

1. Trowell and Burkitt 1981: xv.
2. Auerbach 1974.
3. Trowell and Burkitt 1981: xvi.
4. Chamberlain 1903.
5. Higginson 1997.
6. Trowell 1981: 4.
7. Galton 1976: 63.
8. 각주. Galton 1976: 63.
9. Trowell and Singh 1956.
10. Trowell 1975.
11. Trowell and Burkitt 1981: xiv.
12. Burkitt 1975.
13. Burkitt 1975.
14. 같은 글.
15. Cleave 1975: 24.
16. https://en.wikiquote.org/wiki/Isaac Newton.
17. IDF 2013: 33; IDF 2015: 95. 2013년에 출간된 IDF 당뇨병 대백과 제6판에 따르면 토켈라우제도의 성인(20세 이상)에서 당뇨병 유병률은 37.5 퍼센트이다. 제7판에서는 전체 인구(20세 미만과 이상) 중 "성인 당뇨병" 유병률을 30퍼센트로 추산했다. 여전히 세계에서 가장 높다.
18. WHO Global Database on Body Mass Index(http://apps.who.int/bmi/

index.jsp).

19. Wessen et al., eds., 1992; Huntsman and Hooper 1996(연구에 대한 상세한 설명은 1~20쪽을 참고하라. 식단은 286~294쪽을 참고하라); Wessen 2001.

20. Harding et al. 1986.

21. Prior et al. 1974.

22. Tuia 2001; Wessen et al., eds., 1992: 13.

23. Prior et al. 1987. 234명의 여성이 당뇨병이었다: Østbye et al. 1989.

24. Wessen et al., eds., 1992: 288~289.

25. 같은 글: 291~296; Harding et al. 1986.

26. Prior et al. 1978.

27. Østbye et al. 1989.

28. Prior et al. 1987.

29. Wessen et al., eds., 1992: 299.

30. Rush and Pearce 2013.

31. Wessen et al., eds., 1992: 383~388.

32. Newcombe 2013: 2.

33. 예를 들어 Zhu et al. 2011.

34. Porter and Rousseau 1998: 3.

35. Bauer and Klemperer 1947.

36. Hydrick and Fox 1984.

37. 같은 글.

38. Bauer and Klemperer 1947.

39. Hydrick and Fox 1984.

40. 예를 들어 Benedek 1993; Trowell 1947.

41. Benedek 1993; Beighton et al. 1977.

42. Rose 1975.

43. Bauer and Klemperer 1947; Reaven 1997.

44. 예를 들어 Buchanan 1972; Whitehouse and Cleary 1966.

45. Gertler et al. 1951.

46. Reiser 1987; Reaven 1997.

47. Wyngaarden and Kelley, eds., 1976: ix.

48. Mintz 1985: 96. 통풍의 역사와 확산 경과는 Porter and Rousseau 1998.

49. Perheentupa and Raivio 1967.

50. 예를 들어 Mayes 1993; Hydrick and Fox 1984.

51. Seegmiller et al. 1990.

52. Perheentupa and Raivio 1967.

53. Hydrick and Fox 1984.

54. Mayes 1993.

55. 인터뷰, Irving Fox, May 18, 2004; Peter Mayes, May 26, 2004; Thomas Benedek, June 14, 2004; James Seegmiller, August 5, 2004; William Kelley, Aug. 6, 2004.

56. 예를 들어 Fam 2002; Emmerson 1996.

57. 예를 들어 Johnson et al. 2007; Feig et al. 2008.

58. Kotchen 2011.

59. Warfield 1920: 106.

60. Symonds 1923.

61. 고혈압과 고립된 인구 집단을 검토한 초기 문헌은 Kean and Hammill 1949; Lowenstein 1954.

62. Shattuck 1937.

63. Fleming 1924.

64. Thomas 1928.

65. Donnison 1929.

66. Hudson and Young 1931.
67. Shattuck 1937.
68. Kean 1944.
69. Trowell 1981.
70. Lowenstein 1961.
71. Intersalt 1988.
72. Page et al. 1974.
73. 각주. Shaper 1967; Shaper et al. 1969. Prior et al. 1964; Prior 1971.
74. Schulz 2010: 310.
75. 근거에 대한 체계적 검토는 He et al. 2013; Graudal et al. 2011.
76. Jacobson 1978.
77. Rony 1940: 154.
78. Benedict et al. 1919: 195.
79. Atchley et al. 1933.
80. Miller and Bogdonoff 1954.
81. DeFronzo 1981.
82. Landsberg 1986; Landsberg 2001.
83. Johnson et al. 2007.
84. 예를 들어 Lastra et al. 2010; Luzardo et al. 2015.
85. Johnson et al. 2002.
86. Yatabe et al. 2010; Laffer and Elijovich 2013.
87. Tanchou 1844: 263.
88. Dukes 1964.
89. 익명. 1902.
90. Elgin 1906.
91. 예를 들어 익명. 1906.
92. Moffat 1904.
93. Bashford 1908a.
94. Bashford 1908b: 9.
95. Fitz and Joslin 1898.
96. Bashford 1908b.
97. Levin 1910; Hoffman 1915: 151.
98. Thomas 1979; Sorem 1985; Bleed et al. 1992; 인터뷰, James Justice, April 7, 2005.
99. Hoffman 1915: 147.
100. 같은 글.
101. 같은 글: 4.
102. WCRF and AICR 1997: 36.
103. Schweitzer 1957.
104. 그의 연구 리뷰는 Higginson 1981 and Higginson 1997.
105. Doll and Peto 1981.
106. Brown et al. 1952.
107. Hildes and Schaefer 1984.
108. Higginson 1983.
109. 예를 들어 Buell 1973; Ziegler et al. 1993.
110. 각주. Marmot and Syme 1976.
111. Doll and Peto 1981.
112. 익명. 1889.
113. Calle et al. 2003.
114. Coughlin et al. 2004.
115. Taubes 2012.
116. Giovannucci 1995; Kaaks 1996; Bur-roughs et al. 1999; Kaaks and Lukanova 2001; LeRoith and Roberts 2003; Pollak et al. 2004. 최근 인터뷰는 다음을 보라. Taubes 2012; Poloz and Stambolic 2015.
117. Evans et al. 2005.
118. Noto et al. 2012.
119. Temin 1967; Temin 1968.
120. Taubes 2012.

121. Heusen et al. 1967.

122. Osborne et al. 1976.

123. 예를 들어 Coller 2014; Bowers et al. 2015.

124. Vander Heiden et al. 2009.

125. 인터뷰, Craig Thompson, Feb. 1, 2011.

126. 인터뷰, Lewis Cantley, Feb. 1, 2011.

127. Ingram 2015: 24~29.

128. Yoshitake et al. 1995.

129. Ott et al. 1996.

130. Leibson et al. 1997.

131. Ott et al. 1999.

132. 예를 들어 Li et al. 2015.

133. 예를 들어 Umegaki 2014.

134. 예를 들어 Guthrie 2007.

135. Kleinridders et al. 2014.

136. Snowdon et al. 1997. 보다 최근에 이 결과를 확인한 연구로는 예를 들어 Vermeer et al. 2003; Schneider et al. 2007.

137. Castro et al. 2014.

138. Barlow et al. 2015.

139. Ahrens 1957.

140. Cleave 1975: 24.

141. Pollan 2008: 1.

에필로그 — 얼마나 먹으면 너무 많은가?

1. Feudtner 2003: 133.

2. Mann 2011: 289.

3. Allen 1913: 147.

4. Slare 1915: E4.

5. Brillat-Savarin 1986: 240.

6. Brigham 1868.

7. Pollan 2008: 1.

8. 각주. Appel et al. 1997.

9. 예를 들어 Bruyère et al. 2015.

10. Fernstrom et al. 2012.

참고문헌

Abbott, E. 2007. *Sugar: A Bittersweet History*. Toronto: Penguin Canada.

Abel, M. H. 1915. *Sugar and Its Value as Food*. Farmers Bulletin 535, U.S. Department of Agriculture. Washington, D.C.: Government Printing Office.

Abraham, C. 2011. "How the Diabetes-Linked 'Thrifty Gene' Triumphed with Prejudice Over Proof." *Globe and Mail*, Feb. 25. At http://www.theglobeandmail.com/news/national/how-the-diabetes-linked-thrifty-gene-triumphed-with-prejudice-over-proof/article569423/?page=all.

Ahmed, S. H. 2012. "Is Sugar as Addictive as Cocaine?" In *Food and Addiction: A Comprehensive Handbook*, ed. K. D. Brownell and M. S. Gold (Oxford, U.K.: Oxford University Press), 231-38.

Ahrens, E. H., Jr. 1957. "Nutritional Factors and Serum Lipid Levels." *American Journal of Medicine* 23, no. 6 (Dec.): 928-52.

Ahrens, E. H., Jr., J. Hirsch, W. Insull, Jr., T. T. Tsaltas, R. Blomstrand, and M. L. Peterson. 1957. "Dietary Control of Serum Lipids in Relation to Atherosclerosis." *JAMA*. 164, no. 17 (Aug. 24): 1905-11.

Ahrens, E. H., Jr., J. Hirsch, K. Oette, J. W. Farquhar, and Y. Stein. 1961. "Carbohydrate-Induced and Fat-Induced Lipemia." *Transactions of the Medical Society of London* 74: 134-46.

Ahrens, E. H., Jr., W. Insull, Jr., R. Blomstrand, J. Hirsch, T. T. Tsaltas, and M. L. Peterson. 1957. "The Influence of Dietary Fats on Serum-Lipid Levels in Man." *Lancet* 272 (May 11): 943-53.

Albrink, M. J. 1965. "Diet and Cardiovascular Disease." *Journal of the American Dietetic Association* 46 (Jan.): 26-29.

———. 1963. "The Significance of Serum Triglycerides." *Journal of the American Dietetic Association* 42 (Jan.): 29-31.

Albrink, M. J., P. H. Lavietes, E. B. Man, and J. R. Paul. 1962. "Relationship Between Serum Lipids and the Vascular Complications of Diabetes from 1931 to 1961." *Transactions of the Association of American Physicians* 75: 235–41.

Alcoholics Anonymous (AA). 2001. *Alcoholics Anonymous*, 4th edition. Alcoholics Anonymous. At http://2travel.org/Files/AA/BigBook.pdf.

Allen, F. M. 1913. *Studies Concerning Glycosuria and Diabetes*. Cambridge, Mass.: Harvard University Press.

Alonso, L. G., and T. H. Maren. 1955. "Effect of Food Restriction on Body Composition of Hereditary Obese Mice." *American Journal of Physiology* 183, no. 2 (Oct.): 284–90.

American Cancer Society (ACS). 2016. "Lifetime Risk of Developing and Dying from Cancer." At http://www.cancer.org/cancer/cancerbasics/lifetime-probability-of-developing-or-dying-from-cancer.

American Diabetes Association (ADA). 2016. "Statistics about Diabetes." At http://www.diabetes.org/diabetes-basics/statistics/.

———. 2015. "Diabetes Myths." At http://www.diabetes.org/diabetes-basics /myths/.

———. 2014. "Healthy Eating." At http://www.diabetes.org/are-you-at-risk /lower-your-risk/healthy-eating.html.

———. 2013. "Economic Costs of Diabetes in the U.S. in 2012."*Diabetes Care* 36, no. 4 (March 14): 1033–46.

———. 1971. "Principles of Nutrition and Dietary Recommendations for Patients with Diabetes Mellitus: 1971."*Diabetes* 20, no. 9 (Sept.): 633–34.

American Heart Association (AHA). 1961. "Dietary Fat and Its Relation to Heart Attacks and Strokes: Report by the Central Committee for Medical and Community Program of the American Heart Association." *JAMA*. 175, no. 5 (Feb. 4): 389–91.

American Lung Association (ALA), Epidemiology and Statistics Unit. 2014. "Trends in Lung Cancer Morbidity and Mortality." November. At http://www.lung.org/assets/documents/research/lc-trend-report.pdf.

Anderson, J. T., F. Grande, Y. Matsumoto, and A. Keys. 1963. "Glucose, Sucrose and Lactose in the Diet and Blood Lipids in Man." *Journal of Nutrition* 79 (March): 349–59.

Anitschkow, N., and S. Chalatow. 1913. "Über experimentelle Cholesterinsteatose und ihre Bedeutung für die Entstehung einiger pathologischer Prozesse." *Centrbl*

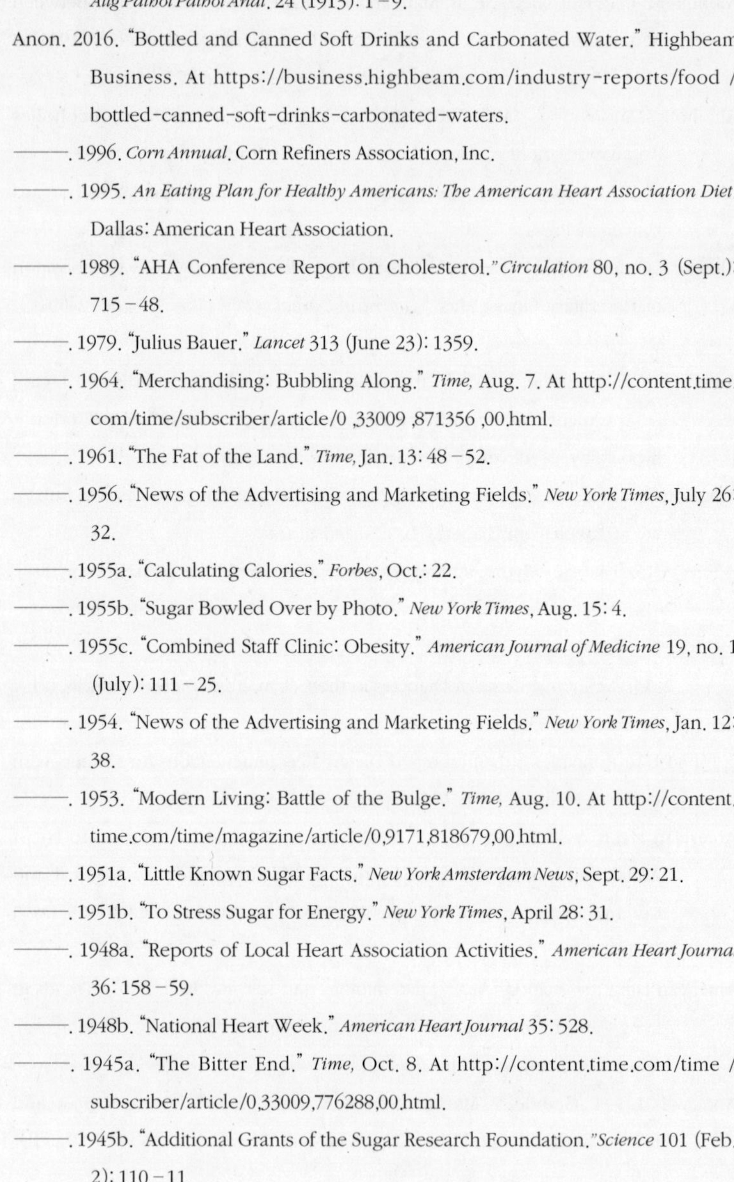

Allg Pathol Pathol Anat. 24 (1913): 1 – 9.

Anon. 2016. "Bottled and Canned Soft Drinks and Carbonated Water." Highbeam Business. At https://business.highbeam.com/industry-reports/food / bottled-canned-soft-drinks-carbonated-waters.

———. 1996. *Corn Annual*. Corn Refiners Association, Inc.

———. 1995. *An Eating Plan for Healthy Americans: The American Heart Association Diet*. Dallas: American Heart Association.

———. 1989. "AHA Conference Report on Cholesterol." *Circulation* 80, no. 3 (Sept.): 715 – 48.

———. 1979. "Julius Bauer." *Lancet* 313 (June 23): 1359.

———. 1964. "Merchandising: Bubbling Along." *Time*, Aug. 7. At http://content.time.com/time/subscriber/article/0 ,33009 ,871356 ,00.html.

———. 1961. "The Fat of the Land." *Time*, Jan. 13: 48 – 52.

———. 1956. "News of the Advertising and Marketing Fields." *New York Times*, July 26: 32.

———. 1955a. "Calculating Calories." *Forbes*, Oct.: 22.

———. 1955b. "Sugar Bowled Over by Photo." *New York Times*, Aug. 15: 4.

———. 1955c. "Combined Staff Clinic: Obesity." *American Journal of Medicine* 19, no. 1 (July): 111 – 25.

———. 1954. "News of the Advertising and Marketing Fields." *New York Times*, Jan. 12: 38.

———. 1953. "Modern Living: Battle of the Bulge." *Time*, Aug. 10. At http://content.time.com/time/magazine/article/0,9171,818679,00.html.

———. 1951a. "Little Known Sugar Facts." *New York Amsterdam News*, Sept. 29: 21.

———. 1951b. "To Stress Sugar for Energy." *New York Times*, April 28: 31.

———. 1948a. "Reports of Local Heart Association Activities." *American Heart Journal* 36: 158 – 59.

———. 1948b. "National Heart Week." *American Heart Journal* 35: 528.

———. 1945a. "The Bitter End." *Time*, Oct. 8. At http://content.time.com/time / subscriber/article/0,33009,776288,00.html.

———. 1945b. "Additional Grants of the Sugar Research Foundation." *Science* 101 (Feb. 2): 110 – 11.

———. 1944a. "War Seen Changing Our Eating Habits." *New York Times*, Oct. 4: 22.

———. 1944b. "100,000,000 Pounds of Candy for Army." *New York Times*, June 7: 22.

———. 1943. "The Sugar Research Foundation." *Science* 98, no. 2,554 (Dec. 10): 509–10.

———. 1942a. "Sugar Rationing Called a 'Godsend' to National Health." *Science News Letter* 41, no. 11 (March 14): 164.

———. 1942b. "Scientists Are Offered $45,000 to Find New Uses for Sugar." *Boston Globe*, March 3: 2.

———. 1939. "Professor of Medicine Augments Teaching with Research." *Michigan Alumnus* 45 (June 10): 415.

———. 1936a. "Sugar Institute Closes; Main Activities Banned." *New York Times*, Nov. 19: 39.

———. 1936b. "Find Trust Abuses in Sugar Institute." *New York Times*, March 30: 1.

———. 1934. "Advises Reducing Sugar in Diet to Avoid Tooth Decay." *Science News Letter* 26 (Nov. 10): 300.

———. 1932. "Starts Suit to End Sugar Institute." *New York Times*, Feb. 10; 33.

———. 1931. "Business: Chadbourne Home." *Time*, Feb. 2. At http://content.time.com/time/subscriber/article/0,33009,740959-1,00.html.

———. 1929. "Trim Figure Mode, Sugar Crisis Factor." *New York Times*, April 5: 6.

———. 1928a. "Americans Saturated with Sugar." *Science News Letter*, Dec. 22: 329.

———. 1928b. "Sugar Institute Is Organized Here." *New York Times*, Jan. 8:43.

———. 1926. "Use of Sugar by Crews Not New, Says Stevens." *New York Times*, March 30: 28.

———. 1925a. "Sugar and Athletics." *Lancet* 206 (Sept. 19): 611.

———. 1925b. "Tells of Big Drop in Our Use of Whisky." *New York Times*, July 18: 5.

———. 1925c. "Blames Auto for Diabetes Spread." *Boston Globe*, May 13: 23.

———. 1925d. "Sees Champions Made by Chocolate Bars." *New York Times*, March 16: 19.

———. 1924. "Yale Soccer Team Eats Sugar to Increase Energy, but Loses." *New York Times*, Nov. 11: 28.

———. 1923. "War on Diabetes." *Time*, April 21: 20.

———. 1921a. "Columbus Brought First Sugar Cane." *New York Times*, June 26: 21.

———. 1921b. "To Be Record Year in Use of Sugar." *New York Times*, June 19: 24.

———. 1920. "Candy Stores Get Old Saloon Trade." *New York Times*, Feb. 22: 23.

———. 1919a. "Scarcity in Sugar Puzzles Officials." *New York Times*, Oct. 19: 46.

———. 1919b. "Much Food Value in Soft Drinks." *New York Times*, May 25: 27.

———. 1910. "Calls Sugar a Human Bane." *New York Times*, July 22: 1.

———. 1909. "Concerning Sugar as a Cure for Inebriety." *New York Times*, Feb. 28: 51.

———. 1906. Papers Relating to Cancer Research. In Parliamentary Papers: 1850–1908. Volume 53. Great Britain: Parliament. House of Commons.

———. 1903. "Candy Trade's Growth." *New York Times*, Dec. 20: 18.

———. 1902. "The Royal Colleges and the Investigation of Cancer." *Lancet* 159 (April 19): 1131–32.

———. 1889. "Diabetes and Tumours." *British Medical Journal* 1, no. 1,468 (Feb. 16): 376.

———. 1887. "Saccharin." *British Medical Journal* 2, no. 1,398 (Oct. 15): 838–39.

———. 1886. Editorial article 6. *New York Times*, Sept. 17: 4.

———. 1884. "Suppose We Had No Sugar." *New York Times*, Dec. 21: 11.

———. 1873. "House of Commons." *Pall Mall Budget*, April 10: 28.

———. 1857. "Discouraging for Sugar Consumers." *New York Times*, May 22:4.

———. 1856. "Sugar." *New York Times*, Nov. 14: 4.

Appel, L. J., T. J. Moore, E. Obarzanek, et al. 1997. "A Clinical Trial of the Effects of Dietary Patterns on Blood Pressure." *New England Journal of Medicine* 336, no. 16 (April 17): 1117–24.

Aretaeus of Cappadocia. 1837. "On Diabetes." Trans. T. F. Reynolds. In *Diabetes: A Medical Odyssey* (Tuckahoe, N.Y.: USV Pharmaceutical Corp., 1971), 1–6.

Atchley, D. W., R. F. Loeb, D. W. Richards, Jr., E. M. Benedict, and M. E. Driscoll. 1933. "On Diabetic Acidosis: A Detailed Study of Electrolyte Balances Fol-lowing the Withdrawal and Reestablishment of Insulin Therapy." *Journal of Clinical Investigation* 12, no. 2 (March 1): 297–326.

Atwater, W. O. 1888. "What We Should Eat." *Century Illustrated Magazine*. 36 no. 2 (June): 257.

Auerbach, S. 1974. "Roughing It—Tonic for Our Time." *Washington Post*, Aug 19: B1.

Avena, N. M, P. Rada, and B. G. Hoebel. 2008. "Evidence for Sugar Addiction: Behavioral and Neurochemical Effects of Intermittent, Excessive Sugar Intake." *Neuroscience and Biobehavioral Reviews* 32, no. 1 (May 18): 20–39.

Aykroyd, W. R. 1967. *The Story of Sugar*. Chicago: Quadrangle Books.

Babst, E. D. 1940. *Occasions in Sugar*. New York: privately printed.

Bacon, F. 1994. *Novum Organum*. Ed. and trans. P. Urbach and J. Gibson. Peru, Ill.:

Carus Publishing Company. [Originally published in 1620.]

Bahner, F. 1955. "Fettsucht und Magersucht." In F. Bahner, H. W. Bansi, G. Fanconi, A. Jores, and W. Zimmerman, eds. *Innersekretorische Krankheiten Fettsucht Magersucht*, ed. F. Bahner, H. W. Bansi, G. Fanconi, A. Jores, and W. Zimmerman. Vol. VII, no. 1 of *Handbuch der Inneren Medizin*, 4th edition (Berlin: Springer-Verlag), 978-1163.

Bantle, J. P., D. C. Laine, G. W. Castle, J. W. Thomas, B. J. Hoogwerf, and F. C. Goetz. 1983. "Postprandial Glucose and Insulin Responses to Meals Containing Different Carbohydrates in Normal and Diabetic Subjects." *New England Journal of Medicine* 309, no. 1 (July 7): 7-12.

Barker, T. C., D. J. Oddy, and J. Yudkin. 1970. *The Dietary Surveys of Dr Edward Smith 1862-3: A New Assessment*. London: Staples Press.

Barlow, G. M., A. Yu, and R. Mathur. 2015. "Role of the Gut Microbiome in Obesity and Diabetes Mellitus." *Nutrition in Clinical Practice* 30, no. 6 (Dec.): 787-97.

Barnard, E. F. 1928. "Too Much Sugar for the World to Eat." *New York Times*, April 8: 112-14.

Bart, P. 1962. "Advertising: Calorie Craze and Its Impact." *New York Times*, Feb. 25: F12.

Bashford, E. F. 1908a. *Third Scientific Report on the Investigations of the Imperial Cancer Research Fund*. London: Taylor and Francis.

———. 1908b. "The Ethnological Distribution of Cancer." In Bashford 1908a, 1-26.

Bauer, J. 1941. "Obesity: Its Pathogenesis, Etiology and Treatment." *Archives of Internal Medicine* 67, no. 5 (May): 968-94.

———. 1940. "Some Conclusions from Observations on Obese Children." *Archives of Pediatrics* 57: 631-40.

———. 1929. "Endogene Fettsucht." *Verhandl. d. deutsch. Gesellsch. f. Verdauungs-u. Stoffechselkr* 9: 116. Cited in Bauer 1941.

Bauer, W., and F. Klemperer. 1947. "Gout." In *Diseases of Metabolism*, ed. G. G. Duncan (Philadelphia: W. B. Saunders), 609-56.

Beighton, P., L. Solomon, C. L. Soskolne, and M. B. E. Sweet. 1977. "Rheumatic Disorders in the South African Negro: Part IV, Gout and Hyperuricaemia." *South African Medical Journal*, June 25, 1969-72.

Belair, F., Jr. 1937. "Sugar Again Causes Legislative Battle." *New York Times*, Aug. 8: 7.

Bender, A. E., and K. B. Damji. "Some Effects of Dietary Sucrose." 1971. In Yudkin, Edelman, and Hough, eds., 1971, 172-82.

Bender, A. E., K. B. Damji, M. A. Khan, I. H. Khan, L. McGregor, and J. Yudkin. 1972. "Sucrose Induction of Hepatic Hyperplasia in the Rat."*Nature* 238 (Aug. 25): 461–62.

Benedek, T. G. 1993. "Gout." In *The Cambridge World History of Human Disease*, ed. K. F. Kiple (Cambridge, U.K.: Cambridge University Press), 763–72.

Benedict, F. G., W. R. Miles, P. Roth, and H. M. Smith. 1919. *Human Vitality and Efficiency Under Prolonged Restricted Diet*. Washington, D.C.: Carnegie Institution of Washington.

Bennett, P. H., T. A. Burch, and M. Miller. 1971. "Diabetes Mellitus in American (Pima) Indians." *Lancet* 298 (July 17): 125–28.

Beresford, S. A., K. C. Johnson, C. Ritenbaugh, et al. 2006. "Low-Fat Dietary Pattern and Risk of Colorectal Cancer: The Women's Health Initiative Randomized Controlled Dietary Modification Trial." *JAMA*. 295, no. 6 (Feb. 8): 643–54.

Bergman, G. von, and F. Stroebe. 1927. "Die Fettsucht." In *Handbuch der Biochemie des Menschen und der Tiere*, ed. C. Oppenheimer (Jena, Germany: Verlag von Gustav Fischer), 562–98.

Bernstein, A. R. 1991. *American Indians and World War II*. Norman: University of Oklahoma Press.

Bernstein, L. M., and M. I. Grossman. 1956. "An Experimental Test of the Glucostatic Theory of Regulation of Food Intake." *Journal of Clinical Investigation* 35, no. 6 (June): 627–33.

Berson, S. A., and R. S. Yalow. 1965. "Some Current Controversies in Diabetes Research."*Diabetes* 14, no. 9 (Sept.): 549–72.

Bierman, E. L. 1979. "Carbohydrate and Sucrose Intake in the Causation of Atherosclerotic Heart Disease, Diabetes Mellitus, and Dental Caries." Supplement, *American Journal of Clinical Nutrition* 32, no. 12 (Dec.): 2644–47.

Bierman, E. L., and R. Nelson. 1975. "Carbohydrates, Diabetes, and Blood Lipids." *World Review of Nutrition and Dietetics* 22: 280–87.

Blackburn, H. n.d. "Ancel Keys." At http://mbbnet.umn.edu/firsts/blackburn_h.html.

———. 1975. "Contrasting Professional Views on Atherosclerosis and Coronary Disease." *New England Journal of Medicine* 292, no. 2 (Jan. 9): 105–7.

Blass, E. M. 1987. "Opioids, Sweets and a Mechanism for Positive Affect: Broad Motivational Implications." In *Sweetness*, ed. J. Dobbing (Berlin: Springer-Verlag), 115–24.

Bleed, D. M., D. R. Risser, S. Sperry, D. Hellhake, and S. D. Helgerson. 1992. "Cancer Incidence and Survival Among American Indians Registered for Indian Health Service Care in Montana, 1982–1987." *Journal of the National Cancer Institute* 84, no. 19 (Oct. 7): 1500–1505.

Bluher, M., B. B. Kahn, and C. R. Kahn. 2003. "Extended Longevity in Mice Lacking the Insulin Receptor in Adipose Tissue." *Science* 288 (Jan. 24): 572–74.

Bollenbeck, G. N. 1976. "Letter to Heads of Member Companies, Public Communications Committee. Subject: Tentative Evaluation of the Health Aspects of Sucrose as a Food Ingredient." Washington, D.C., Jan. 30. Sugar Association, Inc., Records of the Great Western Sugar Company. Colorado Agricultural Archive, Colorado State University.

Borders, W. 1965. "New Diet Decried by Nutritionists." *New York Times*, July 7: 16.

Borrell, B., and R. C. Duncan. 1993. "A Survey of World Sugar Policies." In Marks and Maskus, eds., 1993, 15–48.

Bowers, L. W., E. L. Rossi, C. H. O'Flanagan, L. A. de Graffenreid, and S. D. Hursting. 2015. "The Role of the Insulin/IGF System in Cancer: Lessons Learned from Clinical Trials and the Energy Balance–Cancer Link." *Frontiers in Endocrinology* 6 (May): 1–16.

Bramen, L. 2010. "The Evolution of the Sweet Tooth." *Smithsonian.com*. Feb. 10. At http://www.smithsonianmag.com/arts-culture/the-evolution-of-the-sweet-tooth-79895734/?no-ist.

Braudel, F. 1992. *Civilization and Capitalism, 15th–18th Century: The Wheels of Commerce*. Berkeley: University of California Press.

Bray, G. A., S. J. Nielsen, and B. M. Popkin. 2004. "Consumption of High-Fructose Corn Syrup in Beverages May Play a Role in the Epidemic of Obesity." *American Journal of Clinical Nutrition* 79, no. 4 (April): 537–43.

Bremer, A. A., K. L. Stanhope, J. L. Graham, et al. 2011. "Fructose-Fed Rhesus Monkeys: A Nonhuman Primate Model of Insulin Resistance, Metabolic Syndrome, and Type 2 Diabetes." *Clinical and Translational Science* 4, no. 4 (August): 243–52.

Brigham, C. B. 1868. "An Essay upon Diabetes Mellitus." In *Diabetes: A Medical Odyssey* (Tuckahoe, N.Y.: USV Pharmaceutical Corp., 1971), 71–107.

Brillat-Savarin, J. A. 1986. *The Physiology of Taste*. Trans. M. F. Fisher. San Francisco: North Point Press. [Originally published 1825.]

Brody, J. E. 1977. "Sugar: Villain in Disguise?" *New York Times*, May 25: C1.

Brooks, C. M. 1946. "The Relative Importance of Changes in Activity in the Development of Experimentally Produced Obesity in the Rat." *American Journal of Physiology* 147, no. 4 (Dec.): 708–16.

Brooks, C. M., and E. F. Lambert. 1946. "A Study of the Effect of Limitation of Food Intake and the Method of Feeding on the Rate of Weight Gain During Hypothalamic Obesity in the Albino Rat." *American Journal of Physiology* 147, no. 4 (Dec.): 695–707.

Brown, G. M., L. B. Cronk, and T. J. Boag. 1952. "The Occurrence of Cancer in an Eskimo." *Cancer* 5, no. 1 (Jan.): 142–43.

Bruce, S. and B. Crawford. 1995. *Cerealizing America: The Unsweetened Story of American Breakfast Cereal*. Winchester, Mass.: Faber and Faber.

Brunzell, J. D., R. L. Lerner, W. R. Hazzard, D. Porte, Jr., and E. L. Bierman. 1971. "Improved Glucose Tolerance with High Carbohydrate Feeding in Mild Diabetes." *New England Journal of Medicine* 284, no. 10 (March 11): 521–24.

Bruyère, O., S. H. Ahmed, C. Atlan, et al. 2015. "Review of the Nutritional Benefits and Risks Related to Intense Sweeteners." *Archives of Public Health* 73 (Oct. 1): 41.

Buchanan, K. D. 1972. "Diabetes Mellitus and Gout." *Seminars in Arthritis and Rheumatism* 2, no. 2 (Fall): 157–62.

Buell, P. 1973. "Changing Incidence of Breast Cancer in Japanese-American Women." *Journal of the National Cancer Institute* 51, no. 5 (Nov.): 1479–83.

Burkitt, D.P. 1975. "Significance of Relationships." In Burkitt and Trowell, eds., 1975, 9–20.

Burkitt, D. P., and H. C. Trowell, eds. 1975. *Refined Carbohydrate Foods and Disease: Some Implications of Dietary Fibre*. New York: Academic Press.

Burroughs, K. D., S. E. Dunn, J. C. Barrett, and J. A. Taylor. 1999. "Insulin-Like Growth Factor I: A Key Regulator of Human Cancer Risk?" *Journal of the National Cancer Institute* 91, no. 7 (April 7): 579–81.

Burrows, E. G., and M. Wallace. 1999. *Gotham: A History of New York City to 1898*. New York: Oxford University Press.

Buzdar, A. U. 2006. "Dietary Modification and Risk of Breast Cancer." *JAMA*. 295, no. 6 (Feb. 8): 691–92.

Byers, T. 1992. "The Epidemic of Obesity in American Indians." *American Journal of Diseases of Children* 146, no. 3 (March): 285–86.

Cahill, G. F., Jr. 1978. "Obesity and Diabetes." In *Recent Advances in Obesity Research*: vol. II, ed. G. A. Bray (London: Newman Publishing, 1978), 101 – 10.

Calle, E. E., C. Rodriguez, K. Walker-Thurmond, and M. J. Thun. 2003. "Overweight, Obesity, and Mortality from Cancer in a Prospectively Studied Cohort of U.S. Adults." *New England Journal of Medicine* 348, no. 17 (April 24): 1625 – 38.

Campbell, G. D. 1963. "Diabetes in Asians and Africans in and Around Durban." *South African Medical Journal* 37 (Nov. 30): 1195 – 1208.

Cantor, S. M. 1975. "Patterns of Use." In NAS 1975, 19 – 35.

Castro, A. V., C. M. Kolka, S. P. Kim, and R. N. Bergman. 2014. "Obesity, Insulin Resistance and Comorbidities—Mechanisms of Association." *Arquivos Brasileiros de Endocrinologia e Metabologia* 58, no. 6 (Aug.): 600 – 609.

Catalano, P. M., and S. Hauguel – De Mouzon. 2010. "Is It Time to Revisit the Pedersen Hypothesis in the Face of the Obesity Epidemic?" *American Journal of Obstetrics and Gynecology* 204, no. 6 (June): 479 – 87.

Centers for Disease Control and Prevention (CDC). 2016a. "Chronic Disease Overview." At http://www.cdc.gov/chronicdisease/overview/.

———. 2016b. "Obesity and Overweight." At http://www.cdc.gov/nchs/fastats/obesity-overweight.htm.

———. 2014a. "Long-Term Trends in Diabetes." October. At http://www.cdc.gov/diabetes/statistics.

———. 2014b. "National Diabetes Statistics Report, 2014." At http://www.cdc.gov/diabetes/pubs/statsreport14/national-diabetes-report-web.pdf.

Chamberlain, J. 1903. Mr. Chamberlain to Governors and High Commissioners of Crown Colonies and Protectorates. In *Correspondence Relating to Cancer Research* (London: His Majesty's Stationery Office, 1905), 6.

Charles, R. H. 1907. "Discussion on Diabetes in the Tropics." *British Medical Journal* 2 (Oct. 19): 1051 – 64.

Chaudhuri, S., and M. Esterl. 2016. "U.K. Unveils Levy on Sugary Drinks." *The Wall Street Journal*, March 16. At http://www.wsj.com/articles/u-k-unveils-levy-on-sugary-drinks-1458144731.

Cheek, D. W., ed. 1974. *Sugar Research 1943–1972*. International Sugar Research Foundation, Inc.

Cleave, T. L. 1975. *The Saccharine Disease: The Master Disease of Our Time*. New Canaan, Conn.: Keats Publishing.

———. 1956. "The Neglect of Natural Principles in Current Medical Practice." *Journal of the Royal Naval Medical Service* 42, no. 2 (Spring): 55–82.

———. 1940. "Instincts and Diet." *Lancet* 235 (April 27): 809.

Cleave, T. L., and G. D. Campbell. 1966. *Diabetes, Coronary Thrombosis and the Saccharine Disease*. Bristol, U.K.: John Wright & Sons.

Cohen, A. M. 1963. "Effect of Environmental Changes on Prevalence of Diabetes and of Atherosclerosis in Various Ethnic Groups in Israel." In *The Genetics of Migrant and Isolate Populations*, ed. E. Goldschmidt (New York: Williams & Wilkins), 127–30.

Cohen, A. M., S. Bavly, and R. Poznanski. 1961. "Change of Diet of Yemenite Jews in Relation to Diabetes and Ischaemic Heart-Disease." *Lancet* 278 (Dec. 23): 1399–1401.

Cohen, A. M., A. Teitelbaum, S. Briller, L. Yanko, E. Rosenmann, and E. Shafrir. 1974. "Experimental Models of Diabetes." In Sipple and McNutt, eds., 1974, 484–511.

Cohen, B. M. 1954. "Diabetes Mellitus Among Indians of the American Southwest: Its Prevalence and Clinical Characteristics in a Hospitalized Population." *Annals of Internal Medicine* 40, no. 3 (March): 588–99.

Cohen, P., M. Miyazaki, N. D. Socci, et al. 2002. "Role for Stearoyl-CoA Desaturase-1 in Leptin-Mediated Weight Loss."*Science* 297 (July 12): 240–43.

Cohen, R. 2013. "Sugar Love." *National Geographic*. Aug. At http://ngm.nationalgeographic.com/2013/08/sugar/cohen-text.

———. 2006. *Sweet and Low*. New York: Picador.

Coller, H. A. 2014. "Is Cancer a Metabolic Disease?" *American Journal of Pathology* 184, no. 1 (Jan.): 4–17.

Committee on Medical Aspects (COMA) of Food Policy. 1989. *Report on Health and Social Subjects*: no. 37, *Dietary Sugars and Human Disease*. London: Her Majesty's Stationery Office.

Coughlin, S. S., E. E. Calle, L. R. Teras, J. Petrelli, and M. J. Thun. 2004. "Diabetes Mellitus as a Predictor of Cancer Mortality in a Large Cohort of U.S. Adults." *American Journal of Epidemiology* 159, no. 12 (June 15): 1160–67.

Council on Foods and Nutrition (CFN). 1942. "Some Nutritional Aspects of Sugar, Candy and Sweetened Carbonated Beverages." *JAMA*. 120, no. 10 (Nov. 7): 763–65.

Courtwright, D. 2001. *Forces of Habit: Drugs and the Making of the Modern World*. Cambridge, Mass.: Harvard University Press.

Coutinho, T. de A., S. T. Turner, P. A. Peyser, L. F. Bietak, P. F. Sheedy, and I. J. Kuloo. 2007. "Association of Serum Uric Acid with Markers of Inflammation, Metabolic Syndrome, and Subclinical Coronary Atherosclerosis." *American Journal of Hypertension* 20, no. 1 (Jan.): 83–89.

Cray, D. W. 1969. "Battle over Sweeteners Turns Bitter." *New York Times*, June 1: F12.

Cutting, W. C. 1943. "The Treatment of Obesity." *Clinical Endocrinology* 3, no. 2 (Feb.): 85–88.

Dabelea, D., W. C. Knowler, and D. J. Pettitt. 2000. "Effect of Diabetes in Pregnancy on Offspring: Follow-up Research in the Pima Indians." *Journal of Maternal-Fetal Medicine* 9, no. 1 (Jan.–Feb.): 83–88.

Dahl, R. 1984. Boy: *Tales of Childhood*. New York: Penguin.

Darby, W. J., C. G. Salsbury, W. J. McGanity, H. F. Johnson, E. B. Bridgforth, and H. R. Sandstead. 1956. "A Study of the Dietary Background and Nutriture of the Navajo Indian." Supplement, *Journal of Nutrition* 60, no. 2 (Nov.): 1–85.

Darrow, R. W., and D. J. Forrestal. 1979. *The Dartnell Public Relations Handbook*, 4th edition. Chicago: Dartnell Corporation.

Davies, L. E. 1950. "$4,000,000 Is Raised in Heart Campaign." *New York Times*, June 25: 37.

Dawber, T. R. 1978. "Annual Discourse – Unproved Hypotheses." *New England Journal of Medicine* 299, no. 9 (Aug. 31): 452–58.

Deerr, N. 1950. *The History of Sugar*. Vol. 2. London: Chapman and Hall.

———. 1949. *The History of Sugar*. Vol. 1. London: Chapman and Hall.

DeFronzo, R. A. 1981. "The Effect of Insulin on Renal Sodium Metabolism: A Review with Clinical Implications." *Diabetologia* 21, no. 3 (Sept.): 165–71.

DePue, J. D., R. K. Rosen, M. Batts-Turner, et al. 2010. "Cultural Translation of Interventions: *Diabetes Care* in American Samoa." *American Journal of Public Health* 100, no. 10 (Nov.): 2085–93.

Després, J. P., B. Lamarche, P. Mauriège, et al. 1996. "Hyperinsulinemia as an Independent Risk Factor for Ischemic Heart Disease." *New England Journal of Medicine* 334, no. 15 (April 11): 952–57.

Deutsch, R. M. 1975. "Sugar in the Diet of Man: A Summary." Washington, D.C. Sugar

Association, Inc., Records of the Great Western Sugar Company. Colorado Agricultural Archive, Colorado State University.

DGF. 1972. "Dr. John Hickson." Sept. 8. British American Tobacco. At https://industrydocuments.library.ucsf.edu/tobacco/docs/#id=gjjy0205.

Dickson, J. A. S. 1964. "Dietary Fat and Dietary Sugar." *Lancet* 284 (Aug. 15): 361.

Dix, D. 1904. "Causes and Cure of Rheumatism." *New York Times*, Feb. 21: 32.

Doll, R., and A. B. Hill. 1964. "Mortality in Relation to Smoking: Ten Years' Observations of British Doctors." *British Medical Journal* 1 (May 30): 1399–1410.

Doll, R., and R. Peto. 1981. "The Causes of Cancer: Quantitative Estimates of Avoidable Risks of Cancer in the United States Today." *Journal of the National Cancer Institute* 66, no. 6 (June): 1191–1308.

Domino Sugar. 1953. *Life,* April 20: 116.

Donnison, J. P. 1929. "Blood Pressure in the African Native." *Lancet* 213 (Jan. 5): 6–7.

Drummond, J. C., and A. Wilbraham. 1994. *The Englishman's Food*. London: Pimlico.

Duffey, K. J., and B. M. Popkin. 2008. "High-Fructose Corn Syrup: Is This What's for Dinner?" *American Journal of Clinical Nutrition* 88 (supplement), no. 6 (Dec.): 1722S–32S.

Dukes, C. E. 1964. "The Origin and Early History of the Imperial Cancer Research Fund." *Annals of the Royal College of Surgeons of England* 36 (June): 325–38.

Economic Research Service (ERS), United States Department of Agriculture. 2015. "Selected Fruit Juices: Per Capita Availability." At http://www.ers.usda.gov/datafiles/Food Availabily Per Capita Data System/Food_Availability/fruitju.xls.

Elgin, Bruce, V. A., Earl of. 1906. The Secretary of State to the Governors, &c.: no. 5. In *Further Correspondence Relating to the Cancer Research Scheme* (London: His Majesty's Stationery Office), 3–5. In Parliamentary Papers, House of Commons and Command, vol. 70.

Ellestad-Sayad, J. J., J. C. Haworth, and J. A. Hildes. 1978. "Disaccharide Malabsorption and Dietary Patterns in Two Canadian Eskimo Communities." *American Journal of Clinical Nutrition* 31, no. 8 (Aug.): 1473–78.

Elson, L.A., T. E. Betts, and R. D. Passey. 1972. "The Sugar Content and the pH of the Smoke of Cigarette, Cigar and Pipe Tobaccos in Relation to Lung Cancer."

International Journal of Cancer 9, no. 3 (May): 666–75.

Emerson, H., and L. D. Larimore. 1924. "Diabetes Mellitus – A Contribution to Its Epidemiology Based Chiefly on Mortality Statistics." *Archives of Internal Medicine* 34, no. 5 (Nov.): 585–630.

Emmerson, B. T. 1996. "The Management of Gout." *New England Journal of Medicine* 334, no. 7 (Feb. 15): 445–51.

Enos, W. F., R. H. Holmes, and J. Beyer. 1953. "Coronary Disease Among United States Soldiers Killed in Action in Korea: A Preliminary Report." *JAMA*. 152, no. 12 (July 18): 1090–93.

Ervin, R. B. 2009. "Prevalence of Metabolic Syndrome Among Adults 20 Years of Age and Over, by Sex, Age, Race and Ethnicity, and Body Mass Index: United States, 2003–2006." *National Health Statistics Reports* no. 13 (May 5). At http://www.cdc.gov/nchs/data/nhsr/nhsr013.pdf.

Evans, J. M., L. A. Donnelly, A. M. Emslie-Smith, D. R. Alessi, and A. D. Morris. 2005. "Metformin and Reduced Risk of Cancer in Diabetic Patients." *British Medical Journal* 330 (June 4): 1304–5.

Ewen, S. 1998. "Leo Burnett: Sultan of Sell." *Time,* Dec. 7. At http://content.time.com/time/magazine/article/0 ,9171 ,989783 ,00.html.

Fam, A. G. 2002. "Gout, Diet, and the Insulin Resistance Syndrome." *Journal of Rheumatology* 29, no. 7 (July): 1350–55.

Feig, D. I., D.-H. Kang, and R. J. Johnson. 2008. "Uric Acid and Cardiovascular Risk." *New England Journal of Medicine* 359, no. 17 (Oct. 23): 1611–21.

Felita, L. S., E. Sobngwi, P. Serradas, F. Calvo, and J. F. Gautier. 2006. "Consequences of Fetal Exposure to Maternal Diabetes in Offspring." *Journal of Clinical Endocrinology and Metabolism* 91, no. 10 (Oct.): 3718–24.

Ferguson, N. 2002. *Empire: The Rise and Demise of the British World Order and the Lessons for Global Power*. London: Penguin.

Fernstrom, J. D., S. D. Munger, A. Sclafani, I. E. de Araujo, A. Roberts, and S. Molinary. 2012. "Mechanisms for Sweetness." *Journal of Nutrition* 142 (supplement), no. 6 (June): 1134S–41S.

Feudtner, C. 2003. *Bittersweet: Diabetes, Insulin and the Transformation of Illness*. Chapel Hill: University of North Carolina Press.

Fitz, R. H., and E. P. Joslin. 1898. "Diabetes Mellitus at the Massachusetts General

Hospital from 1824 to 1898: A Study of the Medical Records." *JAMA*. 31 (July 23): 165–71.

Flanagan, G. M. 1943. "Candy on Two Fronts." *New York Times*, Feb. 21: SM10.

Fleming, H. C. 1924. *Medical Observations on the Zuni Indians*. New York: Museum of the American Indian Heye Foundation.

Flexner, A. 1910. *Medical Education in the United States and Canada*. New York: Carnegie Foundation.

Food and Agricultural Organization (FAO). n.d. "The Nutrition Transition and Obesity." At http://www.fao.org/focus/e/obesity/obes2.htm.

Fosdick, L. S. 1952. "Some New Concepts Concerning the Role of Sugar in Dental Caries." *Oral Surgery, Oral Medicine, and Oral Pathology* 5, no. 6 (June): 615–24.

Frantz, I. D., Jr., E. A. Dawson, P. L. Ashman, et al. 1989. "Test of Effect of Lipid Lowering by Diet on Cardiovascular Risk: The Minnesota Coronary Survey." *Arteriosclerosis* 9, no. 1 (Jan.–Feb.): 129–35.

Friedman, J. M. 2004. "Modern Science Versus the Stigma of Obesity." *Nature Medicine* 10, no. 6 (June): 563–69.

Frost, R. 1965. "Sugar Industry Eyes New Fields." *New York Times*, Jan. 3: 135.

Gale, E. A. M. 2013. "Commentary: The Hedgehog and the Fox: Sir Harold Himsworth (1905–93)." *International Journal of Epidemiology* 42, no. 6 (Dec.): 1602–7.

Galloway, J. H. 1989. *The Sugar Cane Industry: An Historical Geography from Its Origins to 1914*. New York: Cambridge University Press.

Galton, L. 1976. *The Truth About Fiber in Your Food*. New York: Crown.

Gardner, H. W. 1901. "The Dietetic Value of Sugar." *British Medical Journal* 1 (April 27): 1010–13.

Garner, W. W. 1946. *The Production of Tobacco*. Philadelphia: Blakiston Company.

Geibel, E. 2010. "Why Me? Understanding the Causes of Diabetes." *Diabetes Forecast*, Oct. At http://www.diabetesforecast.org/2010/oct/why-me-understanding-the-causes-of-diabetes.html.

Genuth, S. M., P. H. Bennett, M. Miller, and T. A. Burch. 1967. "Hyperinsulinism in Obese Diabetic Pima Indians." *Metabolism* 16, no. 11 (Nov.): 1010–15.

Gertler, M. M., S. M. Garn, and S. A. Levine. 1951. "Serum Uric Acid in Relation to Age and Physique in Health and in Coronary Heart Disease." *Annals of Internal Medicine* 36, no. 6 (June): 1421–31.

Gibson, A. 1917. "The Case Against Sugar." *Medical Summary* 39 (Oct.): 237–39.

Giovannucci, E. 2001. "Insulin, Insulin-Like Growth Factors and Colon Cancer: A Review of the Evidence." Supplement, *Journal of Nutrition* 131, no. 11 (Nov.): 3109S–20S.

Glinsmann, W. H., H. Irausquin, and Y. K. Park. 1986. "Report from FDA's Sugars Task Force, 1986: Evaluation of Health Aspects of Sugars Contained in Carbohydrate Sweeteners." Supplement, *Journal of Nutrition* 116, no. 11 (Nov.): S1–S216.

Global Energy Balance Network (GEBN). 2015a. "Energy Balance Basics." Formerly online, downloaded Oct. 24, 2015, at https://gebn.org/energy-balance-basics.

———. 2015b. "Why Join GEBN?" Formerly online, downloaded Oct. 24, 2015, at https://gebn.org/membership.

Gohdes, D.M. 1986. "Diabetes in American Indians: A Growing Problem." *Diabetes Care* 9, no. 6 (Nov.–Dec.): 609–13.

Grafe, E. 1933. *Metabolic Diseases and Their Treatment*. Trans. M. G. Boise. Philadelphia: Lea & Febiger.

Grande, F. 1975. "Sugar and Cardiovascular Disease." *World Review of Nutrition and Dietetics* 22: 248–69.

Grande, F., J. T. Anderson, and A. Keys. 1974. "Sucrose and Various Carbohydrate-Containing Foods and Serum Lipids in Man." *American Journal of Clinical Nutrition* 27, no. 10 (Oct.): 1043–51.

Graudal, N. A., T. Hubeck-Graudal, and G. Jurgens. 2011. "Effects of Low Sodium Versus High Sodium Diet on Blood Pressure, Renin, Aldosterone, Catecholamines, Cholesterol, and Triglyceride." *Cochrane Database of Systematic Reviews* no. 11 (Nov. 9): CD004022.

Greene, R., ed. 1951. *The Practice of Endocrinology*. Philadelphia: J. B. Lippincott.

Greenwood, M. R., M. Cleary, L. Steingrimsdottir, and J. R. Vaselli. 1981. "Adipose Tissue Metabolism and Genetic Obesity: The LPL hypothesis." In *Recent Advances in Obesity Research*, Vol. III, ed. P. Björntorp, M. Cairella, and A. N. Howard (London: John Libbey, 1981), 75–79.

Gregg, E. W., X. Zhou, Y. J. Cheng, A. L. Albright, K. M. Narayan, and T. J. Thompson. 2014. "Trends in Lifetime Risk and Years of Life Lost Due to Diabetes in the USA, 1895–2011: A Modeling Study." Lancet Diabetes & Endocrinology 2, no. 11 (Nov.): 867–74.

Guthrie, C. 2007. "Is Alzheimer's a Form of Diabetes?" *Time,* October 18. At http://content.time.com/time/health/article/0,8599,1673236,00.html.

Hamilton, A. 2009. Squeezed: What You Don't Know About Orange Juice. New Haven, Conn.: Yale University Press.

Handler, P. 1975. "Welcome." In NAS 1975, 3–5.

Hannah, A. C., and D. Spence. 1996. *The International Sugar Trade*. New York: John Wiley & Sons.

Harding, W. R., C. E. Russell, F. Davidson, and I. A. M. Prior. 1986. "Dietary Surveys from the Tokelau Island Migrant Study." *Ecology of Food and Nutrition* 19, no. 2: 83–97.

Hass, H. B. 1960. Letter to Roger Adams, April 29. Sugar Research Foundation, Inc. Papers of Roger Adams, University of Illinois Archives, University of Illinois at Urbana-Champaign.

He, F. J., J. Li, and G. A. MacGregor. 2013. "Effect of Longer Term Modest Salt Reduction on Blood Pressure: Cochrane Systematic Review and Meta-Analysis of Randomised Trials." *Cochrane Database of Systematic Reviews* no. 4 (April 30): CD004937.

Heinbecker, P. 1928. "Studies on the Metabolism of Eskimos." *Journal of Biological Chemistry* 80, no. 2 (Dec. 1): 461–75.

Helmchen, L. A., and R. M. Henderson. 2004. "Changes in the Distribution of Body Mass Index of White US Men, 1890–2000." *Annals of Human Biology* 31, no. 2 (March–April): 174–81.

Hess, J. L. 1978. "Harvard's Sugar-Pushing Nutritionist." *Saturday Review*, Aug.: 10–14.

Hess, J. L., and K. Hess. 2000. *The Taste of America*. Champaign: University of Illinois Press.

Hesse, F. G. 1959. "A Dietary Study of the Pima Indian." *American Journal of Clinical Nutrition* 7 (Sept.–Oct.): 532–37.

Hetherington, A. W., and S. W. Ranson. 1942. "The Spontaneous Activity and Food Intake of Rats with Hypothalamic Lesions." *American Journal of Physiology* 136, no. 4 (June): 609–17.

———. 1939. "Experimental Hypothalamico-Hypophyseal Obesity in the Rat." *Proceedings of the Society for Experimental Biology and Medicine* 41, no. 2 (June):

465–66.

Heusen, J. C., A. Coune, and R. Heimann. 1967. "Cell Proliferation Induced by Insulin Organ Culture of Rat Mammary Carcinoma." *Experimental Cell Research* 45, no. 2 (Feb.): 351–60.

Hickson, J. L. 1975. "Sucrochemistry: In Planning the Research Effort." Internal document, Sept. 11, 12. International Sugar Research Foundation, Inc., Records of the Great Western Sugar Company. Colorado Agricultural Archive, Colorado State University.

———. 1962. Letter to the Scientific Advisory Board, Nov. 5. Sugar Research Foundation, Inc., Papers of Roger Adams, University of Illinois Archives, University of Illinois at Urbana-Champaign.

Higgins, H. L. 1916. "The Rapidity with Which Alcohol and Some Sugars May Serve as a Nutriment." *American Journal of Physiology* 41, no. 2 (Aug. 1): 258–65.

Higginson, J. 1997. "From Geographical Pathology to Environmental Carcinogenesis: A Historical Reminiscence." *Cancer Letters* 117, no. 2 (Aug. 19): 133–42.

———. 1983. "Developing Concepts on Environmental Cancer: The Role of Geographical Pathology." *Environmental Mutagenesis* 5, no. 6: 929–40.

———. 1981. "Rethinking the Environmental Causation of Human Cancer." *Food and Cosmetics Toxicology* 19, no. 5 (Oct.): 539–48.

Hildes, J. A., and O. Schaefer. 1984. "The Changing Picture of Neoplastic Disease in the Western and Central Canadian Arctic (1950–1980). *Canadian Medical Association Journal* 130, no. 1 (Jan. 1): 25–32.

Hillebrand, S. S., ed. 1974. *Is the Risk of Becoming Diabetic Affected by Sugar Consumption: Proceedings of the Eighth International Sugar Research Symposium*. Washington, D.C.: International Sugar Research Foundation.

Himsworth, H. P. 1949a. "Diet in the Aetiology of Human Diabetes." *Proceedings of the Royal Society of Medicine* 42, no. 5 (May): 323–26.

———. 1949b. "The Syndrome of Diabetes Mellitus and Its Causes." *Lancet* 253, no. 6,551 (March 19): 465–73.

———. 1935. "Diet and the Incidence of Diabetes Mellitus." *Clinical Science* 2, no. 1 (Sept.): 117–48.

———. 1931a. "High Carbohydrate Diet in Diabetes." *Lancet* 218 (Nov. 14): 1103.

———. 1931b. "Recent Advances in the Treatment of Diabetes." *Lancet* 218 (Oct. 31): 978–79.

Hockett, R. C. 1947. "The Progress of Sugar Research." *Scientific Monthly* 65, no. 4 (Oct.): 269–82.

Hoffman, F. L. 1915. *The Mortality from Cancer Throughout the World*. Newark, N.J.: Prudential Press.

Hooper, L., N. Martin, A. Abdelhamid, and G. Davey Smith. 2015. "Reduction in Saturated Fat Intake for Cardiovascular Disease." *Cochrane Database of Systematic Reviews* no. 6 (June 10): CD011737.

Hooper, L., C. D. Summerbell, R. Thompson R. et al. 2012. "Reduced or Modified Dietary Fat for Preventing Cardiovascular Disease." *Cochrane Database of Systematic Reviews* no. 5 (May 16): CD002137.

House Committee on Government Operations. 1970. *Cyclamate Sweeteners*. Hearing before a subcommittee of the Committee on Government Operations, House of Representatives, 91st Congress, June 10. Washington, D.C.: U.S. Government Printing Office.

Howard, B. V., J. E. Manson, M. L. Stefanick, et al. 2006. "Low-Fat Dietary Pattern and Weight Change over 7 Years: The Women's Health Initiative Dietary Modification Trial." *JAMA*. 295, no. 1 (Jan. 4): 39–49.

Howard, B. V., L. Van Horn, J. Hsia, et al. 2006. "Low-Fat Dietary Pattern and Risk of Cardiovascular Disease: The Women's Health Initiative Randomized Controlled Dietary Modification Trial." *JAMA*. 295, no. 6 (Feb. 8): 655–66.

Hrdlička, A. 1908. *Physiological and Medical Observations Among the Indians of Southwestern United States and Northern Mexico*. Washington, D.C.: U.S. Government Printing Office.

———. 1906. "Notes on the Pima of Arizona." *American Anthropologist* 8, no. 1 (Jan.–Mar.): 39–46.

Hudson, E. H., and A. L. Young. 1931. "Medical and Surgical Practice on the Euphrates River: An Analysis of Two Thousand Consecutive Cases at Deir-Ez-Zor, Syria." *American Journal of Tropical Medicine* 11, no. 4 (July): 297–310.

Huetz de Lemps, A. 1999. "Colonial Beverages and the Consumption of Sugar." In *Food: A Culinary History from Antiquity to the Present*, ed. J.-L. Flandrin and M. Montanari (New York: Penguin), 383–93.

Hulthe, J., L. Bokemark, J. Wikstrand, and B. Fagerberg. 2000. "The Metabolic Syndrome, LDL Particle Size, and Atherosclerosis: The Atherosclerosis and Insulin Resistance Study." Arteriosclerosis, Thrombosis, and Vascular

Biology 20, no. 9 (Sept.): 2140–47.

Huntsman, J., and A. Hooper. 1996. *Tokelau: A Historical Ethnography*. Auckland, N.Z.: Auckland University Press.

Hurd, M. D., P. Martorell, A. Delavanda, K. J. Mullen, and K. M. Langa. 2013. "Monetary Costs of Dementia in the United States." *New England Journal of Medicine* 368, no. 14 (April 4): 1326–34.

Hydrick, C. R., and I. H. Fox. 1984. "Nutrition and Gout." In *Present Knowledge in Nutrition*, 5th edition, ed. R. E. Olson, H. P. Broquist, C. O. Chichester, W. J. Darby, A. C. Kolbye, Jr., and R. M. Stalvey (Washington, D.C.: Nutrition Foundation, 1984), 740–56.

Ingram, J. 2015. *The End of Memory*. New York: St. Martin's Press.

Institute of Medicine (IOM) of the National Academies. 2005. *Dietary Reference Intakes: Energy, Carbohydrate, Fiber, Fat, Fatty Acids, Cholesterol, Protein, and Amino Acids*. Washington D.C.: National Academies Press.

Insull, W., Jr., T. Oiso, and K. Tsuchiya. 1968. "Diet and Nutritional Status of Japanese." *American Journal of Clinical Nutrition* 21, no. 7 (July): 753–77.

International Diabetes Federation (IDF). 2015. "*Diabetes Atlas*," 7th edition. At http://www.idf.org/diabetesatlas.

———. 2013. *Diabetes Atlas*, 6th edition. At http://www.idf.org/diabetesatlas.

International Sugar Research Foundation (ISRF). 1976. Memo to members, April 30. "Developments in Brief: ISRF Support of Health Research and International Symposia." Washington, D.C.. Internal document, Sugar Association, Inc., Records of the Great Western Sugar Company, Colorado Agricultural Archive, Colorado State University.

———. 1975. "Planning the Research Effort." Bethesda, Md. Internal document, International Sugar Research Foundation, Inc., Records of the Great Western Sugar Company. Colorado Agricultural Archive, Colorado State University.

———. 1969. Minutes of meeting of the Scientific Advisory Board, Dec. 5, 1969, Washington, D.C. International Sugar Research Foundation, Inc. Papers of Roger Adams, University of Illinois Archives, University of Illinois at Urbana-Champaign.

Intersalt Cooperative Research Group. 1988. "Intersalt, an International Study of Electrolyte Excretion and Blood Pressure: Results for 24 Hour Urinary

Sodium and Potassium Excretion. *British Medical Journal* 297 (July 30): 319–28.

Inter-Society Commission for Heart Disease Resources. 1970. "Report of Inter-Society Commission for Heart Disease Resources: Prevention of Cardiovascular Disease. Primary Prevention of the Atherosclerotic Diseases." *Circulation* 42, no. 6 (Dec.): A55–A95.

Jacobson, M. 1978. "The Deadly White Powder." *Mother Jones* (July): 12–20.

Jenkins, D. J., T. M. Wolever, R. H. Taylor, et al. 1981. "Glycemic Index of Foods: A Physiological Basis for Carbohydrate Exchange." *American Journal of Clinical Nutrition* 34, no. 3 (March): 362–66.

Joe, J. R., and R. S. Young, eds. 1994. *Diabetes as a Disease of Civilization: The Impact of Culture Change on Indigenous Peoples*. New York: Mouton de Gruyter.

Johnson, R. J., J. Herrera-Acosta, G. F. Schreiner, and B. Rodriguez-Iturbe. 2002. "Subtle Acquired Renal Injury as a Mechanism of Salt-Sensitive Hypertension." *New England Journal of Medicine* 346, no. 12 (March 21): 913–23.

Johnson, R. J., M. S. Segal, T. Nakagawa, et al. 2007. "Potential Role of Sugar (Fructose) in the Epidemic of Hypertension, Obesity and the Metabolic Syndrome, Diabetes, Kidney Disease, and Cardiovascular Disease." *American Journal of Clinical Nutrition* 86, no. 4 (Oct.): 899–906.

Jordão, A. 1867. "On Some Symptoms of Diabetes: A Clinical Lecture Delivered in the Medical School of Lisbon." *American Journal of the Medical Sciences* 53, no. 106 (April): 510–12.

———. 1866. "Studies on Diabetes." *American Journal of the Medical Sciences* 54, no. 104 (Oct.): 467–80.

Jørgensen, M. E., K. Borch-Johnsen, D. R. Witte, and P. Bjerregaard. 2012. "Diabetes in Greenland and Its Relationship with Urbanization." *Diabetic Medicine* 29, no. 6 (June): 755–60.

Joslin, E. P. 1950. "A Half Century's Experience in Diabetes Mellitus." *British Medical Journal* 1 (May 13): 1095–98.

———. 1940. "The Universality of Diabetes." *JAMA*. 115, no. 24 (Dec. 14): 2033–38.

———. 1934. "Studies in Diabetes Mellitus. II: Its Incidence and the Factors Underlying Its Variations." American Journal of Medical Science 187, no. 4 (April): 433–57.

———. 1928. *The Treatment of Diabetes Mellitus*, 4th edition. Philadelphia: Lea & Febiger.

———. 1927. "Arteriosclerosis and Diabetes." *Annals of Clinical Medicine* 5, no. 12: 1061–79.

———. 1923. *The Treatment of Diabetes Mellitus*, 3rd edition. Philadelphia: Lea & Febiger.

———. 1921. "The Prevention of Diabetes Mellitus." *JAMA*. 76, no. 2 (Jan. 8): 79–84.

———. 1917. *The Treatment of Diabetes Mellitus*, 2nd edition. Philadelphia: Lea & Febiger.

———. 1916. *The Treatment of Diabetes Mellitus*. Philadelphia: Lea & Febiger.

Joslin, E. P., L. I. Dublin, and H. H. Marks. 1934. "Studies in Diabetes Mellitus. II: Its Incidence and the Factors Underlying Its Variations." *American Journal of the Medical Sciences* 187, no. 4 (April): 433–57.

Justice, J. W. 1994. "The History of Diabetes Mellitus in the Desert People." In Joe and Young, eds., 1994, 69–127.

Kaaks, R. 1996. "Nutrition, Hormones, and Breast Cancer: Is Insulin the Missing Link?" *Cancer Causes and Control* 7, no. 6 (Nov.): 605–25.

Kaaks, R., and A. Lukanova. 2001. "Energy Balance and Cancer: The Role of Insulin and Insulin-Like Growth Factor I." *Proceedings of the Nutrition Society* 60, no. 1 (Feb.): 91–106.

Kahn, C. R., G. C. Weir, G. L. King, A. M. Jacobson, A. C. Moses, and R. J. Smith, eds. 2005. *Joslin's Diabetes Mellitus*, 14th edition. New York: Lippincott, Williams & Wilkins.

Kare, M. R. 1975. "Monellin." In NAS 1975, 196–206.

Karolinska Institute. 1977. "Press Release: The 1977 Nobel Prize in Physiology or Medicine." At http://nobelprize.org/nobel prizes/medicine/laureates /1977/press.html.

Kean, B. H. 1944. "The Blood Pressure of the Cuna Indians." *American Journal of Tropical Medicine* 24, no. 6 (Nov.): 341–43.

Kean, B. H., and J. F. Hammill. 1949. "Anthropathology of Arterial Tension." *Annals of Internal Medicine* 83, no. 3 (March 1): 355–62.

Kearns, C. E., S. A. Glantz, and L. A. Schmidt. 2015. "Sugar Industry Influence on the Scientific Agenda of the National Institute of Dental Research's 1971 National Caries Program: A Historical Analysis of Internal Documents." *PLOS Medicine* 12, no. 3 (March 10): e1001798.

Kelly, N. 1969. "What's at Stake in Sugar Research?" Bethesda, Md. International Sugar

Research Foundation, Inc., Papers of Roger Adams, University of Illinois Archives, University of Illinois at Urbana-Champaign.

Keys, A. 1971. "Sucrose in the Diet and Coronary Heart Disease." *Atherosclerosis* 14, no. 2 (Sept.-Oct.): 193-202.

Keys, A., and M. Keys. 1975. *How to Eat Well and Stay Well the Mediterranean Way*. Garden City, N.Y.: Doubleday.

Khardori, R. 2015. "Diabetes Mellitus Medication." Medscape. At http://emedicine.medscape.com/article/117853-medication.

Kinugasa, A., K. Tsunamoto, N. Furukawa, T. Sawada, T. Kusunoki, and N. Shimada. 1984. "Fatty Liver and Its Fibrous Changes Found in Simple Obesity of Children." *Journal of Pediatric Gastroenterology and Nutrition* 3, no. 3 (June): 408-14.

Kleinridders, A., H. A. Ferris, W. Cai, and C. R. Kahn. 2014. "Insulin Action in Brain Regulates Systematic Metabolism and Brain Function."*Diabetes* 63, no. 7 (July): 2232-43.

Kohn, L. A., S. A. Levine, and M. Matton. 1925. "Sugar Content of the Blood in Runners Following a Marathon Race." *JAMA*. 85, no. 7 (Aug. 15): 508-9.

Kolata, G. 1987. "High-Carb Diets Questioned."*Science* 235 (Jan. 9): 164.

Koop, C. E. 1988. "Message from the Surgeon General." In US HHS 1988.

Kotchen, K.A. 2011. "Historical Trends and Milestones in Hypertension Research: A Model of the Process of Translational Research."*Hypertension* 58, no. 4 (Oct.): 522-38.

Kraus, B. R., and B. M. Jones. 1954. *Indian Health in Arizona: A Study of Health Conditions Among Central and Southern Arizona Indians*. Tucson: University of Arizona Press.

Krauss, E. A. 1947. "Soft Drink Industry on Eve of New Growth Phase." *Forbes* 59, no. 12 (June 5): 36-37.

Kraybill, H. F. 1975. "The Question of Benefits and Risks." In NAS 1975, 59-75.

Krebs, H. A. 1967. "The Making of a Scientist." *Nature* 215, no. 5,109 (Sept. 30): 1441-45.

Kretchmer, N., and C. B. Hollenbeck, eds. 1991. *Sugars and Sweeteners*. Boca Raton, Fla.: CRC Press.

Laffer, C. L., and F. Elijovich. 2013. "Differential Predictors of Insulin Resistance in

Nondiabetic Salt-Resistant and Salt-Sensitive Subjects." *Hypertension* 61, no. 3 (March): 707–15.

Lamborn, O. 1942. "A Suggested Program for the Cane and Beet Sugar Industries." Unpublished sugar-industry document, New York. Braga Brothers Collection, Special and Area Studies Collections, George A. Smathers Libraries, University of Florida, Gainesville, Fla. At http://www.motherjones.com/documents/480900-a-suggested-program-for-the-cane-and-beet-sugar#document/p1/a79758.

Landa, M. M. 2012. "Response to Petition from Corn Refiners Association to Authorize 'Corn Sugar' as an Alternate Common or Usual Name for High Fructose Corn Syrup (HFCS)." Letter to Audrae Erickson. At http://www.fda.gov/aboutFDA/CentersOffices/OfficeofFoods/CFSAN/CFSANFOIAElectronicReadingRoom/ucm305226.htm.

Landsberg, L. 2001. "Insulin-Mediated Sympathetic Stimulation: Role in the Pathogenesis of Obesity-Related Hypertension (or, How Insulin Affects Blood Pressure, and Why)." *Journal of Hypertension* 19, no. 3, pt. 2 (March 19): 523–28.

———. 1986. "Diet, Obesity and Hypertension: An Hypothesis Involving Insulin, the Sympathetic Nervous System, and Adaptive Thermogenesis." *Quarterly Journal of Medicine* 61, no. 236 (Dec.): 1081–90.

Lastra, G., S. Dhuper, M. S. Johnson, and J. R. Sowers. 2010. "Salt, Aldosterone, and Insulin Resistance: Impact on the Cardiovascular System." *Nature Reviews: Cardiology* 7, no. 10 (Oct.): 577–84.

Lawrence, J. S., T. Behrend, P. H. Bennett, et al. 1966. "Geographical Studies on Rheumatoid Arthritis." *Annals of Rheumatoid Arthritis* 25, no. 5 (Sept.): 425–32.

Lawrie, M. 1928. "Nervous Instability and the Intake of Sugar." *Lancet* 211 (Jan. 21): 158.

Lee, M. O., and N. K. Schaffer. 1934. "Anterior Pituitary Growth Hormone and the Composition of Growth." *Journal of Nutrition* 7, no. 3 (March): 337–63.

Leibson, C. L., W. A. Rocca, V. A. Hanson, et al. 1997. "Risk of Dementia Among Persons with Diabetes Mellitus: A Population-Based Cohort Study." *American Journal of Epidemiology* 145, no. 4 (Feb. 15): 301–8.

LeRoith, D., and C. T. Roberts, Jr. 2003. "The Insulin-Like Growth Factor System and Cancer." *Cancer Letters* 195, no. 2 (June 10): 127–37.

Levenstein, H. 1993. *Paradox of Plenty: A Social History of Eating in Modern America*. New York: Oxford University Press.

Levin, I. 1910. "Cancer Among the North American Indians and Its Bearing Upon the Ethnological Distribution of Disease." *Zeitschrift für Krebsforschung* 9, no. 3 (Oct.): 422–35.

Levitsky, D. A., I. Faust, and M. Glassman. 1976. "The Ingestion of Food and the Recovery of Body Weight Following Fasting in the Naive Rat." *Physiology & Behavior* 17, no. 4 (Oct.): 575–80.

Li, X., D. Song, and S. X. Leng. 2015. "Link Between Type 2 Diabetes and Alzheimer's Disease: From Epidemiology to Mechanism and Treatment." *Clinical Interventions in Aging* 10 (March 10): 549–60.

Life Sciences Research Office (LSRO). 1977. "The Public Responsibility of Scientific Societies." *Federation Proceedings* 36, no. 11 (Oct.): 2463–64.

———. 1976. *Evaluation of the Health Aspects of Sucrose as a Food Ingredient*. Bethesda, Md.: Federation of American Societies for Experimental Biology.

———. 1975. *Tentative Evaluation of the Health Aspects of Sucrose as a Food Ingredient*. Bethesda, Md.: Federation of American Societies for Experimental Biology.

Lipid Research Clinics (LRC) Program. 1984a. "The Lipid Research Clinics Coronary Primary Prevention Trial Results: I, Reduction in Incidence of Coronary Heart Disease." *JAMA*. 251, no. 3 (Jan. 20): 351–64.

——. 1984b. "The Lipid Research Clinics Coronary Primary Prevention Trial Results: II, The Relationship of Reduction in Incidence of Coronary Heart Disease to Cholesterol Lowering." *JAMA*. 251, no. 3 (Jan. 20): 365–74.

Long, C. N. H. 1927. "Etiology." In *Diseases of Metabolism*, 2nd edition, ed. G. G. Duncan (Philadelphia: W. B. Saunders, 1927), 710–20.

Lovegren, S. 2012. "Breakfast Foods." In *The Oxford Encyclopedia of Food and Drink in America*, 2nd edition, ed. A. Smith (Oxford, U.K.: Oxford University Press, 2012), 207–15.

Lowenstein, F. W. 1961. "Blood-Pressure in Relation to Age and Sex in the Tropics and Subtropics: A Review of the Literature and an Investigation in Two Tribes of Brazil Indians." *Lancet* 277 (Feb. 18): 389–92.

———. 1954. "Some Epidemiologic Aspects of Blood Pressure and Its Relationship to Diet and Constitution with Particular Consideration of the Chinese: A Review of the Pertinent Literature of the Past 40 Years." *American Heart*

Journal 47, no. 5 (June): 874–86.

Ludmerer, K. M. 1988. *Learning to Heal: The Development of American Medical Education*. New York: Perseus Books.

Ludwig, J., T. R. Viggiano, D. B. McGill, and B. J. Oh. 1980. "Nonalcoholic Steatohepatitis: Mayo Clinic Experiences with a Hitherto Unnamed Disease." *Mayo Clinic Proceedings* 55, no. 7 (July): 434–38.

Lusk, G. 1933. *Nutrition*. New York: Paul B. Hoeber.

Luzardo, L., O. Noboa, and J. Boggia. 2015. "Mechanisms of Salt-Sensitive Hypertension." *Current Hypertension Reviews* 11, no. 1: 14–21.

Lyons, R. D. 1977. "F.D.A. Banning Saccharin Use on Cancer Links." *New York Times*, March 10: 1.

Lyssiotis, C. A., and L. C. Cantley. 2013. "F Stands for Fructose and Fat." *Nature* 502 (Oct. 10): 181–82.

Mann, C. C. 2011. *1493: Uncovering the New World Columbus Created*. New York: Knopf.

Marble, A., P. White, R. F. Bradley, and L. P. Krall, eds. 1971. *Joslin's Diabetes Mellitus*, 11th edition. Philadelphia: Lea & Febiger.

Marks, S. V., and K. E. Maskus. 1993. "Introduction." In Marks and Maskus, eds., 1993, 1–14.

Marks, S. V., and K. E. Maskus, eds. 1993. *The Economics and Politics of World Sugar Prices*. Ann Arbor: University of Michigan Press.

Marmot, M. G., and S. L. Syme. 1976. "Acculturation and Coronary Heart Disease in Japanese-Americans." *American Journal of Epidemiology* 104, no. 3 (Sept.): 225–47.

Marshall, E. 1990. "Third Strike for NCI Breast Cancer Study." *Science* 250 (Dec. 14): 1503–4.

Masironi, R. 1970. "Dietary Factors and Coronary Heart Disease." *Bulletin of the World Health Organization* 42, no. 1: 103–14.

Mau, M. K., J. Keawe'aimoku Kaholokula, J. West, et al. 2010. "Translating Diabetes Prevention into Native Hawaiian and Pacific Islander Communities: The PILI 'Ohana Pilot Project." *Progress in Community Health Partnerships* 4, no. 1 (Spring): 7–16.

Mayer, J. 1976. "The Bitter Truth About Sugar." *New York Times*, June 20: 177.

———. 1968. *Overweight: Causes, Cost, and Control*. Englewood Cliffs, N.J.: Prentice-Hall.

———. 1953a. "Glucostatic Mechanism of Regulation of Food Intake." *New England Journal of Medicine* 249, no. 1 (July 2): 13–16.

———. 1953b. "Decreased Activity and Energy Balance in the Hereditary Obesity-Diabetes Syndrome of Mice." *Science* 117 (May 8): 504–5.

Mayer, J., and J. Goldberg. 1986. "Signs of Atherosclerosis Show Up at an Early Age in Heart-Disease Study." *Chicago Tribune*, March 13. Mayes, P. A. 1993. "Intermediary Metabolism of Fructose." Supplement, *American Journal of Clinical Nutrition* 58, no. 5 (Nov.): S754–S765.

McGandy, R. B., and J. Mayer. 1973. "Atherosclerotic Disease, Diabetes, and Hypertension: Background Considerations." In *U.S. Nutrition Policies in the Seventies*, ed. J. Mayer (San Francisco: W. H. Freeman), 37–43.

McGovern, G. 1977. Letter to J. W. Tatem, Jr., July 1, Records of the Great Western Sugar Company. Colorado Agricultural Archive, Colorado State University.

Menke, A., S. Casagrande, L. Geiss, and C. C. Cowie. 2015. "Prevalence of and Trends in Diabetes Among Adults in the United States, 1988–2012." *JAMA.* 314, no. 10 (Sept. 8): 1021–29.

Miller, J. H., and M. D. Bogdonoff. 1954. "Antidiuresis Associated with Administration of Insulin." *Journal of Applied Physiology* 6, no. 8 (Feb.): 509–12.

Miller, M., T. A. Burch, P. H. Bennett, and A. G. Steinberg. 1965. "Prevalence of Diabetes Mellitus in the American Indians: Results of Glucose Tolerance Tests in the Pima Indians of Arizona."*Diabetes* 14, no. 7 (July): 439–40.

Mills, C. A. 1930. "Diabetes Mellitus: Sugar Consumption in Its Etiology." *Archives of Internal Medicine* 46 (Oct.): 582–84.

Mintz, S. W. 1991. "Pleasure, Profit, and Satiation." In Seeds of Change, ed. J. J. Viola and C. Margolis (Washington, D.C.: Smithsonian Institution), 112–29.

———. 1985. *Sweetness and Power: The Place of Sugar in Modern History*. New York: Penguin.

Mitchell, H. S. 1930. "Nutrition Survey in Labrador and Northern Newfoundland." *Journal of the American Dietetic Association* 6, no. 1 (June): 29–35.

Moffat, R. U. 1904. Principal Medical Officer, Nairobi, to His Majesty's Commissioner. In Anon. 1906, 35–36.

Monod, J. 1965. "Nobel Lecture: From Enzymatic Adaption to Allosteric Transitions." Nobelprize.org. At http://www.nobelprize.org/nobel prizes/medicine/laureates/1965/monod-lecture.html.

Montanari, M. 1994. *The Culture of Food*. Trans. C. Ipsen. Oxford, U.K.: Blackwell.

Moore, J. S. 1890. "The Tax on Sugar: How the Many Are Fleeced for the Sake of a Few." Letter, *New York Times*, Feb. 19: 9.

Moore, W. W. 1983. *Fighting for Life: The Story of the American Heart Association*, 1911–1975. New York: New York Heart Association.

Moseley, B. 1799. *A Treatise on Sugar*. London: G. G. and J. Robinson.

Mouratoff, G. J., N. V. Carroll, and E. M. Scott. 1967. "Diabetes Mellitus in Eskimos." *JAMA*. 199, no. 3 (March 27): 107–12.

Mouratoff, G. J., and E. M. Scott. 1973. "Diabetes Mellitus in Eskimos After a Decade." *JAMA*. 226, no. 11 (Dec. 10): 1345–46.

Mrosovsky, N. 1976. "Lipid Programmes and Life Strategies in Hibernators." *American Zoologist* 16, no. 4 (Autumn): 685–97.

Multiple Risk Factor Intervention Trial Research Group (MRFIT). 1982. "Multiple Risk Factor Intervention Trial: Risk Factor Changes and Mortality Results." *JAMA*. 248, no. 12 (Sept. 24): 1465–77.

Nagle, J. J. 1965. "Soft-Drink Brands Add and Multiply." *New York Times*, July 18: 122.

———. 1963. "Cola Producers Enter New Field." *New York Times*, May 19: 218.

National Academy of Sciences (NAS). 1975. *Sweeteners: Issues and Uncertainties*. Washington, D.C.: National Academy of Sciences.

National Analysts, Inc. 1974. "Attitudes Toward Sugar: A Study Conducted for the Sugar Association and the International Sugar Research Foundation." Records of the Great Western Sugar Company. Colorado Agricultural Archive, Colorado State University.

National Cancer Institute (NCI). 2009. "Artificial Sweeteners and Cancer." At http://www.cancer.gov/about-cancer/causes-prevention/risk/diet/artificial-sweeteners-fact-sheet.

National Commission on Diabetes. 1976. *Report of the National Commission on Diabetes to the Congress of the United States*: vol. III, *Reports of Committees, Subcommittees, and Workgroups*. HEW Publication No. (NIH)76-1021. Bethesda, Md.: Department of Health, Education, and Welfare.

National Heart, Lung, and Blood Institute (NHLBI). 2015. "What Is Metabolic Syndrome?" At http://www.nhlbi.nih.gov/health/health-topics/topics/ms.

National Heart, Lung, and Blood Institute (NHLBI) Communication Office. 2006.

"News from the Women's Health Initiative: Reducing Total Fat Intake May Have Small Effect on Risk of Breast Cancer, No Effect on Risk of Colorectal Cancer, Heart Disease, or Stroke." Press release, Feb. 7.

National Institute of Diabetes and Digestive and Kidney Diseases (NIDDK). 2014a. "Insulin Resistance and Prediabetes." At http://www.niddk.nih.gov/health-information/health-topics/Diabetes/insulin-resistance-prediabetes/Pages/index.aspx.

———. 2014b. "Nonalcoholic Steatohepatitis." At http://www.niddk.nih.gov/health-information/health-topics/liver-disease/nonalcoholic-steatohepatitis/Pages/facts.aspx.

———. 2012. "Overweight and Obesity Statistics." At http://www.niddk.nih.gov/health-information/health-statistics/Pages/overweight-obesity-statistics.asp #a.

———. 2011. *Advances and Emerging Opportunities in Diabetes Research: A Strategic Planning Report of the Diabetes Mellitus Interagency Coordinating Committee*. NIH publication no. 11-7572. Bethesda, Md.: National Institutes of Health.

National Research Council (NRC), Committee on Diet and Health, Food and Nutrition Board, Commission on Life Sciences. 1989. *Diet and Health: Implications for Reducing Chronic Disease Risk*. Washington, D.C.: National Academies Press.

Nees, P. O., and P. H. Derse. 1965. "Feeding and Reproduction of Rats Fed Calcium Cyclamate." *Nature* 206, no. 5,005 (Oct. 2): 81-82.

Newburgh, L. H. 1942. "Obesity." *Archives of Internal Medicine* 70, no. 6 (Dec.): 1033-96.

Newburgh, L. H., and M. W. Johnston. 1930a. "The Nature of Obesity." *Journal of Clinical Investigation* 8, no. 2 (Feb.): 197-213.

———. 1930b. "Endogenous Obesity-A Misconception." *Annals of Internal Medicine* 8, no. 3 (Feb.): 815-25.

Newcombe, D. S. 2013. *Gout*. London: Springer-Verlag.

Nikkilä, E. A. 1974. "Influence of Dietary Fructose and Sucrose on Serum Triglycerides in Hypertriglyceridemia and Diabetes." In Sipple and McNutt, eds., 1974, 441-50.

Noorden, C. von. 1907. "Obesity." Trans. D. Spence. In *Metabolism and Practical Medicine*, Vol. 3: *The Pathology of Metabolism*, ed. C. von Noorden and I. W. Hall (Chicago: W. Keener, 1907), 693-715.

Noto, H., A. Goto, T. Tsujimoto, and M. Noda. 2012. "Cancer Risk in Diabetic Patients Treated with Metformin: A Systematic Review and Meta-Analysis." *PLOS One* 7, no. 3 (March): e33411.

Nuccio, S. 1964. "Advertising: Sales Clicking for Dietetic Pop." *New York Times*, May 20: 68.

O'Connor, A. 2015. "Coca-Cola Funds Effort to Alter Obesity Battle." *New York Times*, Aug. 10: A1.

Ors, R., E. Ozek, G. Baysoy, et al. 1999. "Comparison of Sucrose and Human Milk on Pain Response in Newborns." *European Journal of Pediatrics* 158, no. 1 (Jan.): 63-66.

Orwell, G. 1958. *Road to Wigan Pier*. New York: Harcourt. [Originally published in 1937.]

Osborne, C. K., G. Bolan, M. E. Monaco, and M. E. Lippman. 1976. "Hormone Responsive Human Breast Cancer in Long-Term Tissue Culture: Effect of Insulin." *Proceedings of the National Academy of Sciences* 73, no. 12 (Dec.): 4536-40.

Oscai, L. B., M. M. Brown, and W. C. Miller. 1984. "Effect of Dietary Fat on Food Intake, Growth and Body Composition in Rats." *Growth* 48, no. 4 (Winter): 415-24.

Osler, W. 1909. *The Principles and Practice of Medicine*, 7th edition. New York: D. Appleton.

———. 1901. *The Principles and Practice of Medicine*, 4th edition. New York: D. Appleton.

———. 1892. *The Principles and Practice of Medicine*. New York: D. Appleton.

Østbye, T., T. J. Welby, I. A. M. Prior, C. E. Salmond, and Y. M. Stokes. 1989. "Type 2 (Non-Insulin-Dependent) Diabetes Mellitus, Migration and Westernization: The Tokelau Island Migrant Study." *Diabetologia* 32, no. 8 (Aug.): 585-90.

Ott, A., R. P. Stolk, F. van Harskamp, H. A. Pols, A. Hofman, and M. M. Breteler. 1999. "Diabetes Mellitus and the Risk of Dementia: The Rotterdam Study." *Neurology* 53, no. 9 (Dec.): 1937-42.

Ott, A., R. P. Stolk, A. Hofman, F. van Harskamp, D. E. Grobbee, and M. M. Breteler. 1996. "Association of Diabetes Mellitus and Dementia: The Rotterdam Study." *Diabetologia* 39, no. 11 (Nov.): 1392-97.

Page, I. H., F. J. Stare, A. C. Corcoran, H. Pollack, and C. F. Wilkinson, Jr. 1957. "Atherosclerosis and the Fat Content of the Diet." *Circulation* 16, no. 2 (Aug.): 163–78.

Page, L. B., A. Damon, and R. C. Moellering, Jr. 1974. "Antecedents of Cardiovascular Disease in Six Solomon Islands Societies." *Circulation* 49, no. 6 (June): 1132–46.

Parks, J. and E. Waskow, 1961. "Diabetes Among the Pima Indians of Arizona." *Arizona Medicine* 18, no. 4 (April): 99–106.

PBS NewsHour. 2010. "Michelle Obama: Team Effort Needed to Halt Childhood Obesity." Feb. 9. At http://www.pbs.org/newshour/bb/health-jan-june10-firstlady_02-09.

Pendergrast, M. 1993. *For God, Country and Coca Cola*. New York: Basic Books.

Pennington, N. L., and C. W. Baker. 1990. *Sugar: A User's Guide to Sucrose*. New York: Van Nostrand Reinhold.

Perheentupa, J., and K. Raivio. 1967. "Fructose-Induced Hyperuricaemia." *Lancet* 290 (Sept.): 528–31.

Pettitt, D. J., K. A. Aleck, H. R. Baird, M. J. Carraher, P. H. Bennett, and W. C. Knowler. 1988. "Congenital Susceptibility to NIDDM: Role of Intrauterine Environment." *Diabetes* 37, no. 5 (May): 622–28.

Pettitt, D. J., H. R. Baird, K. A. Aleck, P. H. Bennett, and W. C. Knowler. 1983. "Excessive Obesity in Offspring of Pima Indian Women with Diabetes During Pregnancy." *New England Journal of Medicine* 308, no. 5 (Feb.): 242–45.

Phillips, W. D., Jr. 1985. *Slavery from Roman Times to the Early Transatlantic Trade*. Manchester, U.K.: Manchester University Press.

Plice, M. J. 1952. "Sugar Versus the Intuitive Choice of Foods by Livestock." *Journal of Range Management* 5, no. 2 (March): 69–75.

Pollak, M. N., E. S. Schernhammer, and S. E. Hankinson. 2004. "Insulin-Like Growth Factors and Neoplasia." *Nature Reviews of Cancer* 4, no. 7 (July): 505–18.

Pollan, M. 2008. *In Defense of Food*. New York: Penguin.

———. 2002. "When a Crop Becomes King." *New York Times Magazine*, July 19: A17.

———. 2001. *The Botany of Desire: A Plant's-Eye View of the World*. New York: Random House.

Poloz, Y., and V. Stambolic. 2015. "Obesity and Cancer: A Case for Insulin Signaling." *Cell Death and Disease* 6, no. 12 (Dec. 31): e2037.

Popper, K. R. 1979. *Objective Knowledge: An Evolutionary Approach*. Revised edition. Oxford, U.K.: Clarendon Press.

Porter, R., and G. S. Rousseau. 1998. *Gout: The Patrician Malady*. New Haven, Conn.: Yale University Press.

Prentice, R. L., B. Caan, R. T. Chlebowski, et al. 2006. "Low-Fat Dietary Pattern and Risk of Invasive Breast Cancer: The Women's Health Initiative Randomized Controlled Dietary Modification Trial." *JAMA*. 295, no. 6 (Feb. 8): 629–42.

Presley, J. W. 1991. "A History of Diabetes Mellitus in the United States, 1880–1990." Ph.D. dissertation. University of Texas at Austin.

Price, R. A., M. A. Charles, D. J. Pettitt, and W. C. Knowler. 1993. "Obesity in Pima Indians: Large Increases Among Post–World War II Birth Cohorts." *American Journal of Physical Anthropology* 92, no. 4 (Dec.): 473–79.

Price, W. A. 1939. *Nutrition and Physical Degeneration*. New York: Paul B. Hoeber.

Priebe, P. M., and G. B. Kauffman. 1980. "Making Governmental Policy Under Conditions of Scientific Uncertainty: A Century of Controversy About Saccharin in Congress and the Laboratory." *Minerva* 18, no. 4 (Winter): 556–74.

Prinsen Geerligs, H. C. 2010. *The World's Cane Sugar Industry, Past and Present*. Cambridge, U.K.: Cambridge University Press. [Originally published in 1912.]

Prior, I. A. 1971. "The Price of Civilization." *Nutrition Today*, July/Aug.: 2–11.

Prior, I. A., R. Beaglehole, F. Davidson, and C. E. Salmond. 1978. "The Relationships of Diabetes, Blood Lipids, and Uric Acid Levels in Polynesians." *Advances in Metabolic Disorders* 9: 241–61.

Prior, I. A., B. S. Rose, and F. Davidson. 1964. "Metabolic Maladies in New Zealand Maoris." *British Medical Journal* 1 (April 25): 1065–69.

Prior, I. A., J. M. Stanhope, J. G. Evans, and C. E. Salmond. 1974. "The Tokelau Island Migrant Study." *International Journal of Epidemiology* 3 (Sept.): 225–32.

Prior, I. A., T. J. Welby, T. Østbye, C. E. Salmond, and Y. M. Stokes. 1987. "Migration and Gout: The Tokelau Island Migrant Study." *British Medical Journal* 295 (Aug. 22): 457–61.

Proctor, R. N. 2011. *Golden Holocaust: Origins of the Cigarette Catastrophe and the Case for Abolition*. Berkeley: University of California Press.

Public Relations Society of America (PRSA). 1976. "The Sugar Association Inc." Campaign profile, two-page summary of a Silver Anvil Award Winner, addressing research, planning, execution and evaluation. No. 6BW-7604C.

Putnam, J. J., and S. Haley. 2003. "Estimating Consumption of Caloric Sweeteners." *Amber Waves* (April 1). http://www.ers.usda.gov/amber-waves/2003-april/behind-the-data.aspx#.V1meFpMrJXs.

Quinzio, J. 2009. Of *Sugar and Snow: A History of Ice Cream Making*. Berkeley: University of California Press.

Reader, G., R. Melchionna, L. E. Hinkle, et al. 1952. "Treatment of Obesity." *American Journal of Medicine* 13, no. 4 (Oct.): 478-86.

Reaven, G. M. 1997. "The Kidney: An Unwilling Accomplice in Syndrome X." *American Journal of Kidney Diseases* 30, no. 6 (Dec.): 928-31.

———. 1988. "Banting Lecture 1988: Role of Insulin Resistance in Human Disease." *Diabetes* 37, no. 12 (Dec.): 1595-1607.

Reed, A. C. 1916. "Diabetes in China." *American Journal of the Medical Sciences* 151, no. 4 (April): 577-81.

Reiser, S. 1987. "Uric Acid and Lactic Acid." In Reiser and Hallfrisch 1987, 113-34.

Reiser, S., and J. Hallfrisch. 1987. *Metabolic Effects of Dietary Fructose*. Boca Raton, Fla.: CRC Press.

Reiser, S., J. Hallfrisch, J. Fields, et al. 1986. "Effects of Sugars on Indices of Glucose Tolerance in Humans." *American Journal of Clinical Nutrition* 43, no. 1 (Jan.): 151-59.

Reiser, S., and B. Szepesi. 1978. "SCOGS Report on the Health Aspects of Sucrose Consumption." *American Journal of Clinical Nutrition* 31, no. 1 (Jan.): 9-11.

Review Panel of the National Heart Institute. 1969. "Mass Field Trials of the Diet-Heart Question, Their Significance, Feasibility and Applicability: Report of the Diet-Heart Review Panel of the National Heart Institute." American Heart Association Monograph no. 28. American Heart Association.

Reynolds, G. 2014. "Drink Soda? Take 12,000 Steps." *New York Times*. Sept. 10. At http://well.blogs.nytimes.com/2014/09/10/drink-soda-keep-walking/?_php=true&_type=blogs&ref=health&_r=0.

Rhein, R. W., Jr., and L. Marion. 1977. *The Saccharin Controversy: A Guide for Consumers*. New York: Monarch Press.

Richardson, T. 2002. *Sweets: A History of Candy*. New York: Bloomsbury.

Rippe, J. M., and T. J. Angelopoulos. 2015. "Fructose-Containing Sugars and

Cardiovascular Disease." *Advances in Nutrition* 6, no. 4 (July 15): 430–39.

Ripperger, H. 1934. "America's Huge Appetite for Candy." *New York Times*, July 15.

Roberts, A. M. 1973. "Effects of a Sucrose-Free Diet on the Serum-Lipid Levels of Men in Antarctica." *Lancet* 301 (June 2): 1201–4.

Rollo, J. 1798. "The History, Nature and Treatment of Diabetes Mellitus." In *Diabetes: A Medical Odyssey* (Tuckahoe, N.Y.: USV Pharmaceutical Corp., 1971), 23–44.

Rony, H. R. 1940. *Obesity and Leanness*. Philadelphia: Lea & Febiger.

Root, W., and R. de Rochemont. 1976. *Eating in America: A History*. New York: Ecco Press.

Rose, B. S. 1975. "Gout in the Maoris." *Seminars in Arthritis and Rheumatism* 5, no. 2 (Nov.): 121–45.

Rose, M. S. 1929. *The Foundations of Nutrition*. New York: Macmillan.

Rosenberg, C. E. 1987. *The Care of Strangers: The Rise of America's Hospital System*. Baltimore: Johns Hopkins University Press.

Rosenthal, B., M. Jacobson, and M. Bohm. 1976. "Professors on the Take." *Progressive*, Nov.: 42–47.

Rush, E. and L. Pearce. 2013. Foods Imported into the Tokelau Islands: 10th May 2008 to 1 April 2012. World Health Organization (Western Pacific Region). At http://aut.researchgateway.ac.nz/handle/10292/5757.

Russell, F. 1975. *The Pima Indians*. Tucson: University of Arizona Press. [Originally published 1905.]

Sagild, U., J. Littauer, C. S. Jespersen, and S. Andersen. 1966. "Epidemiological Studies in Greenland 1962–1964: 1, Diabetes Mellitus in Eskimos." *Acta Medica Scandinavica* 179, no. 1 (Jan.): 29–39.

Saundby, R. 1908. "Diabetes Mellitus Among the Chinese." *British Medical Journal* 1 (Jan. 11): 116–17.

———. 1901. "Diabetes Mellitus." In *A System of Medicine*, ed. T. C. Allbutt (New York: Macmillan), 195–233.

———. 1891. *Lectures on Diabetes: Including the Bradshawe Lecture, Delivered Before the Royal College of Physicians on August 18th, 1890*. New York: E. B. Treat.

Schaefer, O. 1968. "Glycosuria and Diabetes Mellitus in Canadian Eskimos." *Canadian Medical Association Journal* 99, no. 5 (Aug. 3): 201–6.

Schmidt, L. A. 2015. "What Are Addictive Substances and Behaviours and How Far Do

They Extend?" In *The Impact of Addictive Substances and Behaviours on Individual and Societal Well-Being*, eds. P. Anderson, J. Rehm, and R. Room (Oxford, U.K.: Oxford University Press), 37–52.

Schmitz, A., and D. Christian. 1993. "The Economics and Politics of U.S. Sugar Policy." In Marks and Maskus, eds., 1993, 49–78.

Schneider, J. A., Z. Arvanitakis, W. Bang, and D. A. Bennett. 2007. "Mixed Brain Pathologies Account for Most Dementia Cases in Community-Dwelling Older Persons." *Neurology* 69, no. 24 (Dec. 11): 2197–2204.

Schulz, K. 2010. *Being Wrong: Adventures in the Margin of Error*. New York: HarperCollins.

Schweitzer, A. 1957. "Preface." In A. Berglas, *Cancer: Nature, Cause and Cure* (Paris: Institut Pasteur), ix.

Sclafani, A. 1987. "Carbohydrate, Taste, Appetite, and Obesity: An Overview." *Neuroscience and Biobehavioral Reviews* 11, no. 2 (Summer): 131–53.

Seegmiller, J. E., R. M. Dixon, G. J. Kemp, et al. 1990. "Fructose-Induced Aberration of Metabolism in Familial Gout Identified by 31P Magnetic Resonance Spectroscopy." *Proceedings of the National Academy of Sciences* 87, no. 21 (Nov.): 8326–30.

Seidenberg, C. 2015. "How to Teach Your Kids About Sugar." *Washington Post*. May 13. At https://www.washingtonpost.com/lifestyle/wellness/how-to-teach-your-kids-about-sugar/2015/05/12/6b8b7882-f401-11e4-b2f3-af5479e6bbdd _story.html.

Select Committee on Nutrition and Human Needs of the U.S. Senate. 1977. *Dietary Goals for the United States*. Washington, D.C.: U.S. Government Printing Office.

——. 1973. *Sugar in Diet, Diabetes, and Heart Disease*. Hearing Before the Select Committee on Nutrition and Human Needs of the United States Senate, 93rd Congress, pt. 2. April 30, May 1 and 2, 1973. Washington, D.C.: U.S. Government Printing Office.

Shafrir, E. 1991. "Fructose/Sucrose Metabolism: Its Physiological and Pathological Implications." In Kretchmer and Hollenbeck, eds., 1991, 63–98.

Shaper, A. G. 1967. "Blood Pressure Studies in East Africa." In *The Epidemiology of Hypertension*, ed. J. Stamler, R. Stamler, and T. N. Pullman (New York: Grune & Stratton), 139–49.

Shaper, A. G., P. J. Leonard, K. W. Jones, and M. Jones. 1969. "Environmental Effects on the Body Build, Blood Pressure and Blood Chemistry of Nomadic Warriors

Serving in the Army in Kenya." *East African Medical Journal* 46, no. 5 (May): 282–89.

Shattuck, G. C. 1937. "The Possible Significance of Low Blood Pressures Observed in Guatemalans and in Yucatecans." *American Journal of Tropical Medicine* 17, no. 4 (July): 513–37.

Shryock, R. H. 1979. *The Development of Modern Medicine: An Interpretation of the Social and Scientific Factors Involved*. Madison: University of Wisconsin Press.

Silver, S., and J. Bauer. 1931. "Obesity, Constitutional or Endocrine?" *American Journal of the Medical Sciences* 181, no. 1 (Jan.): 769–77.

Sipple, H. L., and K. W. McNutt, eds. 1974. *Sugars in Nutrition*. New York: Academic Press.

Siu, R. G. H., J. F. Borzelleca, C. J. Carr, et al. 1977. "Evaluation of Health Aspects of GRAS Food Ingredients: Lessons Learned and Questions Answered." *Federation Proceedings* 36, no. 11 (Oct.): 2519–62.

Slare, F. 1715. "Vindication of Sugars Against the Charge of Dr. Willis, Other Physicians, and Common Prejudices." In *Observations upon BEZOAR-stones: With a Vindication of Sugars, &c*. London: Tim Goodwin.

Smith, C. J., E. M. Manahan, and S. G. Pablo. 1994. "Food Habit and Cultural Changes Among the Pima Indians." In Joe and Young, eds., 1994, 407–33.

Smith, D. 1952. "Fight Continues Between Dentists, Sugar Industry." *Boston Globe*, Sept. 1: 34.

Snapper, I. 1960. *Bedside Medicine*. New York: Grune & Stratton.

Sniderman, A. D., K. Williams, J. H. Contois, et al. 2011. "A Meta-Analysis of Low-Density Lipoprotein Cholesterol, Non-High-Density Lipoprotein Cholesterol, and Apolipoprotein B as Markers of Cardiovascular Risk." *Circulation: Cardiovascular Quality and Outcomes* 4, no. 3 (May): 337–45.

Snowden, C. 2015. "The Coca-Cola 'Exposé' Had All the Spin of a Classic Anti-Sugar Smear Piece." *Spectator*, Oct. 12. At https://health.spectator.co.uk/the-coca-cola-expose-had-all-the-spin-of-a-classic-anti-sugar-smear-piece/.

Snowdon, D. A., L. H. Greiner, J. A. Mortimer, K. P. Riley, P. A. Greiner, and W. R. Markesbery. 1997. "Brain Infarction and the Clinical Expression of Alzheimer's Disease: The Nun Study." *JAMA*. 277, no. 10 (March 12): 813–17.

Sorem, K. A. 1985. "Cancer Incidence in the Zuni Indians of New Mexico." *Yale Journal of Biology and Medicine* 58, no. 5 (Sept.–Oct.): 489–96.

Standage, T. 2005. *A History of the World in 6 Glasses*. New York: Walker & Company.

Stare, F. J. 1987. *Harvard's Department of Nutrition 1942–1986*. Norwell, Mass.: Christopher Publishing House.

——. 1976a. "The Consequences of Reducing Sugar." *Trends in Biochemical Sciences* 1, no. 10 (Oct.): 226.

——. 1976b. "Sugar Is a Cheap Safe Food." *Trends in Biochemical Sciences* 1, no. 6 (June): N126–28.

——. ed. 1975. "Sugar in the Diet of Man." *World Review of Nutrition and Dietetics* 22: 237–326.

Starling, S. 2009. "Groups Unite to Fight US Obesity." Food Navigator–USA .com. October 5. At http://www.foodnavigator-usa.com/Suppliers2/Groups-unite-to-fight-US-obesity.

Steiner, J. E. 1977. "Facial Expressions of the Neonate Infant Indicating the Hedonics of Food-Related Chemical Stimuli." In *Taste and Development: The Genesis of Sweet Preference*, ed. J. M. Weiffenbach (Washington, D.C.: U.S. Government Printing Office), 173–88.

Stockard, C. R. 1929. "Hormones of the Sex Glands–What They Mean for Growth and Development." In *Chemistry in Medicine*, ed. J. Stieglitz (New York: Chemical Foundation, Inc., 1929), 256–71.

Stoddard, B. 1997. *Pepsi: 100 Years*. Los Angeles: General Publishing Group.

Strom, S. 2012. "Nation's Sweet Tooth Shrinks." *New York Times*, Oct. 27: B1.

Strong, L. A. G. 1954. *The Story of Sugar*. London: Weidenfeld & Nicolson.

Suddick, R. P., and N. O. Harris. 1990. "Historical Perspectives of Oral Biology: A Series." *Critical Reviews in Oral Biology and Medicine* 1, no. 2 (June): 135–51.

Sugar Association, Inc. (SAI). 1978. Sugar Association, Inc., winter meeting of the board of directors, Chicago, Ill., Feb. 9, 1978. Research projects report, Washington, D.C. Sugar Association, Inc., Records of the Great Western Sugar Company, Colorado Agricultural Archive, Colorado State University.

——. 1977a. "President's Report." In Sugar Association, Inc., fall meeting of the board of directors, Palm Springs, Calif., Oct. 13. Sugar Association, Inc., Records of the Great Western Sugar Company, Colorado Agricultural Archive, Colorado State University.

——. 1977b. Annual meeting of the board of directors, Chicago, Ill., May 12.

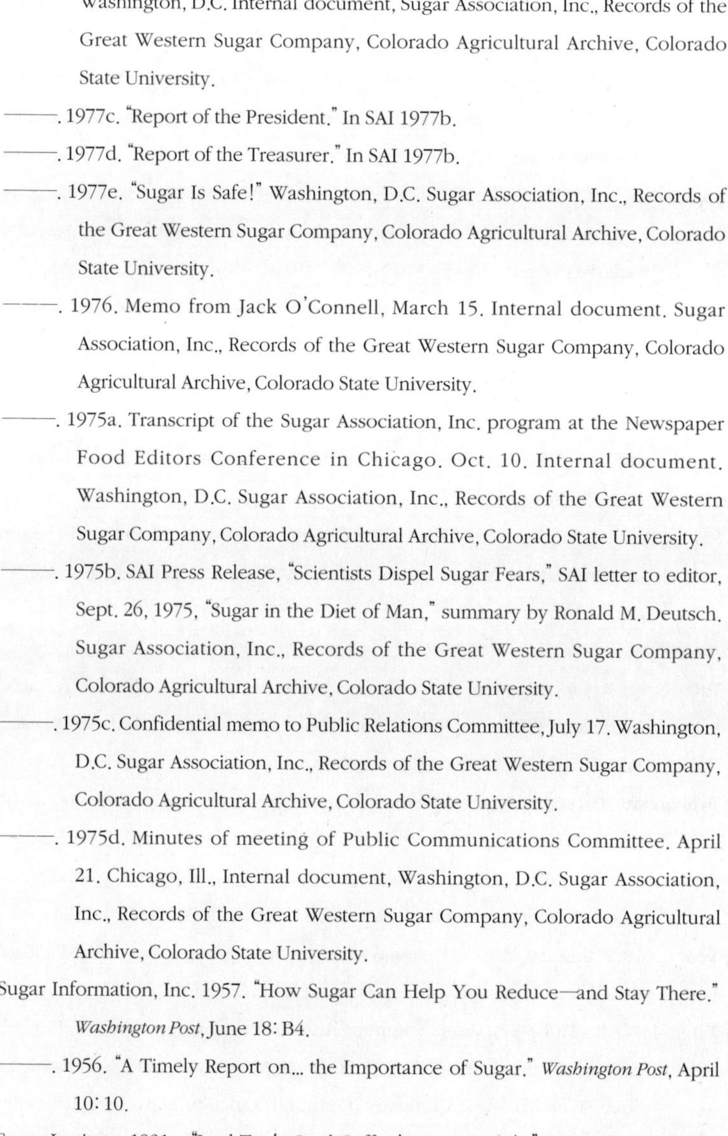

Washington, D.C. Internal document, Sugar Association, Inc., Records of the Great Western Sugar Company, Colorado Agricultural Archive, Colorado State University.

———. 1977c. "Report of the President." In SAI 1977b.

———. 1977d. "Report of the Treasurer." In SAI 1977b.

———. 1977e. "Sugar Is Safe!" Washington, D.C. Sugar Association, Inc., Records of the Great Western Sugar Company, Colorado Agricultural Archive, Colorado State University.

———. 1976. Memo from Jack O'Connell, March 15. Internal document. Sugar Association, Inc., Records of the Great Western Sugar Company, Colorado Agricultural Archive, Colorado State University.

———. 1975a. Transcript of the Sugar Association, Inc. program at the Newspaper Food Editors Conference in Chicago. Oct. 10. Internal document. Washington, D.C. Sugar Association, Inc., Records of the Great Western Sugar Company, Colorado Agricultural Archive, Colorado State University.

———. 1975b. SAI Press Release, "Scientists Dispel Sugar Fears," SAI letter to editor, Sept. 26, 1975, "Sugar in the Diet of Man," summary by Ronald M. Deutsch. Sugar Association, Inc., Records of the Great Western Sugar Company, Colorado Agricultural Archive, Colorado State University.

———. 1975c. Confidential memo to Public Relations Committee, July 17. Washington, D.C. Sugar Association, Inc., Records of the Great Western Sugar Company, Colorado Agricultural Archive, Colorado State University.

———. 1975d. Minutes of meeting of Public Communications Committee. April 21. Chicago, Ill., Internal document, Washington, D.C. Sugar Association, Inc., Records of the Great Western Sugar Company, Colorado Agricultural Archive, Colorado State University.

Sugar Information, Inc. 1957. "How Sugar Can Help You Reduce—and Stay There." *Washington Post*, June 18: B4.

———. 1956. "A Timely Report on... the Importance of Sugar." *Washington Post*, April 10: 10.

Sugar Institute. 1931a. "Iced Tea!... Iced Coffee!... Lemonade!..." *Boston Globe*, July 30: 25.

———. 1931b. "It's Very Easy to Catch Cold When You Are Tired Out." *Boston Globe*, Feb. 26: 15.

———. 1930. "If You're Tired at 4 o'Clock Get Something to Eat That's Sweet." *Boston Globe*, Oct. 16: 14.

Sugar Research Foundation, Inc (SRF). 1945. *Some Facts About the Sugar Research Foundation, Inc., and Its Prize Award Program*. Oct. Washington: Sugar Research Foundation, Inc.

Sugarman, J. R., M. Hickey, T. Hall, and D. Gohdes. 1990. "The Changing Epidemiology of Diabetes Mellitus Among Navajo Indians." *Western Journal of Medicine* 153, no. 2 (Aug.): 140–45.

Sugarman, J. R., L. L. White, and T. J. Gilbert. 1990. "Evidence for a Secular Change in Obesity, Height, and Weight Among Navajo Indian Schoolchildren." *American Journal of Clinical Nutrition* 52, no. 6 (Dec.): 960–66.

Swift, T. P. 1937. "Battle on Sugar Dates to War Days." *New York Times*, Sept. 5: 31.

Symonds, B. 1923. "The Blood Pressure of Healthy Men and Women." *JAMA*. 80, no. 4 (Jan. 27): 232–36.

Szanto, S., and J. Yudkin. 1969. "The Effect of Dietary Sucrose on Blood Lipids, Serum Insulin, Platelet Adhesiveness and Body Weight in Human Volunteers." *Postgraduate Medical Journal* 45 (Sept.): 602–7.

Talhout, R., A. Opperhuizen, and J. G. van Amsterdam. 2006. "Sugars as Tobacco Ingredient: Effects on Mainstream Smoke Composition." *Food and Chemical Toxicology* 44, no. 11 (Nov.): 1789–98.

Tanchou, S. 1844. *Recherches sur le traitement médical des tumeurs cancéreuses*. Paris: Gerner Baillière.

Tappy, L., and E. Jéquier. 1993. "Fructose and Dietary Thermogenesis." Supplement, *American Journal of Clinical Nutrition* 58, no. 5 (Nov.): S766–S770.

Tappy, L., and L.-A. Lê. 2010. "Metabolic Effects of Fructose and Worldwide Increase in Obesity." *Physiological Reviews* 90, no. 1 (Jan.): 23–46.

Tatem J. W., Jr., 1976a. "President's Report." In board of directors meeting. Oct. 14, Internal document, Scottsdale, Ariz. Sugar Association, Inc., Records of the Great Western Sugar Company, Colorado Agricultural Archive, Colorado State University.

———. 1976b. Letter to Lewis Bergman, editor of The *New York Times magazine*. June 25. Sugar Association, Inc., Records of the Great Western Sugar Company, Colorado Agricultural Archive, Colorado State University.

———. 1976c. "Remarks: John W. Tatem, Jr., President, The Sugar Association, Inc., to the Chicago Nutrition Association Symposium on Sugar in Nutrition." Jan. 19. Internal document. Sugar Association, Inc., Records of the Great Western Sugar Company, Colorado Agricultural Archive, Colorado State University.

———. 1975. "Status of Sweeteners in the USA: Remarks by John Tatem, International Sugar Meetings, Paris, France." Nov. 27. Internal document, Washington, D.C. Sugar Association, Inc., Records of the Great Western Sugar Company, Colorado Agricultural Archive, Colorado State University.

Tattersall, R. 2009. *Diabetes: The Biography*. Oxford, U.K.: Oxford University Press.

Taubes, G. 2012. "Cancer Research: Unraveling the Obesity-Cancer Connection." *Science* 335 (Jan. 6): 28-32.

———. 2009. "Insulin Resistance: Prosperity's Plague."*Science* 325 (July 17): 256-60.

———. 2007. *Good Calories, Bad Calories*. New York: Knopf.

Temin, H. M. 1968. "Carcinogenesis by Avian Sarcoma Viruses: X, The Decreased Requirement for Insulin-Replaceable Activity in Serum for Cell Multiplication." *International Journal of Cancer* 3, no. 6 (Nov. 15): 771-87.

———. 1967. "Studies on Carcinogenesis by Avian Sarcoma Viruses: VI, Differential Multiplication of Uninfected and of Converted Cells in Response to Insulin." *Journal of Cell Physiology* 69, no. 3 (June): 377-84.

Thomas, D. B. 1979. "Epidemiologic Studies of Cancer in Minority Groups in the Western United States." *National Cancer Institute Monograph* no. 53 (Nov.): 103-13.

Thomas, L. 1985. "Medicine as a Very Old Profession." In *Cecil Textbook of Medicine*, 17th edition, ed. J. B. Wyngaarden and L. H. Smith, Jr. (Philadelphia: W. B. Saunders), 9-11.

Thomas, W. A. 1928. "Health of a Carnivorous Race: A Study of the Eskimo." *JAMA*. 88, no. 20 (May 14): 1559-60.

Thorne, V. B. 1914. "Effects of Different Foods upon the Growth of Cancer." *New York Times*, March 1: SM6.

Tilley, N. M. 1972. *The Bright Tobacco Industry: 1860–1929*. New York: Arno Press.

Timberlake, C. 1983. "Diet Soft Drinks Becoming Heavyweight in U.S. Market." *Reading Eagle*, Feb. 20: 52.

Today show. 1976. April 8. Television program. At http://www.nbcuniversalarchives.com/nbcuni/clip/5112796793_s02.do.

Trowell, H. C. 1981. "Hypertension, Obesity, Diabetes Mellitus and Coronary Heart Disease." In Trowell and Burkitt, eds., 1981, 3–32.

———. 1975. "Obesity in the Western World." *Plant Foods for Man* 1: 157–68.

———. 1947. "A Case of Gout in a Ruanda, African." *East African Medical Journal*, 24 (Oct.): 346–48.

Trowell, H. C., and D. P. Burkitt. 1981. "Preface." In Trowell and Burkitt, eds., 1981, xiii–xvi.

Trowell, H. C., and D. P. Burkitt, eds. 1981. *Western Diseases: Their Emergence and Prevention*. Cambridge, Mass.: Harvard University Press.

Trowell, H. C., and S. A. Singh. 1956. "A Case of Coronary Heart Trouble in an African." *East African Medical Journal* 33: 391–94.

Truswell, A. S. 1977. "Dietary Fat and Heart Disease." *Lancet* 310 (Dec. 3): 1173.

Tuia, I. 2001. "The Tokelau Connection." In *The Health of Pacific Societies: Ian Prior's Life and Work*, ed. P. Howden-Chapman and A. Woodward (Aoteroa, N.Z.: Steele Roberts, 2001), 32–39.

Twain, M. 2010. *Autobiography of Mark Twain: The Complete and Authoritative Edition*. Vol. 1. Berkeley: University of California Press.

Umegaki, H. 2014. "Type 2 Diabetes as a Risk Factor for Cognitive Impairment: Current Insights." *Clinical Interventions in Aging* 9 (June 28): 1110–19.

Urbinati, G.C. 1975. "Hillebrand SS. (Ed.): Is the Risk of Becoming Diabetic Affected by Sugar Consumption." *Acta Diabetologica Latina* 12, nos. 3–4 (May–Aug.): 256–57.

U.S. Congress. 1958. *Food Additive Amendment of 1958, Public Law*. Sept. 6. 85th Congress, 72 Stat. 1784–89, Washington, D.C.

U.S. Department of Agriculture (USDA). 2016. "Loss-Adjusted Food Availability Documentation. http://www.ers.usda.gov/data-products/food-availability-(per-capita)-data-system/loss-adjusted-food-availability-documentation.aspx #.UZ0clitATH0.

———. 1942. "For Health... Eat Some Food from Each Group... Every Day!" At http://www.todayifoundout.com/wp-ontent/uploads/2013/09/The-Basic-Seven.jpg.

U.S. Department of Agriculture (USDA) and U.S. Department of Health, Education, and Welfare (HEW). 1985. "Nutrition and Your Health: Dietary Guidelines for Americans," 2nd edition. Home and Garden Bulletin no. 232. Washington, D.C.

———. 1980. "Nutrition and Your Health: Dietary Guidelines for Americans." Home and Garden Bulletin, no. 228.

U.S. Department of Health and Human Services (US HHS). 1988. *The Surgeon General's Report on Nutrition and Health*. Washington, D.C.: U.S. Government Printing Office.

U.S. Department of Health, Education, and Welfare (US HEW). 1971. *Arteriosclerosis: A Report by the National Heart and Lung Institute Task Force on Arteriosclerosis*. 2 vols. U.S. Department of Health, Education, and Welfare publication nos. (NIH) 72-137 and 72-219. Washington, D.C.: National Institutes of Health.

U.S. Food and Drug Administration (FDA). 2015. "History of the GRAS List and SCOGS Reviews." At http://www.fda.gov/Food/IngredientsPackagingLabeling/GRAS/SCOGS/ucm084142.htm.

———. 1958. "Food Additives." *Federal Register*. December 9: 23 (239): 9511–17.

Vander Heiden, M. G., L. C. Cantley, and C. B. Thompson. 2010. "Understanding the Warburg Effect: The Metabolic Requirements of Cell Proliferation." *Science* 324 (May 22): 1029–33.

Vaughan, J. 1818. "Abstract and Results from Eight Annual Statements (1809 to 1816), Published by the Board of Health, of the Deaths, with the Diseases, Ages, &c. in the City and Liberties of Philadelphia." *Transactions of the American Philosophical Society* 1: 430–34, 453–54.

Ventura, E. E., J. N. Davis, and M. I. Goran. 2011. "Sugar Content of Popular Sweetened Beverages Based on Objective Laboratory Analysis: Focus on Fructose Content." *Obesity* 19, no. 4 (April): 868–74.

Vermeer, S. E., N. D. Prins, T. den Heijer, A. Hofman, P. J. Koudstaal, and M. M. Breteler. 2003. "Silent Brain Infarcts and the Risk of Dementia and Cognitive Decline." *New England Journal of Medicine* 348, no. 13 (March 27): 1215–22.

Veterans Health Administration (VHA). 2011. "Close to 25 Percent of VA Patients Have Diabetes." At http://www.va.gov/health/NewsFeatures/20111115a.asp.

Vinik, A. I., P. A. Crapo, S. J. Brink, et al. 1987. "Nutritional Recommendations and Principles for Individuals with Diabetes Mellitus: 1986." *Diabetes Care* 10, no.

1 (Jan.–Feb.): 126–32.

Walker, G. 1959. "The Great American Dieting Neurosis." *New York Times*, Aug. 23: SM12.

Walter, B. J. 1974. "Sweetener Economics." In *Symposium: Sweeteners*, ed. G. E. Inglett (Westport, Conn.: Avi Publishing, 1974), 45–62.

Walvin, J. 1997. *Fruits of Empire: Exotic Produce and British Taste, 1660–1800*. New York: New York University Press.

Warfield, L. M. 1920. *Arteriosclerosis and Hypertension*, 3rd edition. Saint Louis: C. V. Mosby.

Warner, D. J. 2011. *Sweet Stuff: An American History of Sweeteners from Sugar to Sucralose*. Washington, D.C.: Smithsonian Institution Scholarly Press.

Warren, J. L. 1972. "Sugar—The Question Is, Do We Need It at All? *New York Times*, July 4: 36.

Weidman, D. 2012. "Native American Embodiment of the Chronicities of Modernity." *Medical Anthropology Quarterly* 26, no. 4 (Dec.): 595–612.

Weiss, F. J. 1950. "Tobacco and Sugar." Sugar Research Foundation Inc. Oct. Member report no. 22. At https://www.industrydocumentslibrary.ucsf.edu/tobacco/docs/mjdm0101.

Wells, J. 2014. "Sugar v. Corn Syrup: Sweeteners Clash in Court." CNBC. Jan. 23. At http://www.cnbc.com/2014/01/23/legal-fight-between-sugar-and-corn-syrup-groups-rages-on.html.

Welsh, J. A., S. Karpen, and M. B. Vos. 2013. "Increasing Prevalence of Nonalcoholic Fatty Liver Diseases Among United States Adolescents, 1988–1994 to 2007–2010." *Journal of Pediatrics* 162, no. 3 (March): 496–500.

Wessen, A. 2001. "Ian Prior and the Tokelau Island Migrant Studies." In *The Health of Pacific Societies: Ian Prior's Life and Work*, ed. P. Howden-Chapman and A. Woodward (Aoteroa, N.Z.: Steele Roberts, 2001), 16–25.

Wessen, A. F., A. Hooper, J. Huntsman, I. A. Prior, and C. E. Salmond, eds. 1992. *Migration and Health in a Small Society: The Case of Tokelau*. Oxford, U.K.: Clarendon Press.

West, K. M. 1978. *Epidemiology of Diabetes and Its Vascular Lesions*. New York: Elsevier.

———. 1974. "Diabetes in American Indians and Other Native Populations of the New World."*Diabetes* 23, no. 10 (Oct.): 841–55.

Whelan, E. M., and F. J. Stare. 1983. *The One-Hundred-Percent Natural, Purely Organic,*

Cholesterol-Free, Megavitamin, Low-Carbohydrate Nutrition Hoax. New York: Atheneum.

White, P., and E. P. Joslin. 1959. "The Etiology and Prevention of Diabetes." In *The Treatment of Diabetes Mellitus*, 10th edition, ed. E. P. Joslin, H. F. Root, P. White, and A. Marble (Philadelphia: Lea & Febiger, 1959), 47–98.

White, W. S. 1945. "House Group Warns of Crisis in Sugar." *New York Times*, May 22: 21.

Whitehouse, F. W., and W. J. Cleary, Jr. 1966. "Diabetes Mellitus in Patients with Gout." *JAMA*. 197, no. 2 (July 11): 113–16.

Wilde, O. 1908. *The Picture of Dorian Gray*. Leipzig: Bernhard Tauchnitz.

Wilder, R. M. 1940. *Clinical Diabetes Mellitus and Hyperinsulinism*. Philadelphia: W. B. Saunders.

Wilder, R. M., and D. L. Wilbur, 1938. "*Diseases of Metabolism* and Nutrition." *Archives of Internal Medicine* 61, no. 2 (Feb.): 297–365.

Willaman, J. J. 1928. "The Race for Sweetness." *Scientific Monthly* 26, no. 1 (Jan.): 76–78.

Williams, R. H., W. H. Daughaday, W. F. Rogers, S. P. Asper, and B. T. Towery. 1948. "Obesity and Its Treatment, with Particular Reference to the Use of Anorexigenic Compounds." *Annals of Internal Medicine* 29, no. 3 (Sept. 1): 510–32.

Williams, W. R. 1945. "Shortage of Sugar Expected to Last." *New York Times*, May 13: 54.

Willis, T. 1685. *The London Practice of Physick, Or the Whole Practical Part of Physick Contained in the Works of Dr. Willis*. London: Thomas Baffet.

———. 1679. "Of the Diabetes or Pissing Evil." In *Diabetes: A Medical Odyssey* (Tuckahoe, N.Y.: USV Pharmaceutical Corp., 1971), 7–22.

Woloson, W. A. 2002. *Refined Tastes: Sugar, Confectionary, and Consumers in Nineteenth-Century America*. Baltimore: Johns Hopkins University Press.

World Cancer Research Fund (WCRF) and American Institute for Cancer Research (AICR). 1997. *Food, Nutrition and the Prevention of Cancer: A Global Perspective*. Washington, D.C.: American Institute for Cancer Research.

World Health Organization (WHO). 2015. "Obesity and Overweight." At http://www.who.int/mediacentre/factsheets/fs311/en/.

Wyngaarden, J. B., and W. N. Kelley, eds. 1976. *Gout and Hyperuricemia*. New York: Grune & Stratton.

Xu, Y., L. Wang, J. He, et al. 2013. "Prevalence and Control of Diabetes in Chinese Adults." *JAMA.* 310, no. 9 (Sept. 4): 948–58.

Yalow, R. S., and S. A. Berson. 1960. "Immunoassay of Endogenous Plasma Insulin in Man." *Journal of Clinical Investigation* 38, no 7 (July 1): 1157–75.

Yatabe, M. S., J. Yatabe, M. Yoneda, et al. 2010. "Salt Sensitivity Is Associated with Insulin Resistance, Sympathetic Overactivity, and Decreased Suppression of Circulating Renin Activity in Lean Patients with Essential Hypertension." *American Journal of Clinical Nutrition* 92, no. 1 (July): 77–82.

Yoshitake, T., Y. Kiyohara, I. Kato, et al. 1995. "Incidence and Risk Factors of Vascular Dementia and Alzheimer's Disease in a Defined Elderly Japanese Population: The Hisayama Study."*Neurology* 45, no. 6 (June): 1161–68.

Young, T. K., J. Reading, B. Elias, and J. D. O'Neil. 2000. "Type 2 Diabetes Mellitus in Canada's First Nations: Status of an Epidemic in Progress." *Canadian Medical Association Journal* 163, no. 5 (Sept. 5): 561–66.

Yudkin, J. 1986. *Pure, White and Deadly*. Revised edition. New York: Viking.

———. 1972a. *Pure, White and Deadly*. London: Davis-Poynter.

———. 1972b. *Sweet and Dangerous*. New York: P. H. Wyden.

———. 1971. "Sucrose in the Aetiology of Coronary Thrombosis and Other Diseases. In Yudkin, Edelman, and Hough, eds. 1971, 232–41.

———. 1963. "Nutrition and Palatability with Special Reference to Myocardial Infarction, and Other Diseases of Civilization." *Lancet* 281 (June 22): 1335–38.

———. 1957. "Diet and Coronary Thrombosis: Hypothesis and Fact." *Lancet* 273 (July 27): 155–62.

Yudkin, J., J. Edelman, and L. Hough, eds. 1971. *Sugar*. London: Butterworths.

Yudkin, J., V. V. Kakkar, and S. Szanto. 1969 "Sugar Intake, Serum Insulin and Platelet Adhesiveness in Men With and Without Peripheral Vascular Disease." *Postgraduate Medical Journal* 45 (Sept.): 608–11.

Zelman, S. 1950. "The Liver in Obesity." *Annals of Internal Medicine* 90, no. 2 (Aug.): 141–56.

Zhu, Y., B. J. Pandya, and H. K. Choi. 2011. "Prevalence of Gout and Hyperuricemia in the U.S. General Population." *Arthritis and Rheumatism* 63, no. 10 (Oct.): 3136–42.

Ziegler, R. G., R. N. Hoover, M. C. Pike, et al. 1993. "Migration Patterns and Breast

Cancer Risk in Asian-American Women." *Journal of the National Cancer Institute* 85, no. 22 (Nov. 17): 1819–27.

Zimmet, P., K. G. Alberti, and J. Shaw. 2001. "Global and Societal Implications of the Diabetes Epidemic." *Nature* 414 (Dec. 13): 782–87.

찾아보기

인명

저작명

설탕을 고발한다

1판 1쇄 펴냄 2019년 6월 21일
1판 2쇄 펴냄 2019년 10월 30일

지은이 게리 타우브스
옮긴이 강병철
펴낸이 안지미
디자인 안지미 이은주
제작처 공간

펴낸곳 (주)알마
출판등록 2006년 6월 22일 제2013-000266호
주소 03990 서울시 마포구 연남로 1길 8, 4~5층
전화 02.324.3800 판매 02.324.2845 편집
전송 02.324.1144

전자우편 alma@almabook.com
페이스북 /almabooks
트위터 @alma_books
인스타그램 @alma_books

ISBN 979-11-5992-257-2 03400

이 도서의 국립중앙도서관 출판예정도서목록CIP은 서지정보유통지원시스템 홈페이지 http://seoji.nl.go.kr와 국가자료공동목록시스템 http://www.nl.go.kr/kolisnet에서 이용하실 수 있습니다. CIP제어번호: CIP2019020348

알마는 아이쿱생협과 더불어 협동조합의 가치를 실천하는 출판사입니다.

종이 표지_스노우 화이트 250g/㎡ 본문_전주 그린라이트 70g/㎡